ChatGPT
商业应用实操手册

（226 集视频课 +217 种场景应用）

刘明昊　编著

清华大学出版社
北京

内 容 简 介

《ChatGPT 商业应用实操手册（226 集视频课 +217 种场景应用）》致力于向读者展示如何将 ChatGPT 技术灵活应用于商业和日常生活中，介绍了 ChatGPT 从基础概念到高级功能的全面内容。本书具体内容包括如何通过 API 定制化 ChatGPT，以及 ChatGPT 在教育、金融、心理、办公、健康医疗和法律咨询等关键领域的实际应用案例，旨在突出其商业和实践价值。

本书为非技术背景的专业人士提供了提升工作效率和生活质量的实用指南。鼓励读者通过理论学习与实践操作相结合的方式，探索并释放 ChatGPT 的潜力，并在智能技术创新的道路上迈出坚实的步伐。

通过阅读本书，读者将获得必要的知识和技能，不仅能够熟练运用 AI 技术，还能在未来的技术创新中发挥积极作用。

图书在版编目（CIP）数据

ChatGPT 商业应用实操手册：226 集视频课 +217 种场景应用 / 刘明昊编著 . -- 北京：清华大学出版社，2024.9. -- ISBN 978-7-302-67301-9

Ⅰ. TP18

中国国家版本馆 CIP 数据核字第 202449BX35 号

责任编辑： 袁金敏　杜杨
封面设计： 墨　白
责任校对： 徐俊伟
责任印制： 丛怀宇
出版发行： 清华大学出版社
　　　　　网　　址：https://www.tup.com.cn，https://www.wqxuetang.com
　　　　　地　　址：北京清华大学学研大厦 A 座　　　邮　　编：100084
　　　　　社 总 机：010-83470000　　　　　　　邮　　购：010-62786544
　　　　　投稿与读者服务：010-62776969，c-service@tup.tsinghua.edu.cn
　　　　　质 量 反 馈：010-62772015，zhiliang@tup.tsinghua.edu.cn
印 装 者： 涿州汇美亿浓印刷有限公司
经　　销： 全国新华书店
开　　本： 185mm×260mm　　　**印　　张：** 24.25　　　**字　　数：** 734 千字
版　　次： 2024 年 9 月第 1 版　　　**印　　次：** 2024 年 9 月第 1 次印刷
定　　价： 108.00 元

产品编号：108213-01

在过去的几十年里，中国的通信技术从 2G 迈向 5G，人们共同见证了科技发展的惊人速度。这一"旅程"不仅彰显了技术进步的力量，也预示着每次技术革新都在重塑人们的生活和工作方式。1995 年，当 2G 在中国正式商用时，移动通信还处于起步阶段；而 2009 年随着 3G 的推出，网络速度的提升使移动互联网成为可能，人们开始享受到前所未有的便利。紧接着，4G 技术的普及进一步加速了这一进程，视频通话、在线视频和移动支付等成为人们日常生活的一部分。2019 年，随着 5G 技术的商用，中国进入了一个全新的时代，这个时代以其高速度、低延迟和万物互联为特征，为各行各业带来了革命性的变化。

在这个科技飞速发展的背景下，ChatGPT 的出现无疑是 AI（Artificial Intelligence，人工智能）领域的一次重大突破。它不仅代表了自然语言处理技术的巨大进步，也预示着未来沟通、学习和工作方式的根本转变。ChatGPT 能够理解和生成接近人类水平的文本，这一能力不仅可以让机器更好地理解我们的需求，也使人们能以全新的方式与机器进行交流。从教育到客户服务，从内容创作到程序编写，ChatGPT 的应用正逐步渗透到人们生活的方方面面，它正在成为人们获取信息、学习新知识，甚至进行创造性工作的重要工具。

这种技术的普及，正如同移动互联网的普及一样，将深刻影响人们的学习、工作和生活方式。在这个过程中，每个人都需要保持好奇心和对学习的热情，积极拥抱新技术，不断提升自己的技能和知识。这不仅仅是为了不被时代淘汰，更是为了能够在这个日新月异的世界中找到自己的位置，为自己、为社会创造更多的价值。

正如人们曾经适应从 2G 到 5G 的转变一样，现在是时候拥抱 ChatGPT 这样的 AI 技术了。通过了解和学习这些前沿技术，人们不仅能够更有效地利用这些工具来提高生活和工作的效率，也能够更好地理解即将到来的技术变革对社会、对人们自身所带来的影响。在这个过程中，每个人都是参与者，也是见证者，人们共同见证着科技改变世界，也见证着自己在这个变革中的成长和进步。

让我们一起去学习、去探索，成为这场技术革命的参与者和受益者。不管是虚拟现实、智能家居，还是 ChatGPT 这样的 AI 技术，都在向人们展示一个更加智能、更加互联的未来。在这个未来中，技术不仅仅是工具，更是推动社会进步、提升人类生活质量的关键力量。通过不断学习和适应新技术，人们不仅能够跟上时代的步伐，更能够在未来的世界中发挥自己的价值，成为推动社会向前发展的重要力量。

本书共分为 6 章，从 ChatGPT 的基础知识入手，逐步深入到高级应用和开发实战。第 1 章介绍如何准备和开始使用 ChatGPT，包括 ChatGPT 的注册登录和基本操作。第 2 章和第 3 章分别深入探讨了 ChatGPT 的高级使用技巧和在不同领域的案例用法，如教育、金融、健康等。第 4 章专注于如何量身打造个性化的 GPT（Generative Pre-Trained Transformer，生成式预训练 Transformer 模型）应用，满足特定需求。第 5 章和第 6 章分别介绍了 ChatGPT 插件的使用和开发实战，旨在为有志于深入开发的读者提供实用指南。此外，附录部分收录了丰富的资料，包括 AI 模型汇总、关键词指南等，以供读者进一步探索和参考。

本书面向所有对 ChatGPT 和 AI 感兴趣的读者，无论你是技术领域的专业人士，还是对 AI 技术充满好奇的普通读者。我们致力于提供关于 ChatGPT 从基础概念到高级应用的全面指南，帮助读者理解 ChatGPT 的工作方式，掌握其使用方法，并探索其在各行各业中的实际应用。无论读者的目标是提高工作效率、优化业务流程，还是寻求个人学习和成长，本书都将为读者提供宝贵的知识和灵感。

为了提升本书的学习效果，我们建议读者在阅读过程中积极参与实践操作。书中的案例研究和实操指南是精心设计的，旨在帮助您将理论知识应用于实际场景。我们鼓励您在阅读相关章节后，尝试自己动手实践，无论是创建一个简单的 ChatGPT 会话，还是尝试使用不同的提示技巧，都不失为一个好的学习方式。

在这个信息爆炸的时代，学习新知识的同时，更重要的是将知识转化为实践。我们希望这本书不仅能够为读者提供 ChatGPT 的知识，更能激发读者将这些知识应用到实际生活和工作中去的动力。无论是通过 ChatGPT 优化读者的工作流程，还是开发新的应用，都是将知识转化为实践的好方式。让我们一起行动起来，探索 ChatGPT 带来的无限可能。

在本书从构思到出版的漫长过程中，我深受无数人的帮助和鼓舞。首先，我要向我的家人表达最深切的感激之情，他们的坚定支持和无私的鼓励是我能够持续努力创作的坚实基石。其次，我要对我的女朋友表达深深的谢意，她的耐心、理解和不懈支持是我完成这项艰巨任务的坚强后盾，她的鼓励和陪伴使本书的每一页都充满了爱与希望。

我还要感谢那些在 AIGC（Artificial Intelligence Generated Content，生成式 AI）领域一线辛勤工作的研究者和开发者，他们的创新精神和不懈努力推动了这一技术的快速发展，为我提供了丰富的灵感和知识源泉。还要感谢刘海洲、胡洋两位同学在内容设计和排版样式中给我提供的帮助，并帮助我更快、更好地完成了本书的撰写。

此外，我必须向审读本书的各位编辑表达我衷心的感谢。他们的专业指导、细致打磨和市场洞察使这本书得以顺利面世，并以极佳的品质呈现给广大读者。他们的不懈努力确保了本书的内容既丰富又实用，能够满足读者的需求。

最后，我要特别感谢每一位拿起并阅读本书的读者。你们的好奇心和求知欲将激励着我不断地探索与分享。尽管我已尽我所能去涵盖和解释 ChatGPT 及其应用的方方面面，但个人的能力终究有限，书中难免存在纰漏和不足之处。我诚挚地欢迎各位读者提出宝贵的意见和建议。你的反馈不仅是对我工作的极大鼓励，也将帮助更多的读者获得更准确、更全面的信息。再次感谢你的支持和理解，让我们携手前行，共同探索 AI 的奥秘和未来。

售后服务与支持

尊敬的读者，感谢你选择本书。我们致力于为你提供高质量的内容和持续的支持，以确保你能够充分利用本书中的知识和技能。

1. 电子邮件支持

如果你在阅读过程中遇到任何疑问，或需要进一步的指导和帮助，请随时与作者联系。

2. 赠送相关学习资源

为方便读者学习，本书附赠相关学习资源。

（1）视频资源：9 集基础教学视频和 217 集场景应用实例视频。

（2）代码资源：第 6 章涉及的 3 个代码文件。

3. 资源下载方式

使用手机微信"扫一扫"功能扫描下方的二维码下载配套资源。

说明：为了方便读者学习，本书提供了大量的素材资源供读者下载，这些资源仅限于读者学习使用，不可用于其他任何商业用途，否则，由此带来的一切后果由读者承担。

刘明昊

2024 年 8 月

目录 CONTENTS

ChatGPT 商业应用实操手册（226 集视频课 +217 种场景应用）

第 4 章　量身打造个性化的 GPTs

第 5 章　ChatGPT 插件的使用

第 6 章　ChatGPT 开发实战

附录 A　国产 AIGC 大模型汇总　366

附录 B　AI 绘画关键词　367

附录 C　创意 AI 体验　369

附录 D　Sora　371

附录 E　GPTs 替代插件功能　373

第 1 章 ChatGPT 的相关准备

ChatGPT 是 OpenAI 打造的一款先进深度学习模型，它的特点是能够跟人类进行自然的对话交流。这项技术基于一种先进的算法模型，能够理解并回应复杂的语言模式和对话内容。为了提升这款模型的表现，OpenAI 使用了大量网络上的对话资料进行训练，并且特别进行了调整，以便它能更好地适应各种对话场景。

虽然 ChatGPT 的对话功能很强大，但它并非完美无缺。例如，由于它是通过网络上的资料学习而来的，因此它有时可能会产生一些不适当的内容。为了解决这个问题，OpenAI 设定了一系列的内容过滤规则，以确保聊天内容的安全性和适宜性。同时，ChatGPT 在处理一些更为复杂或含糊的问题时，可能会表现得不够准确或不够连贯，这也是目前技术发展中需要继续改进的地方。

ChatGPT 被设计为一款多功能的对话式工具，广泛用于客户服务、语言翻译和问答系统等领域。它通过实时交互，依据用户的提问或指令，提供相关且具有价值的反馈，这让它在虚拟助手和智能机器人的应用场景中显得尤为重要。此外，ChatGPT 在支持多语言方面也表现出色。OpenAI 已经使 ChatGPT 能够理解和交流多种语言，并且计划未来进一步扩大其语言的支持范围，以满足全球不同语言用户的需求。

1.1 ChatGPT 七问

在开始之前，我们收集了目前网络上与 ChatGPT 相关比较火热的一些问题，在这里一一解答，作为认识并使用 ChatGPT 的入门学习。

Q1：我现在刚知道 ChatGPT，会不会有点晚？

A：截至 2024 年 1 月，ChatGPT 月活跃用户达 1.8 亿，约占全球总人数 80 亿的 2.25%，这已经是相当庞大的用户群体，也同样说明了其稳固的市场地位，但如果您刚刚开始关注 ChatGPT，也并不算晚。这个工具仍然在不断发展和改进，而且随着时间的推移，用户基础和应用案例也在不断增加。现在开始关注和使用 ChatGPT，您将能够跟上最新的 AI 对话技术的发展，并可能在将来找到创新的应用方法。

Q2：ChatGPT 的运营成本大概是多少？

A：根据公开数据显示，大型语言模型的训练成本普遍介于 200 万美元至 1200 万美元之间，ChatGPT 保持正常运行的成本每天不少于 700 万美元。

Q3：ChatGPT 的影响到底有多大？

A：最新的研究报告显示，类似 ChatGPT 的 AI 系统对人们的生活和工作的影响是巨大的，一旦广泛应用后，有 85% 的美国工作岗位将受到影响，其中个人财务顾问和经纪人、保险公司和数据处理商的职位高居榜首，而清洁工、维修工和理发师等岗位却基本不受 AI 的影响。

Q4：ChatGPT 和搜索引擎有什么区别？

A：ChatGPT 是一个基于 AI 的对话式交互平台，它可以直接回答问题、撰写文本和执行其他语言相关任务。它的回答基于训练数据，可能不包含最新信息。相比之下，搜索引擎则通过关键词匹配来提供指向互联网上最相关网页的链接，便于用户获取最新信息和进行深入研究。简而言之，ChatGPT 擅长与用户进行自然语言对话和生成内容，而搜索引擎则是信息检索和获取最新资源的工具。

Q5：ChatGPT 是否存在局限性？

A：是的。其局限性包括依赖于训练数据的静态知识库，无法获取更新的信息；可能无法完全理解复杂或模糊的问题；生成的信息有时可能不准确或缺乏逻辑性；在需要高度个性化和主观判断的任务上表现有限。因此，用户在使用 ChatGPT 时需要批判性地考虑其回答，并对重要决策进行独立验证。

Q6：为什么有些人担心 ChatGPT？

A：原因有多个方面。首先，它可能生成不准确或具有误导性的信息，这在没有适当验证的情况下可能导致错误决策。其次，由于 ChatGPT 能够生成逼真的文本，存在被用于编写假新闻、进行网络诈骗或其他欺诈活动的风险。此外，隐私和数据安全也是关注点，人们担心个人信息可能会被不当使用或泄露。

Q7：除了 ChatGPT 外，国产 AIGC 大模型还有哪些？

A：很多，如百度的"文心一言"，阿里巴巴的"通义千问"，华为的"盘古"，网易伏羲的"玉言"，清华大学的"ChatGLM-6B"等 10 多种大模型，详情介绍参见附录 A。

扫一扫，看视频

1.2 ChatGPT 的注册登录

1. 访问 OpenAI 官网

ChatGPT 是由 OpenAI 打造的，用户可以通过访问 OpenAI 官网来使用 ChatGPT，注意访问 OpenAI 网站全程需要国际网络环境。进入 OpenAI 官网，用户可以看到图 1-1 所示的网站内容，单击网页右上角的 Try ChatGPT 按钮，进入 ChatGPT 官网。

图 1-1　OpenAI 官网

2. 登录 ChatGPT 官网

进入 ChatGPT 官网页面，如图 1-2 所示。用户可以在此页面中开始使用 ChatGPT，如果用户已有 OpenAI 账号，则单击 Log in 按钮登录即可；如果用户未注册账号，可以单击该页面右侧的 Sign up 按钮进入注册页面。

图 1-2　ChatGPT 官网页面

3. 填写邮箱注册账号

注册页面如图 1-3 所示，用户可以通过谷歌邮箱、微软邮箱等电子邮件地址注册账号。在输入框中输入邮箱，单击"继续"按钮。

4. 设置密码

用户需要为自己的账号设置密码，密码要求长度至少为 12 个字符，如图 1-4 所示。填写完成后，单击"继续"按钮。

图 1-3　注册页面

图 1-4　设置密码

5. 验证邮箱

提交账号后，OpenAI 会向账号邮箱发送验证信息以验证邮箱是否可用，如图 1-5 所示。

此时用户需要进入邮箱查看 OpenAI 发送的验证邮件，内容如图 1-6 所示。确认并单击邮件中的 Verify email address 按钮，即可确认验证，此时 OpenAI 账号已注册完成。

图 1-5　验证邮箱说明

图 1-6　验证邮件的内容

6. 登录 ChatGPT

回到第 2 步，进入 ChatGPT 官网页面，单击 Log in 按钮，进入登录页面，如图 1-7 所示。在输入框中输入刚验证成功的邮箱，单击"继续"按钮。

7. 填写密码

如图 1-8 所示，用户在密码输入框中输入注册时的密码，然后单击"继续"按钮，即可顺利进入 ChatGPT 首页。

图 1-7　登录页面

图 1-8　填写登录密码

8. 填写个人信息

初次使用时会进入填写个人信息页面，用户需要填写姓名和生日，如图 1-9 所示。填写完成后，阅读并同意相关用户协议后单击 Agree 按钮。

9. 开始使用

当用户看到图 1-10 所示的内容时，说明登录成功，接下来就可以使用 ChatGPT 提供的各项功能了。

图 1-9　填写个人信息

图 1-10　ChatGPT 首页

1.3　ChatGPT 的基本操作

扫一扫，看视频

用户成功登录后，将被引导到 ChatGPT 首页，如图 1-11 所示。该页面主要由以下两部分组成。

A 区域：ChatGPT 问答区，是 ChatGPT 的主要交互部分，也是用户与 ChatGPT 互动、探讨各类问题的主要区域，界面布局简单，操作流畅自如，能够快速上手。

B 区域：ChatGPT 功能区，位于页面左侧，这里提供了诸多辅助功能，可以帮助用户更方便直观地使用 ChatGPT 的各项功能。

图 1-11　ChatGPT 首页划分

1. ChatGPT 问答区

ChatGPT 问答区如图 1-12 所示。其中包含 4 个主要功能，下面将按顺序逐一进行讲解。

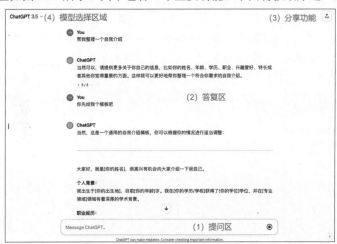

图 1-12　ChatGPT 问答区

（1）提问区。提问区是用户与 ChatGPT 交流的地方。用户单击输入框即可在提问区输入问题或请求。完成后，单击"发送"按钮或 Enter 键提交问题。

（2）答复区。答复区显示的是 ChatGPT 对用户提问的回答。它是交互的核心，展示了对话的流程和历史，用户只需阅读在此区域出现的回复。这些回复通常会在用户提交问题后自动出现。

（3）分享功能。分享功能允许用户将对话中的特定部分或整个对话分享到其他平台，如社交媒体，或通过电子邮件发送给其他人。用户可以单击右上角的分享按钮，然后选择分享的方式和平台，还可以生成对话的链接，或者将对话导出为文本或图片形式。分享窗口如图 1-13 所示。

（4）模型选择区域。用户可以在模型选择区域选择不同的 AI 模型进行交流。在提供多个版本的 ChatGPT 的服务中，用户可以选择不同版本的模型来查看哪个版本的回答更符合自己的需求。这些版本可能在理解能力、知识广度、功能特性等方面有所差异。如图 1-14 所示，用户单击 ChatGPT 3.5 选择框，会显示一个列表，列表中包含了不同的模型选项，用户选择自己想要交流的模型后，系统会切换到该模型，用户之后的提问和回答都会通过选定的模型来进行。

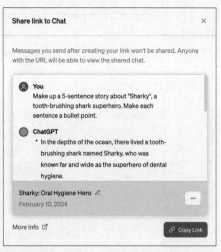

图 1-13　分享窗口

图 1-14　模型选择

2. ChatGPT 功能区

ChatGPT 功能区如图 1-15 所示。该区域同样包括 4 个主要功能，下面将按顺序逐一讲解。

（1）新建对话。新建对话允许用户开始一个新的聊天会话或对话，在新的对话中，用户可以重新选择模型。只需单击 New chat 按钮来启动一个新的对话，就可以打开一个新的聊天窗口。

（2）历史记录。历史记录用于显示用户过去的对话记录。单击对话，用户可以查看以前的聊天、回顾信息或继续之前的对话。在图 1-13 中，"Sharky: Oral Hygiene Hero"就是一个历史对话的例子。用户可以单击该对话来查看和继续以前的聊天。单击对话条目右侧的三个点可展开对对话的操作。如图 1-16 所示，用户可以对该对话执行分享（Share）、重命名（Rename）和删除（Delete chat）操作。

图 1-15　ChatGPT 功能区

图 1-16　对话操作

（3）升级链接。单击图 1-15 中的 Upgrade plan 按钮，打开图 1-17 所示的界面，在这里可以选择不同的付费计划，并完成购买流程来升级用户的账户。

Plus 版本的主要优势体现在：处于需求高峰时段的 Plus 用户也可以快速使用服务，并且提供比 Free 版本更快的响应速度，同时订阅用户还可以优先接触到新功能和改进。该版本定价为每月 20 美元，单击图 1-17 中的 Upgrade to Plus 按钮即可进入 Plus 版本支付页面，如图 1-18 所示。为保证支付顺利，建议用户使用 VISA 信用卡进行支付，确认填写信息无误后，单击图 1-18 中的"订阅"按钮即可。

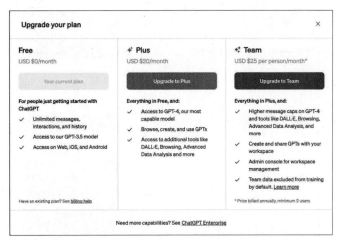

图 1-17　不同版本对比

图 1-18　Plus 版本支付页面

（4）账户管理。用户可以单击个人头像进入账户管理界面，Free 用户和 Plus 用户界面展示的功能不同。Free 用户单击个人头像打开界面，如图 1-19 所示。Plus 用户与 Free 用户相比增加了"我的套餐""我的 GPTs""Plus 用户设置 & Beta"功能，如图 1-20 所示。

图 1-19　Free 用户界面　　　　图 1-20　Plus 用户界面

其中"自定义指令"功能允许用户根据自己的偏好和需求来微调 ChatGPT 的回应，如图 1-21 所示。这样可以避免在每次交互中重复相同的指示。例如，教师可以轻松设计课程计划，企业家可以明确他们的偏好，内容创作者可以注入他们独特的创作风格。此外，对于喜欢使用插件的用户，通过额外的指令可以提高互动质量并简化任务，使得 AI 辅助的体验更加令人愉快。

图 1-21　自定义指令

单击图 1-19 中的"设置"按钮，可以对 ChatGPT 页面进行基本功能设置，如图 1-22 所示。在该设置界面中可以选择主题颜色、语言环境、聊天控制、注销账户和其他高级自定义功能。

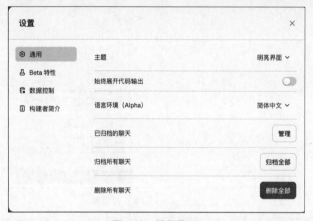

图 1-22　设置界面

GPTs 相关功能是在 2023 年 11 月全面向 Plus 用户开放的，目前只有升级为 Plus 用户才可以使用，关于 GPTs 将在第 6 章进行详细介绍。

1.4　ChatGPT 的开发者平台

扫一扫，看视频

　　除了对话式交互，OpenAI 还为开发者准备了 OpenAI developer platform（开发者平台）。它是一个提供各种 AI 工具和 API 的平台，开发者可以利用这些工具来构建和优化自己的应用程序，如图 1-23 所示。该平台提供了访问 OpenAI 的多种 AI 模型的能力，包括著名的 GPT 系列模型和 DALL·E（AI 生成图片的工具）。开发者可以使用这些模型进行自然语言处理、生成计算机视觉任务等。此外，该平台还提供了详细的文档、指南和社区支持等资源供开发者使用。下面按工具在页面中的顺序依次进行介绍。

图 1-23　开发者平台界面

1. Playground

如图 1-24 所示，这是一个用户友好界面，开发者可以通过这个界面直接与 OpenAI 提供的模型进行交互。例如，用户可以输入文本、选择模型（如最新的 GPT 版本）、设置参数（如温度、最大响应长度等），并看到模型的即时输出。这个界面适合快速实验和理解模型的能力。工具栏提供了扩展 Playground 功能的选项，如添加自定义函数、使用代码解释器直接执行代码，或启用信息检索功能以丰富模型的回答。文件上传功能允许用户微调模型回答的数据。在 THREAD 区域，用户输入消息并运行，可以查看模型如何响应。

图 1-24　Playground 界面

用户完成设置后，可以保存自己的配置，或者撤销所有未保存的更改。Playground 不仅是一个强大的测试工具，也是理解和探索 OpenAI 模型能力的重要资源，可以帮助用户学习如何将这些模型应用到自己的应用程序中。所有这些功能的结合使 Playground 成为开发者实验 AI 构建解决方案的理想环境。

2. Assistants

如图 1-25 所示，用户可以在 Assistants 界面中构建和自定义一个或多个 AI 助手。每个 AI 助手可以配置特定的风格、知识范围和应答策略，以便用于不同的应用场景，如客户服务、学习辅导或内容创建。

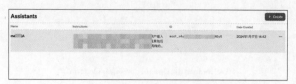

图 1-25　Assistants 界面

3. Threads

如图 1-26 所示，用户可以在 Threads 界面中查看和管理 API 调用历史。这有助于跟踪长期对话或多轮交互，可以回溯过去的会话，查看交互模式和结果。

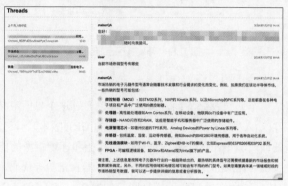

图 1-26　Threads 界面

4. Fine-tuning

如图 1-27 所示，用户可以在 Fine-tuning 界面中上传自己的训练数据集来微调 OpenAI 模型，以适应特定任务。通过微调，模型可以更好地理解和响应与用户业务相关的查询。

图 1-27　Fine-tuning 界面

5. API keys

如图 1-28 所示，用户可以在 API keys 界面中创建、管理和撤销访问 API 的密钥。每个密钥都允许用户的应用程序与 OpenAI 模型进行安全交互。

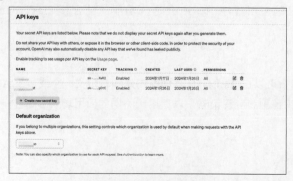

图 1-28　API keys 界面

6. Storage

如图 1-29 所示，用户可以在 Storage 界面中上传和管理数据文件。这些文件可以用于微调模型或作为 API 请求的一部分。例如，用户上传一个包含常见问题及其答案的 CSV 文件来训练一个客户服务助手。

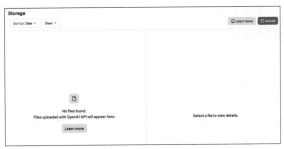

图 1-29　Storage 界面

7. Usage

如图 1-30 所示，用户可以在 Usage 界面中监控 API 的使用情况和消耗资源，如请求次数、计算时间等。这有助于跟踪成本和评估模型使用效率。

图 1-30　Usage 界面

8. SETTINGS

用户可以在 SETTINGS 界面中配置个人和团队账户的各种选项，如修改密码、管理 API 配额、设置数据保留策略等。如图 1-31 所示，可以在 Limits 选项下查看各种模型使用速率等限制条件。

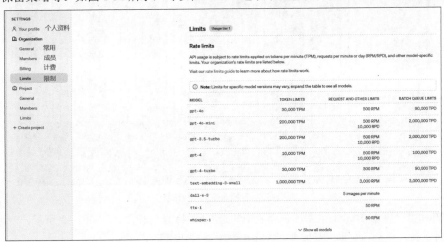

图 1-31　Limits 界面

如果用户想要更加详细地了解 ChatGPT 开发者平台的各个界面以及它们的使用方法，可以访问 OpenAI 的官方文档，那里有最新的功能更新、详细的使用指南和各种实践。

1.5 ChatGPT 更新变动

2024 年 5 月 14 日凌晨 1 点，继"文生视频模型"Sora 发布后就开始沉寂的 OpenAI，在春季发布会上带来新惊喜。首席技术官 Mira Murati 介绍了多项与 ChatGPT 相关的最新变动，简要总结为 GPT-4o 的发布和免费使用，以及产品部分更新的 UI 设计。

1. 发布最新 GPT-4o 多模态大模型

GPT-4o（o 为 omni 的缩写，意为全能）代表了向更自然的人机交互迈进的重要一步。这个模型可以接收和处理包括文本、音频、图像和视频在内的多种输入形式，并且能够生成包括文本、音频和图像的多种输出。在响应音频输入时，GPT-4o 能够在短至 232ms、平均 320ms 内完成反应，这与人类在对话中的反应速度类似。在技术性能方面，它在处理英语文本和代码方面的能力与 GPT-4 Turbo 不相上下，而在处理非英语文本上则有显著提升。此外，相比之前的模型，GPT-4o 在视觉和音频理解方面特别优秀，其 API 的响应速度更快，成本也减少了 50%。这些特性使 GPT-4o 在实际应用中吸引力更强、效率更高。

在发布会的演示中，OpenAI 员工与 ChatGPT 进行了快速、流畅的对话，ChatGPT 用活泼、富有表现力的女性声音进行了回应。即使中途被打断，ChatGPT 也能很快作出反应。在对话过程中，ChatGPT 用各种情绪语气说话，有时反应就像是其本身的"情绪"。例如，当告诉它，一名 OpenAI 员工一直在谈论聊天机器人如何"有用且美妙"时，它友好地回应说："请停下来，你让我感到尴尬。"

在 OpenAI 官网给出的模型文本能力评分中，GPT-4o 在 MMLU（常识问题）中的评分创下 88.7% 的新纪录，其他各方面也都占据领先地位，如图 1-32 所示。

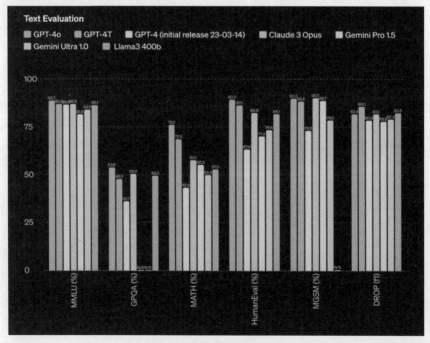

图 1-32　各模型文本评分对比

目前 Plus 用户可以在 GPT 模型选择列表中勾选 GPT-4o 进行使用，如图 1-33 所示。使用 GPT-4o 可以实时对音频、视觉和文本进行处理，在实用性上向前迈进了一大步。

图 1-33　Plus 用户的 GPT 模型选择列表

当然，从日常生活使用的角度来讲，如果没有大量语音视频的理解需求，不用过于执着如何选择 GPT-4 和 GPT-4o。除了反应速度变快，用户很难准确地识别出 GPT-4 和 GPT-4o 的差别，具体使用对比如图 1-34 所示。

图 1-34　GPT-4 和 GPT-4o 使用对比

2. GPT-4o 模型对 ChatGPT 的免费用户开放

OpenAI 宣布，ChatGPT 的免费用户也能使用最新发布的 GPT-4o 模型（更新前只能使用 GPT-3.5）进行数据分析、图像分析、互联网搜索、访问应用商店等操作。这也意味着 GPT 应用商店将面对海量的新增用户。

当然，付费用户将会获得更高的消息数量限制（OpenAI 说至少是 5 倍）。当免费用户用完消息数量后，ChatGPT 将自动切换到 GPT-3.5。另外，OpenAI 将在未来 1 个月左右向 Plus 用户推出基于 GPT-4o 改进的语音体验，目前 GPT-4o 的 API 并不包含语音功能。

截至 2024 年 5 月 15 日，免费用户还不能使用除 ChatGPT-3.5 外的其他模型，免费用户的 GPT 模型选择列表如图 1-35 所示。

图 1-35 免费用户的 GPT 模型选择列表

3.ChatGPT 网页布局更新调整

页面左上角新增展开 / 收起工具栏的按钮，单击该按钮可以控制左侧深色列表部分的显示或隐藏，原页面左下角的个人信息头像转移到页面右上角，其单击功能不变，如图 1-36 所示。

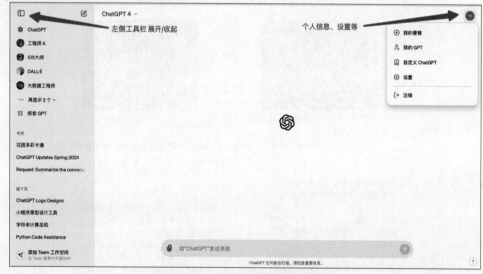

图 1-36 ChatGPT 网页布局更新调整

第 2 章　ChatGPT 的使用

提示工程融合了艺术的创意与科学的精确性，其核心在于通过细致入微的输入提示来优化 AI 模型的输出效果。这一过程不仅要求用户深入了解 AI 模型的内部工作机制，还需要用户发挥创造力，精心设计每一个提示，以确保最终生成的内容既符合具体要求，又不乏创新精神。

想象这是一场与 AI 的协作，用户是创意的播种者，AI 则是让这些创意茁壮成长的土壤。只有当用户的提示既明确又充满创意时，AI 才能产生高质量、高度相关的输出；反之，如果用户的提示模糊不清或含义不明，则 AI 生成的结果很可能会偏离我们的预期。因此，为了充分利用 AI 在文本和图像创作领域的能力，掌握提示工程的关键技巧是至关重要的。

2.1　提示词的使用

扫一扫，看视频

1. 提示词的使用原则

提示词是用于引导 AI 模型进行特定任务的简短文本指令。它们通过明确指示 AI 所期望的输出类型或内容，帮助模型理解并执行相应的生成任务，如撰写文章、创作图片等。正确使用提示词可以大大提高 AI 生成内容的准确性和相关性。在使用提示词时，遵循以下三个原则至关重要。

（1）清晰度：提示词应直接且易于理解，避免模糊或过于复杂的表达，以确保 AI 模型能准确捕捉到指令的本意。

（2）确定焦点：明确提示词的中心思想或目标，确保 AI 的输出集中于特定主题或任务，避免偏离核心要求。

（3）相关性：提示词应与所期望的输出紧密相关，确保生成的内容不仅准确无误，而且符合上下文要求。

2. 正确使用提示词

用户在使用提示词时，关键是要清楚、具体地表达希望 AI 模型执行的任务。例如，如果用户想要 AI 创作一首诗，不能简单地说"写首诗"，而要更具体地说"写一首描绘秋天公园景色的四行诗。"这样的提示不仅告诉 AI 要写诗，还明确了主题和长度，有助于生成更符合期望的内容。

好的提示词例子："描述一个春天的日出在山顶的景象。"这个提示词清晰、具体，易于理解，能够引导 AI 生成相关且集中的内容。不好的提示词例子："写点什么。"这个提示词模糊不清，缺乏具体方向，可能导致 AI 生成与期望差距较大的内容。

好的提示词例子："详细描述一只在热带雨林中觅食的孔雀。"这个提示词具体且直接，能够引导 AI 生成详细且与主题相关的内容。不好的提示词例子："孔雀在哪里？"这个提示词过于简短且含糊，没有提供足够的信息或上下文，可能导致 AI 生成的内容与期望不符。

2.2　提 示 模 式

扫一扫，看视频

ChatGPT 在回答问题时，往往遵循一定的模式和方式，这主要是由其在训练过程中采用的数据和算法所决定的。首先，ChatGPT 通常会以理解问题的形式开始回答，确保对用户的询问有准确的把握。然后，它会尝试提供一个直接且相关的回答，这个回答往往是基于从大量文本数据中学习到的信息和知识。在提供直接回答的同时，ChatGPT 还会尽量以逻辑清晰、条理分明的方式展开，确保信息的传递既准确又易于理解。下面依次介绍 ChatGPT 的 10 种常见回答模式。

1. 解释模式

ChatGPT 在回答问题或提供信息时，不仅会给出直接的答案或结果，还会进一步提供背后的逻辑、原理或原因，如图 2-1 所示。这种模式特别适用于用户寻求对某个概念、现象或答案的深入理解时。在解释模式下，ChatGPT 会尽量使用清晰、易懂的语言，详细阐述问题的答案是如何得出的。

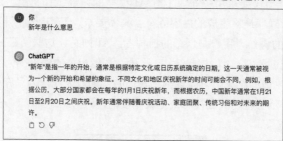

图 2-1 解释回答

2. 类比模式

ChatGPT 利用用户熟悉的概念或情境来解释一个较为陌生或复杂的概念。通过这种方式，ChatGPT 可以帮助用户通过已有的知识框架快速理解新的信息，实现"以旧学新"。这种方法特别有效，因为它建立在人类理解世界的一个基本心理机制上——通过比较和关联来学习新事物，如图 2-2 所示。用户首先使用一个自己比较熟悉的场景提出问题，然后问出另一个节日，如图 2-3 所示，但并没有说明要问什么内容，ChatGPT 会按照解释定义，进行活动习俗的内容阐述。

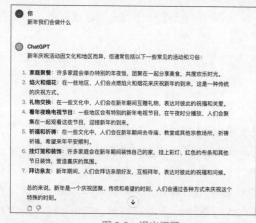

图 2-2 提出问题

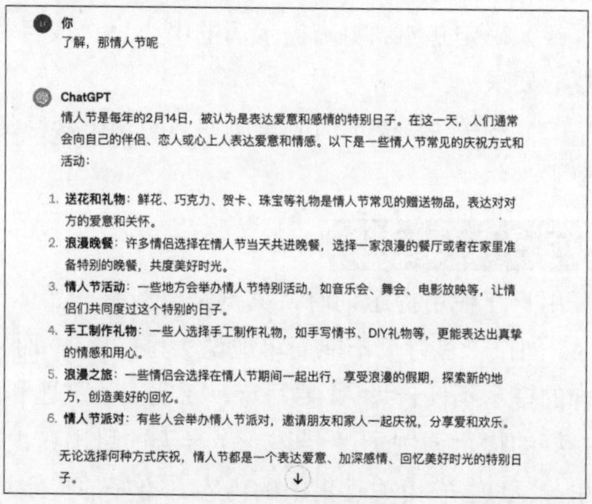

图 2-3 类比回答

3. 列举模式

这是最常见的回答模式，在之前类比的案例中其实也包含了列举，当用户需要探索或了解某个主题下的各种事物、属性、特点、选项等时，ChatGPT 会提供一个详尽的列表来满足查询需求。这种模式适用于多种情境，如进行创意思考、市场调研、学术研究，或者简单地扩展知识面。列举可以帮助用户发现并填补自己对某个领域知识的空白，增加对该领域的全面理解，通过比较列举出的各个选项的特点和属性，用户可以作出更加充分的决策，如图 2-4 所示。

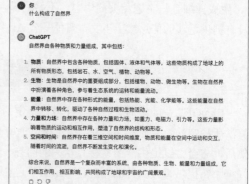

图 2-4 列举回答

4. 限制模式

明确用户希望或需要遵守的约束条件，以确保输出满足一定的要求或适应特定的应用场景。如图 2-5 所示，这些限制可能涉及内容的长度、风格、主题范围、敏感话题的过滤、数据隐私和安全、遵守知识产权和版权法律，以及确保内容的语言和文化适应性等方面。通过明确这些限制，用户可以精确控制 ChatGPT 的回答，使其更加贴合特定的需求和标准。

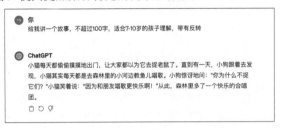

图 2-5　限制回答

5. 转换模式

ChatGPT 可以帮助用户将原始信息或混乱的内容重新组织和格式化，使之更加清晰、有序，或更适合特定的用途。这种模式特别适用于处理大量数据、信息摘要、内容改写等场景，主要价值在于提高信息的可读性、易用性和适用性。转换可以包括但不限于数据整理、内容摘要、格式转换、风格改写、视觉化表示等，如图 2-6 所示。将一段文字整理成可视化图表格式，或者将文字内容转换为图片，如图 2-7 所示。

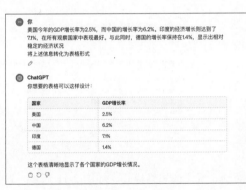

图 2-6　转换图表回答

图 2-7　转换图片回答

6. 增改模式

用户可以指导 ChatGPT 对已生成的内容进行细致的调整，包括增加更多信息、删除不必要的部分或修改现有内容，以改进准确性、清晰度或风格。如图 2-8 所示，原始内容概述了一个主题，但缺乏具体信息，可以要求增加相关的数据、例子或解释，使内容更加丰富和有说服力。这种模式特别适用于迭代改进文本，确保最终产出更加符合特定的需求或标准。

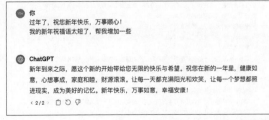

图 2-8　增改回答

7. 对比模式

ChatGPT 被引导进行两个或多个事物、概念、理论、方法等之间的比较和对照分析，如图 2-9 所示。这种模式涉及识别和讨论它们之间的相似之处与不同之处，有助于深入理解每个事物的独特性质和相对优劣。对比分析是一种强有力的思考和学习工具，特别适用于决策制定、问题解析、批判性思维和学术研究等场景。

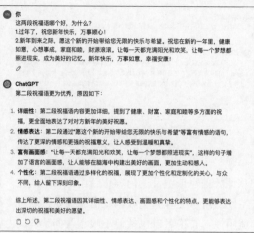

图 2-9　对比回答

8. 翻译模式

类似于转换模式，ChatGPT 的任务是将一种语言中的文本准确地转换成另一种语言，同时尽量保留原文的意思、语气和文化背景，如图 2-10 所示。翻译不仅仅是字面意义上的转换，还包括对语境、俚语、习语以及文化差异的理解和适应。这种转换过程要求对涉及的语言有深入的了解，包括语法规则、词汇用法和表达习惯等。

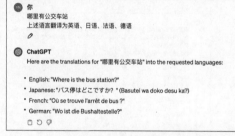

图 2-10　翻译回答

9. 模拟模式

ChatGPT 可以被指导去模拟或重现某个过程、对话、现象或思维模式，如图 2-11 所示。这种模式可以应用于多种场景，包括模拟特定人物的对话风格，复现科学实验的步骤，展示问题解决过程或重现历史事件的经过。

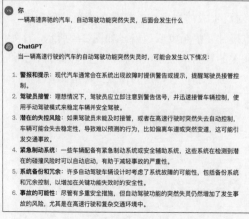

图 2-11　模拟回答

10. 推理模式

ChatGPT 利用现有的信息或数据进行逻辑推断，从而揭示未明确表述的事实、原理或逻辑关系，如图 2-12 所示。这种模式涉及分析、批判性思维和逻辑推演，能够帮助用户深入理解问题、解决问题或发现新的知识点。推理过程可以基于归纳推理、演绎推理或类比推理等不同的逻辑方法。

你

在一个封闭的办公室里，有一株植物突然枯萎了，而周围的其他植物都很健康。

ChatGPT

当一个封闭办公室里的单株植物突然枯萎，而周围其他植物都保持健康时，可能是由于以下几个原因：

1. **水分问题**：这株植物可能没有得到适量的水分。过多或过少的水都可能导致植物枯萎。
2. **病虫害**：植物可能受到了特定的病虫害侵袭，这种情况下可能只影响单株或少数几株植物，而不是整个群体。
3. **土壤条件**：这株植物的土壤可能存在问题，比如排水不良、营养不足或盐分过高，这会影响植物的健康。
4. **光照**：如果植物的位置没有得到适当的光照，或者光照过强直射植物，都可能导致植物枯萎。
5. **根部问题**：植物的根部可能受损，如根腐病或物理损伤，影响其吸水和养分的能力。
6. **环境压力**：植物可能暴露在某种形式的环境压力下，如温度过高或过低、通风不良或化学物质的暴露，这可能只影响位置特定或敏感的植物。
7. **个体差异**：即使在相同的环境条件下，不同植物的耐受性和反应也可能不同。这株植物可能自然就更脆弱或对某些条件更敏感。

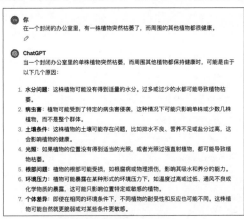

图 2-12　推理回答

2.3 提示工程的使用

提示工程（Prompt Engineering）是一种技术，涉及精心设计和优化与 AI 模型（如 ChatGPT）的交互提示，以获得更准确、相关或创造性的输出。这一过程对于最大化 AI 模型的效能至关重要，特别是在自然语言处理和生成任务中。有效的提示工程可以显著提高 AI 在各种应用中的表现，包括文本生成、数据分析、创意写作等，利用上下文交互不断完善问题以得到更好的答案，上述所有提示模式都可以互相组合利用，如两两组合或者三三组合使用，在不断衍生出的答案结果中持续优化。

下面以“国内未来半导体行业市场发展趋势”为题，以提示工程为基础，完成案例文章。

（1）写一篇文章前首先需要明确文章风格、写作类型，并结合主题信息一起输入给 ChatGPT，如图 2-13 所示。

（2）进一步扩展文章，要求和上文连贯，并明确指出细化主题，如技术创新方向，如图 2-14 所示。

你

我想围绕 现状、冲突、原因、方案这个组合模型给我在中国半导体行业的分析文章写一个开头，500字左右

ChatGPT

在全球化的浪潮中，中国半导体行业正站在一个关键的十字路口，面临着前所未有的挑战与机遇。随着技术的迅速发展和全球供应链的动态变化，这一行业的现状正受到多方面的影响，引发了一系列的冲突和讨论。本文旨在深入分析中国半导体行业的当前状况，探讨其面临的主要冲突，剖析这些冲突背后的深层原因，并提出可能的解决方案，以助于行业的健康发展和长远规划。

当前，中国半导体行业正经历着快速的增长期，这得益于国家政策的大力支持、市场需求的持续扩大以及国内外投资的不断增加。然而，尽管取得了显著的进步，中国半导体行业仍面临着技术创新不足、高端人才短缺、核心技术受制于人等现实问题。这些挑战不仅限制了行业的进一步发展，也成为了制约中国在全球半导体产业链中地位提升的瓶颈。

冲突的核心在于国际竞争与合作的双重压力。一方面，全球化的经济环境促使中国半导体企业必须与国际先进水平保持竞争，尤其是在关键技术和产业链高端环节的争夺中；另一方面，技术封锁和贸易限制等外部因素又加剧了这一挑战，使得中国半导体行业的自主创新和国际合作受到限制。

这些冲突的根本原因复杂多元，既有历史积累的技术基础薄弱、产业链不完善等内部因素，也有国际政治经济形势变化、全球科技霸权竞争加剧等外部因素。要深入理解这些原因，就需要对中国半导体行业的发展历程、国际环境、政策导向等进行全面分析。

面对这些挑战，中国半导体行业的发展策略需要多维度的考量。从提高研发创新能力、构建完整的产业链条，到加强国际合作、优化行业政策环境，每一项措施都至关重要。只有通过系统性的解决方案，才能在全球半导体产业中占据有利地位，推动中国从半导体大国迈向半导体强国的转变。

图 2-13　第一步过程

你

连接上文，再讲讲技术创新与变革方面有哪些进步

ChatGPT

在技术创新与变革方面，中国半导体行业已经取得了一系列引人注目的进步，这些成就不仅展示了中国在这一领域日益增长的实力，也为行业的未来发展奠定了坚实的基础。以下是几个关键方面的进步：

集成电路设计

中国在集成电路（IC）设计领域取得显著成就，一些中国企业已经能够设计出高性能、低功耗的芯片，广泛应用于智能手机、电脑、服务器等产品。这得益于国家的大力投资、人才战略的实施以及与国际领先企业的合作交流。

制造技术进步

尽管中国在半导体制造技术方面仍存在一定差距，但近年来通过技术引进、自主研发和国际合作，中国的半导体制造水平有了显著提升。部分企业开始掌握14纳米甚至更先进的制程技术，逐步缩小与国际先进水平的差距。

材料与设备自主化

在半导体材料和设备方面，中国正加快自主化进程。通过国家重大科技项目支持和企业自主研发，国产化替代率逐步提高，特别是在硅片、光刻胶、掩膜版等关键材料和设备上取得了突破。

新兴技术领域的探索

中国半导体行业不仅在传统领域取得进步，也在新兴技术领域如第三代半导体、人工智能（AI）芯片、量子计算芯片等领域积极探索，展现了强大的创新能力和发展潜力。

图 2-14　第二步过程

（3）为了使文章更具说服力，需要一些真实数据组成表格等其他媒体类型展示，如图 2-15 所示。

（4）将以上数据转换为表格形式，如图 2-16 所示。

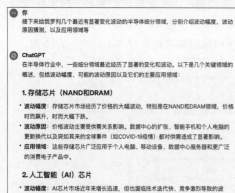

图 2-15　第三步过程

图 2-16　第四步过程

（5）明确限制开头，写文章总结内容，如图 2-17 所示。

（6）根据主题关键词生成文章封面图，如图 2-18 所示。

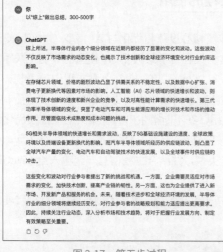

图 2-17　第五步过程

图 2-18　第六步过程

成品文章展示：

ChatGPT：国内未来半导体行业市场发展趋势

在全球化的浪潮中，中国半导体行业正站在一个关键的十字路口，面临着前所未有的挑战与机遇。随着技术的迅速发展和全球供应链的动态变化，这一行业的现状正受到多方面的影响，引发了一系列的冲突和讨论。本文旨在深入分析中国半导体行业的当前状况，探讨其面临的主要冲突，剖析这些冲突背后的深层原因，并提出可能的解决方案，以助于行业的健康发展和长远规划。

当前，中国半导体行业正经历着快速的增长期，这得益于国家政策的大力支持、市场需求的持续扩大以及国内外投资的不断增加。然而，尽管取得了显著的进步，中国半导体行业仍面临着技术创新不足、高端人才短缺、核心技术受制于人等现实问题。这些挑战不仅限制了行业的进一步发展，也成为了制约中国在全球半导体产业链中地位提升的瓶颈。

冲突的核心在于国际竞争与合作的双重压力。一方面，全球化的经济环境促使中国半导体企业必须与国际先进水平保持竞争，尤其是在关键技术和产业链高端环节的争夺中；另一方面，技术封锁和贸易限制等外部因素又加剧了这一挑战，使得中国半导体行业的自主创新和国际合作受到限制。

这些冲突的根本原因复杂多元，既有历史积累的技术基础薄弱、产业链不完善等内部因素，也有国际政治经济形势变化、全球科技霸权竞争加剧等外部因素。要深入理解这些原因，就需要对中国半导体行业的发展历程、国际环境、政策导向等进行全面分析。

面对这些挑战，中国半导体行业的发展策略需要多维度的考量。从提高研发创新能力、构建完整的产业链条，到加强国际合作、优化行业政策环境，每一项措施都至关重要。只有通过系统性的解决方案，才能在全球半导体产业中占据有利地位，推动中国从半导体大国迈向半导体强国的转变。

在技术创新与变革方面，中国半导体行业已经取得了一系列引人注目的进步，这些成就不仅展示了中国在这一领域日益增长的实力，也为行业的未来发展奠定了坚实的基础。以下是几个关键方面的进步：集成电路设计。中国在集成电路（IC）设计领域取得显著成就，一些中国企业已经能够设计出高性能、低功耗的芯片，广泛应用于智能手机、计算机、服务器等产品。这得益于国家的大力投资、人才战略的实施以及与国际领先企业的合作交流。制造技术进步。尽管中国在半导体制造技术方面仍存在一定差距，但近年来通过技术引进、自主研发和国际合作，中国的半导体制造水平有了显著提升。部分企业开始掌握 14 纳米甚至更先进的制程技术，逐步缩小与国际先进水平的差距。材料与设备自主化。在半导体材料和设备方面，中国正加快自主化进程。通过国家重大科技项目支持和企业自主研发，国产化替代率逐步提高，特别是在硅片、光刻胶、掩膜版等关键材料和设备上取得了突破。新兴技术领域的探索。中国半导体行业不仅在传统领域取得进步，也在新兴技术领域如第三代半导体、AI 芯片、量子计算芯片等领域积极探索，展现了强大的创新能力和发展潜力。

在半导体行业中，一些细分领域最近经历了显著的变化和波动。以下是几个关键领域的概述，包括波动幅度、可能的波动原因以及它们的主要应用领域。

细分领域	波动幅度	原　　因	应用领域
存储芯片 NAND/DRAM）	高（价格上下波动）	供需关系、数据中心扩张、消费电子更新换代、全球事件影响	个人电脑、移动设备、数据中心、消费电子
人工智能（AI）芯片	快速增长但波动	技术创新、新兴企业竞争、高性能计算需求增长	数据中心、自动驾驶汽车、智能手机、家庭自动化设备、AI 应用
功率半导体（第三代）	显著增长但有波动	电动汽车增长、可再生能源应用、技术成熟度、成本问题	电动汽车、太阳能逆变器、高效能源转换系统、消费电子
5G 相关半导体	快速增长但需求波动	5G 基础设施建设、全球政策、终端设备更新换代	5G 基站、网络设备、5G 手机、新兴 5G 应用
汽车半导体	供应链波动	全球汽车产量变化、电动汽车和自动驾驶技术发展、供应链中断	车载信息娱乐系统、ADAS、电动汽车

综上所述，半导体行业的各个细分领域在近期内都经历了显著的变化和波动。这些波动不仅反映了市场需求的动态变化，也揭示了技术创新和全球经济环境变化对行业的深远影响。

这些变化和波动对行业参与者提出了新的挑战和机遇。一方面，企业需要灵活应对市场需求的变化，加快技术创新，提高产业链的韧性；另一方面，这也为企业提供了进入新市场、开发新产品和服务的机会。未来，随着技术进步和全球经济环境的发展，半导体行业的细分领域将继续经历变化，对行业参与者的战略规划和能力适应提出更高要求。因此，持续关注行业动态，深入分析市场和技术趋势，将对于把握行业发展方向、制定有效策略至关重要。

第3章 ChatGPT 的实例用法

通过前面章节对 ChatGPT 的基础功能和操作技巧的深入了解，用户已经掌握了如何有效地与这一强大的 AI 工具互动。本章将进一步探索 ChatGPT 在现实生活中的广泛应用，见证它如何跨越理论与实践的鸿沟，成为各领域不可或缺的工具。从教育到金融，再到情感心理支持和办公自动化，ChatGPT 展示了其在个性化学习、市场分析、情感支持等方面的卓越能力。此外，它在多媒体创作、健康医疗咨询、艺术创作等领域的应用也进一步证明了 AI 技术在创新解决方案方面的潜力。

下面将逐一展示 ChatGPT 在这些领域内提供的具体而实际的帮助。它不仅可以为专业人士提供支持，而且可以为人们的日常生活带来便利。也就是说，无论是在提高工作效率、促进个人成长，还是在解决复杂问题上，ChatGPT 都能够提供高效且创新的解决方案。随着对这些实例的深入学习，用户将更加明白 ChatGPT 的真正价值不仅在于它的技术先进性，更在于它被应用于解决现实世界的挑战，从而开拓出新的可能性。

3.1 教 育 领 域

ChatGPT 能够提供定制化的学习体验。通过对学生的学习习惯、能力和偏好的深入理解，ChatGPT 可以为每个学生量身定制学习计划，使教育更加个性化和高效。这种方式不仅可以提高学生的学习兴趣，还能有效提升学生的学习成效，尤其是在语言学习、数学解题等领域。

ChatGPT 在教育中的应用打破了传统的时间和空间限制。学生可以随时随地通过智能设备与 ChatGPT 互动，无论是复习旧知识，还是探索新领域，都能得到即时的支持和反馈。这种灵活性极大地促进了终身学习的理念，使得学习不再局限于课堂之内。

ChatGPT 作为一种强大的辅助工具，可以帮助教师处理大量的教学相关工作，如自动批改作业、生成个性化测试题等。这不仅大大减轻了教师的工作负担，还让教师能够更多地关注于教学内容的创新和学生能力的培养。

然而，ChatGPT 在教育领域的应用也面临着诸多挑战和争议，如数据安全问题、对学生独立思考能力的潜在影响等。因此，如何在保障教育公平性和质量的前提下，合理利用 ChatGPT 成为教育工作者、技术开发者乃至整个社会需要共同思考的问题。

案例 001　制订个性化学习计划

在当前的教育环境中，学生常常面临着多样化的学习需求和挑战。例如，一位高中生即将面临重要的大学入学考试，但在数学和物理学科上存在明显的薄弱环节。尽管他在其他科目上表现出色，但数学和物理的不足严重影响了他的整体成绩。如何寻求一种方法，能够针对性地提升这两门科目的理解和应用能力，同时不牺牲其他科目的学习时间。

扫一扫，看视频

1. ChatGPT 应用逻辑梳理

ChatGPT 提供制订个性化学习计划指导的应用逻辑如图 3-1 所示。

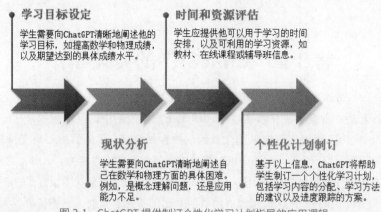

学习目标设定
学生需要向ChatGPT清晰地阐述他的学习目标，如提高数学和物理成绩，以及期望达到的具体成绩水平。

时间和资源评估
学生应提供他可以用于学习的时间安排，以及可利用的学习资源，如教材、在线课程或辅导班信息。

现状分析
学生需要向ChatGPT清晰地阐述自己在数学和物理方面的具体困难。例如，是概念理解问题，还是应用能力不足。

个性化计划制订
基于以上信息，ChatGPT将帮助学生制订一个个性化学习计划，包括学习内容的分配、学习方法的建议以及进度跟踪的方案。

图 3-1 ChatGPT 提供制订个性化学习计划指导的应用逻辑

2. ChatGPT 对话交互

ChatGPT：

小张：我需要在接下来的三个月内显著提高我的数学和物理成绩，目前数学大约在 70 分，物理只有 60 分，希望能分别提升到至少 85 分和 80 分。我的主要问题是对一些核心概念的理解不够深刻，尤其是数学的几何和物理的动力学部分。我每天大约能挤出两小时的学习时间，周末的时间可以更多。我有标准的教科书和一些网络课程的订阅，但感觉效率不高。

ChatGPT：基于你提供的信息，我们可以制订一个有针对性的学习计划。首先，考虑到你的目标是在三个月内显著提高成绩，建议将学习时间分为两部分：理解概念和练习应用。对于数学，我们可以从强化几何概念的理解开始，通过具体的图形绘制和问题解析来加深理解。物理的动力学部分，可以通过日常生活中的实例来建立直观的理解，如运动的物体、力的作用等。接下来，我们会制订详细的学习计划，包括每周的学习重点和推荐的学习资源。对于数学，推荐使用 Khan Academy 的几何课程来加强概念理解，同时结合教科书中的习题进行练习。对于物理，我们会选取一些核心的动力学概念，通过 PhET Interactive Simulations 进行模拟实验，以加深理解。每天的学习时间可以这样分配：前 45 分钟专注于概念理解，通过视频课程或阅读教材；接下来的 75 分钟进行习题练习和模拟实验，确保理论与实践相结合。每周末进行一次复习和自我测试，以评估学习效果并调整计划。

小张：视频课程和模拟实验听起来不错，但我如何确保我真正理解了这些概念而不仅仅是机械记忆呢？

ChatGPT：确保深刻理解概念而非机械记忆的关键在于主动学习和批判性思考。在学习每个概念时，试着将新知识与你已知的知识联系起来，思考其背后的原理和逻辑。例如，在学习几何概念时，不仅要记住公式，还要理解其几何直观含义和推导过程。对于物理概念，尝试在日常生活中找到实际应用的例子，思考如何用学到的知识解释这些现象。此外，教学他人也是一种很好的学习方法。你可以尝试向朋友或家人解释新学的概念，这不仅能帮助你巩固记忆，还能发现自己理解中的漏洞。最后，定期进行自我测试，不仅限于完成习题，还包括口头解释概念和原理，这样可以从多个角度加深理解。

小张：这听起来很有用，但我担心自己在学习过程中遇到难题时会卡壳，没有人帮助我解决问题怎么办？

ChatGPT：遇到难题时寻求帮助是学习过程中非常重要的一环。有几种方法可以在你遇到困难时获取帮助。首先，可以加入相关的在线学习社区或论坛，比如 Reddit 上的学习小组或者专门的学术社区。在这些平台上，你可以提出问题，与其他学习者交流想法，甚至得到专家的指导。其次，考虑使用一对一的在线辅导服务，这样你可以直接向专家求助，针对性地解决问题。此外，不要忽视你身边的资源，比如向老师、学校的学习中心或同学求助。有时候，与人面对面讨论问题可以更快地找到解决方案。同时，记得在遇到难题时保持耐心和毅力，因为挑战和困难是学习过程中不可避免的部分，它们有助于你成长和进步。

小张：如果我想追踪自己的进步和效率，有什么好方法吗？

ChatGPT：追踪进步和效率是保持学习动力与评估学习策略有效性的好方法。可以采用几种策略来实现这一点。首先，建立一个学习日志，记录每天的学习内容、时间和完成的习题数量。这不仅可以帮助你保持组织性，还可以让你看到自己随时间的进步。其次，设立具体的短期和长期目标，比如每周掌握一个新概念或每月提升一定的成绩，这样可以使你的学习更有方向感。使用数字工具，如学习管理应用或进度追踪软件，也可以帮助你更直观地看到进度和成效。另外，定期进行自我评估，比如每周或每月进行一次模拟考试，以测试你对知识的掌握程度。这些方法不仅可以帮助你追踪学习进度，还能激励你持续努力，不断提升。

在使用 ChatGPT 制订个性化学习计划时，需要注意以下几点：首先，ChatGPT 提供的建议基于通用的教育原理和可用资源，并不能完全替代专业教师的指导。其次，学习计划需要根据学习者的进展和反馈不断调整，ChatGPT 可以提供调整建议，但最终的适应性调整需要学习者自己来实施。此外，持续的动机和自律是成功实施个性化学习计划的关键，学习者需要自我激励，保持学习的连续性和积极性。

针对这个案例，用户可以进一步探索的方向包括：①如何利用 ChatGPT 跟踪和评估学习进度，以及如何调整学习计划以应对学习中遇到的新挑战；②探索更多交互式和协作学习工具的结合使用，以增加学习的互动性和趣味性。

 案例 002　辅助进行语言学习

下面通过案例展示如何利用 ChatGPT 来辅助进行语言学习，包括提供学习材料、模拟对话练习、解答语言学习中的疑问等。例如，成人学习者李华想要学习英语，以便在未来的职业发展中更具竞争力。李华的母语是汉语，他对英语的基础知识有一定了解，如基本的单词和短语，但他在语法、听力理解和口语表达上存在明显的困难。他希望能够在 6 个月内提高自己的英语水平，尤其是提高日常会话和职场英语的能力。

扫一扫，看视频

1. ChatGPT 应用逻辑梳理

ChatGPT 辅助进行语言学习指导的应用逻辑如图 3-2 所示。

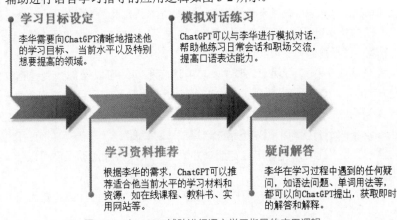

图 3-2　ChatGPT 辅助进行语言学习指导的应用逻辑

2. ChatGPT 对话交互

⑤ ChatGPT：

李华：你好，我想在 6 个月内提高我的英语水平，特别是想增强日常会话和职场英语的能力。我应该如何开始呢？

ChatGPT：你好！很高兴你决定提高英语水平。鉴于你已经掌握了一些基础知识，我们可以从以下几个方面入手。

1. 定制学习计划：建立一个实际可行的学习计划非常重要。你可以每天至少安排 30 分钟到 1 小时的学习时间。将学习时间分配到听力、口语、阅读和写作上，确保全面提高。

2. 加强语法和词汇：可以通过在线资源或英语学习书籍来加强语法知识。对于词汇，你可以每天学习一定数量的新单词，并尝试在句子中使用它们。

3. 提高听力和口语能力：听力和口语是通过实践来提高的。你可以听英语播客、观看英文电影或电视节目，并尽量模仿说话者的发音和语调。此外，加入英语学习小组或找一个语言交换伙伴也很有帮助。

• 职场英语：对于职场英语，了解常用的商务术语和表达非常重要。你可以通过阅读职场相关的英文文章、书籍，或者观看相关的教学视频来提高这方面的能力。

• 实际应用：尝试在日常生活中使用英语，无论是写日记、与朋友交流，还是在工作中使用英语进行简单的沟通，都是很好的练习。

李华：听起来不错，但我担心我的发音不准确，这会影响我说英语的信心。有什么办法可以改善发音吗？

ChatGPT：关于发音，这里有一些方法可以帮助你改善。

1. 模仿练习：找一些英语母语者的录音，仔细听他们的发音，并尽可能模仿。你可以从短句开始，逐渐过渡到长句和段落。

2. 使用语音识别软件：有些应用程序和在线工具可以评估你的发音，并提供反馈。这些工具可以帮助你识别并改正发音错误。

3. 口腔肌肉练习：通过特定的口腔肌肉练习可以提高发音清晰度。这包括舌头和嘴唇的位置练习，有助于你更准确地发出某些音素。

4. 参加发音课程：如果可能的话，你可以考虑参加专门的发音课程。有些课程可能会提供一对一的辅导，帮助你更快地改善发音。

5. 持续练习：改善发音是一个长期的过程，需要持续不断的练习。不要因为一开始的困难而气馁，坚持练习会带来明显的改善。

李华：我也听说过语言交换，这是个好方法吗？我应该怎么找到语言交换伙伴？

ChatGPT：语言交换是一个非常好的方法，因为它可以让你在实际对话中练习语言，并了解文化差异。以下是一些寻找语言交换伙伴的途径。

1. 使用语言交换应用程序和网站：有许多应用程序和网站可以帮你找到语言交换伙伴，如 Tandem、HelloTalk 和 Speaky 等。你可以根据兴趣、语言水平和学习目标选择合适的伙伴。

2. 社交媒体和论坛：你也可以通过社交媒体和语言学习论坛发布寻找语言交换伙伴的信息。Reddit、Facebook 上的语言学习小组是不错的选择。

3. 当地的语言交换活动：一些城市会定期举办语言交换聚会或活动，你可以参加这些活动与当地的英语母语者交流。

4. 大学和学院：如果你在校学习，可以询问是否有语言交换项目，或者是否有其他学生对进行语言交换感兴趣。

在利用 ChatGPT 作为语言学习助手时，需要注意以下几点：首先，尽管 ChatGPT 能提供即时反馈和练习机会，但它不能完全替代真人交流和专业教师的指导。学习者应结合使用其他学习资源和参与实际交流。其次，持之以恒是语言学习的关键。李华需要保持一致的学习节奏，定期评估进度，并根据需要调整学习计划。最后，语言学习是一个长期的过程，需要耐心和时间，学习者应该对自己有合理的期待，并享受学习过程。

针对这个案例，用户可以进一步探索的方向包括：①如何利用 ChatGPT 进行更高级的语言学习，如学术写作、专业术语等；②探索 ChatGPT 与其他语言学习工具和平台的集成使用，以提供更全面的学习体验。

案例 003　考试复习策略规划

在考试复习策略规划的案例中，学生面临的主要挑战通常包括如何高效地组织和回顾大量学习材料、如何优先处理复习内容、如何维持持久的学习动力以及如何有效地管理复习时间。为了应对这些挑战，ChatGPT 作为一个辅助工具，可以帮助学生制定和实施一个有效的复习计划。例如，学生李华即将面临期末考试，有五门科目需要复习，考试在一个月后。他决定使用 ChatGPT 来规划考试复习策略。

扫一扫，看视频

1. ChatGPT 应用逻辑梳理

ChatGPT 提供制定考试复习策略规划的应用逻辑如图 3-3 所示。

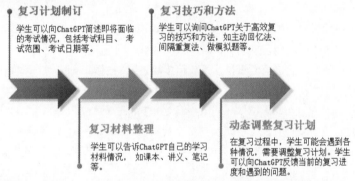

复习计划制订
学生可以向ChatGPT简述即将面临的考试情况，包括考试科目、考试范围、考试日期等。

复习技巧和方法
学生可以询问ChatGPT关于高效复习的技巧和方法，如主动回忆法、间隔重复法、做模拟题等。

复习材料整理
学生可以告诉ChatGPT自己的学习材料情况，如课本、讲义、笔记等。

动态调整复习计划
在复习过程中，学生可能会遇到各种情况，需要调整复习计划。学生可以向ChatGPT反馈当前的复习进度和遇到的问题。

图 3-3　ChatGPT 提供制定考试复习策略规划的应用逻辑

2. ChatGPT 对话交互

⟁ ChatGPT：

李华：你好。我下个月有五门科目的期末考试，但我不知道如何安排复习计划，你能帮帮我吗？

ChatGPT：当然可以。首先，我们需要明确这五门科目分别是什么，并了解每门科目的难度和重要程度。你能告诉我这些信息吗？

李华：好的。这五门科目是数学、物理、化学、英语和历史。我觉得对我来说，数学和物理比较难，化学和英语中等，历史相对容易一些。

ChatGPT：明白了。根据你的描述，我们可以将科目按难度和重要性进行排序，然后分配更多的复习时间给数学和物理。你有没有考虑过每天复习的时间和每周可以复习的天数？

李华：我每天大概可以安排 4 个小时复习，一周可以复习 6 天。

ChatGPT：很好，这样的话，我们有一个月的时间，大约 24 天可以用来复习，每天 4 个小时，总共 96 个小时。我们可以这样安排：每周安排一天的时间复习所有科目，用于巩固和回顾。剩下的时间我们可以这样分配：数学和物理各分配 30% 的时间，化学和英语各分配 15%，历史 10%。这样你觉得怎么样？

李华：听起来不错。那具体怎么安排呢？

ChatGPT：我们可以这样制订详细计划：

1. 每天分为四个一小时的学习块，中间休息 10 分钟。

2. 每周六个学习日，第七天用于综合复习和休息。

3. 按照之前的比例，数学和物理每周各分配 14.4 个小时（每天 2.4 小时，分成两个学习块），化学和英语各分配 7.2 个小时（每天 1.2 小时，可以分成两天，每天一个学习块），历史 4.8 个小时（每周分成两个学习日，每天两个学习块）。

4. 每个学习块开始前确定具体的学习目标，结束后简单回顾所学内容。

李华：好的，这个计划听起来很系统。但如果我在复习过程中发现有的科目比预想的难，或者进度落后了怎么办？

ChatGPT：如果发现某个科目比预期难，或者进度落后，重要的是要灵活调整计划。你可以临时调整某一天的学习安排，增加对该科目的复习时间，同时略微减少其他科目的时间。此外，可以利用周末的综合复习日进行额外的强化学习。最重要的是保持定期的复习和自我评估，这样可以及时发现问题并调整策略。

李华：明白了。那我应该怎样高效地复习呢？

ChatGPT：高效复习的关键在于主动学习和定期复习。这里有一些建议：

1. 主动学习：不要只是被动地阅读或者听讲，而是要积极参与进来。例如，通过做笔记、提问、教授他人或者做练习题。

2. 分散学习：不要长时间集中复习一个科目，而是将学习时间分散开，这样可以提高记忆效率。

3. 定期复习：学过的内容要定期回顾，利用遗忘曲线，巩固记忆。

4. 自我测验：定期对自己进行测试，这不仅可以检查学习成果，还能加深理解和记忆。

5. 健康的生活习惯：保持充足的睡眠，健康的饮食，适当的运动，这些都对学习效率有正面的影响。

李华：这些建议很有帮助。我会尝试按照这个计划和方法来复习。谢谢你的帮助！

ChatGPT：不客气，李华。如果在复习过程中遇到任何问题，随时欢迎回来咨询。祝你考试顺利！

在使用 ChatGPT 规划考试复习策略时，需要注意以下几点：首先，ChatGPT 提供的信息和建议可能不完全符合最新的教育标准或考试要求，因此需要结合当前的教学大纲和考试指南来调整复习计划。其次，每个学生的学习习惯、知识基础和应试技能都不相同，ChatGPT 提供的建议需要个性化调整，以适应不同学生的具体需求。同时，也可以进一步探索使用 ChatGPT 来定期检查复习进度和效果，以及如何利用 ChatGPT 模拟考试中的问题解答和时间管理练习。

案例 004　提供作业辅导与解答

扫一扫，看视频

在提供作业辅导与解答的案例中，学生们面临的主要挑战包括理解复杂的学术概念、解决难题以及准备考试。这些挑战常常需要个性化的辅导和反馈来有效解决。通过使用 ChatGPT，学生们可以得到即时的作业帮助和解答，从而加深理解和提高学习效率。学生小明在准备化学期末考试时，遇到了一个关于化学平衡的难题。这个问题涉及反应速率、平衡常数以及如何通过改变条件（如温度、压力、浓度）来影响化学平衡的方向。小明对化学平衡的概念理解不够深入，导致他在解决这类问题时感到困惑。

1. ChatGPT 应用逻辑梳理

ChatGPT 提供作业辅导与解答的应用逻辑如图 3-4 所示。

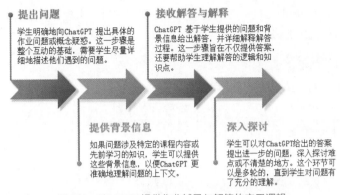

图 3-4　ChatGPT 提供作业辅导与解答的应用逻辑

2. ChatGPT 对话交互

ChatGPT:

小明：我不太明白化学平衡中的勒夏特列原理是如何应用的，特别是在压力和浓度变化时。

ChatGPT：勒夏特列原理是一个非常重要的化学原理，它描述了外部条件变化时化学平衡状态的调整。简单来说，如果一个处于平衡状态的系统受到外部条件的改变（如温度、压力、浓度的变化），系统会自发地调整，以减少这种变化的影响。当压力增加时，平衡会向减少气体分子总数的方向移动，以降低系统的压力。相反，如果压力减小，平衡会向增加气体分子总数的方向移动。对于浓度的变化，如果反应物的浓度增加，平衡会向生成更多产物的方向移动，以消耗掉多余的反应物。如果产物的浓度增加，系统则会通过生成更多反应物来减少产物的浓度。通过这种方式，系统试图抵抗外部条件的变化，维持平衡状态。

小明：如果我遇到一个涉及气体反应的平衡问题，我应该如何考虑压力的影响？

ChatGPT：对于涉及气体的化学平衡问题，压力的影响是非常关键的。首先，你需要确定反应方程式并识别出反应物和产物中的气体分子。接着，观察反应物和产物两侧的气体分子数量是否不同。如果增加系统的压力，平衡将会向气体分子总数较少的一侧移动，因为这样可以减少系统的总体积，从而抵抗压力的增加。反之，如果减少系统的压力，平衡将会向气体分子总数较多的一侧移动，以增加总体积，抵抗压力的减小。通过这种分析，你可以根据具体的反应方程和压力变化预测平衡的移动方向。

小明：如果温度变化呢？它是如何影响化学平衡的？

ChatGPT：温度对化学平衡的影响与压力和浓度有所不同，因为它直接影响反应的热动力学。根据勒夏特列原理，如果增加温度，平衡会向吸热反应的方向移动，即向吸收热量的方向调整。如果减少温度，平衡则向放热反应的方向移动，即向释放热量的方向调整。为了应用这一原理，你需要知道反应是吸热还是放热。这可以通过反应的焓变（ΔH）来判断，如果 ΔH 为正，反应是吸热的；如果 ΔH 为负，反应是放热的。根据这一信息和温度变化，你可以预测平衡的移动方向。

在使用 ChatGPT 进行作业辅导与解答时，需要注意的是，要尽可能详细地描述遇到的问题，包括所有相关的条件和要求，应把重点放在理解 ChatGPT 提供的解答中的科学原理和解题逻辑，在可能的情况下，与教师或同学讨论解答过程，验证答案的正确性。

案例 005　编程技能学习支持

在编程技能学习支持的案例中，学生或编程爱好者面临的主要挑战通常包括理解编程概念、解决编程难题、掌握编程语言的语法以及开发和调试程序。为了应对这些挑战，可

扫一扫，看视频

以采用 ChatGPT 作为一个辅助工具，帮助学习者通过交互式对话来理解复杂的编程问题，提供编程练习的解答，以及给出代码调试的建议。

1. ChatGPT 应用逻辑梳理

ChatGPT 分享学习编程技能过程的应用逻辑如图 3-5 所示。

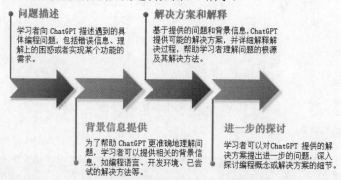

问题描述
学习者向 ChatGPT 描述遇到的具体编程问题，包括错误信息、理解上的困惑或者实现某个功能的需求。

解决方案和解释
基于提供的问题和背景信息，ChatGPT 提供可能的解决方案，并详细解释解决过程，帮助学习者理解问题的根源及其解决方法。

背景信息提供
为了帮助 ChatGPT 更准确地理解问题，学习者可以提供相关的背景信息，如编程语言、开发环境、已尝试的解决方法等。

进一步的探讨
学习者可以对 ChatGPT 提供的解决方案提出进一步的问题，深入探讨编程概念或解决方案的细节。

图 3-5　ChatGPT 分享学习编程技能过程的应用逻辑

2. ChatGPT 对话交互

> ⑤ ChatGPT：
>
> **小李**：我在尝试从一个列表中删除所有重复的元素，但是我写的代码似乎并不工作。这是我的代码：
>
> ```python
> Python
> pythonCopy code
> numbers = [1, 2, 2, 3, 4, 4, 5]
> for num in numbers:if numbers.count(num) > 1:
>     numbers.remove(num)
> print(numbers)
> ```
>
> **ChatGPT**：我看到了，你的代码在遍历列表的同时尝试修改列表，这可能会导致一些元素被跳过并不被检查。一个更好的方法是使用集合（set）来自动去除重复元素，因为集合是不允许重复元素的。你可以先将列表转换为集合，然后再将其转换回列表，这样就可以去除所有重复的元素。下面是修改后的代码：
>
> ```python
> numbers = [1, 2, 2, 3, 4, 4, 5]
> unique_numbers = list(set(numbers))
> print(unique_numbers)
> ```
>
> **小李**：这种方法确实可以解决问题，但是它会改变原始列表中元素的顺序吗？
>
> **ChatGPT**：是的，将列表转换为集合会去除重复元素，但同时也可能改变元素的顺序，因为集合不保证元素的顺序。如果你需要保持原始列表中元素的顺序，你可以使用一个临时列表来存储已经见过的元素，并用它来检查当前元素是否是重复的。这里有一个示例代码：
>
> ```python
> numbers = [1, 2, 2, 3, 4, 4, 5]
> unique_numbers = []
> for num in numbers:if num not in unique_numbers:
>     unique_numbers.append(num)
> print(unique_numbers)
> ```
>
> 这段代码遍历原始列表，并使用一个新的列表 unique_numbers 来存储遇到的唯一元素。这样就可以在保持元素顺序的同时去除重复项。

在使用 ChatGPT 进行编程技能学习支持时，需要提供足够的信息，包括代码示例、遇到的错误信息和已尝试的解决方法，重点关注 ChatGPT 提供的解决方案背后的编程原理和逻辑，编程是一个不断学习和实践的过程，遇到问题时主动寻求解答，持续提高编程能力。

 案例 006　多语言日常对话翻译

在全球化的今天，人们越来越频繁地跨越国界进行交流和合作。然而，语言差异常常成为沟通的障碍，尤其是在处理日常对话时。无论是旅行、商务会谈还是在线交流，有效的语言翻译工具都是必不可少的。传统的翻译工具虽然能够提供基本的翻译服务，但在处理日常对话中的俚语、隐喻和文化特定表达时往往显得力不从心。因此，需要一种更智能、更灵活的翻译解决方案，以实现真正的无障碍交流。

扫一扫，看视频

1. ChatGPT 应用逻辑梳理

ChatGPT 提供多语言日常对话翻译指导的应用逻辑如图 3-6 所示。

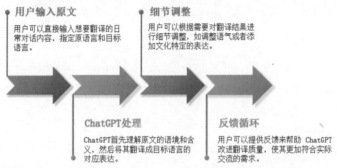

> **用户输入原文**
> 用户可以直接输入想要翻译的日常对话内容，指定原语言和目标语言。

> **细节调整**
> 用户可以根据需要对翻译结果进行细节调整，如调整语气或者添加文化特定的表达。

> **ChatGPT处理**
> ChatGPT首先理解原文的语境和含义，然后将其翻译成目标语言的对应表达。

> **反馈循环**
> 用户可以提供反馈来帮助 ChatGPT 改进翻译质量，使其更加符合实际交流的需求。

图 3-6　ChatGPT 提供多语言日常对话翻译指导的应用逻辑

2. ChatGPT 对话交互

> ⑤ ChatGPT：
>
> 用户：我想知道这家餐厅几点开门，但我不太会说法语。你能帮我翻译一下吗？
>
> ChatGPT：当然可以。你可以这样询问："Excusez-moi, à quelle heure ouvre le restaurant, s'il vous plaît？"这句话的意思是"打扰一下，请问餐厅几点开门？"
>
> 用户：如果我想问他们晚上最晚营业到几点，该怎么说呢？
>
> ChatGPT：您可以这样问："Jusqu'à quelle heure le restaurant est-il ouvert le soir, s'il vous plaît？"这句话的意思是"请问，晚上餐厅最晚营业到几点？"
>
> 用户：谢谢，如果想知道餐厅里有什么特别推荐的菜品，我应该怎么问？
>
> ChatGPT：您可以这样询问："Quels sont les plats recommandés du restaurant？"这意味着"餐厅有什么特别推荐的菜品吗？"
>
> 用户：如果我想知道他们是否接受信用卡支付，又该如何表达？
>
> ChatGPT：您可以问："Acceptez-vous les paiements par carte de crédit？"这句话是在询问"你们接受信用卡支付吗？"

ChatGPT 在多语言日常对话翻译中的应用，展示了 AI 技术在促进跨文化交流和理解方面的巨大潜力。它不仅能够提供准确的语言翻译，还能够适应不同的语境和文化特点，使交流更加自然和高效。然而，用户也需要意识到自动翻译工具可能存在的局限性。例如，对复杂表达的处理以及对新兴俚语的理解等，并在必要时寻求人工翻译的帮助。随着技术的不断进步和优化，ChatGPT 及类似工具在未来将为打破语言障碍、连接全球社群提供更强大的支持。

ChatGPT商业应用实操手册（226集视频课+217种场景应用）

扫一扫，看视频

案例 007　学术论文写作辅导

在学术论文写作辅导中，学生和研究人员面临的挑战主要涉及确定研究主题、搜集和整理文献、构建论文结构、撰写论文草稿以及进行论文的编辑和校对。ChatGPT 可以在这一过程中提供有效支持。学生小王正在准备他的硕士论文，论文主题关注的是 AI 在医疗健康领域的应用。他在文献综述、研究方法的选择以及数据分析方面遇到了困难。

1. ChatGPT 应用逻辑梳理

ChatGPT 提供学术论文写作辅导指导的应用逻辑如图 3-7 所示。

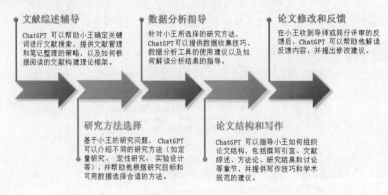

图 3-7　ChatGPT 提供学术论文写作辅导指导的应用逻辑

2. ChatGPT 对话交互

> ⑤ ChatGPT：
>
> 小王：我正在准备我的硕士论文，主题是探讨 AI 在医疗健康领域的应用。但我在文献综述、研究方法的选择以及数据分析方面感到困难，能给我一些建议吗？
>
> ChatGPT：当然可以。让我们一步一步来解决你的问题。
>
> 首先，对于文献综述部分，你需要从广泛的角度收集和分析与你研究主题相关的现有文献。这包括但不限于 AI 在医疗诊断、治疗推荐、患者监护、药物发现等方面的应用。建议使用学术数据库如 PubMed、IEEE Xplore、ScienceDirect 等检索相关文献。在综述过程中，注意识别和总结现有研究的趋势、挑战和未来方向。
>
> 小王：明白了，那研究方法的选择方面呢？
>
> ChatGPT：在研究方法的选择上，首先要明确你的研究是定量的、定性的，还是两者的混合研究。如果你的研究侧重于量化分析人工智能算法在医疗健康领域的性能，比如预测准确度、效率等，那么定量研究会更适合。这可能涉及实验设计、算法比较等。如果你关注的是 AI 如何被医疗专业人士接受、实施的过程，或者是 AI 对患者护理体验的影响，那么定性研究或者定量定性混合研究可能更适合。
>
> 小王：了解了，对于数据分析呢？
>
> ChatGPT：关于数据分析，这将取决于你的研究方法和你收集的数据类型。对于定量数据，你可能需要使用统计软件（如 SPSS、R、Python 等）来进行描述性统计、假设检验、回归分析等。对于定性数据，你可能需要进行内容分析或主题分析，这涉及对文本数据的编码和归类，以识别模式和主题。在进行数据分析时，确保你的方法与你的研究问题和研究设计保持一致，并且能够有效地回答你的研究问题。
>
> 小王：这些建议很有帮助。你还有其他建议吗？

032

ChatGPT：是的，还有一些建议可以帮助你。保持关注最新研究：AI 领域发展迅速，定期检查最新的研究论文和行业报告，以保持你的研究内容的前沿性。与导师密切合作：定期与你的导师会面，讨论你的进展、遇到的问题和下一步计划。他们的经验和指导对你的研究至关重要。实践和理论相结合：尝试将你的研究与实际的医疗健康场景相结合，这不仅能增加你论文的实用价值，也能帮助你更深入地理解理论知识。

小王：非常感谢你的建议，这对我的研究帮助很大！

ChatGPT：不客气。很高兴能帮到你。如果有更多问题或需要进一步的指导，随时欢迎提问。祝你的硕士论文撰写顺利！

作为一种有效的辅助工具，ChatGPT 可以帮助学术研究人员在论文写作过程中克服难题，提升写作效率和质量。它不仅能提供结构化的写作指导、梳理研究思路、辅助文献综述，而且能提供语言表达和格式规范的建议。

案例 008　论文润色

在学术研究和高等教育领域，论文写作是一项基本且重要的任务。学生和研究人员需要撰写清晰、凝练且逻辑严谨的论文来表达他们的研究成果。然而，由于语言表达能力的限制或对学术写作规范的不熟悉，许多研究人员在论文写作过程中遇到了挑战。这些挑战包括语法错误、表达不清晰、逻辑不连贯以及未准确使用专业术语等。

扫一扫，看视频

1. ChatGPT 应用逻辑梳理

ChatGPT 分享论文润色过程的应用逻辑如图 3-8 所示。

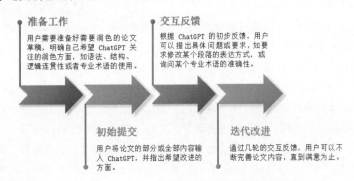

准备工作
用户需要准备好需要润色的论文草稿，明确自己希望 ChatGPT 关注的润色方面，如语法、结构、逻辑连贯性或者专业术语的使用。

交互反馈
根据 ChatGPT 的初步反馈，用户可以提出具体问题或要求，如要求修改某个段落的表达方式，或询问某个专业术语的准确性。

初始提交
用户将论文的部分或全部内容输入 ChatGPT，并指出希望改进的方面。

迭代改进
通过几轮的交互反馈，用户可以不断完善论文内容，直到满意为止。

图 3-8　ChatGPT 分享论文润色过程的应用逻辑

2. ChatGPT 对话交互

⑤ ChatGPT：

小王：我最近在忙着写我的硕士论文草稿，主题是探讨 AI 在医疗诊断中的应用。但我在一些段落的表达上不太满意，感觉不够流畅，也不够专业。

ChatGPT：我很乐意帮助你润色论文。可以把你觉得有问题的段落发给我看看吗？

小王：当然可以。这是我写的一个段落："现在很多医院开始使用 AI 来帮忙做诊断了。这些机器人或者软件可以看很多病人的资料，然后告诉医生病人可能得了什么病。它们对看 X 光片和MRI 图像特别有帮助。这样医生就可以省下不少时间，多照顾照顾病人。但是，用 AI 也有不少麻烦，比如说要保护病人的隐私，还有可能会让一些医生或者护士失业。"

ChatGPT：谢谢你提供的段落。我注意到这里有几个地方可以改进。语气和风格：整个段落的语气比较口语化，对于学术论文来说，需要更正式、更专业的表达。专业术语：使用"机器人或者软件"来描述 AI 在医疗诊断中的应用不够准确，可以直接使用"AI 系统"。具体细节：提到 AI 的优点和挑战时，可以更具体一些，比如详细说明 AI 如何提高诊断效率。基于以上几点，我建议可以这样修改：

"当前，越来越多的医疗机构正开始集成 AI 系统以辅助诊断过程。这些先进的 AI 系统通过分析大量患者数据，为医生提供可能的诊断建议，特别是在分析 X 射线和 MRI 图像方面显示出卓越的性能。这不仅显著提高了诊断的准确率，还优化了医生的工作流程，使他们有更多时间专注于患者护理。然而，这项技术的应用也伴随着挑战，包括确保患者数据隐私的保护，以及潜在的对医疗专业人员就业影响的担忧。"

使用 ChatGPT 进行论文润色时，需要注意虽然 ChatGPT 能够提供语法和表达上的建议，但它可能无法完全理解复杂的学术概念或特定学科的术语。因此，用户应仔细审查 ChatGPT 的建议，确保它们符合学科要求，对于需要深入理解特定学科知识的反馈，建议用户还是咨询相关领域的专家或导师。

针对本案例，用户还可以深入探索如何使用 ChatGPT 进行文献综述的撰写、研究方法的优化建议，以及如何通过模拟学术对话来精练论点。

3.2 金融领域

在金融领域，ChatGPT 的应用正日益成为一个热门话题。随着 AI 技术的不断发展，ChatGPT 已经开始在金融服务、风险管理、投资策略等方面发挥重要作用。下面将探讨 ChatGPT 在金融领域的应用及其意义，以及它是如何帮助金融机构提升效率、优化服务并应对挑战的。

首先，ChatGPT 在提升金融服务效率和质量方面扮演了重要角色。通过自然语言处理（Natural Language Processing，NLP）技术，ChatGPT 能够理解并回应客户的查询，实现 24×7 的客户服务。这不仅极大地提高了客户满意度，还优化了金融机构的运营效率。例如，在银行业，ChatGPT 可以作为虚拟客服处理常见的账户查询、交易处理等请求，从而减轻传统客服中心的压力。

其次，ChatGPT 在金融风险管理和欺诈检测方面展现出巨大潜力。通过分析大量数据和识别潜在的风险模式，ChatGPT 可以帮助金融机构预测并防范风险事件，如信用卡欺诈、洗钱行为等。这种预测能力不仅保护了金融机构的资产安全，也为客户提供了更加安全的金融环境。

然而，ChatGPT 在金融领域的应用也面临着挑战，尤其是在数据安全和隐私保护方面。金融行业对数据的敏感性和保密性要求极高，因此如何确保 ChatGPT 处理的数据安全，防止数据泄露成为一个亟待解决的问题。

案例 009　个人财务规划建议 ------------------------------

扫一扫，看视频

在当今快节奏和不断变化的经济环境中，有效的个人财务规划变得尤为重要。无论是学生、上班族还是退休人员，都需要制定合理的财务规划，以确保资金的安全增长，应对未来的不确定性以及实现个人财务目标。然而，许多人由于缺乏财务知识、经验或时间，往往感到在财务规划方面无从下手。

1. ChatGPT 应用逻辑梳理

ChatGPT 提供规划个人财务建议指导的应用逻辑如图 3-9 所示。

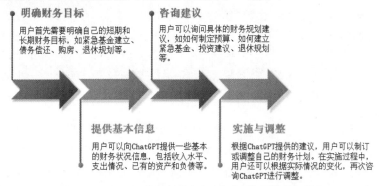

明确财务目标
用户首先需要明确自己的短期和长期财务目标，如紧急基金建立、债务偿还、购房、退休规划等。

咨询建议
用户可以询问具体的财务规划建议，如如何制定预算、如何建立紧急基金、投资建议、退休规划等。

提供基本信息
用户可以向ChatGPT提供一些基本的财务状况信息，包括收入水平、支出情况、已有的资产和负债等。

实施与调整
根据ChatGPT提供的建议，用户可以制订或调整自己的财务计划。在实施过程中，用户还可以根据实际情况的变化，再次咨询ChatGPT进行调整。

图 3-9　ChatGPT 提供规划个人财务建议指导的应用逻辑

2. ChatGPT 对话交互

ChatGPT:

年轻人：你好，ChatGPT，我是一名初入职场的年轻人，我希望能够规划好自己的财务，实现未来购房和早期退休的目标，请问我应该怎么做？

ChatGPT：你好！很高兴你有这样的规划意识。首先，建立一个清晰的财务目标是非常重要的。你可以先确定你想要在多少岁时买房，以及想要在什么年龄退休。这样可以帮助你设定一个时间框架，从而计算出你需要积累的资金量。接下来，你需要制订一个详细的储蓄和投资计划。这通常包括建立紧急基金、减少不必要的开支、定期储蓄和投资等。你对此有什么想法吗？

年轻人：我计划 35 岁前买房，50 岁退休。但我不太清楚应该如何制订储蓄和投资计划，也不知道怎样才能有效减少开支。

ChatGPT：这是一个很好的开始。首先，建议你跟踪和分析自己的支出，了解自己的资金流向。你可以使用预算软件或者简单的电子表格来记录每月的收入和支出。这样，你就可以识别出哪些是必需的开支，哪些是可以削减的非必需的开支。接下来，建立紧急基金是非常重要的，通常建议至少有 3～6 个月的生活费用作为紧急基金。这样可以在遇到突发事件时保证你的财务安全。至于投资，你可以考虑定期投资一些低成本的指数基金或者 ETF（交易所交易基金），这些通常被认为是长期稳健增长的投资方式。你也可以考虑咨询一位财务规划师，以获取更个性化的建议。此外，不要忘了为你的退休储蓄，比如通过职场的退休计划或者个人退休账户（IRA）等方式。

年轻人：我明白了，需要先分析自己的支出，然后建立紧急基金和投资。但是，我对投资不是很了解，担心会有风险。有没有什么方法可以在保证一定收益的同时，尽量降低风险呢？

ChatGPT：对于投资初学者来说，确实需要注意投资的风险。一个常见的策略是分散投资，也就是不要把所有的钱都投在一个篮子里。通过投资多种资产，比如股票、债券和房地产等，可以在一定程度上分散风险。另外，长期持有通常也能降低投资的波动风险。对于希望保持较低风险的投资者，可以考虑投资债券或债券基金，它们通常比股票更稳定。同时，定期再平衡投资组合，确保你的资产配置符合你的风险承受能力和投资目标，也是一种管理风险的好方法。最重要的是，不断学习和了解投资知识，这样你才能更好地作出投资决策。你也可以考虑利用一些投资模拟器来熟悉投资过程，或者加入投资社区交流学习，增加自己的投资经验和知识。

年轻人：这样说来，我需要做的不仅仅是投资，还需要不断学习和调整自己的投资策略。那么，有没有什么好的资源推荐，我可以从哪里开始学习投资知识呢？

ChatGPT：学习投资知识的资源非常丰富。首先，有许多优秀的投资书籍，如《聪明的投资者》《投资最重要的事》等，这些书可以帮助你建立起投资的基本理念和策略。此外，网络上也有很多优质的投资课程和博客，比如 Coursera、Khan Academy 等平台上的金融课程，或者像 Morningstar 和 Investopedia 这样的网站，它们提供了大量的投资知识和工具。还有 YouTube 上的一些财经频道，也是学习投资知识的好地方。加入投资社区或俱乐部也是一个不错的选择，你可以和其他投资者交流心得，学习他们的投资经验。最后，实践是检验真理的唯一标准，你可以从小额投资开始，逐渐积累经验和信心。记得在学习投资的过程中，保持谨慎和耐心，投资是一项长期的活动，需要持续的学习和实践。

在使用 ChatGPT 进行个人财务规划时，需要注意财务规划应根据个人具体情况个性化定制，ChatGPT 提供的建议需要结合个人实际情况进行调整，而且个人财务状况和市场环境是会随时间变化的，定期更新财务规划至关重要。对于复杂的财务规划问题，建议咨询专业的财务顾问，以获取更专业和个性化的服务，用户可以进一步探索如何利用 ChatGPT 进行投资组合建议、税务规划、遗产规划等更深入的财务规划话题。

案例 010　市场趋势的解读与预测

扫一扫，看视频

在商业和金融领域，对市场趋势的准确解读和预测对于制定战略决策至关重要。企业家、投资者和分析师需要理解市场动态、消费者行为和经济指标，以便在竞争激烈的市场环境中保持领先。然而，市场趋势的分析往往复杂多变，涉及大量数据的收集和处理，这对许多专业人士来说是一项挑战。

1. ChatGPT 应用逻辑梳理

ChatGPT 提供市场趋势解读与预测信息的应用逻辑如图 3-10 所示。

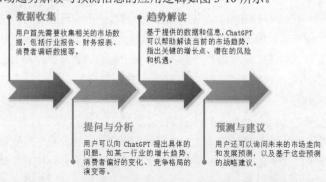

数据收集
用户首先需要收集相关的市场数据，包括行业报告、财务报表、消费者调研数据等。

趋势解读
基于提供的数据和信息，ChatGPT 可以帮助解读当前的市场趋势，指出关键的增长点、潜在的风险和机遇。

提问与分析
用户可以向 ChatGPT 提出具体的问题，如某一行业的增长趋势、消费者偏好的变化、竞争格局的演变等。

预测与建议
用户还可以询问未来的市场走向和发展预测，以及基于这些预测的战略建议。

图 3-10　ChatGPT 提供市场趋势解读与预测信息的应用逻辑

2. ChatGPT 对话交互

⑤ ChatGPT：

市场分析师：你好，ChatGPT。我是一名市场分析师，目前正在研究智能家居行业的市场趋势。我想了解一下当前智能家居市场的主要驱动因素以及未来的发展方向，你能提供一些信息吗？

ChatGPT：当然可以。智能家居行业近年来发展迅速，主要的驱动因素包括技术进步、消费者对便捷生活方式的需求增加，以及对能源效率和家庭安全的关注。IoT（物联网）技术的发展让设备之间的连接变得更加简单和高效，推动了智能家居设备的普及。从未来发展方向来看，AI 和机器学习的整合将使智能家居设备更加智能化，不仅能够更好地理解用户的习惯和需求，而且提供更加个性化的服务。同时，随着 5G 网络的推广，智能家居设备的响应速度和可靠性将大大提高。另一个值得关注的趋势是隐私和安全问题的重视。随着越来越多的设备连接到互联网，如何保护用户的数据安全成为行业发展的重要议题。

市场分析师：感谢提供的信息。我还想了解一下，目前市场上哪些智能家居产品最受消费者欢迎，以及它们受欢迎的原因是什么？

ChatGPT：目前市场上受欢迎的智能家居产品主要包括智能音箱、智能照明、智能安全系统、智能恒温器和智能锁等。这些产品之所以受欢迎，主要有以下几个原因。

1. 便捷性：智能家居产品可以通过智能手机、语音助手等方式远程控制，极大地提高了生活便利性。

2. 节能环保：许多智能家居产品（如智能恒温器和智能照明系统）可以根据用户的使用习惯自动调节，帮助节省能源，降低电费。

3. 提升安全：智能安全摄像头和报警系统可以实时监控家庭安全，及时响应可能的安全威胁。

4. 个性化体验：智能家居设备能够学习用户的偏好和习惯，提供更加个性化的服务。

市场分析师：明白了，这些信息对我的研究很有帮助。但我还想请教一下，智能家居行业面临的主要挑战有哪些，未来行业又该如何应对这些挑战呢？

ChatGPT：智能家居行业目前面临的主要挑战包括隐私和安全问题。随着越来越多的设备联网，用户数据的安全性成为大问题。企业需要投入更多资源来确保数据加密和安全防护措施的落实。设备兼容性和标准化：不同厂商生产的智能家居设备可能缺乏统一的标准，导致设备间的兼容性问题，影响用户体验。用户教育：尽管智能家居产品提供了许多便利，但一些消费者对这些新技术的了解仍然有限，这需要行业在用户教育上做更多的工作。

未来，行业可以通过以下方式应对这些挑战。

1. 加强对数据隐私和安全的重视，采用最新的加密技术和安全措施来保护用户数据。

2. 推动行业内的标准化工作，促进不同设备和平台之间的互操作性。

3. 加大对用户的教育投入，通过各种渠道提高消费者对智能家居产品的认识和了解，降低使用门槛。

在使用 ChatGPT 进行市场趋势的解读与预测时，需要注意准确的趋势解读和预测依赖于大量且可靠的数据，用户需要确保提供给 ChatGPT 的信息是最新和足够全面的，并且市场趋势是不断变化的，定期更新分析和预测对于保持信息的准确性至关重要，对于复杂的市场分析，ChatGPT 的建议可能需要与行业专家的意见相结合，以获得更深入和全面的洞察。用户可以进一步探索如何利用 ChatGPT 对特定产品或服务的市场接受度进行预测、竞争对手分析，以及制定针对性的市场进入策略。

案例 011　理财知识学习

随着经济环境的复杂化和个人财务需求的多样化，掌握基本的理财知识对于每个人来说都十分重要。无论是日常开销的管理、紧急基金的设立、投资理财还是退休规划，良好的理财知识都能帮助个人作出更明智的财务决策。然而，理财知识涵盖的范围广泛，对于初学者来说，往往不知道从何学起。

扫一扫，看视频

1. ChatGPT 应用逻辑梳理

ChatGPT 分享学习理财知识过程的应用逻辑如图 3-11 所示。

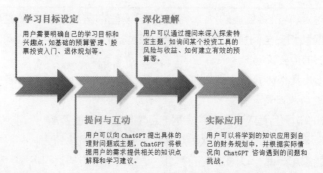

学习目标设定
用户需要明确自己的学习目标和兴趣点，如基础的预算管理、股票投资入门、退休规划等。

深化理解
用户可以通过提问来深入探索特定主题，如询问某个投资工具的风险与收益、如何建立有效的预算等。

提问与互动
用户可以向 ChatGPT 提出具体的理财问题或主题，ChatGPT 将根据用户的需求提供相关的知识点解释和学习建议。

实际应用
用户可以将学到的知识应用到自己的财务规划中，并根据实际情况向 ChatGPT 咨询遇到的问题和挑战。

图 3-11　ChatGPT 分享学习理财知识过程的应用逻辑

2. ChatGPT 对话交互

ChatGPT：

上班族：你好，ChatGPT。我是一名上班族，最近我意识到自己对于理财的了解非常有限，我希望能提高自己的理财能力，不知道从哪里开始。你能给我一些建议吗？

ChatGPT：你好！很高兴你想要提高自己的理财能力，这是一个非常重要的个人发展方向。首先，建议从基本的财务规划开始，如制定预算、建立紧急基金、了解你的收入和支出情况。你可以通过使用预算软件或者简单的电子表格来跟踪自己的财务状况。了解自己的支出在哪里可以帮助你更好地控制财务，并找到可以节省的地方。此外，建立紧急基金也是非常关键的，通常建议至少要有 3 ～ 6 个月生活费用的储备。你对这些有什么具体的问题吗？

上班族：我明白了，制定预算和建立紧急基金听起来很重要。但我对如何有效制定预算和计算紧急基金的数额不太清楚，你能详细解释一下吗？

ChatGPT：当然可以。有效的预算规划首先需要清晰地了解你的收入和支出。你可以从列出你的月收入开始，包括工资、奖金或任何其他来源的收入。然后，记录你的固定支出，如房租、贷款、保险和订阅服务等。接下来，记录你的变动支出，如餐饮、娱乐、购物等。

制定预算的关键是确保你的支出不超过收入，并为储蓄和投资留出空间。一般推荐的方法是"50/30/20 规则"，即 50% 的收入用于必需品，30% 用于非必需品，20% 用于储蓄和投资。

至于紧急基金，它的目的是帮助你在面临突发事件（如失业、医疗紧急情况等）时有足够的资金应对。计算紧急基金的数额通常是将你的月固定支出乘以 3 ～ 6 个月。这个数字可以根据你的职业稳定性、家庭责任和个人风险承受能力进行调整。

上班族：这样说来，我需要开始记录我的收入和支出，然后按照这个规则来规划我的预算。但我还想知道，除了储蓄之外，我应该如何开始投资来让我的钱增值呢？

ChatGPT：投资是一个很好的方式来让你的钱增值，并为你的长期财务目标做准备。开始投资之前，建议先了解一些基本的投资知识，包括不同类型的投资工具（如股票、债券、共同基金、ETF 等）、市场运作原理以及投资风险。

对于初学者来说，一种比较好的开始方式是通过低成本的指数基金或 ETF 进行定投（定期投资）。这种方式可以帮助你分散投资风险，同时也能够在长期内获得市场平均水平的回报。另外，考虑到你可能是第一次投资，开始时以较小的金额投资，逐渐增加你的投资额度，随着你对投资的理解和信心的增加，可以逐步扩大投资规模。

此外，很重要的一点是，投资应该基于你的个人财务状况、风险承受能力和财务目标来决定。如果可能的话，咨询一位财务顾问来获取个性化的建议是一个很好的选择。

上班族：非常感谢你的建议，我会从记录财务状况开始，并且开始学习投资知识。我还有很多要学，希望未来能更好地管理自己的财务。

ChatGPT：很高兴能够帮助到你。记住，提高理财能力是一个持续的过程，需要时间和实践。保持学习和适应的态度，逐步完善你的财务规划和投资策略。如果你有任何问题，随时欢迎回来咨询。祝你理财之路顺利！

在使用 ChatGPT 学习理财知识时，需要注意每个人的财务状况和目标都不相同，因此在应用所学知识时需要结合自己的实际情况。理财是一个持续学习和实践的过程，用户应该保持学习的态度，不断更新和优化自己的理财计划。用户可以进一步探索使用 ChatGPT 学习投资理财的高级策略、税务规划，以及如何为特定财务目标制订计划等更深入的理财知识主题。

案例 012　保险产品分析

随着市场上保险产品种类的不断增加，消费者在选择合适的保险时面临着挑战。不同的保险产品针对的风险类型、保障范围、保费水平以及条款细节等方面存在差异。理解和分析这些差异对于选择最适合个人需求的保险产品至关重要。然而，对于大多数消费者来说，缺乏专业知识使得这一过程变得复杂且困难。

扫一扫，看视频

1. ChatGPT 应用逻辑梳理

ChatGPT 提供保险产品分析指导的应用逻辑如图 3-12 所示。

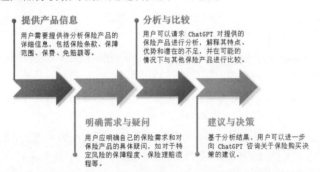

图 3-12　ChatGPT 提供保险产品分析指导的应用逻辑

2. ChatGPT 对话交互

ChatGPT：

中年人：你好，ChatGPT。我最近在考虑为家庭购买保险，但不太清楚应该从哪些方面考虑，以及如何选择合适的保险产品。你能给我一些建议吗？

ChatGPT：你好！很高兴你考虑到为家庭购买保险的重要性。选择保险时，首先需要考虑的是你希望保险覆盖哪些方面。一般来说，家庭保险可以包括但不限于人寿保险、健康保险、房屋保险和车辆保险。每种保险都有其特定的保障内容和作用，因此了解你和家人的需求是第一步。

对于大多数家庭来说，人寿保险和健康保险是最基本的两种保险。人寿保险可以保障家庭成员在丧失生命时，遗留家庭成员的经济安全。而健康保险则可以帮助家庭成员在生病或受伤时减轻医疗费用的负担。

房屋保险和车辆保险则根据你是否拥有房产和车辆来决定是否需要。房屋保险可以保护你的房产免受火灾、自然灾害等意外损失，而车辆保险则可以覆盖车辆损坏或事故责任等问题。

3

在选择具体的保险产品时，建议比较不同保险公司提供的保险条款、保障范围、保费和客户服务等。你可以考虑咨询一位保险顾问，以获取更专业的建议。

中年人：明白了，看来我需要根据家庭的具体情况来确定需要哪些保险。那么，如何判断保险的保障范围是否足够呢？

ChatGPT：判断保险的保障范围是否足够，主要需要考虑以下几个方面。

1. 家庭成员的需求：考虑家庭成员的年龄、健康状况、职业等因素，这些都会影响到你对保险保障范围的需求。例如，如果家庭中有小孩或老人，可能需要更全面的医疗保险；如果家庭成员从事高风险职业，可能需要更高额的人寿保险。

2. 财务状况：保险的目的之一是确保家庭在面临意外时不会陷入财务困境。因此，需要评估家庭的财务状况，确定在不同情况下所需的经济支持。

3. 现有保障：如果你或家庭成员已经通过工作等途径获得了一定的保险保障，需要将这部分考虑进去，以避免重复保险。

4. 预算：虽然希望获得尽可能全面的保障，但也需要考虑到保险费用是否在你的财务预算之内。合理规划，确保保险费用不会对家庭日常生活造成太大负担。

建议与保险顾问讨论你的具体需求，他们可以帮助你评估不同情况下的风险，并提供适合你家庭情况的保险产品建议。

中年人：非常感谢你的解答，我现在对于如何为家庭选择保险有了更清晰的认识。我会进一步研究和咨询专业人士的意见。还有一个问题，对于长期和短期保险，我该如何选择呢？

ChatGPT：在选择长期和短期保险时，需要考虑你的保险目标和财务规划。长期保险，如终身人寿保险，通常适用于长期的财务规划和遗产规划，它们提供终身的保障，并可能包含现金价值积累功能。这类保险适合希望为家人提供长期经济安全的人。

短期保险，如定期人寿保险或短期健康保险，通常提供有限期限的保障，费用相对较低，适合特定时间段内的保障需求，如确保在孩子成年前有足够的保障，或者覆盖贷款期限等。

选择长期或短期保险时，应考虑以下几点。

1. 保障需求的时间长度：你需要保障的时间有多长？是希望覆盖整个人生，还是只针对某个特定时间段？

2. 财务能力：长期保险通常费用更高，你是否有足够的财务能力承担长期的保费支出？

3. 投资与储蓄目标：某些长期保险产品具有储蓄和投资的功能，这是否符合你的财务规划目标？

建议综合考虑自己的需求和财务状况，必要时咨询保险顾问，以作出最适合自己和家庭的选择。

在使用 ChatGPT 进行保险产品分析时，需要注意提供给 ChatGPT 的保险产品信息应尽可能详细和准确，以便进行有效分析。保险选择应基于个人或家庭的具体需求和情况，ChatGPT 的建议需要结合用户的实际情况考虑，在作出最终决策之前，考虑咨询保险专业人士的意见，以获取更深入的分析和建议。用户可以进一步探索使用 ChatGPT 进行不同类型保险产品（如人寿保险、财产保险、旅游保险等）的分析，以及如何根据生活的变化情况调整保险保障策略。

案例 013　提升个人信用

个人信用评分是金融机构评估个人信用风险和贷款条件的重要标准。高信用评分可以帮助个人获得更优惠的贷款利率、信用卡批准以及其他金融服务。然而，许多人由于缺乏相关知识或不良的财务习惯，导致信用评分较低，从而影响到他们获取金融服务的能力。

扫一扫，看视频

1. ChatGPT 应用逻辑梳理

ChatGPT 分享提升个人信用策略过程的应用逻辑如图 3-13 所示。

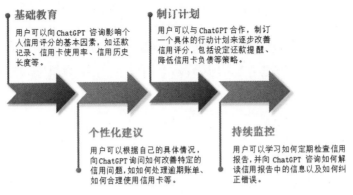

基础教育
用户可以向 ChatGPT 咨询影响个人信用评分的基本因素，如还款记录、信用卡使用率、信用历史长度等。

制订计划
用户可以与 ChatGPT 合作，制订一个具体的行动计划来逐步改善信用评分，包括设定还款提醒、降低信用卡负债等策略。

个性化建议
用户可以根据自己的具体情况，向 ChatGPT 询问如何改善特定的信用问题，如如何处理逾期账单、如何合理使用信用卡等。

持续监控
用户可以学习如何定期检查信用报告，并向 ChatGPT 咨询如何解读信用报告中的信息以及如何纠正错误。

图 3-13　ChatGPT 分享提升个人信用策略过程的应用逻辑

2. ChatGPT 对话交互

⑤ ChatGPT：

消费者：你好，ChatGPT。我最近查了自己的信用评分，发现不是很理想。我想提高我的信用评分，但不太清楚应该从哪些方面入手，你能给我一些建议吗？

ChatGPT：你好！提高信用评分是一个逐步的过程，主要可以从以下几个方面入手。

1. 及时支付账单：按时支付信用卡账单和其他贷款账单是提高信用评分的最重要因素之一。即使是小额的账单，逾期也会对你的信用评分产生负面影响。

2. 保持低负债水平：尽量减少你的信用卡消费数额，避免长期维持高额债务。信用评分机构会考量你的信用利用率，即你所使用的信用额度与总可用信用额度的比例。一般建议将信用利用率保持在 30% 以下。

3. 避免频繁申请新的信用账户：频繁申请新的信用卡或贷款会导致多次硬查询，这可能会暂时降低你的信用评分。只在真正需要时申请新的信用账户。

4. 保持旧账户：信用历史的长度也会影响你的信用评分。保持一些长期账户的活跃状态，即使你不经常使用这些账户，也不要轻易关闭它们。

5. 多样化你的信用组合：如果可能，拥有多种类型的信用账户，如信用卡、个人贷款、住房贷款等，可以有助于提高你的信用评分。但这需要根据你的财务状况谨慎操作，避免过度借贷。

消费者：我了解了，需要注意及时还款和控制负债水平。但如果我的信用报告上有错误，我应该怎么办？

ChatGPT：如果你在信用报告上发现了错误，应该立即采取行动来更正它们，因为这些错误可能会不公正地损害你的信用评分。你可以按照以下步骤来纠正错误。

1. 获取信用报告：首先，从主要的信用评分机构获取你的信用报告，通常每年你都有权免费获取一次报告。

2. 审查报告：仔细检查你的信用报告，查找任何不准确的信息，包括个人信息错误、账户状态错误、错误的支付记录等。

3. 提交争议：如果发现错误，你可以向提供错误信息的信用评分机构提交争议。在提交争议时，提供尽可能多的证据和信息来支持你的争议，如支付证明、账户对账单等。

4. 跟进：提交争议后，信用评分机构通常需要 30 天内对争议进行调查。在这期间，保持与信用评分机构的沟通，并跟进争议处理进度。

更正信用报告上的错误可能需要一些时间，但这对于维护你的信用健康非常关键。

消费者：这些信息非常有用，我会按照你的建议去做。还有一个问题，提高信用评分大概需要多长时间？

> ChatGPT：提高信用评分的时间取决于多种因素，包括你的当前信用状况、你采取行动的速度以及你的财务行为的改变。一些小的改变，如及时支付账单，可以在几个月内开始对你的信用评分产生积极影响。然而，对于一些较大的问题，如违约或逾期支付，可能需要更长的时间来修复信用记录。
>
> 一般来说，持续的良好财务行为和时间是提高信用评分的关键。通过持续地采取上述建议的行动，你应该能够逐步改善你的信用评分。

在使用 ChatGPT 了解如何提升个人信用时，需要注意信用评分的提升是一个长期过程，需要持续的努力和良好的财务管理习惯，频繁的信用查询可能会暂时降低你的信用评分。在申请新的信用卡或贷款时要谨慎，定期检查信用报告，确保没有错误或未经授权的活动，如果有错误，及时与信用报告机构联系纠正。用户可以进一步探索使用 ChatGPT 学习如何管理不同类型的信贷工具、如何在面临财务困难时保护信用评分，以及如何利用信用咨询服务等更深入的主题。

案例 014　税务规划与优化指导

扫一扫，看视频

　　有效的税务规划和优化对于个人和企业来说都是至关重要的，它有助于最大化财务效益，合法减少税负。然而，税法复杂多变，许多人在税务规划方面缺乏必要的知识和经验，从而无法充分利用可用的税收优惠和减免措施。

1. ChatGPT 应用逻辑梳理

ChatGPT 提供税务规划与优化指导的应用逻辑如图 3-14 所示。

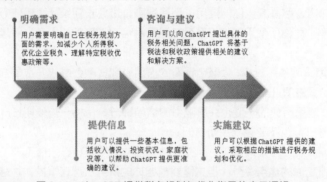

图 3-14　ChatGPT 提供税务规划与优化指导的应用逻辑

2. ChatGPT 对话交互

> ⑨ ChatGPT：
>
> 　　上班族：你好，ChatGPT。我是一名上班族，最近发现我的个人所得税负担有点重。我听说有合法的方法可以减轻税负，但我不太清楚具体应该怎么做。你能给我一些建议吗？
>
> 　　ChatGPT：你好！确实有一些合法的策略可以帮助你减轻个人所得税的负担。以下是一些常见的方法。
>
> 　　1. 充分利用税收优惠账户：如果你所在的国家或地区提供了养老金账户、健康储蓄账户或其他税收优惠账户，积极参与并最大化你的贡献可以减少应纳税的收入。例如，通过在 401（k）或 IRA 等退休账户中投资，可以在退休前推迟纳税。
>
> 　　2. 申报可抵扣项目：了解并申报所有合法的税收抵扣项目，如教育费用、医疗费用、慈善捐赠等，这些都可以减少你的应纳税收入。
>
> 　　3. 利用税收抵免：某些国家提供了税收抵免项目，如可再生能源投资、低收入家庭补助等，这些可以直接减少你的税收负担。

4. 家庭和个人相关抵扣：如果你有资格享受任何与家庭或个人情况相关的抵扣（如抚养子女相关的抵扣），确保你充分利用这些抵扣。

5. 教育投资：某些教育投资账户也可能提供税收优惠，如 529 计划用于储蓄教育费用。

6. 税务筹划：对于某些收入，可能有选择性地决定收入归属的时间，以优化税收负担，如推迟奖金的支付时间、使其归入税率较低的年份。

上班族：这些信息很有帮助。我想问一下，如果我想要更深入地了解和规划这些减税策略，我应该怎么做呢？

ChatGPT：如果你想要深入了解和规划减税策略，我有以下几个建议。

1. 咨询税务专家：税法通常非常复杂，并且会随着时间变化。咨询一位专业的税务顾问或会计师，可以帮助你根据最新的税法规定，制定出最适合你个人情况的税务规划策略。

2. 自我教育：通过阅读相关的书籍、网站文章或参加税务规划相关的研讨会和网络研讨会，提高你对税务规划的理解和知识。

3. 使用税务软件：一些税务软件提供了优化税务负担的建议和自动化工具，可以帮助你理解和申报可用的抵扣和抵免。

4. 定期审查财务状况：税务规划是一个持续的过程，建议你定期（至少每年一次）审查你的财务状况和税务策略，确保它们仍然符合你的目标和最新的税法变化。

通过这些方法，你可以更有效地规划和管理你的税务负担，从而合法地减轻税收压力。

上班族：非常感谢你的建议。我会考虑找一位税务专家来帮助我，同时也会自己学习更多相关知识。这对我来说非常重要。

ChatGPT：很高兴能够帮到你。确实，合理规划和管理税务是提高个人财务健康的重要部分。如果你有任何更多的问题，或者需要进一步的建议，随时欢迎回来咨询。祝你在税务规划方面取得好成果！

在使用 ChatGPT 进行税务规划与优化时，需要确保所有税务规划和优化措施都符合当地税法和政策，税法和政策可能会发生变化，定期更新税务知识和策略是非常重要的。对于复杂的税务问题，最好咨询税务专业人士，以获得更专业和个性化的指导。用户可以进一步探索使用 ChatGPT 进行跨境税务规划、遗产税规划，以及如何利用特定税收优惠政策等更深入的税务规划主题。

案例 015　抵押贷款咨询

对于许多人来说，购房是一生中最重要的财务决策之一，而抵押贷款则是实现这一目标的关键工具。正确理解抵押贷款的各种选项、利率、条款以及潜在的陷阱对于借款人至关重要。然而，抵押贷款的复杂性以及不断变化的市场条件常常使得潜在的购房者感到困惑和不确定。

扫一扫，看视频

1. ChatGPT 应用逻辑梳理

ChatGPT 提供抵押贷款咨询指导的应用逻辑如图 3-15 所示。

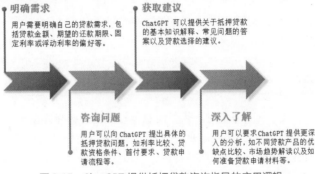

明确需求
用户需要明确自己的贷款需求，包括贷款金额、期望的还款期限、固定利率或浮动利率的偏好等。

获取建议
ChatGPT 可以提供关于抵押贷款的基本知识解释、常见问题的答案以及贷款选择的建议。

咨询问题
用户可以向 ChatGPT 提出具体的抵押贷款问题，如利率比较、贷款资格条件、首付要求、贷款申请流程等。

深入了解
用户可以要求 ChatGPT 提供更深入的分析，如不同贷款产品的优缺点比较、市场趋势解读以及如何准备贷款申请材料等。

图 3-15　ChatGPT 提供抵押贷款咨询指导的应用逻辑

2. ChatGPT 对话交互

⑤ ChatGPT：

潜在购房者：你好，ChatGPT。我正准备购买我的首套房子，但对固定利率抵押贷款和浮动利率抵押贷款有点迷惑。能帮我理解它们之间的区别，以及它们各自的优缺点吗？

ChatGPT：当然可以帮助你。首先，固定利率抵押贷款的利率在整个贷款期间保持不变。这意味着你的月还款额也将保持固定，为你的财务规划提供了稳定性。这种类型的贷款特别适合那些倾向于稳定预算，不想承担未来利率上升风险的购房者。然而，固定利率抵押贷款的一个缺点是初始设定的利率和月供通常比浮动利率抵押贷款要高。此外，如果市场利率下降，你的利率则保持不变，除非你选择重新融资，这可能会涉及一些额外的费用。

其次，浮动利率抵押贷款的利率会随着市场利率的变化而变化。这意味着你的月还款额可能会随着利率的上升和下降而变化。浮动利率抵押贷款的一个优点是初始利率通常低于固定利率抵押贷款，这可能会在贷款的初期阶段降低你的还款额。然而，这也意味着如果市场利率上升，你的月还款额也会增加，这可能会给你的财务规划带来一定的不确定性。

潜在购房者：我明白了。那么，我应该如何决定哪种类型的贷款更适合我呢？

ChatGPT：决定选择哪种类型的贷款主要取决于你个人的财务状况、风险承受能力和对市场利率未来变化的预测。如果你喜欢稳定性，不愿意承担利率上升的风险，固定利率抵押贷款可能更适合你。这将使你的月供保持不变，便于长期规划。

如果你认为市场利率将保持稳定或下降，并且你愿意承担一定的风险以换取初始更低的还款额，那么浮动利率抵押贷款可能更适合你。但是，你需要准备好应对未来可能增加的还款额。

此外，你还应该考虑你的长期计划，比如你是否计划在未来几年内搬家或者你的收入是否有可能有显著变化。这些因素都可能影响你对固定利率抵押贷款与浮动利率抵押贷款之间选择的考量。

潜在购房者：如果市场利率变化很大，我选择了浮动利率抵押贷款，我的月供会变得非常高吗？

ChatGPT：是的，如果市场利率显著上升，你的月供也可能随之增加。不过，许多浮动利率抵押贷款设有上限，即月供和利率的最大增幅是有限制的。这可以在一定程度上保护你免受利率急剧上升的影响。在选择浮动利率抵押贷款时，了解贷款条款中的利率调整机制和可能的上限是非常重要的。

此外，如果你担心未来利率可能上升，可以考虑一种称为"固定期限浮动利率贷款"的选项，这种贷款在最初的几年内利率固定，之后转为浮动利率。这样，你可以享受初始阶段的稳定性，同时在利率转为浮动之前有时间准备或重新评估你的贷款选择。

潜在购房者：这些信息真的很有帮助。在作出决定之前，我还应该考虑什么？

ChatGPT：在作出最终决定之前，还有以下几点需要考虑。

1. 预付款罚金：了解你的贷款是否允许提前还款，以及是否会因此收取罚金。这在你未来有能力提前还款或考虑重新融资时尤其重要。

2. 贷款期限：较长的贷款期限意味着你将支付更多的利息，但每月还款额会较低。考虑你能承担的最高月供，并选择一个合适的贷款期限。

3. 其他费用：除了利率之外，还有许多其他可能影响贷款总成本的费用，如申请费、评估费和律师费等。确保你了解所有相关费用，并将其纳入你的预算规划中。

在使用 ChatGPT 进行抵押贷款咨询时，需要注意抵押贷款的选择应基于个人的财务状况、市场条件以及个人偏好，ChatGPT 提供的建议需要根据个人情况加以考虑，抵押贷款的利率和条款经常变化，用户需要确保获取最新的市场信息。用户可以进一步探索使用 ChatGPT 了解不同抵押贷款产品、了解购房补贴和援助计划，以及如何优化信用评分以提高贷款资格等更深入的主题。

3.3 情感心理

ChatGPT 能够为用户提供即时的情感支持。在当代社会，人们面临着巨大的生活和工作压力，很多人可能因为种种原因难以找到倾诉的对象。ChatGPT 可以成为一个随时可用的倾听者，为用户提供一个释放情感压力的空间。通过文本交流，用户可以向 ChatGPT 表达自己的情感困扰和心理问题，而 ChatGPT 则可以根据其强大的语言理解能力提供反馈和建议，虽不能替代专业心理咨询，但在一定程度上能够缓解用户的情感压力。

ChatGPT 在心理健康教育中也扮演着重要角色。它可以提供大量关于心理健康知识的信息，帮助用户了解常见的心理健康问题及其应对策略，提高公众的心理健康意识。此外，ChatGPT 还可以通过模拟对话的方式，帮助用户学习情绪管理和压力缓解的技巧，从而在日常生活中更好地应对情绪和压力问题。

然而，ChatGPT 在情感心理领域的应用也存在一定的局限性和挑战。由于 ChatGPT 缺乏真正的情感和同理心，它提供的支持可能无法完全满足一些用户的深层次心理需求。此外，关于用户隐私和数据安全的问题也需要得到充分的重视和解决。

案例 016　压力管理与缓解

现代社会中的个体面临的压力源日益增多，这些压力可能源于职业发展、人际关系、健康问题、经济状况等多个方面。长期处于高压状态不仅会影响个人的心理健康，还可能引发一系列身体健康问题，如失眠、焦虑、抑郁等。因此，掌握有效的压力管理和缓解技巧对于维护个人身心健康至关重要。然而，每个人的压力感受和应对机制都有所不同，寻找适合自己的压力管理方法是一个个性化且动态的过程。

扫一扫，看视频

1. ChatGPT 应用逻辑梳理

ChatGPT 分享压力管理与缓解过程的应用逻辑如图 3-16 所示。

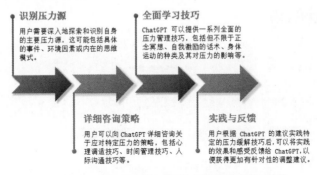

识别压力源
用户需要深入地探索和识别自身的主要压力源，这可能包括具体的事件、环境因素或内在的思维模式。

全面学习技巧
ChatGPT 可以提供一系列全面的压力管理技巧，包括但不限于正念冥想、自我激励的话术、身体运动的种类及其对压力的影响等。

详细咨询策略
用户可以向 ChatGPT 详细咨询关于应对特定压力的策略，包括心理调适技巧、时间管理技巧、人际沟通技巧等。

实践与反馈
用户根据 ChatGPT 的建议实践特定的压力缓解技巧后，可以将实践的效果和感受反馈给 ChatGPT，以便获得更加有针对性的调整建议。

图 3-16　ChatGPT 分享压力管理与缓解过程的应用逻辑

2. ChatGPT 对话交互

ChatGPT：

用户：最近我加班特别多，感觉压力很大，晚上回家经常失眠，有没有什么好方法可以缓解这种情况？

ChatGPT：听到你这样说真是让人担心。工作压力和加班确实容易导致失眠问题。首先，建议你晚上尽量避免接触工作相关事务，给大脑一些放松的时间。睡前进行一些轻度活动，比如散步或简单拉伸，有助于放松身体。其次，可以尝试一些放松的技巧，比如深呼吸练习或冥想，这些方法能够帮助减轻紧张感，让你更容易入睡。

用户：我试过晚上不看手机，但还是会躺在床上辗转反侧，有时候脑子里还是会想着工作的事情。

ChatGPT：躺在床上辗转反侧确实是个令人烦恼的问题。当你发现自己躺在床上久久不能入睡时，不妨起床做一些轻松的活动，比如阅读纸质书籍或做一些简单的家务，直到感觉有些困倦再回床上尝试睡觉。此外，尝试一些放松大脑的方法也很有帮助，比如写下让你焦虑的事情和第二天的计划，这样可以帮助你把这些念头从脑海中清理出去，减轻躺在床上时的焦虑感。

用户：如果这些方法还是不管用呢？我真的很需要一个好的睡眠。

ChatGPT：如果你已经尝试了这些方法但效果不佳，可能需要考虑一些更专业的帮助。可以考虑咨询医生或睡眠专家，他们可能会建议进行一些睡眠评估或提供更专业的建议。有时候，失眠可能是由于其他健康问题引起的，如睡眠呼吸障碍或心理健康问题等，因此寻求专业的医疗帮助是非常重要的。此外，一些专业的放松训练或认知行为疗法也许能够为你提供帮助，这些方法已被证明对许多人提高睡眠质量有显著效果。

在应对压力时，每个人的情况都是独特的，因此重要的是找到最适合自己的管理和缓解方法。ChatGPT 可以提供多种建议和资源，但记住，如果压力变得难以管理，寻求专业的心理健康支持是非常重要的。压力管理技巧的有效性因人而异，用户需要根据自己的具体情况选择合适的方法，有效的压力管理需要持续的实践和调整，以找到最适合自己的方法。

 案例 017　情绪调整与正念练习

扫一扫，看视频

现代生活节奏加快，工作和生活压力不断增加，很多人会经历情绪波动和压力积累，这不仅会影响到个人的身心健康，还可能影响到人际关系和工作表现。情绪调整与正念练习是有效管理情绪和压力的两种方法，它们帮助人们更好地认识和接纳自己的情绪状态，通过专注当下和接纳的态度，提高情绪管理能力，增强心理韧性。

1. ChatGPT 应用逻辑梳理

ChatGPT 提供情绪调整与正念练习指导的应用逻辑如图 3-17 所示。

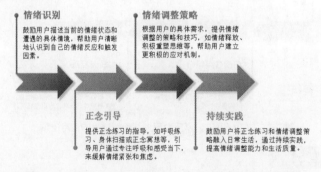

图 3-17　ChatGPT 提供情绪调整与正念练习指导的应用逻辑

2. ChatGPT 对话交互

⑤ ChatGPT：

用户：最近工作压力很大，家里也有一些矛盾，感觉自己快要崩溃了。听说情绪调整和正念练习能帮助缓解压力，你能给我一些建议吗？

ChatGPT：面对工作和家庭的双重压力确实很不容易。情绪调整和正念练习是两种非常有效的方法，可以帮助你更好地应对压力。首先，情绪调整需要认识并理解自己的情绪，学会接纳而不是回避或压抑这些情绪。你可以尝试记录下自己一天中的情绪变化，注意到是什么事件或想法触发了这些情绪，然后思考有哪些更健康的方式来应对这些情绪触发点。

对于正念练习，这是一种通过全然关注当下的经验，以非评判的方式来提升个人意识和接受能力的练习。你可以从简单的正念呼吸练习开始，每天花几分钟时间，专注于自己的呼吸，将注意力集中在吸气和呼气上，当你发现自己的思绪开始游离时，轻柔地将其引导回到呼吸上。

用户：我尝试过正念冥想，但我发现很难集中注意力，总是会被其他的念头打扰。

ChatGPT：在正念练习的初期，很多人都会遇到注意力难以集中的问题，这是非常正常的。关键在于不要对此感到沮丧或批判自己。当你注意到自己的思绪开始游离时，这其实是一个正念的时刻，因为你意识到了自己的思绪。每当这种情况发生时，温柔地、没有评判地将注意力引回到呼吸或者是你选择的正念练习对象上。随着时间的推移，你会发现自己越来越容易在练习中保持专注。

用户：除了冥想，还有其他正念练习的方法吗？

ChatGPT：除了冥想，还有很多其他的正念练习方式。例如，你可以在进行日常活动时练习正念，如吃饭、洗澡或散步时，完全投入到这个活动中，用所有感官去体验当下的每一个细节，注意自己的感受、声音、气味和视觉体验。这种方式可以帮助你练习在日常生活中保持正念状态，而不仅仅是在特定的冥想时间里。

另外，正念瑜伽也是一种很好的结合身体活动和正念练习的方式。在瑜伽练习中，你可以通过专注于呼吸和体式的对齐，来练习保持当下的专注，这样不仅能够增强身体的柔韧性和力量，也能够提升心智的清晰度和平静。

情绪调整与正念练习是两种有效的自我帮助方法，可以帮助人们在面对压力和挑战时保持冷静和清晰的头脑。通过 ChatGPT 的引导和实践，用户可以学习到如何通过正念和情绪调整技巧来改善自己的情绪状态和提升应对压力的能力。重要的是将这些技巧融入到日常生活中，通过持续的实践来达到更好的效果。如果情绪问题持续存在或影响生活，那么寻求专业心理健康服务是非常必要的。

 案例 018　人际关系建议与沟通技巧

良好的人际关系对于个人的社会生活和职业发展至关重要。有效的沟通技巧可以帮助人们在社交、工作以及家庭生活中建立和谐的关系，解决冲突，使彼此更加理解和信任。然而，由于个性差异、文化背景、情绪管理等多种因素，人际交往中经常会出现误解和冲突，这就需要我们学会更加有效的沟通技巧和人际关系管理方法。

扫一扫，看视频

1. ChatGPT 应用逻辑梳理

ChatGPT 分享人际关系建议与沟通技巧过程的应用逻辑如图 3-18 所示。

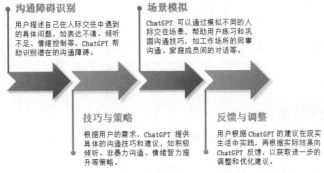

沟通障碍识别
用户描述自己在人际交往中遇到的具体问题，如表达不清、倾听不足、情绪控制等，ChatGPT 帮助识别潜在的沟通障碍。

场景模拟
ChatGPT 可以通过模拟不同的人际交往场景，帮助用户练习和巩固沟通技巧，如工作场所的同事沟通、家庭成员间的对话等。

技巧与策略
根据用户的需求，ChatGPT 提供具体的沟通技巧和建议，如积极倾听、非暴力沟通、情绪智力提升等策略。

反馈与调整
用户根据 ChatGPT 的建议在现实生活中实践，再根据实际效果向 ChatGPT 反馈，以获取进一步的调整和优化建议。

图 3-18　ChatGPT 分享人际关系建议与沟通技巧过程的应用逻辑

2. ChatGPT 对话交互

ChatGPT：

用户：我最近发现自己在工作场所的人际关系上遇到了一些挑战，想要提升这方面的能力。你有什么建议吗？

ChatGPT：在工作场所建立良好的人际关系确实对职业发展有着重要的影响。首先，建议从有效沟通开始着手。清晰、尊重且开放的沟通方式可以帮助建立信任和理解。尝试主动倾听他人的观点和需求，而不仅仅是等待回应自己的意见。这不仅能帮助你更好地理解同事，还能展示你的同理心和合作意愿。

其次，正面的态度也非常重要。在工作中保持乐观和积极的态度，能够使你成为一个受欢迎的团队成员。即使面对压力和挑战，也尽量展现出解决问题的决心而不是抱怨。

用户：我觉得有时候我表达自己的时候可能会无意中得罪人，这该怎么办呢？

ChatGPT：这是个很常见的问题。在表达自己的观点时，可以采取一些策略来减少可能的误解或冲突。首先，使用"I"语句，如"I feel…"（我感觉……）或"I believe…"（我认为……），而不是直接批评或指责他人。这样可以减少对方的防御心理，使对话更加和谐。

其次，确保你的语言和非语言信号一致。有时候，即使我们的话语是中性的，但肢体语言或语气可能会传递出不同的信息。努力保持开放和友好的姿态，这会使沟通更加顺畅。

用户：我应该如何处理工作中不可避免的冲突呢？

ChatGPT：处理工作中的冲突需要耐心和策略。首先，当冲突发生时，尽量保持冷静和专业。避免在情绪激动时作出回应，这样可能会加剧冲突。可以考虑暂时离开，等到情绪平复后再处理这个问题。

其次，面对面地解决问题通常比通过电子邮件或短信更有效。直接沟通可以减少误解，并允许双方通过非语言线索更好地理解彼此的情绪和意图。

最后，寻求共赢的解决方案。在讨论冲突时，试图理解对方的立场和需求，并表达你自己的需求和期望。通过合作寻找双方都能接受的解决方案，而不是试图赢得争执。这样不仅可以解决当前的冲突，还能长远地促进双方的关系。

提升人际关系和沟通技巧是一个持续的学习和实践过程，需要时间和耐心。通过与 ChatGPT 的互动，用户不仅可以学习到理论知识，还能通过场景模拟来实践沟通技巧，逐步提高人际交往能力。在实际应用中，通过不断反思和调整并结合专业人士的建议，用户可以进一步促进个人在人际关系建设上的成长。

案例 019　心理疾病诊断

扫一扫，看视频

　　心理疾病诊断通常需要心理健康专业人员的参与，由于资源限制、地域限制或个人隐私的顾虑，许多人在寻求专业帮助前可能会选择自我查询或在线咨询。在这种情境下，ChatGPT 可以作为一个初步筛查和心理教育的辅助工具，帮助用户了解其可能存在的心理健康问题及基本处理方式。

1. ChatGPT 应用逻辑梳理

ChatGPT 提供心理疾病诊断指导的应用逻辑如图 3-19 所示。

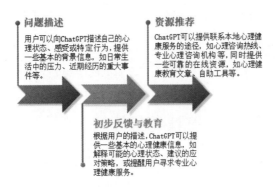

问题描述
用户可以向ChatGPT描述自己的心理状态、感受或特定行为，提供一些基本的背景信息，如日常生活中的压力、近期经历的重大事件等。

资源推荐
ChatGPT可以提供联系本地心理健康服务的途径，如心理咨询热线、专业心理咨询机构等，同时提供一些可靠的在线资源，如心理健康教育文章、自助工具等。

初步反馈与教育
根据用户的描述，ChatGPT可以提供一些基本的心理健康信息，如解释可能的心理状态、建议的应对策略，或提醒用户寻求专业心理健康服务。

图 3-19　ChatGPT 提供心理疾病诊断指导的应用逻辑

2. ChatGPT 对话交互

> **⊛ ChatGPT：**
>
> 用户：我最近总是感觉很难过，对什么事都提不起兴趣，甚至连我最喜欢的事也不想做了。这种情况已经持续几周了，我该怎么办？
>
> ChatGPT：我理解你现在的感受。当你发现自己对平常喜欢的活动失去兴趣，并且这种情绪持续了几周时，这可能是抑郁情绪的表现。很重要的一步是尝试跟周围的人沟通你的感受，无论是朋友还是家人。同时，保持适度的体育活动可以帮助调节你的情绪。你最近有尝试过进行任何形式的运动吗？
>
> 用户：我试过去健身房运动，但似乎也帮不上什么忙，运动后我还是感觉很疲惫和消沉。
>
> ChatGPT：运动通常有助于提升心情，但如果你觉得它并没有帮助，可能需要尝试其他方法。有时候，制订一个简单的日常计划也能带来帮助，比如规定起床和就寝的时间，以及固定的餐饮时间。此外，尝试每天设定一个小目标，如读几页书或完成一个小项目，这可以使你感到有成就感和掌控感。你有没有尝试过这样的方法？
>
> 用户：没有，我觉得每天都很难过，很难有动力去做这些事。
>
> ChatGPT：我理解，在抑郁的影响下开始任何活动都可能感觉非常困难。在这种情况下，与专业人士交谈可能是一个很好的选择。心理健康专业人士可以帮助你探索感觉低落的根源，并提供更专业的对策。我可以帮你查找一些可靠的心理健康资源，或者你需要我帮助你了解如何联系专业的心理咨询师吗？
>
> 用户：我觉得可能需要专业的帮助。你能推荐一些资源或者告诉我怎么找到合适的心理咨询师吗？
>
> ChatGPT：当然可以。许多地区都有提供心理健康服务的组织，你可以通过当地的心理健康协会或者医院获得相关信息。此外，有一些在线平台提供在线心理咨询服务，这些平台可以让你在家中就能与专业人士进行视频或文字交流。这种方式在当前可能尤为方便和有效。

ChatGPT 通过提供初步反馈和实用资源，可以帮助用户更好地理解自己的情绪和应对策略，引导其寻求进一步的专业帮助。此外，对于心理健康领域，ChatGPT 还可以扩展到提供常见心理问题的自我诊断工具、心理健康普及教育等，进一步增强其在心理健康初级干预中的应用价值。

 案例 020　情感表达与倾听练习 --------------------------------

在人际交往中，有效的情感表达与倾听练习是建立深层次连接和理解的基础。情感表达能力强的人能够清晰、恰当地表达自己的情绪和需求，而良好的倾听练习则能让对方感受到被理解和尊重。由于教育背景、文化差异和个人经历的不同，许多人在情感表达和倾

扫一扫，看视频

听方面可能会遇到挑战，这些挑战可能会导致误解、冲突，甚至关系破裂。

1. ChatGPT 应用逻辑梳理

ChatGPT 提供情感表达与倾听练习指导的应用逻辑如图 3-20 所示。

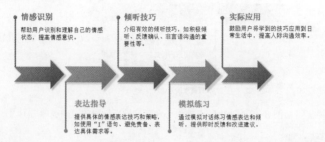

情感识别
帮助用户识别和理解自己的情感状态，提高情感意识。

倾听技巧
介绍有效的倾听技巧，如积极倾听、反馈确认、非言语沟通的重要性等。

实际应用
鼓励用户将学到的技巧应用到日常生活中，提高人际沟通效率。

表达指导
提供具体的情感表达技巧和策略，如使用"I"语句、避免责备、表达具体需求等。

模拟练习
通过模拟对话练习情感表达和倾听，提供即时反馈和改进建议。

图 3-20　ChatGPT 提供情感表达与倾听练习指导的应用逻辑

2. ChatGPT 对话交互

> ⑤ ChatGPT：
>
> **用户：**我发现我和我的伴侣最近沟通起来有些困难，我们经常因为一些小事争吵。我真的希望能改善我们之间的沟通，你有什么建议吗？
>
> **ChatGPT：**改善与伴侣之间的沟通是维持健康关系的重要一步。首先，试着在冷静的时候与伴侣交流你的感受和需求，而不是在争吵中。使用"I"语句来表达自己，如"I feel…"（我感觉到……），这样可以减少对方的防御性，更容易传达你的真实感受。
>
> 其次，积极倾听对方的观点也很关键。当你的伴侣在说话时，给予他们你的完全注意，避免打断，试着从他们的角度理解情况。这种互相尊重的倾听可以增进理解和同情。
>
> **用户：**有时候，即使我们尝试冷静讨论，最终还是会变成争吵。我该怎么办呢？
>
> **ChatGPT：**当情绪升高时，最好是暂时中断对话，给彼此一些时间冷静下来。你可以说："我觉得现在我们都太激动了，让我们稍后再谈，冷静一些再继续这个话题。"这样可以防止争吵升级，给双方时间重新思考和平复情绪。
>
> 在冷静期间，个人可以进行一些自我反思，考虑对方的观点，以及自己可能有哪些改进的地方。等到双方都平静下来后，再以更建设性的方式继续对话。
>
> **用户：**我们应该如何处理我们之间未解决的问题呢？
>
> **ChatGPT：**处理未解决的问题需要耐心和坚持。一种方法是设立一个特定的"对话时间"，在这个时间里专注于讨论你们之间的问题，而不是在生活的其他忙碌时刻随意提起。在这个设定的时间里，双方都应该保持开放和诚实的态度，愿意听取对方的观点。
>
> 此外，考虑制定一些基本的沟通规则，比如不打断对方、不使用侮辱性语言、专注于当前讨论的问题而不是提及过去的错误。这些规则可以帮助对话保持尊重和建设性。
>
> 如果发现自己无法解决某些问题，寻求专业的婚姻或情感咨询也是一个很好的选择。有时候，第三方的中立视角可以帮助识别并解决根本问题，引导双方学习更有效的沟通技巧。

情感表达和倾听是人际沟通中非常重要的技能，需要通过持续练习和应用来加以改善。ChatGPT 可以提供有关情感表达和倾听的理论知识、实用技巧和模拟练习，帮助用户提升这些技能。重要的是用户要在日常生活中不断实践和反思，逐步提高沟通质量，增进人际关系。

案例 021　生活变动适应策略建议 --

生活中的变动，如搬家、换工作、家庭结构变化或重要人生阶段的转变，都可能给人们带来压力和不确定性。适应这些变化需要时间和精力，同时也需要有效的策略来管理与之相关的情绪和挑战。对于许多人来说，找到适应生活变动的有效方法是提高生活质量和维护心理健康的关键。

扫一扫，看视频

1. ChatGPT 应用逻辑梳理

ChatGPT 制定生活变动适应策略过程的应用逻辑如图 3-21 所示。

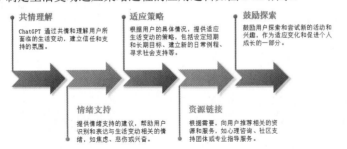

共情理解
ChatGPT 通过共情和理解用户所面临的生活变动，建立信任和支持的氛围。

情绪支持
提供情绪支持的建议，帮助用户识别和表达与生活变动相关的情绪，如焦虑、悲伤或兴奋。

适应策略
根据用户的具体情况，提供适应生活变动的策略，包括设定短期和长期目标、建立新的日常例程、寻求社会支持等。

资源链接
根据需要，向用户推荐相关的资源和服务，如心理咨询、社区支持团体或专业指导服务。

鼓励探索
鼓励用户探索和尝试新的活动和兴趣，作为适应变化和促进个人成长的一部分。

图 3-21　ChatGPT 制定生活变动适应策略过程的应用逻辑

2. ChatGPT 对话交互

🟢 ChatGPT：

用户：*因为工作，我不得不搬到一个完全陌生的城市。我感到有点不安，你有什么建议可以帮助我更好地适应新环境吗？*

ChatGPT：搬到一个新城市确实是一个巨大的变化，但也是探索和成长的机会。首先，试着积极探索你的新环境。利用周末或空闲时间去走走看看，发现你所在城市的独特之处，如公园、博物馆、咖啡馆等。这样不仅可以帮助你更快地熟悉新环境，也可能在这个过程中发现一些让你感到兴奋的地方。

其次，建立新的社交网络也非常重要。可以尝试加入一些当地的兴趣小组或俱乐部，比如运动俱乐部、阅读小组或任何与你兴趣相关的团体。这样不仅可以帮助你找到有共同兴趣的朋友，也能让你在新环境中感到更有归属感。

用户：*我担心在新工作中与同事相处会有问题，我应该如何建立良好的工作关系呢？*

ChatGPT：在新工作中建立良好的关系是适应新环境的关键一步。一个好的开始是积极主动地与同事交流，比如在休息时间加入他们的闲聊，或者在适当的时候提供帮助。展示你的团队精神和愿意合作的态度可以让你更快地融入团队。

同时，不要害怕向同事们提问或寻求帮助。这不仅可以帮助你更快地掌握新工作的要点，也是与同事建立联系的一个好机会。记住，每个人都曾是新人，大多数同事通常都会乐于助人。

用户：*我还应该注意些什么来帮助我更快适应新生活？*

ChatGPT：保持开放的心态对于适应新生活至关重要。每个城市都有自己的文化和生活方式，尽量对新的经历和不同的观点持开放态度，这可以帮助你更快地融入新环境。

此外，保持与家人和老朋友的联系也很重要。即使身处陌生的环境，知道有人支持你，也可以让你感到更加安心。你可以通过电话、视频聊天或社交媒体定期与他们保持联系。

最后，照顾好自己的身心健康也非常重要。适应新环境可能会带来一定的压力，确保有足够的休息，保持健康的饮食和适量的运动，可以帮助你保持良好的状态，更好地面对新生活中的挑战。

面对生活中的重大变动，采取积极的态度和有效的适应策略是关键。通过与 ChatGPT 的互动，用户不仅可以获得情感支持和实用建议，还可以学习到如何更好地管理与生活变动相关的压力和挑战。重要的是保持开放和灵活的心态，积极寻求资源和支持，并给自己时间来适应新的生活环境和挑战。

扫一扫，看视频

自尊和自信是个人成功和幸福的重要基石。它们影响个人的行为方式、决策过程以及与他人的互动。自尊是指个人对自己的价值和能力的内在信念；自信是指个人对自己能力的信心，尤其是在面对新挑战和困难时。由于各种外部和内部因素，许多人可能在某些时期面临自尊和自信的挑战。

1. ChatGPT 应用逻辑梳理

ChatGPT 提供自尊自信建立方法的应用逻辑如图 3-22 所示。

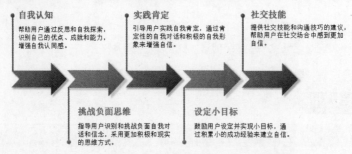

自我认知
帮助用户通过反思和自我探索，识别自己的优点、成就和能力，增强自我认同感。

实践肯定
引导用户实践自我肯定，通过肯定性的自我对话和积极的自我形象来增强自信。

社交技能
提供社交技能和沟通技巧的建议，帮助用户在社交场合中感到更加自信。

挑战负面思维
指导用户识别和挑战负面自我对话和信念，采用更加积极和现实的思维方式。

设定小目标
鼓励用户设定并实现小目标，通过积累小的成功经验来建立自信。

图 3-22　ChatGPT 提供自尊自信建立方法的应用逻辑

2. ChatGPT 对话交互

ChatGPT：

用户： 我最近换了一份新工作，但发现自己在新环境中感到非常缺乏自信，总怕做错事情或者给同事留下不好的印象。你有什么建议能帮助我增强自信吗？

ChatGPT： 刚开始进入新的工作环境时感到缺乏自信是很常见的情况，特别是当你还在适应新角色和新同事的时候。首先，要明白每个人都需要时间来适应新环境，不要对自己太过苛刻。给自己设定一些小而实际的目标，比如完成一个小项目或与一个新同事建立联系，这些小胜利可以逐步建立你的自信心。

其次，积极学习新工作的相关知识和技能也非常重要。利用一切可用资源，如在线课程、书籍或向经验丰富的同事求教，不断提高自己的专业能力。当你对自己的能力更加自信时，这种感觉也会自然而然地体现出来。

用户： 我担心自己的表现达不到同事或上司的期望，这让我感到很有压力。

ChatGPT： 担心自己的表现可能不达标是正常的，但重要的是将这种担心转化为积极的行动。尝试与你的上司进行定期的沟通，了解他们对你的期望以及你的工作表现。这种定期的反馈可以帮助你更清楚地了解自己的进步和需要改进的地方。

此外，与同事建立良好的工作关系也有助于减轻你的压力。他们可以为你提供支持，提供帮助和指导，使你感到不那么孤单。在工作中寻求合作而不是竞争，可以创造一个更加支持和鼓励的环境。

用户： 有时候我觉得自己的不自信影响了我的表现，我该怎么办？

ChatGPT： 当不自信影响你的表现时，一种有效的方法是练习自我肯定。每天花一些时间对自己说一些积极的肯定语句，如"我有能力完成我的任务"或"我值得被尊重和欣赏"。虽然这听起来可能有些简单，但长期坚持可以逐渐改变你的内心对话，帮助提升自信。

同时，尝试记录你的成就和收获，无论多小。回顾这些成功的经历可以提升你自己的能力和价值，特别是在遇到挑战或挫折时。

最后，如果你发现自己的不自信感非常强烈，以至于影响了日常生活和工作表现，可能需要考虑寻求专业的帮助，比如职业辅导或心理咨询。有时候，与专业人士的交谈可以提供新的视角和应对策略，帮助你克服内心的障碍。

建立自尊和自信是一个持续的过程，需要时间和实践。通过识别自己的价值、挑战负面思维、实践自我肯定、设定并实现小目标以及提升社交技能，个人可以逐步建立和提高自尊和自信。ChatGPT可以在这一过程中提供支持和指导，帮助用户成为更加自信的自己。重要的是需要保持耐心，庆祝每一个小成就，并不断地自我提升。

 案例 023　处理悲伤失落

悲伤和失落是人生不可避免的一部分，可能源于亲人的去世、重要关系的结束、职业失败或其他任何重大的生活变故。这些事件可以引发深刻的情感反应，如悲伤、愤怒、孤独、无助和绝望。处理这些情感反应需要时间，每个人的应对方式和恢复时间都不相同。

扫一扫，看视频

1. ChatGPT 应用逻辑梳理

ChatGPT 分享处理悲伤失落过程的应用逻辑如图 3-23 所示。

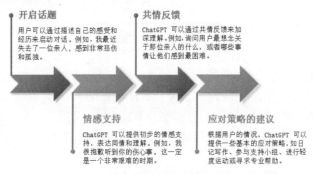

图 3-23　ChatGPT 分享处理悲伤失落过程的应用逻辑

2. ChatGPT 对话交互

ChatGPT：

用户：最近我经历了亲人去世的打击，感到非常悲伤和失落。我觉得自己很难从这种情绪中走出来，你有什么建议可以帮助我应对吗？

ChatGPT：面对亲人去世带来的悲伤和失落，是一段极其艰难的经历。首先，请允许自己感受这些情绪，不要试图压抑或忽视你的悲伤。每个人哀悼的方式都不相同，给自己足够的时间和空间去经历这个过程是很重要的。

同时，与家人和朋友分享你的感受也非常关键。他们可以提供支持和安慰，让你感到并不孤单。如果你觉得和亲近的人说话很难，也许可以尝试参加支持小组，和经历类似情况的人交流你的感受。

用户：我发现自己经常回想起和亲人在一起的时光，这让我感到非常难过。我该怎么办？

ChatGPT：回忆起与亲人在一起的美好时光是自然的反应，尽管这可能会让你感到悲伤。试着将这些回忆视为对亲人的一种纪念和致敬。你可以考虑创造一个纪念角或相册，收集一些特别的照片和物品来纪念他们的生活和你们共同度过的时光。

此外，寻找一种健康的方式来表达和处理你的情绪也很重要。一些人会发现通过写作、绘画或音乐等创造性活动能够帮助他们表达内心的感受。这些活动不仅可以作为一种情感发泄，也可以帮助你缅怀亲人，感受到与他们的连接。

用户：有时候我觉得生活毫无意义，我应该怎么重拾生活的意义和目标呢？

ChatGPT：在经历了重大的失去之后，感到生活失去了意义是很常见的情绪。重要的是给自己一些时间来调整和反思。你可以尝试设定一些小的、可实现的目标，比如参加一个新的活动或开始一个新的项目。这些小步骤可以帮助你重新发现生活中的乐趣和目标。

此外，考虑做一些能够纪念亲人并且对你个人或社区有正面影响的事情，比如志愿服务或为亲人喜欢的慈善机构筹款。这样不仅可以使亲人的记忆活在你的行动中，也可以帮助你发现新的目的和满足感。

最后，如果你发现自己长时间无法从悲伤中恢复，或者悲伤严重影响了你的日常生活，寻求专业的心理健康支持是非常重要的。心理健康专业人士可以提供策略和工具来帮助你应对悲伤，找到前进的道路。

处理悲伤和失落是一个个体化且复杂的过程，需要时间和适当的支持。通过提供情感支持、个性化的应对策略建议以及正念和自我关怀练习，ChatGPT 可以在这个过程中提供帮助，或者探索更多的情绪表达方式，如艺术或音乐疗法。需要注意的是，ChatGPT 并不能取代专业的心理健康服务。在处理深刻的情感问题时，寻求专业的心理咨询是非常重要的。用户应该被提醒，当他们的情绪影响到日常生活时，寻求专业帮助是一个明智的选择。

3.4 办 公 领 域

ChatGPT 可以大大提升办公自动化的水平。通过自然语言处理技术，ChatGPT 能够理解和执行各种文本指令，从简单的数据查询、文档生成到复杂的报告编写等，都可以通过 ChatGPT 来实现。这不仅节省了大量的人力资源，也大大提高了工作效率和准确性。例如，在日常工作中，员工可以通过与 ChatGPT 交互来自动化完成日报、周报的编写工作，从而将更多的时间和精力集中在更为关键和具有创造性的任务上。

ChatGPT 在改善沟通协作方面也具有重要价值。在跨地域、多文化的工作环境中，有效的沟通成为一个挑战。ChatGPT 可以作为一个智能助手，帮助团队成员之间进行更有效的沟通和信息交流。它可以实时翻译不同语言，帮助消除语言障碍，同时通过智能提醒、会议纪要的自动生成等功能，确保团队成员之间的信息同步和任务协调。

此外，ChatGPT 还能够提供个性化的办公辅助。根据个人的工作习惯和偏好，ChatGPT 可以定制个性化的工作提醒、日程管理和任务优先级排序等服务。这种个性化的服务不仅可以帮助个人更有效地管理时间，还可以提高工作满意度和工作生活平衡。

案例 024　会议记录整理

扫一扫，看视频

　　　　在商务和教育环境中，会议是日常工作的重要组成部分。会议记录是保持团队同步和记录决策过程的关键工具。然而，会议记录整理是一项耗时且枯燥的工作，尤其是在参与者众多、讨论内容复杂的情况下。有效地整理和归纳会议内容，确保所有参与者对会议结果有清晰的理解和共识，是提高会议效率的关键。

1. ChatGPT 应用逻辑梳理

ChatGPT 提供会议记录整理指导的应用逻辑如图 3-24 所示。

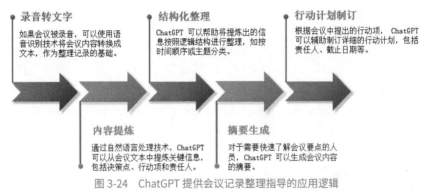

录音转文字
如果会议被录音，可以使用语音识别技术将会议内容转换成文本，作为整理记录的基础。

结构化整理
ChatGPT 可以帮助将提炼出的信息按照逻辑结构进行整理，如按时间顺序或主题分类。

行动计划制订
根据会议中提出的行动项，ChatGPT 可以辅助制订详细的行动计划，包括责任人、截止日期等。

内容提炼
通过自然语言处理技术，ChatGPT 可以从会议文本中提炼关键信息，包括决策点、行动项和责任人。

摘要生成
对于需要快速了解会议要点的人员，ChatGPT 可以生成会议内容的摘要。

图 3-24　ChatGPT 提供会议记录整理指导的应用逻辑

2. ChatGPT 对话交互

ChatGPT：

用户：我们市场团队刚开完会，讨论了新产品的发布策略。现在需要整理会议记录，你能帮忙梳理一下吗？

ChatGPT：当然可以帮助整理。请告诉我会议讨论的主要内容和决策点，我将帮你梳理成会议记录的形式。

用户：会议上我们讨论了目标市场定位、推广渠道选择、预算分配和发布时间表。

ChatGPT：了解了。根据您提供的信息，会议记录可以概括为以下几个部分。

首先，在目标市场定位方面，团队明确了新产品的目标用户群和市场细分，讨论了如何根据目标市场的特点来调整产品特性和营销信息，以更好地满足目标客户的需求。

接下来，在推广渠道选择上，团队评估了不同的营销渠道，包括在线广告、社交媒体、电子邮件营销以及线下活动等，确定了最适合新产品特性和目标市场的推广渠道组合。

关于预算分配，会议上讨论了营销活动的总预算，并对不同营销活动的预算进行了分配，确保资源能够高效利用，达到最佳的营销效果。

最后，在发布时间表方面，团队制定了新产品发布的详细时间表，包括各阶段营销活动的启动时间，以及重要里程碑事件的安排，确保产品按计划顺利推向市场。

用户：这个总结很全面，我们还制订了一些具体的行动计划，需要加进去吗？

ChatGPT：当然，将具体的行动计划加入会议记录会更有助于团队成员理解和执行。请告诉我这些具体的行动计划细节。

用户：好的，我们决定下周一前完成目标市场的详细分析报告，同时启动社交媒体推广的初步设计。另外，还需要在本月底前确定所有营销材料的设计方案。

ChatGPT：明白了。基于这些信息，我们可以在会议记录中添加以下行动计划部分。

具体行动计划如下：

1. 完成目标市场的详细分析报告，并在下周一前提交审阅。

2. 启动社交媒体推广活动的初步设计工作，确保在两周内完成初稿。

3. 在本月底前确定所有营销材料的设计方案，包括宣传册、海报和线上广告等，以保证营销活动按时启动。

　　会议记录整理是确保团队沟通有效和行动计划得到执行的关键。通过 ChatGPT 等工具，可以大大提高会议记录的整理效率和准确性。此外，将这一过程标准化，可以确保所有会议记录都按照一定的质量标准进行整理和存档。未来，可以探索更多自动化工具，如自动会议摘要生成器和行动项追踪系统，进一步提高会议效率和执行力。

扫一扫，看视频

案例 025　邮件撰写建议

　　在当今数字化时代，电子邮件已成为商业交流中不可或缺的一部分。有效的邮件沟通策略对于建立专业形象、维护客户关系及促进业务发展至关重要。由于收件人每日收到大量邮件，要使一封邮件脱颖而出并获得关注，就需要精心策划其内容和格式。此外，不同的邮件目的（如销售推广、客户服务或内部沟通）要求采用不同的语调、结构和重点。对于许多专业人士来说，缺乏有效的邮件撰写技巧可能导致信息传达不清或引起误解，影响业务结果。

1. ChatGPT 应用逻辑梳理

　　ChatGPT 提供邮件撰写建议指导的应用逻辑如图 3-25 所示。

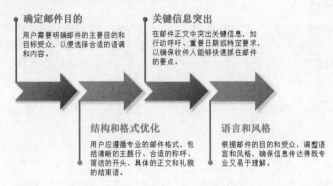

图 3-25　ChatGPT 提供邮件撰写建议指导的应用逻辑

2. ChatGPT 对话交互

🟢 ChatGPT：

　　用户：我是小张，销售经理。下个月我们公司要推出一个新产品，我想通过邮件邀请我们的一位重要客户参加产品发布会，你能帮我写这封邮件吗？

　　ChatGPT：当然可以，小张。为了更好地起草这封邮件，我需要了解一些细节。这个新产品是关于什么的？它有哪些突出的特点或优势？产品发布会的具体时间和地点是什么？

　　用户：新产品是一款高效能的智能办公软件，它能自动化处理繁杂的数据分析工作，可以节省大量人工时间。发布会安排在下个月 15 号，地点是市中心的国际会议中心。

　　ChatGPT：明白了，小张。根据您提供的信息，我为您准备了以下邮件草稿。

　　亲爱的 [客户姓名]：

　　希望这封邮件能在您忙碌的工作中带来一丝清新。我是 [您的公司名] 的销售经理，小张。今天，我非常激动地向您介绍我们即将推出的一款创新产品——一款高效能的智能办公软件，我们相信它将为您的业务运营带来革命性的提升。

　　这款智能办公软件的设计初衷是为了解决当下企业面临的数据处理瓶颈，通过自动化分析大量数据，不仅能显著提高工作效率，还能确保分析结果的准确性，从而让团队能够将宝贵的时间和精力投入到更重要的决策制定上。

　　为了让您更深入地了解这款办公软件能如何为您的业务带来变革，我们诚挚邀请您参加我们的产品发布会。活动将于下个月 15 号在市中心的国际会议中心举行。这将是一个深入交流的好机会，我们非常希望能在那里见到您。

　　如果您有意参加，请在下周五之前回复此邮件，以便我们为您准备相应的资料和接待。如有任何问题或需要进一步了解的信息，请随时与我联系。

衷心感谢您对 [您的公司名] 的支持，期待在发布会上与您相见。

最好的祝福！

小张

销售经理

[您的公司名]

[联系电话]

[电子邮件地址]

有效的邮件撰写技巧对于商业沟通至关重要，它不仅可以帮助传达信息、促进合作，还能提升个人和公司的专业形象。通过明确邮件的目的、保持内容的清晰与简洁、采用合适的格式和礼貌的语言，可以大大提高邮件的阅读和回复率。此外，像在案例 009 中提到的，明确目标、提供基本信息、咨询建议和根据反馈进行调整的逻辑，同样适用于邮件撰写的过程。通过设定明确的沟通目标、提前准备邮件内容、根据收件人的反馈进行调整，可以使邮件更加有效。

在实际应用中，可以进一步利用 ChatGPT 来优化邮件撰写的过程。例如，通过生成草稿、提供语言润色建议、模拟收件人可能的反应来预测和改善邮件的效果。同时，也可以探索使用 ChatGPT 进行更深层次的沟通策略分析，如分析目标受众的偏好、历史沟通记录的评估等，以进一步提升邮件沟通的策略性和有效性。

 案例 026　数据分析报告

在当今数据驱动的商业环境中，数据分析报告对于组织作出基于信息的决策至关重要。随着数据量的日益增长，公司需要有效地理解和解释这些数据，以优化运营、提高效率和增强竞争力。然而，面对庞大且复杂的数据集，许多组织面临着如何有效收集、处理和分析数据的挑战，以及如何将分析结果转化为可行的洞察和策略的问题。

扫一扫，看视频

1. ChatGPT 应用逻辑梳理

ChatGPT 辅助数据分析报告的应用逻辑如图 3-26 所示。

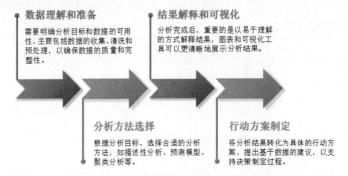

图 3-26　ChatGPT 辅助数据分析报告的应用逻辑

2. ChatGPT 对话交互

ChatGPT：

用户：我在准备销售数据分析报告，注意到一些有趣的趋势。例如，3 月份的时候，我们的电子产品销售额比去年同期增长了 30%，但是家居用品却下降了 10%。我该怎样在报告中解释这个现象？

ChatGPT：这个发现确实很有趣。在报告中解释这种销售趋势时，你可以考虑以下几个方面。

首先，探讨电子产品销售额增长的可能原因。这可能与市场需求增加有关，例如，特定的技术创新或新产品发布可能吸引了更多消费者的兴趣。此外，考虑是否有任何促销活动或营销策略对销售产生了积极影响。

接着，分析家居用品销量下降的原因。可能是由于市场趋势的变化，消费者的偏好转向了其他类别的产品。也可能是由于没有有效的促销活动或者产品更新不够频繁导致的。

用户：我还发现，尽管家居用品整体销量下降，但在线销售渠道的销售额却有所增加。这个信息对分析有帮助吗？

ChatGPT：这个信息非常有价值。它表明虽然家居用品的总体销量下降，但在线销售渠道正在成为消费者购买这类产品的首选。在报告中，你可以强调这一点，并分析导致这种渠道偏好变化的可能原因。可能是由于线上购物提供了更多的便利性，比如更广泛的产品选择、更容易比较价格或是更方便的送货选项。

用户：有没有什么好的方法来展示这些分析结果？

ChatGPT：展示这些分析结果时，使用图表和图形是非常有效的方法。例如：

1. 对于电子产品和家居用品的销售趋势，你可以使用折线图来展示每月销售额的变化，同时用不同颜色的线条区分这两个类别。

2. 为了展示在线销售渠道的增长，你可以使用柱状图比较不同销售渠道（在线与线下）在不同时间点的销售额。

3. 此外，考虑使用饼图来展示家居用品销售中在线渠道和其他渠道的销售额比例。

在图表旁边，记得添加简短的文字说明，概述你的发现和对销售趋势的解释。这样可以帮助读者更好地理解数据背后的故事。

用户：我应该如何基于这些分析结果提出建议呢？

ChatGPT：基于你的分析结果，你可以从以下几个方面提出建议。

1. 鉴于电子产品销售的强劲增长，建议公司继续关注电子产品的市场趋势，投资于相关的技术创新和营销策略，以保持和扩大市场份额。

2. 对于家居用品销量下降的问题，建议进行市场调研，了解消费者需求的变化，并根据调研结果更新产品线或调整营销策略。

3. 考虑到在线销售渠道的增长，建议加大对电子商务平台的投资，优化线上购物体验，提高线上销售的效率和顾客满意度。

通过明确的步骤和合理的分析方法，用户能够有效地完成数据分析报告，并为公司提供有价值的商业洞察。以上实际案例的模拟展示了如何在数据分析报告准备的各个阶段中应用 ChatGPT。此外，还可以考虑进一步的分析，如客户细分和市场趋势分析，以深化对数据的理解并提出更全面的策略建议。

 案例 027　日程规划

在快节奏的现代生活中，有效的日程规划对于提高工作效率、平衡工作与生活以及实现个人目标变得越来越重要。然而，许多人在日程规划方面遇到困难，如时间管理不当、优先级划分不清晰、无法坚持计划等。

扫一扫，看视频

1. ChatGPT 应用逻辑梳理

ChatGPT 制定日程规划的应用逻辑如图 3-27 所示。

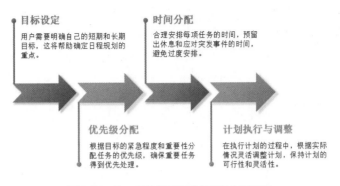

图 3-27　ChatGPT 制定日程规划的应用逻辑

2. ChatGPT 对话交互

ChatGPT：

用户：我是小张，最近工作特别忙，感觉自己的时间都不够用，经常加班到很晚。我想有效地规划我的时间，既能完成工作任务，又能保持生活品质。你有什么建议吗？

ChatGPT：小张，我理解你的困扰。有效的时间管理对于保持工作和生活的平衡非常关键。这里有一些方法可以帮助你更好地规划时间。

首先，制定清晰的优先级。每天列出你需要完成的任务清单，并根据任务的紧急程度和重要性对它们进行排序。确保优先完成那些最关键的任务。

接下来，尝试采用"番茄工作法"来提高工作效率。这个方法是指设定一个定时器（通常是25 分钟），专注于完成一项任务，然后休息 5 分钟。这样短暂的休息可以帮助你保持精力充沛。

用户：我觉得每天的会议特别多，占用了很多时间，有没有什么办法可以减少会议的时间浪费呢？

ChatGPT：会议确实可能成为时间管理的一个挑战。你可以尝试以下方法来优化会议时间。

首先，评估每次会议的必要性。如果是信息交流可以通过电子邮件或即时消息完成的，就没有必要安排会议。

如果会议确实必要，确保每次会议都有明确的议程和目标，并且在会议邀请中提前分享给所有参与者。这样可以帮助大家更有目的地参与讨论，减少会议时间。

用户：我晚上下班后经常感到筋疲力尽，但又想保持一定的运动习惯，你有什么建议吗？

ChatGPT：在忙碌的工作之余保持运动习惯是很好的，它不仅可以帮助你放松身心，还能增强体力。你可以尝试以下方法。

1. 安排短时间但规律的锻炼。即使是 10～15 分钟的快速步行或简单的家庭锻炼，也能帮助你保持活力。

2. 考虑在早晨锻炼。早上的运动可以为你一天的工作注入活力，也避免了晚上下班后的疲惫感。

用户：我还希望能有更多时间来阅读和自我提升，但总觉得挤不出时间来。

ChatGPT：为了自我提升腾出时间，你可以尝试这些策略。

1. 利用零散时间。比如在通勤路上听有声书或播客，这样可以在不影响主要工作和生活的情况下学习新知识。

2. 设定小目标。给自己设定每天阅读或学习的小目标，比如读 10 页书或学习一个新概念。小目标更容易实现，也容易积累成效。

通过这些方法，你可以更有效地管理时间，实现工作和生活的平衡。

通过设定明确的目标、合理分配优先级、有效管理时间以及灵活调整计划，用户可以更有效地进行日程规划，从而提高生活和工作的效率。记住，日程规划是一个持续的过程，需要根据实际情况不断优化和调整。

案例028 演讲稿撰写

扫一扫，看视频

在如今这个信息爆炸的时代，演讲已经成为人们交流思想、传播信息和展示个人魅力的重要方式之一。无论是在学术讲座、商业会议还是社交活动中，一篇好的演讲稿能够吸引听众的注意力、传达清晰的信息，并留下深刻的印象。演讲稿撰写的主要目标是提供一个清晰、逻辑严谨、引人入胜的演讲内容框架，帮助演讲者有效地表达自己的观点或信息。

1. ChatGPT 应用逻辑梳理

ChatGPT 提供演讲稿撰写指导的应用逻辑如图 3-28 所示。

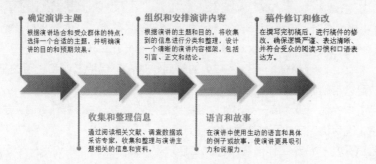

图 3-28　ChatGPT 提供演讲稿撰写指导的应用逻辑

2. ChatGPT 对话交互

ChatGPT：

用户：你好，我在准备一篇演讲稿，但我感到有些困惑，不知道如何开始和组织内容。

ChatGPT：您好！演讲稿的准备确实需要一些时间和思考。首先，让我表达对您的准备和决心的赞赏。在开始准备演讲稿之前，确保您清楚地了解您的目标听众是谁以及您想要传达的信息。这将有助于确定演讲的内容和风格。

用户：感谢您的鼓励！我的演讲主题是"领导力的重要性"。我想要通过这次演讲激励我的同事，并分享一些关于领导力的核心原则。

ChatGPT：非常出色的主题选择！领导力的重要性在各个领域都是至关重要的。您的目标很明确，您希望激励和启发您的同事，并分享您对领导力的理解。现在让我们一起考虑如何更好地组织您的演讲内容。

用户：好的，我期待您的建议。我在思考应该从哪里开始，以及如何保持演讲内容的连贯性和吸引力。

ChatGPT：首先，您可以从介绍领导力的概念和定义开始。您可以解释领导力对组织和团队的重要性，并分享一些关于领导力的定义和历史背景的信息。接着，您可以讨论一些成功领导者所具备的核心特质和技能，如沟通能力、团队合作、决策能力等。

用户：这听起来很不错！我也考虑过通过案例或实例来说明这些领导力特质是如何在实际生活中发挥作用的。您觉得这样做是否合适？

ChatGPT：绝对合适！通过案例和实例来说明抽象概念将会使您的演讲更加生动和具体。您可以分享一些成功领导者的故事，或者是您自己在领导团队时遇到的挑战和经历。这样的个人经历会让听众更容易与您产生共鸣，并增强您演讲的说服力。

　　用户：我明白了，这是一个很好的建议。我也会保持演讲的逻辑性，确保每一部分都能够顺畅过渡。不过，我担心过渡部分会不会显得突兀。

　　ChatGPT：过渡部分的处理确实很重要。您可以使用一些过渡性的词语和短语，如"此外""另外""然而"等，来帮助连接不同部分的内容。另外，您还可以在过渡部分简要回顾前一部分的内容，并预告接下来要讨论的内容，以确保演讲内容的连贯性和流畅性。

　　用户：我明白了，这些都是非常实用的建议！我会认真考虑并应用到我的演讲稿中。非常感谢您的帮助！

　　ChatGPT：不客气！我相信您的演讲将会非常成功。如果您需要进一步的帮助或有其他问题，请随时告诉我。

　　通过明确目的、组织结构、使用生动的例子和故事，以及保持语言的清晰和有力，用户可以编写出一篇有效的演讲稿。演讲稿的撰写不仅是信息传递的工具，也是与听众建立联系和影响他们的方式。需要注意的是，演讲稿的准备需要结合个人风格和听众的特点，进行个性化的调整和优化。

案例 029　客户沟通技巧

　　在任何行业领域，良好的客户沟通都是成功的关键。特别是在服务行业，有效的沟通可以帮助企业理解客户需求，提升客户满意度，建立长期的客户关系。然而，面对不同背景和需求的客户，如何有效沟通成了一大挑战。

扫一扫，看视频

1. ChatGPT 应用逻辑梳理

　　ChatGPT 分享提供客户沟通技巧过程的应用逻辑如图 3-29 所示。

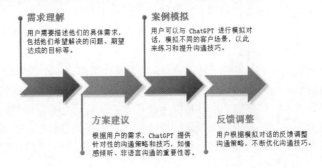

需求理解
用户需要描述他们的具体需求，包括他们希望解决的问题、期望达成的目标等。

案例模拟
用户可以与 ChatGPT 进行模拟对话，模拟不同的客户场景，以此来练习和提升沟通技巧。

方案建议
根据用户的需求，ChatGPT 提供针对性的沟通策略和技巧，如情感倾听、非语言沟通的重要性等。

反馈调整
用户根据模拟对话的反馈调整沟通策略，不断优化沟通技巧。

图 3-29　ChatGPT 分享提供客户沟通技巧过程的应用逻辑

2. ChatGPT 对话交互

ChatGPT：

　　销售代表：作为一名销售代表，我发现我和潜在客户沟通的效率有待提升。有时候我投入了很多时间，但效果并不理想。你能提供一些建议来帮助我改善这一情况吗？

　　ChatGPT：当然可以帮助你。提升沟通效率首先要确保你的沟通能够引起潜在客户的兴趣，并且直接针对他们的需求。一个有效的策略是在与客户沟通前做好准备工作，比如了解客户的背景信息和他们可能面临的问题。这样可以帮助你更加精准地提供解决方案，从而提升沟通的效率。

　　销售代表：我明白了，那么在第一次联系潜在客户时，有没有什么特别的技巧可以马上吸引他们的注意力呢？

ChatGPT：在第一次接触潜在客户时，确实有一些技巧可以帮助你吸引他们的注意。一个重要的策略是个性化你的信息。举例来说，你可以在开场白中提到你对他们公司的了解，或者是他们行业内常见的一些挑战，这样可以显示出你的专业性和对他们情况的关注。另外，快速明确地展示你的产品或服务如何能解决他们的问题，也是吸引注意的关键。记住，人们更倾向于关注对他们有直接益处的信息。

销售代表：这很有帮助。还有，我在管理和跟进潜在客户方面也遇到了一些挑战。你有什么建议可以提高这方面的效率吗？

ChatGPT：管理和跟进潜在客户是销售工作中非常重要的一环。一个有效的方法是使用客户关系管理（CRM）系统。这样的系统可以帮助你记录每位客户的详细信息、沟通历史和跟进状态，确保你不会遗漏任何重要的跟进机会。同时，通过设置提醒和任务，你可以确保在适当的时机与客户保持联系。此外，定期回顾你的客户管理流程，根据实际情况进行调整，也是提高效率的关键。

销售代表：谢谢你的建议，它们听起来很有用。我还想问，有没有一些具体的沟通技巧，可以让我在和客户交流时更加有效？

ChatGPT：沟通技巧对于提升与客户交流的效率至关重要。首先，倾听是非常关键的一点。在与客户交流时，要给予他们充分的时间来表达自己的需求和担忧。这不仅可以帮助你更好地了解客户，也可以建立信任感。其次，学会提出开放式问题，这样可以鼓励客户分享更多的信息，同时也展示了你对他们需求的关注。此外，清晰地传达你的信息也很重要。确保你的解释简洁明了，避免使用过多的专业术语，这样客户更容易理解你的产品或服务如何满足他们的需求。

销售代表：明白了，那在销售过程中有没有什么方法可以帮助我更好地判断何时是跟进或推进销售的恰当时机呢？

ChatGPT：判断恰当的跟进或推进销售的时机确实需要一定的技巧和经验。一个有效的方法是关注客户的行为和反馈。例如，如果客户在交流中显示出对某个特定方面的高度兴趣，或者他们主动询问关于购买流程的问题，这些都可能是他们准备进一步了解或购买的信号。同时，注意客户的犹豫或顾虑，这可能意味着他们还需要更多的信息或者有特定的担忧需要被解决。在这种情况下，提供额外的资料或解决方案，而不是直接推进销售，可能会更有效。

销售代表：我理解了。对了，如何处理那些对产品或服务表示兴趣但最终没有购买的潜在客户呢？有没有一种策略可以将他们转化为买家？

ChatGPT：对于那些表示了兴趣但没有最终购买的潜在客户，一个策略是继续维护与他们的关系，并定期提供有价值的信息。比如，你可以分享行业趋势、案例研究或是如何更有效地解决他们行业中的常见问题的建议。这样做的目的是保持联系，并在他们准备采购时，你的产品或服务能够位于他们的考虑名单中。同时，定期回顾这些潜在客户的情况，看看是否有新的机会或变化，可以使你的产品或服务对他们来说更加吸引。重要的是要保持耐心，同时持续提供价值，这样有可能在适当的时机将他们转化为买家。

　　掌握有效的客户沟通技巧对于建立和维护良好的客户关系至关重要。通过 ChatGPT，用户不仅可以获取实用的沟通策略和技巧，还可以通过模拟对话进行实践和反馈，不断提升沟通能力。但需要注意的是，每位客户都是独一无二的，灵活调整沟通策略以适应不同的客户和场景是成功沟通的关键。通过不断学习和实践，用户可以更加自信地面对各种沟通挑战，从而在工作和生活中取得更好的成绩。

案例 030　解决办公软件问题

　　办公软件问题是工作中常见的技术障碍，可能涉及文档编辑、电子表格、演示文稿软件等多个方面，而问题可能包括软件崩溃、文件损坏、功能异常、性能问题等。

扫一扫，看视频

1. ChatGPT 应用逻辑梳理

ChatGPT 提供解决办公软件问题指导的应用逻辑如图 3-30 所示。

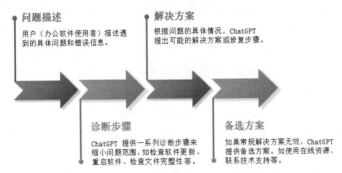

问题描述
用户（办公软件使用者）描述遇到的具体问题和错误信息。

解决方案
根据问题的具体情况，ChatGPT 提出可能的解决方案或修复步骤。

诊断步骤
ChatGPT 提供一系列诊断步骤来缩小问题范围，如检查软件更新、重启软件、检查文件完整性等。

备选方案
如果常规解决方案无效，ChatGPT 提供备选方案，如使用在线资源、联系技术支持等。

图 3-30　ChatGPT 提供解决办公软件问题指导的应用逻辑

2. ChatGPT 对话交互

⬡ ChatGPT：

Alice：你好，我遇到了一个问题，我的 Word 文档突然无法打开了，显示错误信息，我该怎么办？

ChatGPT：你好 Alice，能告诉我具体的错误信息吗？这样我可以更准确地帮助你。

Alice：错误信息说是"文件无法打开，可能已损坏或格式不兼容"。

ChatGPT：明白了，这种情况通常有几种可能的原因。首先，可以尝试用 Word 的"打开和修复"功能来修复文档。你可以在 Word 中选择"文件"菜单，点击"打开"，在打开对话框中选择你的文档，然后点击"打开"按钮旁边的小箭头，选择"打开和修复"。

Alice：我试了"打开和修复"，但是没什么用，还是无法打开。

ChatGPT：如果"打开和修复"没有效果，我们可以尝试其他方法。比如，有时候文档因为兼容性问题无法打开，你可以尝试将 Word 文档转换为其他格式，比如 PDF，然后再转换回 Word 格式。还有一种可能是文档被恶意软件损坏，这时候你可以用杀毒软件扫描一下你的计算机。

Alice：好的，我先尝试转换文件格式。如果我想要避免这种情况再次发生，有什么好办法吗？

ChatGPT：为了避免这种情况再次发生，建议你定期备份重要文档，使用云存储服务如 OneDrive 或 Google Drive 可以自动同步和备份文件。另外，保持你的 Office 软件和操作系统更新到最新版本也很重要，这样可以减少兼容性和安全性问题。还有，不要从不可信的来源下载和打开文件，避免病毒或恶意软件的侵害。

Alice：明白了，谢谢你的建议，我会注意的。另外，如果我的文档确实被病毒感染了，我应该怎么处理？

ChatGPT：如果文档被病毒感染，t首先确保你的杀毒软件是最新的，然后进行全面的系统扫描。大多数杀毒软件都能够检测并清除病毒，但如果问题依旧，可能需要更专业的恢复工具或者寻求专业的数据恢复服务帮助。在处理病毒问题时，重要的是不要打开或编辑感染的文件，以防病毒进一步传播。同时，备份你的重要数据，以免在清理病毒过程中数据丢失。

　　在使用 ChatGPT 解决办公软件问题时，需要注意以下几点：定期备份重要文件以防止数据丢失；确保办公软件更新到最新版本以获得最新的修复和功能；在官方论坛、帮助文档中寻找解决方案，或使用兼容的在线服务作为临时解决方案。用户还可以尝试高级故障排除：学习更高级的故障排除方法，如日志分析、高级设置调整等。

3.5 健康医疗

ChatGPT 在医疗信息处理方面展示了巨大潜力。随着医疗数据量的日益增加，从患者病历到科研论文，信息的管理与分析变得异常复杂。ChatGPT 通过自然语言处理技术能够高效地整理、归纳和分析大量文本数据，帮助医疗专业人士快速获取关键信息，提高决策的效率与准确性。例如，它可以帮助医生快速筛选相关研究论文，或者通过分析患者病历辅助医生作出更准确的诊断。

ChatGPT 在医疗咨询服务中的应用也日益广泛。通过构建基于 ChatGPT 的智能咨询系统，医疗机构能够提供 24 小时不间断的咨询服务，解答患者的健康疑问，指导患者进行初步的自我诊断，甚至帮助他们决定何时需要寻求专业医生的帮助。这不仅大大提高了医疗服务的可及性和便利性，也缓解了医疗资源的压力。

值得一提的是，随着技术的不断进步，ChatGPT 处理自然语言的能力也在不断提升，这使得它在理解和生成医学语言方面的准确度越来越高。这对于发展智能化的医疗记录系统、提高医疗文档的编写效率等方面都有着积极的影响。

 案例 031　健康生活方式指导

扫一扫，看视频

在快节奏的现代生活中，人们常常忽略了健康生活方式的重要性。不规律的饮食、缺乏运动、不足的睡眠和长期的精神压力是许多人面临的问题。这些不健康的生活习惯可能会导致多种慢性疾病的发生，如肥胖、糖尿病、心血管疾病等。

1. ChatGPT 应用逻辑梳理

ChatGPT 制定健康生活方式指导过程的应用逻辑如图 3-31 所示。

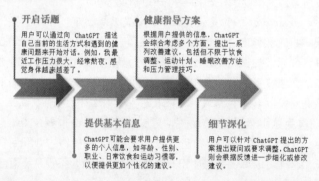

图 3-31　ChatGPT 制定健康生活方式指导过程的应用逻辑

2. ChatGPT 对话交互

⑤ ChatGPT：

用户：我最近感觉身体越来越差了，可能是因为工作压力大，饮食不规律，几乎没有时间运动。

ChatGPT：了解到你的情况，首先建议从调整饮食开始。试着增加蔬菜和水果的摄入量，减少高糖和高脂肪食物的摄入。即便工作忙碌，也可以尝试提前准备一些健康的餐食，避免长期依赖外卖或快餐。此外，尽管时间紧张，但保持一定的运动是非常重要的。可以从每天短时间的快走或在家中跳简单的健身操开始，逐渐增加运动量。关于睡眠，建议你尝试制定固定的睡眠时间表，并尽量在睡前放松心情，避免过度使用电子设备。压力管理方面，可以尝试一些放松技巧，如深呼吸、瑜伽或冥想，帮助自己缓解压力。

用户：你有没有具体的饮食计划推荐？我不太清楚应该吃些什么。

　　ChatGPT：当然，根据你的情况，我建议你尝试地中海饮食，这是一种被广泛认为对健康有益的饮食方式。地中海饮食强调以植物为基础的食物，如新鲜蔬菜、水果、全谷物、坚果和种子。同时，它也包括适量的鱼类和家禽，以及健康的脂肪来源，如橄榄油。可以尝试以这种饮食模式为基础，根据个人口味和需求进行调整。例如，早餐可以吃一份全麦吐司配鳄梨和一杯希腊酸奶，午餐则可以是一份蔬菜沙拉加上一些烤鸡肉或豆腐，晚餐可以是一份以蔬菜为主的地中海风格炖菜。

　　用户：对于运动，我应该如何开始呢？我几乎没有任何基础。

　　ChatGPT：对于运动初学者来说，重要的是从自己能够接受的程度开始，避免一开始就过度运动导致受伤或失去兴趣。可以从每天 10～15 分钟的快走开始，选择在工作间隙或是下班后进行。此外，也有许多适合初学者的家庭健身视频教程，涵盖了从瑜伽到有氧运动的各种类型，这些都是不错的选择。随着体力的增强，可以逐渐增加运动的强度和持续时间。重要的是要找到自己喜欢的运动形式，这样更容易持之以恒。

　　用户：有没有好的方法来改善我的睡眠质量呢？

　　ChatGPT：改善睡眠质量的关键在于建立良好的睡眠习惯。首先，尽量保持每天同一时间上床睡觉和起床，即使在周末也不例外。这有助于调整你的生物钟，让身体适应一个固定的睡眠模式。其次，睡前避免摄入咖啡因和酒精，这些物质可能会干扰睡眠。此外，尽量减少睡前使用电子设备的时间，蓝光会抑制睡眠激素的产生，影响睡眠质量。最后，可以尝试在睡前进行一些放松活动，如阅读、深呼吸或冥想，帮助身心放松，更容易入睡。

　　使用 ChatGPT 来指导健康生活方式是一个有效的方法，它可以提供个性化的建议和解决方案。然而，需要注意的是，ChatGPT 提供的信息可能无法完全代替专业医疗建议。在进行重大健康生活方式改变之前，特别是对于有特定健康问题的人群，最好咨询专业医生或营养师。此外，在使用 ChatGPT 时，用户应该明确自己的需求和目标，以便得到最合适的指导。

　　进一步探索健康生活方式的指导，用户可以考虑深入研究特定饮食计划，如地中海饮食、低碳水化合物饮食等，了解它们的优点和潜在的风险；探索不同的运动形式，了解不同运动对身体的好处，如力量训练、有氧运动、瑜伽等，以找到最适合自己的运动类型。

 案例 032　营养食谱规划

　　人们随着健康意识的提高越来越关注自己的饮食习惯。然而，由于忙碌的生活节奏和有限的营养知识，许多人在规划营养均衡的饮食方面遇到了困难。他们可能不清楚如何选择食物，以及如何搭配食物来满足身体对各种营养素的需求。

扫一扫，看视频

1. ChatGPT 应用逻辑梳理

　　ChatGPT 提供营养食谱规划指导的应用逻辑如图 3-32 所示。

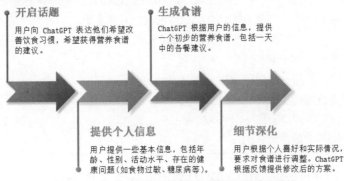

图 3-32　ChatGPT 提供营养食谱规划指导的应用逻辑

2. ChatGPT 对话交互

⟳ ChatGPT：

用户：我是一名 30 岁的软件工程师，因为工作忙碌，经常吃外卖，几乎不运动。我想改善饮食习惯，希望能吃得更健康一些，你有什么具体建议吗？

ChatGPT：理解您的情况，忙碌的工作确实会对饮食和生活习惯造成挑战。以下是一些具体建议。

1. 简易健康餐的准备：尝试在周末或空闲时间预先准备一些简单健康的餐食，如沙拉、烤蔬菜和瘦肉等，分装冷冻，方便工作日食用。这样不仅节省时间，还能保证饮食质量。

2. 选择健康外卖选项：如果不得不点外卖，尽量选择健康的选项，如烤鸡胸肉、蒸鱼、各种蔬菜等，避免高热量、高脂肪的食物。

3. 保持充足的水分：工作时记得多喝水，保持身体的水分，有时候口渴的感觉可能会被误认为是饥饿。

4. 小零食的健康选择：备一些健康的零食，如坚果、酸奶、新鲜水果等，避免因饥饿而选择高糖或高脂肪的零食。

5. 简单的运动习惯：虽然您提到几乎不运动，但可以尝试在日常中融入一些简单的活动，如使用楼梯而非电梯、工作间隙做简单伸展等，有助于提高新陈代谢。

用户：这些建议听起来很实用，但我对如何快速准备健康餐感兴趣，能详细说说吗？

ChatGPT：当然可以。快速准备健康餐的关键在于提前规划和简化步骤。以下是一些步骤和技巧：

1. 周末大批量准备：选择一天，如周末，来准备和烹饪一周所需的主要食材。例如，您可以烤一大批鸡胸肉，煮一锅褐米或全麦面包，烤或蒸一些蔬菜，如胡萝卜、西蓝花、甜菜等。

2. 简单调味：为了节省时间，可以选择简单的调味方式，比如使用橄榄油、柠檬汁、盐、胡椒和一些干草本调料来调味，既快速又健康。

3. 分装保存：将准备好的食材分装在密封容器中，冷藏或冷冻保存。这样，每天只需从冰箱中取出一份，加热即可食用。

4. 简单组合：在进餐时，从准备好的食材中挑选一至两种蛋白质来源、一至两种蔬菜以及一种碳水化合物（如全麦面包、褐米等），这样可以快速组合成一餐。

5. 健康酱料：准备一些健康的酱料，如自制蔬菜泥、酸奶蒜泥酱等，可以为简单的餐食增添风味。

用户：我还想知道，有没有什么简单的办法来跟踪和评估我的饮食状况？

ChatGPT：跟踪和评估饮食状况是个很好的习惯，可以帮助您更清楚地了解自己的饮食模式和营养摄入情况。以下是一些建议。

1. 使用饮食日记：您可以用传统方式记录，也可以使用手机应用程序来跟自己的每日饮食。记录您所消费的每一餐和零食，包括食物种类、分量以及您的饮水量。

2. 设置目标：为自己设定具体的饮食目标，如每天吃五份蔬菜和水果、每天喝 8 杯水等，然后通过日记来跟踪您是否达到了这些目标。

3. 评估营养摄入：使用一些应用程序，如 MyFitnessPal 等，可以帮助您分析食物的营养成分，确保您的饮食中包含足够的蛋白质、纤维、维生素和矿物质等。

4. 定期回顾：每周或每月回顾一次您的饮食日记和营养摄入情况，评估哪些习惯做得好，哪些需要改进，并据此调整您的饮食计划。

　　用户可以通过与 ChatGPT 的互动，根据自己的健康状况、口味偏好和生活习惯来定制个性化的营养食谱。需要注意的是，虽然 ChatGPT 可以提供基于一般营养知识的建议，但它无法替代专业的营养师或医生的建议。如果用户有特殊的健康条件或营养需求，应该咨询相关专业人士。

在使用 ChatGPT 进行营养食谱规划时，用户应明确自己的需求和目标，并结合自己的实际情况进行调整。此外，持续的健康生活方式还需要结合适量的运动和良好的生活习惯。希望通过这个案例，用户能够获得启发，更好地利用 ChatGPT 来规划和改善自己的饮食习惯。

 案例 033　疾病预防知识

随着生活方式的变化和环境因素的影响，现代社会中人们面临着越来越多的健康挑战，心血管疾病、糖尿病、肥胖和某些类型的癌症等慢性疾病的发病率不断上升。因此，了解和采取有效的疾病预防措施变得尤为重要。

扫一扫，看视频

1. ChatGPT 应用逻辑梳理

ChatGPT 分享疾病预防知识过程的应用逻辑如图 3-33 所示。

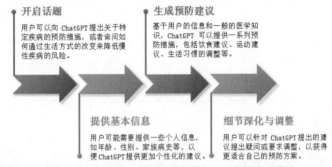

图 3-33　ChatGPT 分享疾病预防知识过程的应用逻辑

2. ChatGPT 对话交互

ChatGPT：

用户：我想知道如何预防心血管疾病，我家族中有心脏病史。

ChatGPT：预防心血管疾病是一个多方面的过程，需要综合考虑饮食、运动和生活习惯等多个因素。首先，饮食方面建议增加蔬菜、水果和全谷物的摄入，减少饱和脂肪、反式脂肪和胆固醇的摄入。例如，可以选择橄榄油代替黄油，多吃深海鱼类以获取健康的 Omega-3 脂肪酸。其次，建议每周进行至少 150 分钟的中等强度运动，如快步走、游泳或骑自行车。此外，避免吸烟和限制酒精摄入对于心血管健康同样重要。定期进行健康检查，监测血压、血糖和胆固醇水平也是必不可少的。

用户：有没有特定的食物或营养素对心血管特别好？

ChatGPT：对于心血管健康而言，一些特定的食物和营养素确实被认为是有益的。例如，富含 Omega-3 脂肪酸的食物，如三文鱼、鲭鱼和亚麻籽，可以帮助降低血压和减少炎症。全谷物，如燕麦和糙米，由于其丰富的膳食纤维，可以帮助控制胆固醇水平。此外，含有抗氧化剂的浆果类水果，如蓝莓和草莓，也对心脏有益。坚果和种子，如杏仁和亚麻籽，含有健康的脂肪、蛋白质和纤维，也是心血管健康的好选择。

用户可以通过与 ChatGPT 的互动，获取有关预防特定疾病的建议和生活方式的改善措施。需要注意的是，这些建议不能替代专业医疗建议。在采取任何重大的健康或饮食改变之前，应该咨询医生或其他医疗专业人员。此外，持续的健康生活方式包括均衡饮食、定期运动和避免不良习惯，这是预防多种疾病的关键。

案例 034　医疗保健信息解读

随着互联网的普及，人们越来越多地从网络上获取健康和医疗信息。然而，网络上的信息参差不齐，不少人在面对大量的医疗信息时，可能会感到困惑和不确定，难以判断信息的准确性和可靠性。

1. ChatGPT 应用逻辑梳理

ChatGPT 提供医疗保健信息解读指导的应用逻辑如图 3-34 所示。

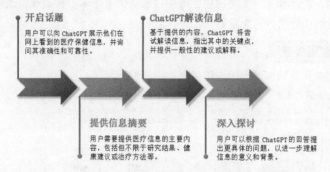

图 3-34　ChatGPT 提供医疗保健信息解读指导的应用逻辑

2. ChatGPT 对话交互

ChatGPT:

用户：我在网上看到一篇文章，说每天吃一个苹果可以避免去看医生，这是真的吗？这个信息可靠吗？

ChatGPT："每天一个苹果，医生远离我"是一句广为流传的谚语，其实是强调了健康饮食习惯对维持健康的重要性。苹果是一种营养价值高的水果，富含纤维、维生素 C 和各种抗氧化剂，对健康确实有益。然而，单靠吃苹果是不足以防治所有疾病的，健康的生活方式应该包括均衡的饮食、适量的运动、足够的休息以及避免不良习惯，如吸烟和过量饮酒。

在评估网上的医疗保健信息时，建议查看信息来源是否权威可靠，如医疗机构、专业医疗人员或科学研究报道。同时，要警惕那些没有科学依据或过于夸大其词的信息。如果有疑问，最好咨询医疗专业人员。

用户：那么，除了苹果，还有什么食物是对健康特别有好处的呢？

ChatGPT：确实有很多食物对健康特别有益，这里列举一些。

1. 深绿色蔬菜：如菠菜、羽衣甘蓝和西兰花等，这些蔬菜富含维生素、矿物质和纤维，同时含有植物化学物质，可以帮助人降低患多种疾病的风险。

2. 浆果类：如蓝莓、草莓和树莓等，浆果类富含抗氧化剂，特别是花青素，有助于减少炎症和防止疾病。

3. 全谷物：如燕麦、褐米和全麦面包等，全谷物含有丰富的纤维、B 族维生素和矿物质，有助于维持心脏健康和促进消化系统正常运作。

4. 坚果和种子：如杏仁、核桃和亚麻籽等，富含健康脂肪、蛋白质和纤维，可以作为健康零食，有助于心脏健康。

5. 瘦蛋白来源：如鸡胸肉、鱼类和豆类等，瘦蛋白可以帮助肌肉恢复和增长，同时保持饱腹感，有助于体重管理。

这些食物的健康益处在很多科学研究中都有证实。建议在饮食中融入这些食物，与此同时保持饮食多样性，确保从不同的食物中摄取各种必需的营养素。

用户：了解了，我应该如何平衡我的饮食呢？

ChatGPT：平衡饮食意味着确保您的饮食中包含各种营养素，以满足身体的需要。这里有一些基本的指导原则。

1. 多样化饮食：确保饮食中包含多种食物，这样可以摄取到各种不同的营养素。尝试每餐都包含一些蔬菜、蛋白质来源、健康脂肪和少量的复合碳水化合物。

2. 均衡摄入五大食物类：确保您的饮食中包含蔬菜、水果、蛋白质（来自肉类和植物源）、全谷物和乳制品（或其替代品）。

3. 适量进食：注意食物的分量大小，避免过度进食。可以通过更小的餐盘来帮助控制分量。

4. 限制加工食品和添加糖：尽量减少加工食品和高糖食品的摄入，这些食品往往营养价值低，卡路里高。

5. 保持水分：确保每天喝足够的水，避免含糖饮料和高热量的饮料。

6. 倾听身体信号：注意身体的饥饿和饱腹信号，按需进食，避免因情绪而进食。

平衡饮食并不意味着完全禁止某些食物，而是关于整体的饮食模式。允许自己偶尔享受，但主要关注营养丰富的食物。如果需要个性化的饮食建议，可以咨询营养专家或医疗专业人员。

通过 ChatGPT 解读医疗保健信息是一种方便快捷的方式，它可以帮助用户更好地理解网络上的健康信息。但重要的是要意识到 ChatGPT 提供的信息并不能替代专业医疗意见。在作出任何重要的健康决定之前，最好咨询医生或其他医疗专业人员。此外，对于网络上的医疗信息，应持谨慎态度，仔细甄别信息来源的可靠性，避免盲目跟随未经验证的健康建议。

案例 035 药物知识与安全使用

药物治疗是现代医疗体系的重要组成部分，但药物使用不当可能带来一系列风险和副作用。因此，普及药物知识与安全使用的重要性不言而喻，这不仅能够提高治疗效果，还能降低患者的健康风险。

扫一扫，看视频

1. ChatGPT 应用逻辑梳理

ChatGPT 提供药物知识与安全使用指导的应用逻辑如图 3-35 所示。

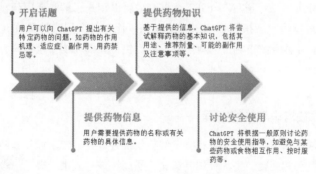

图 3-35 ChatGPT 提供药物知识与安全使用指导的应用逻辑

2. ChatGPT 对话交互

ChatGPT：

用户：如果我在吃阿莫西林期间感到胃部不适，我该怎么办？

ChatGPT：如果在服用阿莫西林期间出现轻微的胃部不适，这是阿莫西林较为常见的副作用之一。您可以采取以下措施来减轻不适感。

1. 与食物一同服用：尝试在进餐时服用阿莫西林，这可以帮助减轻胃部不适。

2. 避免刺激性食物：在治疗期间，尽量避免辛辣、油腻或酸性食物，这些食物可能会加剧胃部不适。

3. 保持充分水分：确保充足的水分摄入，有助于药物吸收并减轻胃部不适。

如果胃部不适感很严重或持续存在，建议咨询医生。医生可能会调整您的治疗方案或建议其他缓解措施。

用户：阿莫西林会和其他药物产生相互作用吗？

ChatGPT：是的，阿莫西林与某些药物存在潜在的相互作用。例如：

1. 避免与某些抗酸药同时服用：一些抗酸药可能会干扰阿莫西林的吸收。如果需要使用抗酸药，最好避免在服用阿莫西林前后 2 小时内使用。

2. 避免与避孕药同时使用：阿莫西林可能会降低口服避孕药的有效性。如果您正在使用口服避孕药，建议在治疗期间采取其他避孕措施。

3. 注意与其他抗生素的相互作用：同时使用多种抗生素可能会增加副作用的风险，或影响药物的效果。

在使用阿莫西林前，务必告知医生您正在使用的所有药物，包括处方药、非处方药、维生素补充剂和中草药产品。这有助于医生评估潜在的药物相互作用风险，并为您提供适当的建议。

用户：阿莫西林治疗期间，我还需要特别注意饮食吗？

ChatGPT：在服用阿莫西林期间，虽然没有特别严格的饮食限制，但遵循一些基本的饮食建议可以帮助优化治疗效果，减少不适。

1. 保持均衡饮食：确保饮食均衡，富含蔬菜、水果、全谷物和瘦蛋白，以支持身体的免疫系统和整体健康。

2. 避免酒精：酒精可能会干扰抗生素的效果，并增加某些副作用的风险，如胃肠道不适。

3. 保持水分：足够的水分摄入有助于维持身体功能，促进药物的代谢和排泄。

4. 避免过敏食物：如果您对某些食物有过敏史，继续避免这些食物，以免加重身体的负担。

总的来说，健康的饮食习惯有助于支持您的身体，在使用阿莫西林或任何其他药物治疗期间保持最佳状态。如果您对饮食有特别的疑问或担忧，可以咨询医生或营养师获取个性化建议。

通过以上的案例分析可以看到，ChatGPT 能够有效辅助用户了解和使用药物，减少药物使用中的不安全因素。未来，可以进一步拓展 ChatGPT 的功能，比如结合用户的具体健康数据提供更个性化的用药建议，或者实时监测药物市场上的新信息，以提供最新的药物安全知识。这些都是值得我们进一步探索和实现的方向。

案例 036　急救常识与技能指导

在日常生活中，意外伤害和突发健康状况时有发生，掌握基本的急救技能对于提高伤者的生存机会和减轻伤害具有重要意义。然而，许多人由于缺乏急救知识，面对紧急情况时可能会感到无助。

扫一扫，看视频

1. ChatGPT 应用逻辑梳理

ChatGPT 提供急救常识与技能指导的应用逻辑如图 3-36 所示。

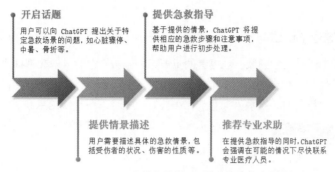

图 3-36 ChatGPT 提供急救常识与技能指导的应用逻辑

2. ChatGPT 对话交互

ChatGPT:

用户：*如果有人心脏骤停怎么办？*

ChatGPT：心脏骤停是一种紧急情况，需要立即采取行动。以下是应对心脏骤停的步骤。

1. 立即判断情况：检查该人是否有意识和正常呼吸。心脏骤停时，患者通常会突然失去意识，没有脉搏，不会呼吸或只有异常的呼吸（如呼吸困难）。

2. 呼叫紧急服务：如果确认有人心脏骤停，立即拨打当地的紧急服务电话（如中国的 120 或北美的 911），告知他们情况并请求立即派遣救护车。

3. 立即开始心肺复苏（CPR）：在等待紧急医疗服务人员到来时，立即开始进行心肺复苏。将双手叠放在患者胸骨中部，用体重帮助施加压力，进行快速而有力的按压（每分钟 100 到 120 次）。如果您受过培训，可以进行人工呼吸；如果没有，只进行胸外按压也是很有帮助的。

4. 使用自动体外除颤器（AED）：如果周围有 AED 设备，立即使用它。AED 是一种设计用来检测心律并在必要时提供电击的设备，以恢复正常心跳。AED 通常配有语音指导，会告诉您如何操作。

重要的是要记住，即使您没有接受过 CPR 训练，当遇到心脏骤停的情况时，尝试进行胸外按压总比什么都不做要好。紧急情况下的及时反应可以挽救生命。

用户：*如果我不确定自己的 CPR 技术是否正确呢？*

ChatGPT：如果您不确定自己的 CPR 技术是否正确，仍然鼓励您在紧急情况下尝试进行胸外按压。研究表明，即使是未经训练的旁观者在进行胸外按压时，也能显著提高心脏骤停患者的生存率。

当您进行胸外按压时，请记住以下几点。

1. 放置位置：将受害者平躺在硬质表面上，双手交叉放置在受害者胸骨中央。

2. 按压深度和速度：用力按压胸部，深度至少 5 厘米（成人），但不超过 6 厘米，按压频率为每分钟 100 到 120 次。

3. 按压质量：确保每次按压后胸部都能完全回弹，这有助于心脏充分充血。

在紧急情况下，尽量保持冷静，按照上述步骤进行。同时，如果现场有其他人，请让他们拨打紧急服务电话并寻找 AED。

在紧急情况下，掌握基本的急救知识和技能是非常重要的。需要注意的是，ChatGPT 提供的急救指导只能作为基本指南，不能替代专业的医疗救治。在任何紧急情况下，尽可能快地联系专业医疗服务是最重要的。此外，强烈建议公众参加急救培训课程，以获得更系统的急救知识和实践技能。

案例 037 医疗术语咨询

扫一扫，看视频

医疗术语是医学领域专业语言的重要组成部分，它们用于准确描述人体的结构、功能、疾病、条件和治疗过程。对于非医学专业人士来说，医疗术语可能显得复杂和难以理解，但掌握一些基本的医疗术语有助于在需要时更好地理解健康信息和进行沟通。

1. ChatGPT 应用逻辑梳理

ChatGPT 分享医疗术语咨询过程的应用逻辑如图 3-37 所示。

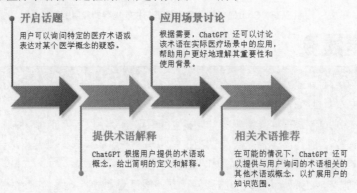

开启话题
用户可以询问特定的医疗术语或表达对某个医学概念的疑惑。

应用场景讨论
根据需要，ChatGPT 还可以讨论该术语在实际医疗场景中的应用，帮助用户更好地理解其重要性和使用背景。

提供术语解释
ChatGPT 根据用户提供的术语或概念，给出简明的定义和解释。

相关术语推荐
在可能的情况下，ChatGPT 还可以提供与用户询问的术语相关的其他术语或概念，以扩展用户的知识范围。

图 3-37　ChatGPT 分享医疗术语咨询过程的应用逻辑

2. ChatGPT 对话交互

> **ChatGPT：**
>
> 用户：什么是"炎症"？
>
> ChatGPT：炎症是身体对受伤、感染或其他有害刺激的自然反应，是身体免疫系统的一部分。它的目的是帮助身体去除有害物质，并启动修复受损组织的过程。炎症的典型表现包括红、肿、热、痛和功能受限。炎症可以是急性的，也可以是慢性的。急性炎症通常发生在身体受到明显伤害或感染时，如切伤或细菌感染。慢性炎症则可能在没有明显外部伤害的情况下持续存在，通常与自身免疫疾病、长期暴露于有害物质（如烟草的烟雾）或慢性感染有关。
>
> 用户：炎症与感染有什么区别？
>
> ChatGPT：炎症和感染虽然常常一起出现，但它们是两个不同的概念。感染是由外来的病原体（如细菌、病毒、真菌或寄生虫）引起的，当病原体侵入身体并开始繁殖时，就会导致感染。而炎症是身体对感染或其他伤害的反应，是身体试图消除病原体、清除受损细胞并开始修复过程的一种机制。因此，感染可以引起炎症，但炎症不一定是由感染引起的。

通过 ChatGPT，用户可以获取医疗术语的基本定义和解释，以及这些术语在医疗实践中的应用。这有助于提高用户对医疗信息的理解和自身健康状况的意识。然而，对于复杂的医疗问题，建议咨询医疗专业人士以获得详细和个性化的指导。

3.6　法 律 咨 询

在法律咨询领域，ChatGPT 的应用正逐渐成为一种重要趋势，它不仅为法律专业人士提供了高效的辅助工具，还为公众获取法律信息和服务提供了新的途径。本节将探讨 ChatGPT 在法律咨询领域的作用与意义，以及它如何帮助人们更好地理解和应用法律知识。

首先，ChatGPT 可以作为法律信息检索和管理的工具。对于法律专业人士而言，能够快速准确地获取相关法律条文、案例和解读是至关重要的。ChatGPT 通过其强大的自然语言处理能力，能够理解复杂的法律查询，并提供相关的法律信息和资源，大大提高了法律研究的效率。

其次，ChatGPT 在提供初步法律咨询方面显示出巨大的潜力。对于公众而言，法律问题往往伴随着复杂性和不确定性，而专业的法律咨询服务可能代价昂贵且不易获得。ChatGPT 能够为用户提供初步的法律建议和解答，帮助他们对自己的法律问题有一个基本的了解和判断。虽然不能完全替代专业律师的咨询，但对于一些基本问题和常见问题，ChatGPT 可以提供快速且有用的参考。

 案例 038　基础法律术语解释

法律术语通常包含复杂的概念和专业性强的词汇，对于非法律专业的人士而言，理解这些术语可能是一大挑战。了解基础的法律术语不仅有助于在日常生活中更好地理解法律相关事务，对那些希望深入了解法律知识的人来说也是个良好的起点。

扫一扫，看视频

1. ChatGPT 应用逻辑梳理

ChatGPT 解释基础法律术语过程的应用逻辑如图 3-38 所示。

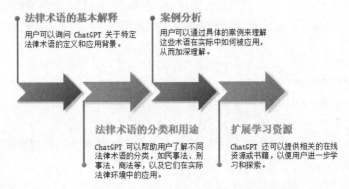

图 3-38　ChatGPT 解释基础法律术语过程的应用逻辑

2. ChatGPT 对话交互

情景：张先生是一名普通白领，最近他在阅读一份合同时遇到了一些法律术语，感到非常困惑。他希望得到 ChatGPT 的帮助，以更好地理解这些术语。

> ⑤ ChatGPT：
>
> 张先生：你好，我最近在阅读一份合同时遇到了一些法律术语，感觉很难理解。比如"不可抗力""违约责任"这些词，你能帮我解释一下吗？
>
> ChatGPT：当然可以，张先生。首先，"不可抗力"指的是无法预见、无法避免且无法克服的客观情况，比如自然灾害、战争等。在大多数合同中，如果由于不可抗力的原因导致一方无法履行合同，该方通常不承担违约责任。而"违约责任"是指当合同一方未能履行合同义务或违反合同条款时，需承担的法律责任，这可能包括赔偿损失、支付违约金等。
>
> 张先生：原来是这样。如果合同中提到"免责条款"，这是什么意思呢？
>
> ChatGPT：好问题。合同中的"免责条款"是指一种条款，用于规定在某些特定情况下一方可以免除或限制其责任。例如，一些合同会规定，在发生不可抗力事件时，受影响的一方可以免除其履行合同的责任。或者在某些情况下，合同可能会限制赔偿金额，以减少违约方的潜在负担。

张先生：听起来合同中的每个词都很重要。那么"双方同意"的表述在合同中又是什么意思呢？

ChatGPT：确实如此，合同中的每个词都非常重要。在合同中，"双方同意"通常意味着合同的两个当事人对合同的某个具体条款或条件有共同的理解和接受。这个表述强调了合同是基于双方自愿和平等的基础上达成的。当合同提到"双方同意"，它通常是在强调对特定事项的共识，确保合同的每一方都明确知道并同意合同的具体内容和条件。

张先生：明白了。如果合同中提到了"合同解除"，这通常是什么情况下发生的？会有什么后果呢？

ChatGPT：合同解除是指合同在履行过程中，因为某些原因而终止的法律行为。合同解除通常发生在以下几种情况：一方严重违约、双方协商同意解除、合同目的无法实现，或者发生了法律规定的其他解除情形。合同解除的后果通常包括：合同双方不再有履行合同的义务，已经履行的部分可能需要返还或作出相应的补偿，另外，如果是由于一方违约导致的解除，违约方可能还需要承担违约责任。

张先生：听起来处理合同解除的情况很复杂。那我还想知道，"违约金"和"损害赔偿"有什么区别？

ChatGPT：这个很好区分。违约金是合同双方预先约定的，如果一方违约，另一方可以要求违约方支付的一定金额。违约金的数额通常在合同中明确规定，它的目的是避免违约后的复杂损害赔偿计算。

而损害赔偿是指因违约行为给对方造成的实际损失。这种赔偿的金额并不是合同中预先约定的，而是根据实际损失来确定的。损害赔偿可能包括直接损失和间接损失，比如利润损失等。

张先生：如果违约方已支付了违约金，还需要赔偿损害吗？

ChatGPT：这取决于合同的具体条款和相关法律规定。通常情况下，如果合同中有明确规定违约金是对损害赔偿的唯一和完全补偿，那么违约方支付了违约金后，通常就不需要再赔偿实际损害。但如果合同没有这样的规定，或者违约金不足以覆盖实际损害，那么违约方可能还需要对超出违约金部分的实际损失进行赔偿。此外，如果违约行为构成故意或者重大过失，即使支付了违约金，违约方仍可能需要承担额外的赔偿责任。

基础法律术语的理解对于日常生活中处理法律事务是非常重要的。通过 ChatGPT，用户可以获得法律术语的基本解释和应用背景，从而更好地理解和应用这些术语。然而，对于复杂的法律问题，建议咨询专业的法律顾问以获得更准确的指导。法律顾问能够提供个性化的法律建议，并根据具体情况解释法律条文。他们具备专业知识和经验，能够在法律事务中提供全面的支持和帮助。因此，在面临重要的法律事务时，寻求专业法律顾问的意见是明智的选择，以确保自己的权益得到充分保护。

 案例 039　租赁合同审查指导

无论是租赁住房还是商业空间，了解和审查租赁合同是一个重要的步骤。租赁合同通常包含许多法律条款和条件，对于大多数人来说，理解这些内容可能比较困难。正确审查合同可以帮助租户避免潜在的法律问题和不必要的费用。通过 ChatGPT，用户可以获得对租赁合同条款和条件的解释和解读，从而更好地了解自己的权益和责任。

扫一扫，看视频

1. ChatGPT 应用逻辑梳理

ChatGPT 提供租赁合同审查指导的应用逻辑如图 3-39 所示。

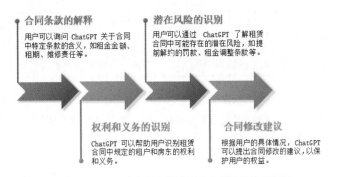

合同条款的解释
用户可以询问 ChatGPT 关于合同中特定条款的含义，如租金金额、租期、维修责任等。

潜在风险的识别
用户可以通过 ChatGPT 了解租赁合同中可能存在的潜在风险，如提前解约的罚款、租金调整条款等。

权利和义务的识别
ChatGPT 可以帮助用户识别租赁合同中规定的租户和房东的权利和义务。

合同修改建议
根据用户的具体情况，ChatGPT 可以提出合同修改的建议，以保护用户的权益。

图 3-39　ChatGPT 提供租赁合同审查指导的应用逻辑

2. ChatGPT 对话交互

ChatGPT：

李女士：你好，我是第一次租房，对租赁合同中的一些条款不是很了解。你能告诉我审查租赁合同时需要注意哪些重要内容吗？

ChatGPT：当然可以，李女士。审查租赁合同时，你需要特别注意以下几个方面：首先是租赁期限，明确合同的开始和结束日期。其次是租金和支付方式，确保租金数额、支付时间和方式都清晰明确。此外，还要关注押金的规定，包括押金的数额和退还条件。还有就是房屋的使用规定，比如能否养宠物、是否允许改造房屋等。最后，也很重要的一点是合同中关于维修和保养责任的分配，明确哪些是房东责任，哪些是租户责任。

李女士：这些信息很有用，谢谢。如果合同中提到了"违约条款"，通常包括哪些内容？

ChatGPT：违约条款是租赁合同中非常重要的一部分。它通常会规定如果租户或房东违反合同条款应承担的责任。对于租户来说，违约条款可能包括提前解除租约的责任、迟交租金的罚款，或者因破坏房屋造成的赔偿责任。对于房东，违约可能涉及未能提供安全和适宜的居住环境等。因此，了解合同中的违约条款，可以帮助你更好地理解在违约情况下可能面临的后果。

李女士：明白了。另外，我还想问一下，如果我想提前终止租赁合同，通常需要注意些什么？

ChatGPT：如果你想提前终止租赁合同，首先需要检查合同中关于提前解除的条款。通常合同会规定提前终止需要提前多久通知房东，以及是否需要支付违约金或补偿。此外，你还应该书面通知房东你的终止意图，以避免口头协议的不确定性。如果合同中没有提前终止的条款，或者你有特殊情况，可以尝试和房东协商解决。需要注意的是，提前终止合同可能会涉及一定的法律风险和经济损失，因此在作出决定之前最好咨询法律专业人士的意见。

李女士：谢谢你的建议。那在租赁合同中，通常会有关于房屋维修和保养的规定吗？这些规定一般是什么？

ChatGPT：是的，租赁合同中通常会包含关于房屋维修和保养的规定。这些规定主要分为两部分：一是房东的责任，二是租户的责任。房东通常负责房屋的结构和主要设施的维修，比如管道、电路、暖气等。而租户则通常负责日常的小型维修和保养，如更换灯泡、维护清洁等。合同中还可能明确哪些物品损坏是由租户负责修理的，哪些物品损坏应由房东负责。此外，合同可能还会规定在租赁期间进行大型维修时的通知和安排。

李女士：了解了，这些信息对我很有帮助。还有一个问题，租赁合同中的"保证金"和"押金"有什么区别？

ChatGPT：这是两个经常混淆的概念。在租赁合同中，"押金"通常是指租户在租赁开始时支付给房东的款项，用于保障租户履行合同义务，如支付租金、维护房屋状况等。租赁结束时，如果没有违约或损坏房产，押金通常会被退还给租户。

而"保证金"则是一种额外的保障，通常用于确保对特定事项的遵守，比如房屋的维护标准。保证金可能用于覆盖租户未能履行的特定义务造成的损失，比如修复损坏的家具或设备。在某些情况下，租赁合同可能同时要求支付押金和保证金。

租赁合同的审查对于保护租户的权益非常重要。通过 ChatGPT，用户可以得到合同条款的基本解释和审查建议。由于合同内容可能涉及复杂的法律问题，建议在签署前咨询专业的法律顾问进行详细审查。专业法律顾问能够深入分析合同条款，并提供个性化的法律建议，以确保租户的权益得到充分保护。他们能够识别潜在的风险和问题，并为租户提供相应的解决方案。通过与法律顾问合作，租户可以更加清楚地理解合同内容，并在签署前作出明智的决策。租赁合同的详细审查是确保租户权益不受侵害的关键一步。

 案例 040　知识产权基础咨询 ·······

扫一扫，看视频

在当前的商业和创新环境中，了解和保护知识产权（Intellectual Property，IP）变得越来越重要。知识产权是指由创意或思维产生的无形资产，它赋予创作者或发明者特定的独占权利。对于企业家、发明家、艺术家以及任何创意工作者来说，了解基础的知识产权概念是保护自己作品和创新的关键。

1. ChatGPT 应用逻辑梳理

ChatGPT 提供知识产权基础咨询指导的应用逻辑如图 3-40 所示。

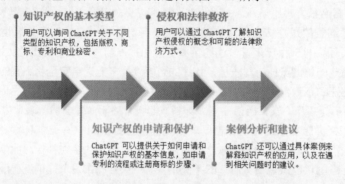

知识产权的基本类型
用户可以询问 ChatGPT 关于不同类型的知识产权，包括版权、商标、专利和商业秘密。

侵权和法律救济
用户可以通过 ChatGPT 了解知识产权侵权的概念和可能的法律救济方式。

知识产权的申请和保护
ChatGPT 可以提供关于如何申请和保护知识产权的基本信息，如申请专利的流程或注册商标的步骤。

案例分析和建议
ChatGPT 还可以通过具体案例来解释知识产权的应用，以及在遇到相关问题时的建议。

图 3-40　ChatGPT 提供知识产权基础咨询指导的应用逻辑

2. ChatGPT 对话交互

ⓢ ChatGPT：

王先生：你好，我是一家初创公司的创始人。我们正在开发一款软件产品，我想了解一下知识产权是什么，以及它为什么对我们这样的公司很重要？

ChatGPT：你好，王先生。知识产权是指由创意或思维产生的无形资产，它包括一系列法律权利，用于保护个人或公司的创新和创意成果。对于初创公司来说，知识产权非常重要，因为它可以帮助你保护你的创新，避免他人未经授权使用你的技术或创意。知识产权主要包括版权、专利、商标和商业秘密等几大类。版权保护文学、艺术和科学作品；专利保护发明；商标保护企业的品牌标识；商业秘密保护非公开的商业信息和技术。

王先生：我明白了。对于我们正在开发的软件产品，我应该如何进行知识产权保护？

ChatGPT：对于软件产品，你可以通过以下几种方式进行知识产权保护：首先，如果软件包含独创的代码、界面设计或功能，你可以通过版权来保护它们。版权是自动获得的，不需要注册，但你也可以选择进行版权登记，以便于在侵权诉讼中证明你的权利。其次，如果软件中包含了独特的技术创新或独特的解决方案，你可以考虑申请专利保护。此外，你的软件名称、标志和品牌可以通过商标注册来保护。最后，对于不公开的技术和商业信息，你可以通过建立商业秘密保护机制来保护它们，比如通过保密协议和内部管理措施。

王先生：你提供的这些建议对我来说非常有帮助。那在知识产权方面，初创公司常见的陷阱有哪些？我应该如何避免？

ChatGPT：初创公司在知识产权方面的常见陷阱包括：首先，忽视知识产权保护。许多初创公司在早期阶段忽略了知识产权的保护，这可能导致他人复制或盗用他们的创意和技术。其次，未能妥善处理知识产权的归属问题。例如，如果公司的软件是由外部合作伙伴或雇员开发的，必须明确知识产权的所有权。此外，未能进行充分的知识产权调研也是一个常见问题。在开发产品之前，应进行专利检索，确保不侵犯他人的知识产权。为了避免这些陷阱，建议及早关注知识产权保护，确保知识产权的归属清晰，并进行定期的知识产权审查和监控。

王先生：明白了，我会注意这些问题。另外，我还想问，如果我们的产品在国际市场上销售，我应该如何保护我们的知识产权？

ChatGPT：在国际市场上保护知识产权，你需要考虑在不同国家或地区申请和维护知识产权。首先，你应该了解你计划进入市场的国家的知识产权法律。不同国家的知识产权法律可能有很大差异。其次，对于版权，大多数国家都承认国际版权保护，但对于专利和商标，你通常需要在每个国家分别申请保护。世界知识产权组织（WIPO）和其他国际组织提供了一些简化和统一的申请程序。例如，通过《巴黎公约》和《专利合作条约》（PCT），可以在多个国家同时申请专利保护。类似地，通过《马德里协定》和《马德里议定书》，可以在多个国家申请商标注册。此外，保持对国际市场的监视也很重要，以便及时发现和应对侵权行为。

王先生：这方面的信息对我来说很陌生，但非常重要。我还想问，如果我发现他人侵犯了我们的知识产权，我应该怎么办？

ChatGPT：如果你发现他人侵犯了你的知识产权，你可以采取以下步骤：首先，收集证据。记录下侵权行为的详细信息，包括侵权产品或服务的描述、侵权行为的时间和地点等。其次，可以向侵权方发送警告信。这是一种正式的通知，要求侵权方停止侵权行为。如果侵权行为持续，你可以考虑采取法律行动。根据侵权发生的地域，你可能需要联系当地的律师，以了解具体的法律程序和要求。在某些情况下，也可以通过协商解决侵权问题，比如要求侵权方支付赔偿或签订许可协议。需要注意的是，应对知识产权侵权是一个复杂的过程，可能需要专业法律知识和资源，因此在采取行动前咨询专业的知识产权律师是非常重要的。

了解基础的知识产权对于保护创意和创新至关重要。通过 ChatGPT，用户可以获得关于知识产权的基本信息和建议。ChatGPT 可以提供知识产权的定义、不同类型（如专利、商标、版权和商业秘密）的解释，以及保护知识产权的一般步骤。然而，知识产权法律是复杂的，并且因国家或地区而异。因此，在面临具体的法律问题时，建议咨询专业的知识产权律师以获得详细和准确的指导。

案例 041　交通事故处理步骤

交通事故是一种常见的紧急情况，正确处理事故不仅关系事故双方的安全，还涉及法律责任和赔偿问题。在交通事故发生时，采取正确的基本步骤至关重要。首先，确保人身安全，将车辆移至安全地点，并寻求紧急救助（如有需要）。然后，与对方交换联系信息、车辆信息和保险信息。拍摄现场照片和记录事故细节也很重要。最后，及时通知保险公司，并按照其要求提供必要的文件和证据。

扫一扫，看视频

1. ChatGPT 应用逻辑梳理

ChatGPT 处理交通事故的应用逻辑如图 3-41 所示。

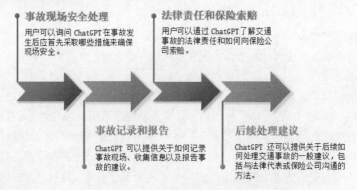

事故现场安全处理
用户可以询问 ChatGPT 在事故发生后应首先采取哪些措施来确保现场安全。

法律责任和保险索赔
用户可以通过 ChatGPT 了解交通事故的法律责任和如何向保险公司索赔。

事故记录和报告
ChatGPT 可以提供关于如何记录事故现场、收集信息以及报告事故的建议。

后续处理建议
ChatGPT 还可以提供关于后续如何处理交通事故的一般建议，包括与法律代表或保险公司沟通的方法。

图 3-41　ChatGPT 处理交通事故的应用逻辑

2. ChatGPT 对话交互

⑤ ChatGPT:

赵女士：你好，虽然我平时开车很小心，但我知道事故是难以完全避免的。如果我不幸遇到交通事故，我应该怎么做？

ChatGPT：你好。在交通事故发生时，以下是一些基本步骤：首先，保持冷静并检查是否有人受伤。如果有人受伤，立即拨打急救电话。其次，如果事故较轻并且车辆能够移动，应将车辆移至不妨碍交通的地方，以避免二次事故。然后，打开危险报警闪光灯，并在车后方放置三角警示牌。接着，与对方司机交换信息，包括姓名、联系方式、车牌号码和保险公司信息。此外，拍摄事故现场照片，记录下事故发生的环境和车辆损坏的情况。最后，报告交警，并按照指示处理事故。

赵女士：明白了，这些信息很有用。那我应该如何处理与对方司机的沟通？

ChatGPT：在与对方司机沟通时，有几点需要注意：首先，保持冷静和礼貌。避免激烈的争吵或指责，这可能会加剧矛盾。其次，交换必要的信息，包括双方的联系方式和保险信息。不要讨论责任归属问题，责任判定应由警方和保险公司进行。此外，如果对方提出直接私了，谨慎考虑，并记得记录对方的车牌号和外貌特征。在一些情况下，私了可能会涉及法律风险，因此最好在明确事故责任和损害程度后再做决定。

赵女士：如果我认为对方完全负责，我应该怎么做呢？

ChatGPT：如果你认为对方完全负责，首先，要保留足够的证据，包括事故现场照片、目击者的陈述（如果可能的话），以及任何相关的录像资料。其次，报告给交警，并详细说明事故发生的经过。交警会根据现场调查和证据来判定责任。此外，及时联系你的保险公司，报告事故情况。保险公司会根据事故的责任判定和保险条款来处理赔偿事宜。在整个过程中，保持沟通的记录，以备后续可能的法律程序。如果有必要，你也可以咨询律师，以保护自己的合法权益。

赵女士：我了解了。对了，如果我想对事故提起诉讼，应该注意什么？

ChatGPT：如果你决定对事故提起诉讼，首先，需要了解相关法律的诉讼时效。诉讼时效指的是从事故发生之日起到可以提起诉讼的最后期限，不同地区和案件类型的诉讼时效可能不同。其次，在提起诉讼前，确保你已经收集了所有必要的证据，包括事故报告、医疗记录、事故现场照片、目击者证言等。此外，明确你的诉求，包括想要索赔的损失类型和金额。在准备诉讼时，强烈建议咨询专业的交通事故律师。律师可以帮助你评估案件的可行性，准备必要的法律文件，并在法庭上代表你。同时，考虑到诉讼可能涉及的时间和成本，评估诉讼对你的整体利益是否有益。

正确处理交通事故是每位驾驶员应具备的基本技能。通过 ChatGPT，用户可以获得交通事故处理的基本指南。ChatGPT 可以提供关于事故现场安全、交换信息、拍摄照片、报告保险公司等方面的基本建议。然而，具体的法律责任和保险赔偿问题可能涉及更复杂的法律和保险条款。因此，建议在必要时咨询专业的交通事故律师或保险代理人。他们可以根据具体情况提供准确的法律建议和保险指导，帮助您厘清责任和赔偿事宜。与专业人士合作，可以确保您的权益得到充分保护，并在处理交通事故时作出明智的决策。ChatGPT 的目的是提供基本指南，但对于复杂的法律和保险问题，咨询专业人士是更可靠和准确的选择。

案例 042　消费者权益保护指导

在现代消费市场中，消费者经常面临着各种问题和挑战，如误导性广告、产品质量问题、售后服务不足等。这些问题不仅影响消费者的购买体验，还可能对他们的权益造成损害。因此，消费者需要有效的工具和知识来保护自己的权益。

扫一扫，看视频

1. ChatGPT 应用逻辑梳理

ChatGPT 提供消费者权益保护指导的应用逻辑如图 3-42 所示。

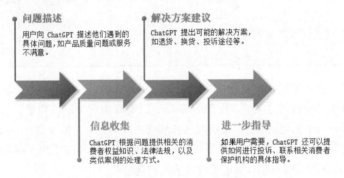

图 3-42　ChatGPT 提供消费者权益保护指导的应用逻辑

2. ChatGPT 对话交互

ChatGPT:

张先生：你好，我最近在网上买了一台电视，但是发现电视有质量问题，我该怎么办？

ChatGPT：你好，张先生。遇到这种情况首先需要保持冷静。我建议您按照以下步骤操作。

1. 收集证据：确保您有足够的证据来证明电视存在质量问题。这包括拍摄电视存在问题的照片或视频，保存购买电视的订单信息、付款凭证以及任何与卖家的沟通记录。

2. 联系卖家：联系卖家或平台客服，说明情况并提出退换货或维修的要求。大多数电商平台对于质量问题的商品都有一定的退换货政策。

3. 了解相关法律：了解《中华人民共和国消费者权益保护法》等相关法律法规，这有助于您更好地维护自己的权益。

4. 寻求帮助：如果卖家不配合，您可以通过消费者协会或者法律途径寻求帮助。

请问您是否已经采取了以上某些步骤？

张先生：我已经尝试联系卖家了，但他们不承认产品有问题，说我自己使用不当。我应该怎么办？

ChatGPT：这种情况下，您可以进一步采取以下措施。

1. 进一步沟通：再次尝试与卖家沟通，明确指出产品的具体问题，并提供相应的证据。强调这是产品质量问题而非使用不当。

2. 平台介入：如果卖家仍不配合，您可以请求电商平台介入。一般大型电商平台都有消费者权益保护机制，可以帮助解决纠纷。

3. 第三方鉴定：如果问题复杂，您可以考虑找专业机构进行第三方鉴定。鉴定结果可以作为处理纠纷的重要依据。

4. 法律途径：如果上述方法都无法解决问题，您可以考虑通过法律途径来维权，也可以向当地消费者协会咨询或直接寻求律师帮助。

另外，您有没有保存与卖家沟通的记录和购买时的相关信息？

张先生：我有保留购买的订单信息和与卖家的聊天记录，但我不太清楚如何进行第三方鉴定和寻找律师。

ChatGPT：好的，保留好这些信息对您的维权非常重要。关于第三方鉴定和寻找律师，您可以参考以下建议。

1. 第三方鉴定：您可以联系当地的质量检验机构或者专业的电器维修服务中心，了解是否提供相关的产品鉴定服务。进行鉴定时，记得索要正式的鉴定报告。

2. 寻找律师：您可以通过当地的律师协会网站，或者一些知名的法律服务平台查找专业的消费权益保护律师。同时，您也可以咨询身边朋友或家人是否有推荐的律师。

3. 准备材料：在寻求法律帮助时，记得携带所有相关的证据材料，包括购买记录、与卖家的沟通记录、产品照片或视频，以及可能的第三方鉴定报告。

同时，您还可以通过当地消费者协会的官方网站了解更多维权信息和流程。他们通常会提供免费的法律咨询服务。

在使用 ChatGPT 提供消费者权益保护指导时，需要注意的是它提供的建议和信息可能需要结合具体情况和当地法律来判断其适用性。用户应将 ChatGPT 视为一个信息和建议的来源，而不是法律顾问。正确使用 ChatGPT 的建议包括：核实信息的准确性，结合个人情况进行决策，以及必要时寻求专业法律咨询。对于这个案例，用户还可以深入探索如何利用 ChatGPT 来了解消费者权益的相关法律知识，以及如何在面对类似问题时制定更有效的沟通策略。

案例 043　家庭法基础建议

扫一扫，看视频

在家庭法实践中，离婚、抚养权、财产分配和遗产规划等常见问题，涉及复杂法律程序和情感因素，给当事人带来困惑和压力。离婚过程需要解决财产分割、抚养权和探访权等问题，而抚养权常引发争议。财产分配需要公平合理地处理共同财产，而遗产规划则关乎财产继承和遗嘱的编写与制定。这些问题需要综合考虑法律规定和家庭成员之间的关系，以达成公正和谐的解决方案。

1. ChatGPT 应用逻辑梳理

ChatGPT 提供家庭法基础建议指导的应用逻辑如图 3-43 所示。

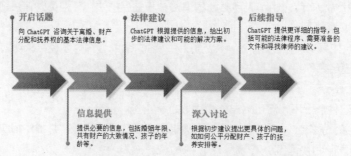

图 3-43　ChatGPT 提供家庭法基础建议指导的应用逻辑

2. ChatGPT 对话交互

⑤ ChatGPT :

李女士 : 你好，我最近家里遇到一些问题，涉及家庭法律方面的内容。我不太懂这方面的知识，能给我一些基础的建议吗？

ChatGPT : 你好，李女士。家庭法涵盖的内容比较广泛，包括婚姻、离婚、财产分割、子女抚养权等问题。我可以提供一些基础的家庭法律知识，但请注意，具体情况还需要结合实际情况分析，或咨询专业律师。以下是一些基础建议。

1. 婚姻法基础 : 了解《婚姻法》中关于结婚、婚姻维护、夫妻财产、家庭暴力等方面的基本规定。

2. 离婚程序 : 如果涉及离婚，了解离婚程序，包括协议离婚和诉讼离婚的不同要求和流程。

3. 财产分割 : 了解夫妻共同财产和个人财产的界定，以及离婚时财产分割的一般原则。

4. 子女抚养 : 如果有子女，了解子女抚养权的判定原则，包括抚养费的确定和支付方式。

5. 法律援助 : 在处理家庭法律问题时，如果需要，可以寻求法律援助，比如咨询律师，或者通过法律援助中心获取帮助。

请问您遇到的具体问题是什么？这样我可以提供更具体的建议。

李女士 : 我和丈夫正在考虑离婚，但我们有一个十岁的孩子，我最担心的是孩子的抚养问题。

ChatGPT : 理解您的担忧。关于子女的抚养问题，通常会考虑以下几个方面。

1. 孩子的最佳利益 : 法院在判决抚养权时，首要考虑的是孩子的最佳利益，包括孩子的年龄、身心健康、情感需求等因素。

2. 双方的抚养能力 : 考虑双方的经济状况、生活稳定性、对孩子的照顾能力等。

3. 孩子的意愿 : 如果孩子年龄较大，法院可能会考虑孩子的意愿作为判定的参考。

4. 抚养费 : 非直接抚养方需要支付一定的抚养费，以保证孩子的基本生活和教育需要。

建议您在考虑离婚和孩子抚养问题时，与专业律师详细沟通，以便更好地了解和准备相关法律程序。同时，也可以考虑通过家庭咨询或调解等方式，处理好与丈夫之间的关系，确保孩子的利益不受影响。

李女士 : 那么关于财产分割，有什么需要特别注意的吗？

ChatGPT : 在财产分割方面，您需要注意以下几点。

1. 共同财产与个人财产的界定 : 一般来说，夫妻在婚姻期间共同积累的财产属于共同财产，而各自婚前财产和婚姻期间因继承或赠与获得的财产通常视为个人财产。

2. 财产评估 : 对共同财产进行准确评估，包括房产、车辆、存款、股票、债券等。

3. 债务责任 : 财产分割也要考虑夫妻共同债务的分担。

4. 协商分割 : 如果可能，优先通过协商解决财产分割的问题。如果协商不成，可通过法院裁决解决。

5. 法律专业帮助 : 考虑聘请律师或财产评估专家，以便更准确地评估和分割财产。

在处理离婚和财产分割问题时，建议详细记录所有财产资料，并保持沟通的透明和公正。同时，咨询专业律师以便获取更准确的法律建议。

家庭法问题复杂且情感性强，处理这些问题时应考虑法律、情感和实际生活的各个方面。获取专业的法律和心理咨询，以及对当地法律的了解，对于处理家庭法问题至关重要。同时，保持开放的沟通和寻求和平解决争议的方式对于保护家庭成员的利益和情感健康非常重要。

案例 044 小型企业法律须知

小型企业在运营过程中常遭遇多种法律问题，如公司设立、税务、合同管理、知识产权保护、劳动法遵守等。这些问题的妥善处理对企业的稳定发展至关重要。公司的设立涉及注册、许可和合规问题，税务方面则需遵循相关法规，合同管理需要谨慎处理以保护企业权益，知识产权保护关乎创新和竞争优势，劳动法遵守则确保员工权益和避免法律诉讼。在面对这些挑战时，企业需要深入了解法律规定，寻求专业法律咨询并建立健全的内部制度，以确保企业的合法合规运营。

1. ChatGPT 应用逻辑梳理

ChatGPT 提供小型企业法律须知指导的应用逻辑如图 3-44 所示。

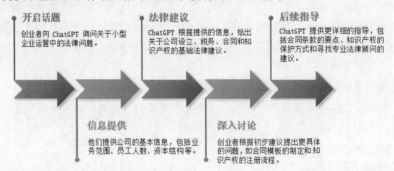

图 3-44 ChatGPT 提供小型企业法律须知指导的应用逻辑

2. ChatGPT 对话交互

情景：智能解决方案公司的创始人之一，李华，正在向 ChatGPT 咨询有关合同法和知识产权的法律问题。

> **ChatGPT：**
>
> 李华：你好，ChatGPT。我们是一家初创科技公司，目前在合同法和知识产权方面遇到了一些问题。首先，我想了解一下在签订技术合作合同时应该注意哪些法律问题？
>
> ChatGPT：你好，李华。在签订技术合作合同时，你需要注意以下几个关键法律问题。
>
> 1. 明确合同各方的权利和义务：确保合同中清晰地界定了各方的责任、权利和义务，包括项目的交付、时间表、支付条款等。
>
> 2. 知识产权的归属：特别重要的是要明确哪些知识产权是你们公司的，哪些是合作方的，以及合作过程中产生的知识产权归属。
>
> 3. 保密条款：为保护商业秘密和技术秘密，合同中应包含保密条款。
>
> 4. 违约责任：明确如果一方未履行合同义务时的法律后果。
>
> 5. 争议解决机制：设定争议解决的方式，如调解、仲裁或法院诉讼。
>
> 请确保在签订任何合同之前，由专业律师进行审查。
>
> 李华：谢谢，这很有帮助。另外，我们公司正在开发一些软件产品，我想知道我们应该如何保护我们的软件知识产权？
>
> ChatGPT：保护软件知识产权主要可以通过以下几种方式。
>
> 1. 版权：软件作为一种创作物，自动享有版权保护。确保在软件中明确标注版权声明。
>
> 2. 专利：如果你的软件包含了独特的、可专利的技术或方法，可以考虑申请专利保护。

3. 商标：如果你的软件有独特的名称或标志，可以通过注册商标来保护。

4. 保密协议：与员工和合作方签订保密协议，以保护未公开的软件和技术信息。

5. 许可协议：通过软件许可协议控制用户如何使用和分发你的软件。

建议咨询知识产权律师，以获取更具体的建议和帮助。

李华：明白了。还有一个问题，如果我们发现其他公司侵犯了我们的软件版权，我们应该如何应对？

ChatGPT：如果你发现有公司侵犯了你们的软件版权，可以采取以下步骤应对。

1. 收集证据：记录和保存侵权行为的证据，如侵权软件的副本、网站链接、广告材料等。

2. 法律咨询：联系知识产权律师，评估侵权情况，并制定相应的法律策略。

3. 发出停止侵权通知：通常首先发出律师函，要求侵权方停止侵权行为，并解决由此造成的损失。

4. 谈判和解：在律师的协助下，可以考虑与侵权方进行谈判，寻求和解。

5. 诉讼：如果谈判未果，可以考虑通过法律途径，向法院提起诉讼。

李华：非常感谢你的建议。我们还在招聘技术人员和销售团队。有没有什么法律建议可以在招聘过程中注意的？

ChatGPT：在招聘过程中，确保遵守以下法律建议至关重要。

1. 遵守劳动法规：确保你的招聘过程遵循当地的劳动法规，包括平等就业机会、禁止歧视等。

2. 招聘广告：在招聘广告中避免使用任何可能被视为歧视的语言，如性别、年龄、民族、宗教等。

3. 面试过程：在面试过程中，避免提问与工作无关的个人问题，如婚姻状况、计划生育等。

4. 聘用合同：提供清晰的聘用合同，其中包括职责描述、薪资福利、工作时间、保密协议等内容。

5. 保密和竞业禁止协议：特别对于技术和销售岗位，考虑让员工签署保密协议和竞业禁止协议，以保护公司的商业利益。

建议咨询劳动法律师，以确保招聘过程的合法性和合规性。

李华：了解了，这对我们很有帮助。我们公司还计划在不久的将来进行融资，你有什么建议吗？

ChatGPT：在进行融资时，可以考虑以下几点建议。

1. 明确融资目的和金额：清楚地界定你们公司需要的资金量及其使用目的。

2. 选择合适的融资方式：根据公司的情况和需求，选择合适的融资方式，如天使投资、风险投资、银行贷款等。

3. 了解投资者的期望：了解不同投资者的期望和要求，如股权比例、管理权干涉等。

4. 准备商业计划书：准备详细的商业计划书，展示公司的市场分析、产品、团队、财务预测等。

5. 法律和财务审查：确保公司的法律和财务文件齐全且透明，包括历史财务报表、合同、知识产权文件等。

6. 谈判和签订投资协议：与投资者进行谈判，并在专业律师的帮助下签订投资协议。

进行融资是一个复杂的过程，建议与财务顾问和律师紧密合作，以确保融资过程的顺利进行。

　　在使用 ChatGPT 作为小型企业法律顾问时，用户可以利用其来跟踪和应对法律法规的变化。由于法律的不断演变，ChatGPT 可以帮助企业持续更新其法律知识和政策，以确保合规性。此外，ChatGPT 还可以用于管理合同和其他法律文件，以提供快速的文本分析和搜索功能，帮助企业检查文件的合规性和准确性。需要注意的是，ChatGPT 提供的法律信息仅供参考，不能替代专业律师的具体法律建议。在处理复杂或特定的法律问题时，用户仍然需要咨询专业律师以获取准确的法律指导。

案例 045　网络安全法律常识

随着数字化时代的兴起，网络安全已成为企业和个人所面临的重大挑战。网络安全法律常识涵盖了多个方面，如数据保护、隐私权、网络犯罪和版权法。数据保护相关法律规定了个人信息的收集、存储和处理方式，隐私权法律保障了个人的隐私和数据安全。网络犯罪法则打击网络黑客、网络诈骗和恶意软件等违法行为。版权法则保护创作作品的权益。在数字化环境中，企业和个人需要了解这些法律知识以确保网络安全和合法经营。

1. ChatGPT 应用逻辑梳理

ChatGPT 提供网络安全法律常识指导的应用逻辑如图 3-45 所示。

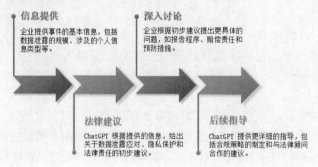

图 3-45　ChatGPT 提供网络安全法律常识指导的应用逻辑

2. ChatGPT 对话交互

⑤ ChatGPT：

张伟：你好，ChatGPT。我们公司的客户数据遭到了黑客攻击，泄露了大量个人信息。我们应该怎么办？

ChatGPT：你好，张伟。面对这种情况，首先，应立即采取措施控制损害，包括隔离受影响系统，评估泄露的数据范围，并启动紧急响应计划。接着，根据相关网络安全法律，比如数据保护法，及时向监管机构和受影响用户报告这一事件。同时，进行技术调查以确定攻击原因，并修复安全漏洞以防止此类事件再次发生。在处理过程中，保持透明和诚信是关键，这有助于维护客户信任。另外，咨询专业律师可以帮助你更好地理解法律责任和合规要求。

张伟：这些信息很有用。关于网络安全法律，我们需要注意哪些方面？

ChatGPT：在网络安全法律方面，首先要遵守的是你所在地的数据保护法规。例如，如果你的客户来自欧盟，就需要遵循 GDPR 的要求。这通常包括在数据泄露发生后的一定时间内向监管机构报告，并通知受影响的用户。同时，保护用户隐私，防止未授权的数据使用和泄露也是必需的。此外，还需要关注跨境数据传输的法律要求，以及遵循相应的网络安全标准和最佳实践。

张伟：明白了，那我们应该如何改进我们的网络安全措施，避免类似事件再次发生呢？

ChatGPT：为了改进网络安全措施，你们可以从几个方面着手。首先，定期进行网络安全审计，以识别和修补潜在的安全漏洞。其次，对员工进行网络安全培训非常重要，这可以帮助他们识别并应对潜在的网络威胁。此外，确保安全系统和软件得到及时更新和维护，以防止新的安全威胁。还要考虑建立多层次的防御机制，如防火墙、入侵检测系统和数据加密。最后，制定并实施严格的网络安全政策和流程，确保所有合作伙伴和供应商都遵循相应的安全标准。通过这些措施，可以大大降低未来遭受类似攻击的风险。

张伟：非常感谢你的建议。关于我们与合作伙伴的数据共享，我们应该如何确保在遵守法律的同时保护数据安全？

ChatGPT：在与合作伙伴共享数据时，确保数据安全和法律合规非常重要。首先，你们需要与合作伙伴签订包含严格保密和数据保护条款的合约，明确规定数据的使用、存储和传输方式。其次，对于共享的数据，应当进行加密处理，并确保合作伙伴有适当的安全措施来保护这些数据。此外，定期审核合作伙伴的数据安全实践和合规性也很重要。如果涉及跨境数据传输，还要确保符合相关国家和地区的数据保护法规。不断更新和完善数据共享协议，以反映最新的法律规定和技术标准，也是保护数据安全的关键步骤。

张伟：了解了。我们也在考虑采用云服务来存储和处理数据。在使用云服务时，有哪些安全问题需要注意？

ChatGPT：在采用云服务存储和处理数据时，需要考虑以下安全问题。

1. 服务提供商的安全性：选择信誉良好、安全合规的云服务提供商。了解他们的安全措施和合规性，如数据加密、防火墙、入侵检测等。

2. 数据访问控制：确保对敏感数据实施严格的访问控制。只有授权用户才能访问重要数据。

3. 数据备份和恢复：确保云服务提供商有有效的数据备份和灾难恢复计划。

4. 合同和服务协议：在合同中明确规定数据保护、安全责任、服务水平协议（SLA）等。

5. 监控和日志审计：定期监控云服务的使用情况，进行日志审计，以便及时发现和响应潜在的安全威胁。

6. 合规性和法律问题：确保使用的云服务符合所在国家或地区的数据保护法规和行业标准。

通过这些措施，可以有效提高在云环境中数据的安全性和合规性。

在使用 ChatGPT 作为网络安全法律顾问时，用户可以利用其来跟踪和应对网络安全法律的变化。持续更新和学习是至关重要的，以确保了解最新的法律要求和最佳实践。需要注意的是，ChatGPT 提供的法律信息仅供参考，不能替代专业律师的具体法律建议。在面对复杂的法律问题或重大事件时，及时咨询专业的网络安全法律顾问是关键。此外，除了法律合规，还需要建立全面的安全措施，结合 AI 技术来加强网络安全和数据保护。这包括使用机器学习和自动化工具来检测和应对潜在的网络威胁，并建立强大的安全基础设施来保护企业和个人的信息资产。

 案例 046　研究资金申请建议

在科学研究领域，获得充足的资金支持对于进行有效的研究至关重要。撰写成功的研究资金申请需要具备精确、有说服力的论证能力，明确的研究目标，以及对预期结果的详细描述。申请人需要清晰地表达研究的重要性，解释研究问题的背景和相关性，并提供清晰的研究假设和方法。

扫一扫，看视频

1. ChatGPT 应用逻辑梳理

ChatGPT 提供研究资金申请建议指导的应用逻辑如图 3-46 所示。

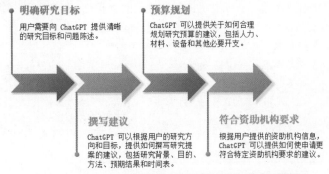

图 3-46　ChatGPT 提供研究资金申请建议指导的应用逻辑

ChatGPT:

李教授：你好，ChatGPT。我正在准备一份环境科学领域的研究资金申请。我需要一些建议，比如如何撰写一份有说服力的研究提案。

ChatGPT：您好，李教授。撰写有说服力的研究提案的关键在于清晰展示您的研究目标、背景、方法、预期成果以及您和您团队的能力。首先，确保您的研究目标明确、具体，并紧密联系环境科学领域的当前热点和挑战。其次，详细介绍研究背景，包括已有研究的总结和您的研究将如何补充现有知识。在方法论部分，清楚地描述您计划如何收集和分析数据，以及这些方法如何适应您的研究目标。预期成果部分应展望您的研究可能带来的创新和改变。最后，强调您和您的团队的专业背景和过往成果，证明您有能力完成这项研究。

李教授：这很有帮助。关于研究预算，有什么特别需要注意的吗？

ChatGPT：在研究预算方面，透明和详细是关键。您需要将预算分解为不同的类别，如人员费用、设备购置、实验材料、数据处理和旅行费用等，并为每一项开支提供合理的估算和解释。确保每一笔费用都有充分的理由，并与您的研究目标和方法直接相关。此外，遵循资助机构的指南和限制，确保预算符合他们的要求。在预算中考虑潜在的变量和风险，留有一定的灵活性以应对可能的变化。

李教授：那在撰写研究提案时，有没有什么常见错误应该避免？

ChatGPT：在撰写研究提案时，确实有一些常见错误需要避免。比如，避免设定模糊或过于宽泛的研究目标，这可能会让评审者觉得您的研究缺乏方向。过度承诺也是一个常见问题，您的预期成果应该现实和可达。此外，确保您的提案建立在充分的文献回顾基础上，表明您对现有研究的了解。提供详尽的方法论细节，以证明您的计划是可行的。最后，识别潜在风险，并提出应对策略，展现您对研究可能遇到的挑战有深入的考虑。

李教授：这些信息很有价值。还有什么策略可以提高我的申请成功率吗？

ChatGPT：为提高研究资金申请的成功率，您可以采取几个策略。首先，确保您的提案与资助机构的兴趣和优先领域紧密对接。强调您的研究是如何在环境科学领域带来创新和影响的。提前准备并多次审稿，以确保提案内容准确无误、表达清晰。在提交前，让同行或导师审阅您的提案，他们的反馈和建议可能非常宝贵。最后，展示您和您的团队的专业能力和以往的成就，增强提案的可信度。

李教授：我看到很多提案都有一部分是关于团队介绍。在这一部分，我应该重点强调什么内容？

ChatGPT：在团队介绍部分，重点强调团队成员的专业背景、相关经验和他们对项目成功的具体贡献。明确指出每个团队成员的专业领域，以及他们在该领域的专业知识和技能如何有助于研究项目。强调团队成员过去在相关项目中的成果，特别是那些与您当前申请的项目类似的经历。如果有的话，提及团队成员的重要出版物、先前获得的奖项或任何其他可展示其专业能力的成就。最后，展示团队的协作能力和团队成员之间的互补性，这对于完成复杂的研究项目至关重要。

李教授：这对我构思提案非常有帮助。另外，我应该怎样处理和回应可能的评审意见和反馈？

ChatGPT：在处理和回应评审意见和反馈时，重要的是保持开放和专业的态度。仔细阅读所有评审意见，并尽可能客观地评估它们。对于建设性的反馈，考虑如何根据这些意见调整和改进您的提案。即使某些评论可能显得批评，也要从中寻找提高研究质量的机会。在回应时，清晰地说明您是如何修改提案来解决评审者的关注点的。如果您不同意某些意见，提供清晰的解释和理由，说明为什么您保持原有的方案或观点。最后，保持谦逊和感激的态度，感谢评审者的时间和他们提供的反馈。

ChatGPT可以提供有关目标和方法的建议和指导，但最终的责任在于申请人自己确保清晰和合理，还可以提供详细的预算规划，包括所有必要的开支。ChatGPT可以帮助生成预算规划的相关内容，但需要申请人自行审查和调整，以确保与实际需求一致。此外，确保申请符合资助机构的所有要求和偏好，包括格式、字数限制、截止日期等；了解不同类型的资助机构及其偏好，可以定制申请策略，提高申请的成功率。另外，对于跨学科研究申请，可以探索如何撰写资金申请，以应对复杂的全球性问题。

 案例 047　遗嘱草拟基本指导 ·············

遗嘱草拟是涉及个人资产、家庭成员和法律事务的复杂过程。一个有效的遗嘱可以确保个人财产按照遗愿进行合理分配，并减少家庭成员之间的纠纷和争议。在起草遗嘱时，需要仔细考虑个人的财产情况、受益人选择以及法律规定，确保遗嘱的合法性和有效性。此外，咨询专业遗嘱律师是非常重要的，他们可以提供法律建议，帮助制定全面且明确的遗嘱，以满足个人的意愿并保护家庭成员的权益。

扫一扫，看视频

1. ChatGPT 应用逻辑梳理

ChatGPT提供遗嘱草拟基本指导的应用逻辑如图3-47所示。

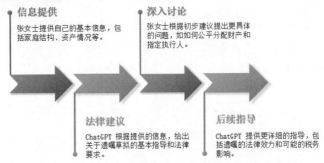

图 3-47　ChatGPT 提供遗嘱草拟基本指导的应用逻辑

2. ChatGPT 对话交互

⑤ ChatGPT：

张女士：你好，ChatGPT。我想为我和我的丈夫草拟遗嘱，但不清楚应该如何开始，以及需要考虑哪些法律要素？

ChatGPT：您好，张女士。草拟遗嘱时，首先要确定您希望遗嘱包含的内容，如财产的分配方式、监护权的安排（如果有未成年子女），以及指定一位遗产执行人。遗嘱必须是书面形式，由您亲笔签名，并且最好有至少两位成年见证人在场见证签名。这些步骤有助于确保遗嘱的有效性。由于遗嘱涉及的法律复杂性，咨询专业律师是非常重要的。他们不仅可以提供具体的法律建议，还能确保遗嘱符合所有法律要求，并真实反映您的意愿。

张女士：那在决定如何分配财产时，我应该考虑哪些因素？

ChatGPT：在决定如何分配财产时，您可能需要考虑家庭成员的需求，包括配偶和子女的经济和生活需求。如果有特别意义或价值的财产，比如家族遗传品或艺术品，您可能希望特别指定其分配方式。同时，考虑遗产分配可能带来的税务影响，如遗产税，以及您的债务和其他财务责任，这些都可能需要在分配遗产前解决。如果您有意将部分财产捐赠给慈善机构，这也应在遗嘱中明确。

张女士：如果将来我想更改遗嘱内容，应该怎么做？

ChatGPT：如果您想更改遗嘱内容，可以选择撰写一份新遗嘱来替代旧的遗嘱，新遗嘱中应声明它废除了所有旧遗嘱。或者，如果更改较小，可以通过添加遗嘱附录进行。无论采用哪种方式，都需要遵守与原始遗嘱相同的法律程序，包括签名和见证。更改遗嘱时，建议咨询专业律师，以确保更改符合法律要求。

张女士：关于指定遗产执行人，我应该考虑什么因素？选择家庭成员还是专业人士更好？

ChatGPT：在选择遗产执行人时，您需要考虑几个关键因素。遗产执行人负责处理您的遗产，包括支付债务、分配资产等，因此这个角色需要一个既可信又有能力的人来担任。您可以选择一位家庭成员，但需要考虑他们的组织能力、财务知识和处理此类事务的意愿。有时，家庭成员可能因为情感牵扯而难以公正执行职责。在这种情况下，选择一位专业人士，如律师或财务顾问，可能是更好的选择。他们通常具有处理复杂遗产事务的经验和专业知识。不过，选择专业人士可能会涉及额外的费用。建议您在作出决定前，仔细权衡这些因素，并且与家庭成员和可能的候选人进行沟通，以确保他们愿意并能够承担这一责任。

张女士：我明白了。关于遗嘱的法律效力，有没有什么特别的条件或情况会影响其有效性？

ChatGPT：遗嘱的法律效力可能受到几个因素的影响。首先，遗嘱制定时，遗嘱人必须具备法定的行为能力，即必须清楚地理解和意识到自己正在制定遗嘱以及遗嘱的影响。此外，遗嘱必须是自愿制定的，没有外力压力或欺诈行为。遗嘱的内容和形式也必须符合法律要求，包括签名和见证人的要求。如果遗嘱以某种方式被证明是在非自愿或不合法的情况下制定的，它的有效性可能会受到质疑。其次，如果遗嘱中的条款模糊不清或相互矛盾，可能导致法律解释上的困难。为了确保遗嘱的有效性，最好在专业律师的帮助下制定和审查遗嘱。

在使用 ChatGPT 进行遗嘱草拟指导时，需要注意几点：首先，要了解 ChatGPT 提供的信息仅供参考，不能替代专业律师的具体法律建议。其次，遗嘱的有效性取决于您所在地的法律要求，因此必须遵循当地法律规定。最后，由于个人情况和法律可能发生变化，定期更新和审查遗嘱是必要的。

 案例 048　劳动法基础咨询

扫一扫，看视频

在现代职场环境中，劳动法是一个至关重要的领域，涉及员工和雇主之间的权利与义务。劳动法旨在保护劳动者的权益，确保公平就业条件和工作环境。它规定了雇佣合同、工资支付、工时安排、休假权利以及解雇程序等方面的内容。劳动法还涉及工伤赔偿、劳动争议解决和劳动组织权利等问题。了解和遵守劳动法对于雇主和员工都是至关重要的，可以减少纠纷和法律风险。对于雇主而言，它需要确保雇佣合同合法、工作条件符合法律要求，并提供合理的福利和保护措施。对于员工而言，劳动法保障他们的权益，包括工资支付、工时限制、休假权利等。劳动法的遵守促进了公平和谐的劳动关系，为职场提供了稳定和可持续的发展环境。

1. ChatGPT 应用逻辑梳理

ChatGPT 提供劳动法基础咨询指导的应用逻辑如图 3-48 所示。

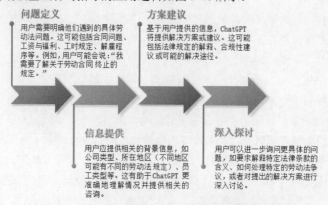

图 3-48　ChatGPT 提供劳动法基础咨询指导的应用逻辑

2. ChatGPT 对话交互

⑤ ChatGPT：

张小姐：你好，ChatGPT。我是一家公司的 HR 经理，最近在处理劳动合同、工时和福利等方面的问题时感到有些困难。由于我不是法律专业背景，我需要了解这些方面的基本法律要求。能帮帮我吗？

ChatGPT：您好，张小姐。很高兴您来咨询这些问题。在处理劳动合同方面，您需要确保合同内容符合当地劳动法规的要求。合同中应明确规定工作职责、工作时间、薪资、福利等关键条款。此外，合同还应包含有关加班、休假、福利和终止条件的规定。在工时方面，您需要遵守法定的工作时长限制，并合理安排加班和休息时间。对于福利，除了法定的社会保险和公积金等福利外，还可以根据公司政策提供其他福利。在处理解雇问题时，务必遵循法定程序，包括提供充分的理由、预先通知和可能的补偿。建议您定期与专业的劳动法律师沟通，确保公司政策和实践始终符合法律要求。

张小姐：明白了。在劳动合同到期或终止时，有哪些关键的法律事项需要注意？

ChatGPT：在劳动合同到期或终止时，您需要特别注意以下几个法律事项：首先，如果合同到期，而双方希望继续合作，可以考虑续签合同。如果不续签，需要根据法律规定提前通知员工。其次，对于合同提前终止，必须有合法且合理的理由，并且按照法律规定进行操作，如提供预先通知或支付补偿。此外，确保处理好员工离职时的各种手续，如结算工资、支付应有的福利等。在处理这些事项时，确保所有程序和文件都符合法律要求，以避免潜在的法律风险。

张小姐：这些信息非常有用。那么在处理员工投诉和劳动争议时，我应该怎么做才能确保合法合规呢？

ChatGPT：在处理员工投诉和劳动争议时，首先要确保公司有明确且公正的内部投诉处理机制。当收到投诉时，应认真调查并及时作出反应。在调查过程中，保持公正和透明至关重要。如果涉及潜在的法律问题，如歧视或骚扰投诉，需要特别小心处理，可能需要咨询法律专家。在解决劳动争议时，尽量通过内部调解或协商来解决问题。如果争议升级，可能需要依法进行仲裁或法律程序。在整个过程中，确保遵循相应的法律规定和公司政策，并保持与员工的良好沟通。

张小姐：谢谢你的帮助。另外，我还想了解一下，我们公司计划招聘一些新员工。在招聘过程中，有哪些法律方面的事项需要我们特别注意？

ChatGPT：在招聘新员工的过程中，确保遵守以下法律要求是非常重要的：首先，招聘过程必须公平无歧视。这意味着在发布招聘广告、进行面试及选拔过程中，避免基于性别、年龄、种族、宗教等因素的歧视。其次，确保招聘信息的真实准确，避免发布误导性或虚假的招聘广告。此外，面试时提问的内容也需要合法合规，避免涉及候选人的私人生活，如婚姻状况、家庭计划等敏感话题。在提供职位时，工作合同和聘用条件必须符合当地的劳动法规定。最后，保护候选人的个人信息，确保在整个招聘过程中，他们的隐私和数据安全得到妥善处理。

在使用 ChatGPT 进行劳动法咨询时，需要注意几点：首先，劳动法规经常更新，因此获取的信息可能需要与最新的法律规定进行对比。其次，劳动法问题通常涉及具体情境，因此 ChatGPT 提供的建议需要根据实际情况进行调整。对于复杂或有争议的问题，最好咨询专业法律人士以获得专业法律意见。

3.7 科研辅助

在科学研究领域，ChatGPT 的应用为研究人员提供了强大的辅助工具，极大地提升了研究效率和质量。本节将探讨 ChatGPT 在科研辅助方面的作用与意义，以及它是如何帮助科研人员在各个研究阶段发挥作用的。

首先，ChatGPT 在科研文献检索与整理方面扮演着重要角色。面对海量的科研文献，研究人员往往需要花费大量时间进行检索和筛选。ChatGPT 通过其强大的自然语言处理能力，能够快速理解研究人员的查询需求，提供相关文献的检索结果，甚至直接摘要文献中的关键信息，极大地提高了文献检索的效率和准确性。

其次，ChatGPT 在科研项目设计和研究思路的构建中也发挥着不可或缺的作用。研究人员可以通过与 ChatGPT 的交流，探讨研究假设、方法论以及实验设计等问题。ChatGPT 能够提供多种可能的研究方法和视角，帮助研究人员打开思路，优化研究设计。

最后，ChatGPT 在科研数据分析和解读方面也显示出了巨大的潜力。它可以辅助研究人员对数据进行初步分析，提供统计分析的建议，甚至帮助解读复杂的数据结果。这对于提高数据分析的效率和质量具有重要意义。

 案例 049　文献检索与整理技巧

扫一扫，看视频

在学术研究、项目报告撰写，甚至日常知识学习中，文献检索与整理是一个基础而关键的步骤。然而，许多研究人员和学生在面对海量信息的情况下，往往感到困惑和不知所措。他们不知道如何有效地找到高质量的相关文献、如何快速阅读和理解文献内容，以及如何合理组织和引用这些资料。

1. ChatGPT 应用逻辑梳理

ChatGPT 提供文献检索与整理技巧指导的应用逻辑如图 3-49 所示。

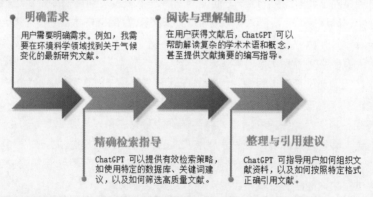

图 3-49　ChatGPT 提供文献检索与整理技巧指导的应用逻辑

2. ChatGPT 对话交互

ⓢ ChatGPT：

李明：我正在准备一个关于气候变化的研究项目，需要找到相关领域的最新研究文献，不知从何下手。

ChatGPT：李明，你好！对于你的气候变化研究项目，找到最新的研究文献非常重要。我可以向你推荐几个步骤和资源来帮助你开始。

1. 确定研究方向：首先，明确你研究项目的具体主题，如气候变化对农业的影响、海平面上升、极端天气事件等。这将帮助你更有针对性地搜索文献。

2. 使用学术数据库：你可以利用一些专业的学术数据库来寻找文献，如 Google Scholar（谷歌学术）、Web of Science、Scopus 等。这些数据库提供了广泛的学术论文和出版物。

3. 关键词搜索：在这些数据库中，使用与你的研究主题相关的关键词进行搜索。例如，如果你关注的是气候变化对农业的影响，可以使用"气候变化""农业""影响"等关键词。

4. 筛选最新文献：在搜索结果中，你可以根据出版日期来筛选最近几年的研究，确保获得最新的信息。

李明：是的，我经常在 Google Scholar 上搜索，但有时候信息量太大，我不确定哪些是最关键的。

ChatGPT：明白了。首先，高效的关键词选择至关重要。试着组合不同的关键词。例如，除了"气候变化"，还可以加上"模型预测"或者具体的影响领域。此外，使用高级搜索功能来限定发表时间、研究类型等，可以帮助你缩小搜索范围。

李明：那找到文献后，如何快速判断它们的质量和相关性呢？

ChatGPT：好问题。首先，看一下文章的摘要，这通常可以快速告诉你这篇论文的主要研究内容和结论。其次，检查作者的资质和发表的期刊，权威性较高的期刊通常意味着质量较高。还有就是查看论文被引用的次数，高引用次数可能意味着这篇论文在学术界有较高的认可度。

李明：我明白了。但在整理这些文献时，我应该注意什么？

ChatGPT：在整理文献时，建立一个清晰的文献管理系统非常重要。你可以使用像 EndNote、Zotero 这样的文献管理软件来帮助整理。它们不仅可以帮助你分类和存储文献，还能方便地插入参考文献和生成参考文献列表。此外，为每篇论文做一些简短的摘要或注释，可以帮助你日后快速回顾这些资料。

李明：听起来很有帮助，我会试试这些方法的。另外，在撰写报告时，如何有效地引用这些文献呢？

ChatGPT：在撰写报告时，合理地引用文献非常关键。确保遵循你所在领域常用的引文格式，如 APA、MLA 或芝加哥格式等。每当你引用了某项研究的观点或数据时，都要在文中及参考文献列表中正确列出。这不仅体现了学术诚信，也可以帮助读者追溯你的研究来源。此外，适当地综合和对比不同文献中的观点，可以增强你的报告的深度和说服力。

在使用 ChatGPT 进行文献检索与整理指导时，需要注意以下几点：首先，可以向 ChatGPT 提供准确、具体的研究需求和领域，以获得相关和有用的文献资源。其次，尽管 ChatGPT 提供的信息大多可靠，但在正式的学术报告中，建议再次核实关键信息的准确性，确保引用的文献来源可信。最后，要合理利用 ChatGPT 的能力，它可以帮助用户理解复杂概念、提供写作和引用格式指导，但最终的思考和分析应由用户自己完成。

 案例 050　实验方法选择指导

在科学研究过程中，实验方法的选择对研究成果的质量和有效性具有决定性影响。研究人员面临的主要挑战之一是在众多可能的实验方法中找到最适合他们特定研究目的的那一种。这个选择过程不仅需要考虑实验目的和理论依据，还需要考虑实验资源、设备的可用性、所需时间和成本效益等因素。

扫一扫，看视频

1. ChatGPT 应用逻辑梳理

ChatGPT 提供实验方法选择指导的应用逻辑如图 3-50 所示。

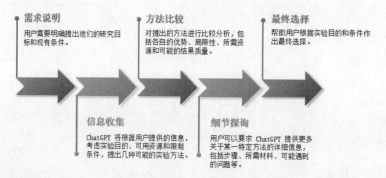

需求说明
用户需要明确提出他们的研究目标和现有条件。

方法比较
对提出的方法进行比较分析，包括各自的优势、局限性、所需资源和可能的结果质量。

最终选择
帮助用户根据实验目的和条件作出最终选择。

信息收集
ChatGPT 将根据用户提供的信息，考虑实验目的、可用资源和限制条件，提出几种可能的实验方法。

细节探询
用户可以要求 ChatGPT 提供更多关于某一特定方法的详细信息，包括步骤、所需材料、可能遇到的问题等。

图 3-50　ChatGPT 提供实验方法选择指导的应用逻辑

2. ChatGPT 对话交互

🅢 ChatGPT：

李博士：你好，ChatGPT，我目前在研究一种蛋白质与一种特定疾病之间的关联。我需要一些建议，来决定应该使用哪种实验方法。

ChatGPT：你好，李博士。很高兴能帮助您。首先，您能否提供更多关于您研究的蛋白质和疾病的信息？了解具体的蛋白质和疾病类型对于选择适当的实验方法非常重要。

李博士：当然，我研究的蛋白质是一种假设与阿尔茨海默病相关的信号传导蛋白。我想找出这种蛋白质在疾病发展中的作用。

ChatGPT：了解了，李博士。针对这种情况，您可以考虑以下几种实验方法。

1. 免疫荧光染色：这种方法可以帮助您观察蛋白质在阿尔茨海默病患者脑组织中的表达和定位。

2.Western Blot：通过这种方法，您可以检测和量化蛋白质在不同样本中的表达水平。

3. 基因敲除实验：利用 CRISPR-Cas9 技术在动物模型中敲除目标蛋白质的基因，观察这对动物认知功能的影响，从而间接验证蛋白质与疾病的关联。

李博士：谢谢你的建议。我对免疫荧光染色特别感兴趣。你能详细介绍一下这个方法的实施步骤吗？

ChatGPT：当然可以。免疫荧光染色主要包括以下几步。

1. 组织制备：需要获取脑组织样本，并将其固定、切片。

2. 渗透和封闭：使用适当的渗透剂（如 PBS 含 Triton X-100）处理切片，然后使用封闭剂（通常是含有牛血清白蛋白的 PBS）减少非特异性结合。

3. 一抗和二抗的应用：先用针对您研究的蛋白质的一抗孵育切片，然后用荧光标记的二抗孵育。

4. 核染色：使用 DAPI 等荧光染料对细胞核进行染色。

5. 显微镜检查：使用荧光显微镜观察和拍摄样本，分析蛋白质的表达和定位。

李博士：这个方法听起来很适合我的研究。但我也担心实验中可能出现的问题。有哪些常见问题我应该提前注意？

ChatGPT：进行免疫荧光染色时，确实可能会遇到一些问题。这些问题及其解决方案如下：

1. 背景荧光过高：这可能是由于二抗过量或孵育时间过长引起的。解决方法是优化二抗的稀释比例和孵育时间。

2. 特异性染色差：这可能是由于一抗质量不佳或不适合您的样本。您应该尝试使用不同的一抗或优化孵育条件。

3. 细胞结构不清晰：这可能是组织切片过厚或固定不当引起的。确保切片的厚度适中，并且固定步骤正确执行。

科研实验不仅仅涉及科学方法本身，还需要考虑到时间、成本、可行性等因素。用户应该综合考虑这些因素，并在选择实验方法时作出明智的决策。最终，科研实验的设计应该是仔细思考和综合判断的结果，ChatGPT 提供的建议只是辅助工具，需要用户自行权衡和决策。

案例 051　数据分析工具推荐

在科学研究中，数据分析是一个关键环节。有效的数据分析工具不仅可以帮助研究人员更快地得出结论，还可以提高研究的准确性和可靠性。然而，面对市场上众多的数据分析软件和工具，研究人员往往难以选择适合自己研究需要的工具。选择时需要考虑数据类型、处理能力、易用性、兼容性以及成本等因素。

扫一扫，看视频

1. ChatGPT 应用逻辑梳理

ChatGPT 推荐数据分析工具的应用逻辑如图 3-51 所示。

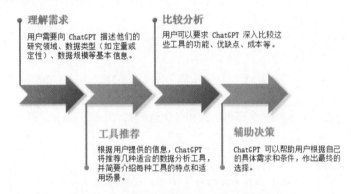

图 3-51　ChatGPT 推荐数据分析工具的应用逻辑

2. ChatGPT 对话交互

> **ChatGPT：**
>
> 张教授：你好，ChatGPT。我目前在进行一项涉及大量野外观察数据的生态学研究。我需要一些高效的数据分析工具来处理和分析这些数据。你有什么建议吗？
>
> ChatGPT：你好，张教授。根据您的需求，有以下几个数据分析工具我可以推荐。
>
> 1. R 语言和 R Studio：R 是一种专门用于统计分析和图形表示的编程语言，非常适合生态学数据分析。R Studio 是一个集成开发环境，使得使用 R 更加方便。
>
> 2. Python 及相关库：Python 是一种通用编程语言，具有强大的数据处理和分析能力。使用 Pandas 进行数据处理，Matplotlib 和 Seaborn 用于数据可视化，SciPy 和 Scikit-learn 用于更高级的数据分析。
>
> 3. Excel：对于初级数据分析，Microsoft Excel 是一个不错的选择。它可以用于数据整理、基本的统计分析和图表制作。
>
> 张教授：谢谢你的建议。我对 R 语言比较感兴趣。你能否提供一些关于如何使用 R 语言进行生态数据分析的基本指导？
>
> ChatGPT：当然可以。使用 R 语言进行生态数据分析通常包括以下几个步骤。
>
> 1. 数据导入：您需要将您的野外观察数据导入 R 中。您可以使用 read.csv( ) 或 read.table( ) 函数来导入数据。
>
> 2. 数据清洗和预处理：使用 dplyr 包进行数据筛选、排序、分组等操作。清洗数据是确保数据分析准确性的关键步骤。

3. 探索性数据分析：使用 ggplot2 包进行数据可视化，如制作散点图、条形图、箱线图等，以直观地理解数据分布和潜在模式。

4. 统计分析：您可以进行各种统计测试，如 t 测试、方差分析（ANOVA）等，以检验不同变量之间的关系。R 中有丰富的统计模型和函数可供使用。

5. 模型构建和验证：根据研究问题，可以构建线性模型、广义线性模型等，然后进行模型诊断和验证。

张教授：这听起来很有帮助。不过，我对 R 的图形表示功能特别感兴趣，能否提供一些关于使用 ggplot2 创建高质量图形的技巧？

ChatGPT：当然可以。ggplot2 是一个非常强大的可视化包，以下是一些创建高质量图形的技巧。

1. 图层叠加：ggplot2 采用图层叠加的理念，您可以通过添加多个图层来逐步构建图形。例如，先添加几何对象（如点、线、条形），然后添加统计变换、坐标轴标度、主题等。

2. 调整主题：使用 theme( ) 函数可以自定义图形的各个组成部分，如坐标轴文字、图例、标题等，以提高图形的美观性和可读性。

3. 映射美学属性：ggplot2 允许您根据数据的属性（如颜色、形状、大小）映射到图形的美学元素上，这对于突出数据中的特定模式非常有用。

4. 利用扩展包：R 社区提供了许多 ggplot2 的扩展包，如 ggpubr、ggrepel 等，可以进一步增强图形的表现力和功能。

张教授：这些信息对我来说非常有用。我会尝试使用 R 和 ggplot2 来分析我的数据。谢谢你的帮助，ChatGPT。

ChatGPT 不仅可以提供广泛的数据分析工具的知识和功能介绍，帮助用户了解各种工具的特点和适用场景，而且可以根据用户的需求和工作环境，为用户提供个性化的数据分析工具推荐，基于用户提供的信息，ChatGPT 可以分析和比较不同工具的优缺点，为用户提供参考意见。

 案例 052　学术写作格式指导

扫一扫，看视频

在科研领域，学术写作的格式和规范至关重要。一个清晰、结构合理的论文不仅能够有效传达研究成果，还能增加文章被期刊接受和引用的机会。学术写作应遵循特定的格式要求，如引用格式、段落结构和标题层次等。此外，逻辑严密的论证和清晰的表达也是必要的。学术写作还应注意语法、拼写和标点符号的正确性，以确保文章的专业性和可读性。在撰写论文时，要注意避免抄袭，引用他人的观点和研究成果时应注明出处。

1. ChatGPT 应用逻辑梳理

ChatGPT 提供学术写作格式指导的应用逻辑如图 3-52 所示。

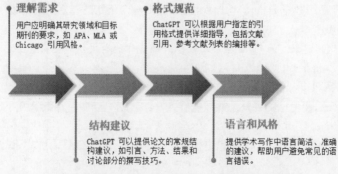

图 3-52　ChatGPT 提供学术写作格式指导的应用逻辑

2. ChatGPT 对话交互

> ChatGPT:

张博士：你好，ChatGPT。我正在撰写一篇生物学研究论文，但对于论文的格式规范有些困惑。能帮我梳理一下一般生物学研究论文的格式规范吗？

ChatGPT：你好，张博士。当然可以。生物学研究论文通常遵循以下基本格式规范。

1. 标题（Title）：应该简洁、准确地反映论文的主要内容。

2. 摘要（Abstract）：简要总结研究的背景、目的、方法、主要结果和结论。通常在 150～250 字。

3. 引言（Introduction）：介绍研究背景、研究问题的重要性和研究目的。

4. 材料和方法（Materials and Methods）：详细描述实验设计、材料、实验方法和数据分析方法，以便其他研究者可以复制研究。

5. 结果（Results）：呈现实验数据，通常包括文本描述、表格和图形。

6. 讨论（Discussion）：解释结果的意义，比较和对比先前的研究，讨论结果的意义和潜在的应用。

7. 结论（Conclusion）：简明扼要地总结研究发现和研究的重要性。

8. 参考文献（References）：列出文中引用的所有文献。不同期刊可能有不同的引用格式，如 APA、MLA 或 Chicago 风格。

张博士：明白了，这些信息很有帮助。另外，关于论文的写作风格，你有什么建议吗？

ChatGPT：当然，论文的写作风格也非常重要。以下是一些生物学论文写作的建议。

1. 客观性：保持语气客观，避免使用第一人称，如使用"本研究"而不是"我们"。

2. 简洁明了：尽量简洁明了，避免不必要的复杂词汇和冗长的句子。

3. 精确度：科学写作要求非常精确。确保使用正确的术语和单位。

4. 逻辑性：保持文章结构清晰，逻辑连贯，每部分都应该自然过渡。

5. 避免模糊语言：尽量避免模糊的表达，如"可能""大概"等，除非描述的内容本身具有不确定性。

张博士：这些写作建议非常实用。我还想知道在写作过程中有没有什么好用的工具或软件推荐？

ChatGPT：有几种工具和软件可能会对您的写作过程有所帮助。

1. 文献管理软件：如 EndNote、Zotero 或 Mendeley，可以帮助您管理参考文献，自动格式化引文。

2. 文本编辑器：如 Microsoft Word 或 Google Docs，它们提供了必要的格式化工具，并允许跟踪更改和合作。

3. 语法检查工具：如 Grammarly 或 Hemingway Editor，可以帮助检查语法错误和提高写作清晰度。

4. 数据分析软件：如 R、Python 或 SPSS，可用于分析数据并生成图表和表格。

张博士：谢谢你的帮助，ChatGPT。我还想了解，如何确保我的论文在学术上是有贡献的，避免做无用功？

ChatGPT：这是一个很好的问题。确保您的论文在学术上有贡献，您可以遵循以下几个步骤。

1. 充分文献回顾：在开始写作之前，进行深入的文献回顾，了解您的研究领域当前的主要问题、已有的研究成果和未解决的问题。

2. 明确研究目的：确保您的研究目标清晰，解决的是该领域内重要且未被充分探讨的问题。

3. 严谨的研究方法：选择恰当的方法论，确保实验设计和数据分析的严谨性。

4. 批判性思维：在讨论部分，批判性地分析您的发现，将其与现有研究进行比较，并探讨其对理论和实践的潜在贡献。

　　5. 清晰的结论：在结论部分明确指出您的研究如何填补了知识空白，以及它对未来研究的潜在影响。

　　张博士：那么，关于发表论文，有什么建议吗？如何选择合适的期刊？

　　ChatGPT：选择合适的期刊对于论文发表非常关键。以下是一些建议。

　　1. 匹配研究方向：选择与您研究主题和领域相匹配的期刊。

　　2. 考虑期刊影响力：根据您的研究成果的重要性，选择相应影响力的期刊。可以参考期刊的影响因子。

　　3. 审稿周期和发表费用：了解不同期刊的审稿周期和可能的发表费用。

　　4. 遵守期刊指南：每个期刊都有其特定的格式和提交指南，确保严格遵守。

　　5. 注意开放获取和版权政策：了解期刊的开放获取政策和版权规定，确保符合您的需要。

　　在使用 ChatGPT 作为科研辅助学术写作格式指南时，需要注意以下几点：首先，务必遵守学术写作的规范。不同学科和期刊可能有不同的格式要求，确保根据目标期刊的指导进行写作，包括引用格式、段落结构和标题层次等。其次，学术写作的核心是清晰和准确地传达信息。避免使用复杂或模糊的语言，确保文章易于理解和阅读。同时，要及时更新写作指南，因为学术写作的格式规范可能会有更新。最后，可以深入探索多学科的写作规范，了解不同学科之间的差异和特点，以适应不同领域的写作要求。

案例 053　研究伦理基本指导

扫一扫，看视频

　　在科研领域，遵守研究伦理是每位研究人员的基本责任。研究伦理不仅关系到研究的质量和可靠性，还涉及研究的道德和法律问题。研究人员应该尊重研究对象的权益，确保知情同意和隐私保护；应该遵循科学诚信的原则，避免数据捏造、数据篡改和抄袭等不道德行为。此外，研究人员还应尽力遵守适用的法律法规和伦理规定，特别是涉及人体试验和动物实验时。良好的研究伦理不仅有助于保护研究对象的权益和福祉，也有助于维护研究人员的声誉和学术信誉。

1. ChatGPT 应用逻辑梳理

　　ChatGPT 提供研究伦理基本指导的应用逻辑如图 3-53 所示。

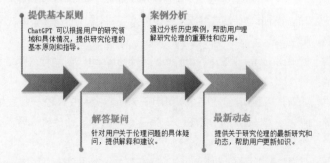

图 3-53　ChatGPT 提供研究伦理基本指导的应用逻辑

2. ChatGPT 对话交互

　　🟢 ChatGPT：

　　李博士：你好，ChatGPT。我目前在做一项涉及人类参与者的心理学研究，我知道这涉及一些研究伦理的问题。你能帮我梳理一下在这类研究中需要注意的伦理问题吗？

ChatGPT：你好，李博士。在进行涉及人类参与者的研究时，确实需要特别注意研究伦理。以下是一些主要的伦理考虑。

1. 知情同意：所有参与者必须在充分了解研究目的、程序、潜在风险和利益后，自愿签署知情同意书。

2. 隐私保护和数据保密：保护参与者的隐私，确保个人信息和研究数据的保密性。

3. 风险最小化：确保研究设计尽可能减少对参与者的风险和不适。

4. 受众权益的平衡：在设计和执行研究时，平衡知识增进的目标和参与者的权利。

5. 透明度和诚实：在研究过程和结果报告中保持透明度和诚实，避免误导和数据造假。

6. 伦理审查：研究前需提交给伦理审查委员会审批，以确保研究设计符合伦理标准。

李博士：关于知情同意，有没有特别的格式或要点需要我注意？

ChatGPT：知情同意书应包括以下要点。

1. 研究目的：清楚地解释研究的目的和意义。

2. 研究程序：描述参与者在研究中将会做什么，包括所有的程序和活动。

3. 潜在风险和利益：诚实地告知参与者可能面临的风险和预期的利益。

4. 自愿参与：强调参与是自愿的，参与者可以随时退出，而不会承担任何不利后果。

5. 联系信息：提供研究团队的联系方式，以便参与者有问题时可以咨询。

6. 隐私和数据保密：说明将如何保护参与者的个人信息和数据的保密性。

李博士：如果在研究过程中发现了一些意外的负面结果，我应该怎么处理？

ChatGPT：如果在研究过程中发现意外的负面结果，应该采取以下步骤。

1. 立即评估风险：评估这些负面结果对参与者的潜在风险。

2. 采取适当行动：如果必要，暂停研究，采取措施减少风险。

3. 通知伦理委员会：向研究伦理委员会报告这些发现，并寻求指导。

4. 与参与者沟通：适当时向参与者通报这些发现和采取的措施。

5. 记录和报告：在最终的研究报告中记录这些发现和应对措施。

李博士：谢谢你的建议。我还想问，如果我的研究涉及特定的敏感话题或易受伤害的群体，我应该怎样进行？

ChatGPT：当您的研究涉及敏感话题或易受伤害的群体时，应该采取以下措施。

1. 加强伦理审查：这类研究可能需要更严格的伦理审查和监督。

2. 特别注意知情同意：确保参与者充分理解研究的敏感性，并且确实自愿参与。

3. 敏感性和尊重：在研究过程中，特别注意语言和行为的敏感性，始终保持对参与者的尊重。

4. 提供支持资源：如果研究可能引起情绪困扰，提供心理支持或咨询服务的联系方式。

5. 加强数据保护：对于敏感数据，采取额外措施确保其安全和保密。

李博士：这些都是非常重要的点。另外，我想知道，在研究结果发布时，有没有什么特别需要注意的伦理问题？

ChatGPT：在发布研究结果时，应考虑以下伦理问题。

1. 避免泄露身份：在公开研究结果时，确保不泄露参与者的身份或任何可以追溯到个人的信息。

2. 诚实呈现结果：公正、诚实地呈现研究结果，即使它们与预期不符或具有争议性。

3. 尊重版权和知识产权：在引用他人的工作时，确保遵守版权和知识产权的规定。

4. 讨论潜在的影响：在讨论部分，应该讨论研究结果可能对参与者或相关群体的潜在影响。

作为研究伦理的指导工具，ChatGPT可以提供一般性的伦理指导，但具体情况下需要结合研究的具体内容和背景进行判断。此外，不同机构和资助机构可能有特定的伦理规定，研究人员还需遵守所在机构的伦理指导。为了更全面地了解研究伦理，用户可以深入探索不同国家和地区的伦理标准，以理解文化差异对研究伦理的影响。另外，了解伦理审查流程对于确保研究符合伦理要求很重要，包括提交伦理审查申请、处理反馈和修改研究设计。ChatGPT 可以提供一般性的指导，但最终的责任和决策仍由研究人员自行承担。

案例 054　科研项目管理提示

扫一扫，看视频

科研项目管理是确保科学研究顺利进行并成功完成的关键。它涉及时间和资源的合理分配、团队协作、风险管理和进度跟踪等方面。项目管理应从项目立项开始，明确项目目标、范围和关键里程碑。合理分配资源，包括人力、设备和资金，确保项目按计划进行。

1. ChatGPT 应用逻辑梳理

ChatGPT 提供科研项目管理提示指导的应用逻辑如图 3-54 所示。

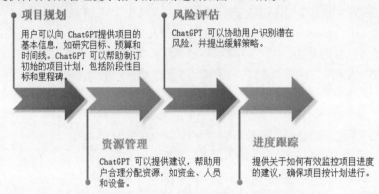

图 3-54　ChatGPT 提供科研项目管理提示指导的应用逻辑

2. ChatGPT 对话交互

> ⑤ ChatGPT：
>
> 赵教授：你好，ChatGPT。我目前在管理一项涉及多个学科的生物医学研究项目。我遇到了一些项目管理上的挑战，比如如何协调不同领域的团队成员，以及如何有效管理预算和时间。你能给我一些建议吗？
>
> ChatGPT：您好，赵教授。管理跨学科研究项目确实是一个复杂的任务，但以下几个策略可能对您有所帮助。首先，关于团队协调，建立明确的沟通渠道和常规会议是非常重要的。鼓励团队成员分享他们的进展和挑战，同时也要倾听他们的意见和建议。确保每个团队成员都清楚自己的角色和责任，并理解项目的总体目标。其次，对于预算管理，建议您定期审查项目的财务状况，确保支出符合预算计划。为可能的额外费用预留一定的预算余地，并在项目实施过程中灵活调整预算分配。最后，应对研究过程中的不确定性，建议制订详细的项目计划，同时为潜在的风险和挑战制定应对策略。保持计划的灵活性，以便快速适应新的情况。
>
> 赵教授：你提到了项目计划的重要性。具体来说，我应该如何制订有效的项目计划？
>
> ChatGPT：有效的项目计划应包括清晰的目标、详细的时间表、资源分配和风险管理策略。首先，定义项目的具体目标和预期成果。然后，制定一个详细的时间表，包括每个任务的起始和结束日期。在资源分配方面，考虑项目所需的人力、设备和材料，并合理分配。同时，识别潜在的风险，如技术挑战、资金不足或合作伙伴的变动，并为这些风险制定相应的应对措施。保持计划的灵活性，以便在遇到障碍时进行调整。

赵教授：有没有什么工具或软件可以帮助我更好地管理这个项目？

ChatGPT：有多种项目管理工具和软件可以帮助您更有效地管理研究项目。例如，Microsoft Project 和 Asana 提供了强大的任务规划和进度跟踪功能。Trello 和 Jira 则适合进行敏捷项目管理，提供灵活的看板和任务管理功能。对于预算管理，您可以考虑使用 Excel 或专门的财务管理软件，如 QuickBooks。此外，使用云存储和协作平台，如 Google Drive 或 Dropbox，可以帮助团队成员共享文档和数据，促进协作。

赵教授：我明白了这些基本原则和工具的使用。另外，我想了解在项目实施过程中，如果遇到团队成员之间的意见冲突或合作问题，我应该怎么解决？

ChatGPT：在项目实施过程中处理团队成员之间的意见冲突或合作问题时，有效的沟通和冲突解决技巧至关重要。首先，当冲突出现时，及时介入并促进开放、诚实的沟通是非常重要的。鼓励团队成员表达他们的观点和担忧，同时也要倾听对方的意见。尝试找到共同点，并探讨所有可能的解决方案。有时，您可能需要扮演调解者的角色，帮助团队成员理解彼此的立场，并找到互利的解决方案。在某些情况下，聘请外部顾问或调解专家也是解决复杂冲突的有效方法。重要的是保持中立和公正，以及确保所有团队成员都感到他们的声音被听到和尊重。

赵教授：我明白了。还有，我该如何确保项目能按时完成，尤其是在面对不可预见的挑战时？

ChatGPT：为了确保项目能按时完成，建立一个实际且灵活的时间表是关键。您应该定期审查项目进度，并与原定的时间表相比较。如果发现进度落后，及时识别原因，并调整任务分配或时间线。对于不可预见的挑战，重要的是保持灵活性，并准备好应对变化。例如，如果出现技术难题或资金短缺，您可能需要重新评估项目范围或寻求额外资源。在项目管理中，预测和应对潜在的风险也非常重要。通过制订风险管理计划，您可以提前准备应对各种可能的挑战，从而减少它们对项目进度的影响。

科研项目管理是确保科学研究顺利进行并成功完成的关键。为此，需要明确规划和目标设定，确保项目有清晰的目标和详细的实施计划。同时，要进行有效的资源和时间管理，合理分配资源并制定实际可行的时间表。沟通与协作也是至关重要的，要保持团队成员之间的持续沟通，确保信息共享和协作顺畅。

案例 055　学术合作交流建议

学术合作交流是科学研究的重要组成部分，它有助于分享知识、技能和资源，促进创新思维的碰撞。有效的学术合作交流不仅需要良好的沟通技巧，还需要对合作伙伴的尊重和对项目目标的共同承诺。

扫一扫，看视频

1. ChatGPT 应用逻辑梳理

ChatGPT 提供学术合作交流建议指导的应用逻辑如图 3-55 所示。

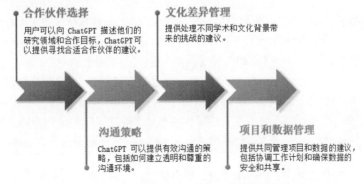

图 3-55　ChatGPT 提供学术合作交流建议指导的应用逻辑

2. ChatGPT 对话交互

王教授：你好，ChatGPT。我目前在寻找国际合作伙伴来进行一项气候变化的研究项目。在寻找和建立合作关系时，我应该注意什么？

ChatGPT：您好，王教授。在寻找和建立国际合作关系时，以下几点可能对您有所帮助。首先，明确您的研究目标和合作伙伴可能带来的价值。了解您希望合作伙伴提供哪些具体的知识、技能或资源，并考虑他们如何能够帮助推进您的研究项目。其次，在寻找合作伙伴时，可以考虑与您研究领域的国际学术团体和组织接触，参加相关的学术会议和研讨会，或利用学术网络平台。在建立合作关系时，强调相互尊重和对项目目标的共同承诺非常重要。保持开放和透明的沟通，定期分享进展和挑战，并且尊重不同文化和工作方式的差异。

王教授：你提到了文化差异，这在国际合作中确实很重要。在沟通和合作过程中，我该如何克服文化差异的挑战？

ChatGPT：在国际合作中克服文化差异的挑战，关键在于文化敏感性和适应性。首先，了解并尊重合作伙伴的文化背景和习俗。这可能涉及不同的工作习惯、沟通方式或决策过程。在沟通时，使用清晰、简洁且避免地域特定习语的语言，以减少误解的可能性。鼓励双向沟通和反馈，以确保所有合作方都能充分表达和被理解。此外，保持耐心和灵活性，适应不同的工作节奏和方法。在可能的情况下，尝试亲自访问或邀请合作伙伴来访，面对面的交流有助于加深相互了解和信任。

王教授：确实如此。我还想问，在合作过程中，如何高效地管理和协调国际合作项目？

ChatGPT：有效管理和协调国际合作项目需要良好的组织和沟通策略。建立一个清晰的项目管理结构非常重要，包括明确的角色分配、任务分解和进度安排。利用数字工具和平台来协调工作和分享信息，例如使用项目管理软件跟踪任务进展，使用云存储服务共享文件。定期举行远程会议来讨论进展、解决问题和计划未来的步骤，同时考虑到不同时区对会议安排的影响。在项目管理中，灵活性和适应性也非常关键，特别是在跨国合作中，可能需要应对不同国家的行政流程和政策变化。

王教授：非常感谢你的建议，ChatGPT。我还想知道，在国际合作项目中，如何确保所有合作伙伴都能够平等地参与并贡献他们的专长？

ChatGPT：在国际合作项目中确保所有合作伙伴的平等参与和贡献，关键在于公平和包容的项目设计。首先，确保项目设计阶段就涉及所有合作伙伴，让他们参与制定研究目标、方法和时间表。这样可以确保每个合作伙伴都能在项目中找到适合其专长和兴趣的角色。其次，对每个合作伙伴的贡献给予认可和尊重，无论其贡献大小。在项目的沟通和文档中，明确标注每个团队或个人的贡献。另外，定期举行项目会议，让每个合作伙伴都有机会分享他们的进展和观点。鼓励开放的讨论，并对所有合作伙伴的意见给予重视。最后，提供适当的支持和资源，确保所有合作伙伴都有能力有效地参与项目。

王教授：这很有帮助。另外，我还想问，在项目结束后，如何维持这些宝贵的国际合作关系？

ChatGPT：在项目结束后维持国际合作关系，建议您采取以下几个步骤。首先，项目结束时进行正式的总结和感谢。举行一个闭幕会议或撰写一份项目总结报告，感谢每个合作伙伴的贡献，并强调团队合作取得的成果。其次，保持定期的沟通。即使项目已经结束，也可以通过电子邮件、社交媒体或学术会议保持联系，分享各自的最新研究成果和发展。此外，探讨未来合作的可能性。讨论未来可能的合作项目，或者在当前项目的基础上寻找延伸的研究方向。最后，建立一个alumni网络或群组，为以后的合作伙伴提供资源和支持，同时也能促进新的合作机会。

在科研辅助学术合作交流中，ChatGPT 可以提供语言和内容上的建议，帮助用户解决沟通障碍和促进有效的合作。此外，用户也可以自行深入探索如何在不同学科之间建立有效的合作关系，以推动跨学科合作，还可以与 ChatGPT 探讨研究如何管理国际合作项目，包括处理时间差、语言障碍和法律问题等方面的挑战。

3.8 旅游规划

在旅游规划领域，ChatGPT 的应用正变得越来越受欢迎，它以强大的信息处理能力和灵活的交互方式，为旅行者提供了个性化和高效的旅游规划服务。本节将探讨 ChatGPT 在旅游规划中的作用与意义，以及它如何帮助旅行者打造更加完美的旅行体验。

首先，ChatGPT 可以提供个性化的旅游建议。旅行者可以通过与 ChatGPT 的交互，分享他们的旅行偏好、兴趣点以及预算等信息，ChatGPT 则能够根据这些信息提供量身定制的旅行计划。无论是景点推荐、路线规划还是活动建议，ChatGPT 都能够提供详尽的选项和建议，帮助旅行者作出更加符合个人需求的选择。

其次，ChatGPT 在解答旅行相关问题方面展现出了极大的价值。旅行中可能会遇到各种问题，如签证政策、当地交通、安全须知等。ChatGPT 能够即时提供相关信息和建议，解决旅行者的疑惑，减轻旅行中的不确定性和焦虑。

最后，ChatGPT 还可以作为旅行预订的辅助工具。它可以帮助旅行者查找和比较机票、酒店和租车服务等，甚至提供预订链接或指引，使得旅行准备过程更加便捷和高效。

案例 056　目的地选择建议

在选择旅游目的地时，旅行者需要考虑季节性因素以及预算和时间限制等。选择合适的目的地至关重要，它能够确保旅行体验的丰富性和满足性。旅行者需要考虑目的地的文化背景，以便适应当地的风俗习惯和社会规范。同时，选择适合自己兴趣和偏好的景点，可以确保旅行的愉悦和满足感。

扫一扫，看视频

1. ChatGPT 应用逻辑梳理

ChatGPT 提供目的地选择建议指导的应用逻辑如图 3-56 所示。

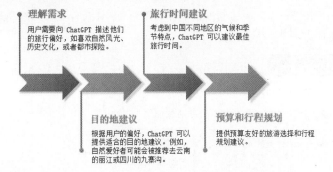

图 3-56　ChatGPT 提供目的地选择建议指导的应用逻辑

2. ChatGPT 对话交互

> **ChatGPT：**
>
> 李女士：你好，ChatGPT。我计划进行一次国内旅行，我喜欢美丽的自然风光，同时对历史文化也很感兴趣。你能推荐一些适合我的旅游目的地吗？
>
> ChatGPT：你好，李女士。根据您的兴趣，我可以推荐一些融合自然风光和历史文化的旅游

目的地。首先，如果您对古代历史和自然风光都感兴趣，可以考虑访问黄山和周边的古村落，如宏村和西递。黄山以其壮丽的山景和云海著称，而宏村和西递则以保存完好的古建筑和历史氛围闻名。另外，九寨沟也是一个不错的选择，它以独特的自然景观和藏族文化而闻名。此外，如果您对佛教文化感兴趣，可以考虑四川的峨眉山和乐山大佛，这里不仅有壮丽的自然风光，还有深厚的佛教文化氛围。

李女士：这些建议很不错。不过，我还想知道，在规划旅行时，我该如何考虑季节性因素和预算呢？

ChatGPT：在考虑季节性因素时，最重要的是选择适合特定季节的目的地。例如，黄山四季各有特色，但春季的花海和秋季的红叶尤为壮观。九寨沟则在秋季时分色彩最为丰富。至于预算，您可以提前规划，比如在旅游淡季出行，选择性价比高的住宿和交通方式。此外，提前购买门票和预订住宿通常也能节省一些费用。您也可以根据预算调整旅行天数和行程安排，以确保旅行既丰富又经济。

李女士：我还想了解，旅行中应该如何更好地体验和了解当地的历史文化呢？

ChatGPT：为了更好地体验和了解当地的历史文化，您可以尝试以下几种方法。首先，参加当地的文化活动或节庆，这是深入了解当地文化的好方法。其次，参观当地的历史遗迹和博物馆，这些地方通常能提供丰富的历史信息和文化背景。

此外，和当地人交流也是一个很好的方式，通过与他们的互动，您可以了解更多关于当地生活方式和传统的信息。最后，尝试当地的食物和特色小吃，这也是体验当地文化的重要部分。

在使用 ChatGPT 规划国内旅游时，需要注意以下几点：选择符合个人兴趣和活动偏好的目的地；考虑不同季节和地区的气候特点，选择最佳旅行时间；根据预算进行行程规划，考虑交通、住宿和餐饮等费用；在旅行中融入当地文化，体验地方风俗和美食。

案例 057　旅行预算规划技巧

扫一扫，看视频

在当今社会，旅行已成为许多人生活的一部分。然而，有效地规划旅行预算是一项挑战，他们需要估算旅行成本、找到性价比高的住宿和交通方式，以及平衡旅行中的经济与享受。用户需要一个工具来帮助他们详细规划预算，确保旅行的顺利进行，同时不超出自己的财务能力。

1. ChatGPT 应用逻辑梳理

ChatGPT 提供旅行预算规划技巧指导的应用逻辑如图 3-57 所示。

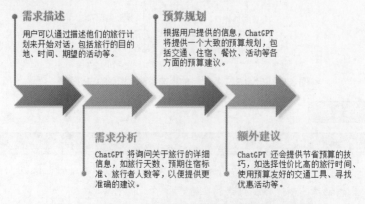

图 3-57　ChatGPT 提供旅行预算规划技巧指导的应用逻辑

2. ChatGPT 对话交互

ChatGPT：

用户： 你好，ChatGPT。我计划今年夏天去意大利旅行 10 天，但我有预算限制。我想在不超支的情况下尽可能享受旅行。有什么建议可以帮助我规划旅行预算吗？

ChatGPT： 你好！很高兴帮助您规划意大利之旅的预算。首先，对于旅行成本的估算，建议您将预算分为几个主要部分：交通、住宿、餐饮、景点门票和日常开销。对于交通，您可以比较不同航班的价格，并考虑在意大利境内使用火车或公共交通工具，这通常比租车更经济。住宿方面，可以考虑预订性价比高的酒店或通过 Airbnb 找到合适的住所。在餐饮上，尝试当地的小餐馆或市场，这不仅价格合理，而且可以更深入地体验当地文化。此外，提前购买博物馆或景点的门票通常可以享受折扣。平衡经济与享受的关键在于确定您最想体验的活动，并为此适当分配预算，同时在其他方面寻找节省的机会。

用户： 这听起来很有帮助。那么，对于意大利旅行，有没有特别需要注意的预算方面的事项？

ChatGPT： 对于意大利旅行，有几个预算方面的特别考虑。首先，意大利的旅游高峰季节通常是夏季，特别是 7 月和 8 月，这时候旅游相关的价格可能会上涨。因此，尽量提前预订机票和住宿，以获得更好的价格。其次，意大利的主要城市如罗马、佛罗伦萨和威尼斯等地的生活成本相对较高，所以在这些地区可能需要预留更多的预算。考虑参加城市通票之类的优惠计划，这样可以以固定价格访问多个景点。另外，意大利的餐馆和咖啡馆在旅游区的价格通常较高，尝试走访当地人常去的地方，既能体验地道的意大利美食，又能节省预算。最后，留意额外费用，如服务费和城市税，这些在欧洲是很常见的。

用户： 再次感谢你的建议，ChatGPT。我想知道，在意大利旅行期间，有没有什么节省开销但又不牺牲旅行体验的小技巧？

ChatGPT： 您好！在意大利旅行时，确实有一些节省开销的小技巧，同时这些技巧不会牺牲您的旅行体验。首先，考虑使用当地的公共交通系统，如火车和公交车，这通常比租车或打车更经济。意大利的火车网络覆盖广泛，是游览不同城市的理想选择。其次，尽量避免在旅游区的餐馆用餐，这些地方的价格往往较高。您可以尝试在当地市场购买食物，或在稍微偏离旅游区的餐馆用餐。此外，许多意大利城市提供免费或折扣的景点门票给年轻游客和学生，如果您符合条件，可以提前了解这些优惠。还有，自助游而不是参加团队旅游通常更经济，您可以根据自己的兴趣自由规划行程。最后，购买城市通票或多日游览卡也是一个不错的选择，这些通票通常包括公共交通和多个景点的入场券。

用户： 对了，我还想问问，有没有什么应用程序或网站可以帮助我更好地规划和管理我的旅行和预算？

ChatGPT： 当然，有多种应用程序和网站可以帮助您规划与管理旅行和预算。对于旅行规划，TripIt 是一个非常受欢迎的应用，它可以帮助您整理旅行行程和预订信息。Rome2rio 提供全球旅行路线的搜索服务，包括飞机、火车、巴士、渡轮和驾车路线，对比较不同交通方式的时间和成本非常有用。对于预算管理，Mint 和 Trail Wallet 是管理个人财务与追踪旅行开销的好工具。此外，Booking.com、Airbnb 和 Skyscanner 等网站可以帮助您找到性价比高的住宿与航班。对于餐饮，TripAdvisor 和 Yelp 提供餐馆的评价与推荐，可以帮助您找到当地受欢迎且价格合理的餐厅。

使用 ChatGPT 进行旅行预算规划时，用户需要注意，提供的预算规划和节省费用的建议都是基于用户提供的信息与一般情况的估计。用户应当根据自己的实际情况和偏好进行调整。此外，由于旅行价格会受到季节、政策和市场变化的影响，用户应当在出行前做进一步的研究和确认。正确理解和使用 ChatGPT 的建议，结合个人的研究和规划，将使旅行更加顺利和愉快。

扫一扫，看视频

案例 058　当地文化习俗介绍

文化习俗是任何社会或地区独特的生活方式和传统的总和，它们深深植根于历史、宗教、习惯和日常生活实践中。了解一个地区的文化习俗对于旅行者、国际学生、商务人士等非常重要，因为这有助于他们更好地融入当地社会，避免文化冲突，并增进跨文化交流。文化习俗的多样性体现在饮食、服饰、礼仪、节庆活动等方面。

1. ChatGPT 应用逻辑梳理

ChatGPT 介绍当地文化习俗过程的应用逻辑如图 3-58 所示。

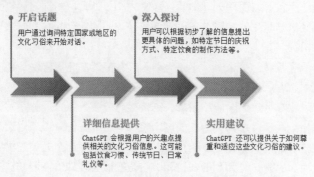

开启话题
用户通过询问特定国家或地区的文化习俗来开始对话。

深入探讨
用户可以根据初步了解的信息提出更具体的问题，如特定节日的庆祝方式、特定饮食的制作方法等。

详细信息提供
ChatGPT 会根据用户的兴趣点提供相关的文化习俗信息。这可能包括饮食习惯、传统节日、日常礼仪等。

实用建议
ChatGPT 还可以提供关于如何尊重和适应这些文化习俗的建议。

图 3-58　ChatGPT 介绍当地文化习俗过程的应用逻辑

2. ChatGPT 对话交互

ChatGPT:

用户：我想了解一下日本的文化习俗，我下个月要去那里旅游。

ChatGPT：日本文化丰富多彩，有很多独特的习俗和传统。例如，在日常交往中，日本人非常注重礼貌和尊重。问候时，他们通常会鞠躬，这是表达尊敬的一种方式。在进入某人家中时，脱鞋是一个重要的习俗，表示对主人家的尊重。

在饮食方面，日本人非常重视饭桌礼仪。例如，用餐时不应发出声音，尤其是喝汤或吃面时。还有，不要将筷子直插在饭中，因为这样的行为通常与葬礼仪式相关联。

日本还有许多传统节日，如"樱花节"（花见），这是春天赏樱花的传统。还有"盂兰盆节"（お盆），这是一个纪念祖先的节日。

用户：在日本有没有什么特别的餐饮文化习俗？

ChatGPT：当然，日本的餐饮文化非常独特。例如，吃寿司时，通常推荐用手拿寿司而不是筷子。将寿司沾上少许酱油时，应该是鱼肉部分沾酱油，而不是饭部分。此外，日本的抹茶茶道也非常有名，它不仅是饮茶，更是一种冥想和尊重的艺术形式。

用户：关于日本的商务礼仪有什么特别的吗？

ChatGPT：在日本的商务环境中，交换名片是一项重要的礼仪。交换名片时，应使用双手递送和接收名片，同时稍微鞠躬。接到名片后，应该花一点时间仔细阅读，这表示对对方的尊重。会议中保持准时也非常重要，迟到通常被视为不尊重。

在使用 ChatGPT 了解文化习俗时，用户应意识到它所提供的信息可能是一般性的，并可能无法涵盖所有细节和地区差异。因此，在实际应用这些信息时，建议用户进行进一步的研究，特别是在准备进行重要的文化交流时。此外，尊重和适应不同的文化习俗是跨文化交流的关键。通过学习和尊重当地的文化习俗，用户可以更好地融入当地社会，享受更加丰富和真实的体验。

案例 059　旅行安全提示

旅行安全是每个旅行者都应考虑的重要问题。无论是国内旅行还是国际旅行，了解并遵循安全指南可以帮助旅行者避免不必要的麻烦和潜在的危险。旅行安全的主要挑战包括了解目的地的安全状况、保护个人财务安全、预防健康风险以及应对紧急情况。

扫一扫，看视频

1. ChatGPT 应用逻辑梳理

ChatGPT 提供旅行安全提示指导的应用逻辑如图 3-59 所示。

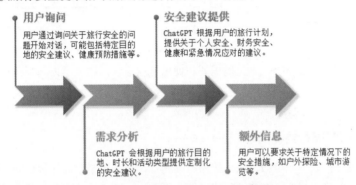

用户询问
用户通过询问关于旅行安全的问题开始对话，可能包括特定目的地的安全建议、健康预防措施等。

安全建议提供
ChatGPT 根据用户的旅行计划，提供关于个人安全、财务安全、健康和紧急情况应对的建议。

需求分析
ChatGPT 会根据用户的旅行目的地、时长和活动类型提供定制化的安全建议。

额外信息
用户可以要求关于特定情况下的安全措施，如户外探险、城市游览等。

图 3-59　ChatGPT 提供旅行安全提示指导的应用逻辑

2. ChatGPT 对话交互

> **ChatGPT：**
>
> 用户：我计划下个月去泰国旅游，有什么安全建议吗？
>
> ChatGPT：泰国是一个美丽的国家，但像任何旅行目的地一样，了解一些安全提示是很重要的。首先，在个人安全方面，建议你在夜间避免单独出行，尤其是在旅游热点地区。保持对个人物品的警觉，特别是在人多的地方，如市场、火车站和机场。
>
> 在财务安全方面，不要携带大量现金。使用信用卡或旅行支票，并确保在使用 ATM 时的隐私和安全。
>
> 对于健康安全，建议你在出行前咨询医生，了解是否需要接种疫苗。在泰国，应避免生水和未煮熟的食物，以预防肠胃疾病。
>
> 最后，了解当地的紧急联系方式，如警察、医院和你所在国家的大使馆电话号码，以备不时之需。
>
> 用户：如果我想去泰国的一些偏远地区探险呢？
>
> ChatGPT：如果你计划去泰国的偏远地区，额外的安全措施就非常重要了。首先，确保你的旅行保险覆盖这类活动。带上必要的户外装备，包括适合的鞋子、防晒霜和防蚊剂。在偏远地区，手机信号可能不稳定，因此需要带上纸质地图，并告知你的家人或朋友你的行程计划。
>
> 另外，了解当地的文化和习俗也很重要，尤其是在访问少数民族地区时。尊重当地社区，不要未经允许进入私人土地或拍照。
>
> 用户：有什么应对紧急情况的建议吗？
>
> ChatGPT：在紧急情况下，保持冷静是关键。如果你遇到健康问题，尽快联系最近的医疗机构。在遇到犯罪或安全问题时，立即联系当地警察，并尽快通知你所在国家的大使馆。总是随身携带你的护照复印件和重要联系人信息。如果你的财物被盗，记得报告并获得案件报告，这对于旅行保险索赔非常重要。
>
> 用户：这些信息很有帮助，谢谢你。还有，如果我在泰国遇到交通事故或其他法律问题该怎么办？
>
> ChatGPT：如果您在泰国遇到交通事故或其他法律问题，首先确保自己的安全，然后立即与

当地警方联系。在泰国，交通事故应该由警方记录并出具报告。如果涉及法律问题，最好咨询合格的律师，特别是在涉及重大责任或赔偿的情况下。同时，通知您的大使馆可以获得额外的协助和建议。记住，了解并遵守当地的法律和规章是非常重要的，特别是在外国旅行时。

　　用户：了解了，我会记住这些的。另外，关于旅游保险，你有什么建议吗？

　　ChatGPT：旅游保险是任何国际旅行的重要组成部分。确保您选择的旅游保险覆盖医疗紧急情况、行李丢失、行程取消和延误等情况。仔细阅读保险条款，确保它符合您的旅行需求，特别是如果您计划进行冒险活动，如潜水或登山。此外，了解保险公司的紧急联系方式，并随身携带相关信息，以便在需要时迅速采取行动。有些信用卡提供旅行保险作为福利，所以也可以检查您的信用卡是否提供。

　　在使用 ChatGPT 获取旅行安全建议时，需要注意这些建议是基于一般情况的指导，可能无法涵盖所有特定情况和最新信息。因此，出行前进行详细的规划和研究非常重要。此外，始终保持警觉并准备应对紧急情况是智慧的旅行方式。正确理解和使用这些建议，结合个人的判断和准备，将帮助你享受一个安全愉快的旅程。

案例 060　必备旅行物品清单

扫一扫，看视频

　　　　　不论是短途周末度假，还是长期国际旅行，准备一个全面的旅行物品清单都是至关重要的。它能确保旅行者在旅途中的方便和舒适，并减少遗忘重要物品的风险。打包时要考虑衣物、个人用品、医药品、电子设备、旅行文件等必需品。合理安排衣物，根据目的地和天气条件选择适当的服装。带上个人用品，如牙刷、洗漱用品和毛巾。准备必要的医药品，如常用药物和急救用品。不要忘记携带适当的电子设备和相关配件。最后，确保携带旅行文件，如护照、签证、机票和酒店预订信息。

1. ChatGPT 应用逻辑梳理

　　ChatGPT 分享必备旅行物品清单过程的应用逻辑如图 3-60 所示。

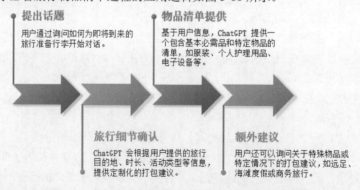

图 3-60　ChatGPT 分享必备旅行物品清单过程的应用逻辑

2. ChatGPT 对话交互

　　ChatGPT：

　　用户：我计划下周去海边度假，需要准备哪些东西？

　　ChatGPT：对于海滩度假，你需要考虑到日常衣物外的特殊物品。首先是泳装和沙滩装备，如沙滩巾、太阳帽、太阳镜和沙滩鞋。别忘了防晒霜，最好是广谱防晒，SPF 30 以上，以及唇部防晒膏。

　　你还需要带上一些轻便的休闲装，如短裤、T 恤和凉鞋。如果计划晚上外出，可以准备一两套更合适的装备。此外，带上一件轻薄的长袖衫或防晒衣，可以在阳光强烈时穿着。

别忘了个人护理用品，如牙刷、牙膏、洗发水和沐浴露。如果你正在服用任何药物，确保带足量的药物。

在电子设备方面，记得带上手机和充电器，如果需要，还可以带上相机、阅读器或平板电脑。最后，带上一些娱乐物品，如书籍、杂志或游戏。

用户：我应该怎么有效地打包这些东西？

ChatGPT：有效打包的关键是组织和空间利用。首先，使用打包立方体或压缩袋来分离不同类型的物品，这样既节省空间，又易于管理。将重物放在行李箱底部，轻物品放在上面。

对于容易皱的衣物，可以使用卷起的方法来减少褶皱。将小物品和电子设备放在易于访问的口袋中，以便快速取用。

此外，考虑到可能的意外情况，你可以在随身携带的包里放一套换洗衣物和基本的个人护理用品。这样，即使行李延误，你也可以舒适地度过头几天。

用户：这些打包技巧听起来很有用，我会试试的。那么在海边度假期间，有没有什么特别的安全建议呢？

ChatGPT：在海边度假时，确实有一些安全措施需要注意。首先，总是留意海滩上的安全标志和旗帜，它们通常用来指示游泳安全情况，如潮流和水流状况。其次，如果你计划进行水上活动，如冲浪或潜水，确保始终遵循安全指南，并且最好在专业人士的指导下进行。

保持充分的水分和防晒也非常重要。长时间暴露在阳光下可能导致脱水或中暑，所以定期补水和涂抹防晒霜是必要的。此外，避免在酒精的影响下游泳或进行任何水上活动。

如果你带着孩子一起度假，确保始终有成人在监护，特别是他们在水边玩耍时。最后，了解你所住宿地点的紧急联系方式，包括当地救援服务和医疗机构。

在使用 ChatGPT 创建旅行物品清单时，首先需要根据个人需求和旅行的具体情况调整清单。虽然 ChatGPT 可以提供一般性建议，但每个旅行者的需求都是独特的。此外，考虑到天气变化和意外情况，随身携带一些应急物品总是明智的。其次，也可以就需要特种装备的旅游计划（登山）与 ChatGPT 进行深入讨论。

 案例 061 旅行路线优化建议

规划旅行路线是确保旅行顺利进行的关键。无论是短途周末游还是长期国际旅行，合理的路线规划可以帮助旅行者节省时间和金钱，同时提升整体旅行体验。规划旅行路线的主要挑战包括确定旅行目的地的优先顺序、考虑交通方式的效率和成本，以及平衡旅行活动和休息时间。

扫一扫，看视频

1. ChatGPT 应用逻辑梳理

ChatGPT 提供旅行路线优化建议指导的应用逻辑如图 3-61 所示。

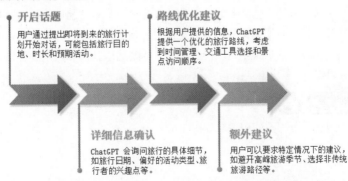

图 3-61 ChatGPT 提供旅行路线优化建议指导的应用逻辑

2. ChatGPT 对话交互

> ⑤ ChatGPT：
>
> 用户：我计划和家人在 7 月去日本自驾游，我们有 10 天时间，打算游览东京、京都和大阪。我们是第一次去，不太了解那边的情况，希望能得到一些路线规划的建议。
>
> ChatGPT：你好！很高兴帮助你规划这次旅行。既然你们有 10 天时间，一个推荐的路线是先在东京停留 3 天，然后去京都 3 天，最后在大阪停留 3 天，并预留 1 天返回东京准备返程。你们是打算租车自驾吗，还是更倾向于使用公共交通？
>
> 用户：我们计划租车自驾，觉得这样更灵活一些。
>
> ChatGPT：自驾是一个不错的选择，尤其是在京都和大阪之间旅行时，你可以更灵活地探索一些不那么常见的地点。在东京的 3 天里，你可以游览东京塔、浅草寺以及秋叶原。东京的街道比较繁忙，建议你们在市中心地区使用公共交通。
>
> 用户：在京都有哪些不容错过的景点？
>
> ChatGPT：京都是日本的文化心脏，拥有许多美丽的寺庙和传统活动。我建议你不要错过金阁寺、清水寺和二条城。如果你对日本的传统工艺感兴趣，可以预约参加茶道或是染布工作坊。此外，京都的竹林小径也非常有名，是拍照的好地方。
>
> 用户：大阪应该怎么安排？
>
> ChatGPT：大阪是一个充满活力的城市，以美食闻名。你可以安排一天时间在道顿堀尝试各种街头小吃，如章鱼烧和串炸。大阪城公园是另一个必游之地，那里不仅有宏伟的大阪城，还有广阔的公园区域。如果有兴趣，你还可以带家人去环球影城日本分园，尤其如果你是电影或主题公园爱好者。
>
> 用户：我们希望能有一天是比较休闲的行程，可以推荐一下吗？
>
> ChatGPT：当然可以。如果你们想要一个轻松的日子，可以考虑在京都或大阪附近找一个温泉区。例如，有一个叫作有马温泉的地方，距离大阪不远，是日本最古老的温泉之一，非常适合放松和体验日本的温泉文化。你们可以在那里享受一天的泡汤和按摩，晚上再回到市中心。

使用 ChatGPT 进行旅行路线优化时，用户需要根据个人兴趣和实际情况进行调整。虽然 ChatGPT 可以提供基本的路线建议和节省成本的技巧，但每个旅行者的需求和预算都是不同的。正确理解和运用这些建议，结合个人的研究和规划，将有助于你享受一个平衡且愉快的旅程。

案例 062　当地美食推荐

当地美食是旅行体验中不可或缺的一部分，它不仅能满足味蕾，还能带来深入了解当地文化和生活方式的机会。不同地区的美食代表了其独特的历史、地理和文化背景。对于旅行者来说，找到当地的美食佳肴并尝试它们是旅行中最令人期待的体验之一。当地美食推荐的主要挑战包括识别当地的特色美食、找到地道且口味正宗的餐馆，以及适应可能与自己习惯不同的饮食习惯。

扫一扫，看视频

1. ChatGPT 应用逻辑梳理

ChatGPT 推荐当地美食过程的应用逻辑如图 3-62 所示。

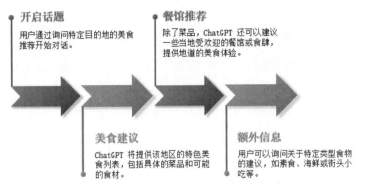

图 3-62 ChatGPT 推荐当地美食过程的应用逻辑

2. ChatGPT 对话交互

ChatGPT:

用户：我下个月去日本旅行，有什么特色美食推荐吗？

ChatGPT：日本的美食非常多样化，每个地区都有自己的特色。在日本旅行时，你绝对不能错过的美食如下：

- 寿司：新鲜的海鲜配上米饭，是日本料理的经典之一。
- 拉面：这是日本的快餐之一，每个地区都有自己独特的风味。
- 天妇罗：脆皮炸海鲜和蔬菜，通常搭配米饭或面条食用。
- 章鱼烧：一种圆形的小点心，内有章鱼肉，通常在街头小吃摊位上出售。
- 和牛：日本的高级牛肉，以其美味和高品质著称。

在东京，你可以去筑地市场尝试新鲜的寿司和海鲜。在京都，有许多传统的日式料理店，提供正宗的京都风味。大阪则以其街头小吃闻名，特别是章鱼烧和烧烤。

用户：对于不吃肉的人来说，有什么推荐吗？

ChatGPT：对于素食者，日本也有很多美味的选择。

- 素食寿司：使用蔬菜或豆腐代替海鲜。
- 天妇罗：选择纯蔬菜的天妇罗。
- 豆腐料理：日本的豆腐非常精致，有多种不同的烹饪方式。
- 味噌汤：通常含有海带和豆腐，是日式料理中的经典汤品。

在大多数餐馆，你都可以找到素食选项，或者请求调整菜品以适应素食需求。

用户：听起来很不错！那么，有没有什么特别的日本甜点或饮品推荐呢？

ChatGPT：当然，日本的甜点和饮品非常有特色。以下是一些您可能会喜欢的。

抹茶甜点：如抹茶冰淇淋或抹茶蛋糕，是日本甜点中的经典。

和果子：传统的日式甜点，通常是用糯米和红豆沙制成的，形状和颜色都非常漂亮。

日式饼干：如荞麦饼干或米饼干，口味独特。

日式煎饼：类似于薄煎饼，通常填充有红豆沙。

至于饮品，日本绿茶，尤其是抹茶，非常受欢迎。你也可以尝试一些当地的清酒或日式啤酒，体验不同的风味。

在使用 ChatGPT 获取当地美食推荐时，用户应考虑个人的饮食习惯和偏好。虽然 ChatGPT 可以提供一般性的建议，但是尝试新食物时应注意食物过敏和饮食限制。正确地使用这些建议，结合个人的喜好和兴趣，可以在旅行中享受到更加丰富和令人满意的美食体验。

案例 063 旅行住宿选择指导

扫一扫，看视频

选择合适的住宿是旅行规划中非常重要的一部分。不同的住宿类型可以提供不同的体验和便利性，从豪华酒店到经济型旅馆，再到民宿或露营地，每种选择都有其独特的优点和局限性。旅行者需要考虑自己的预算、旅行目的、位置偏好以及所需便利设施，以便作出最佳选择。

1. ChatGPT 应用逻辑梳理

ChatGPT 提供旅行住宿选择指导的应用逻辑如图 3-63 所示。

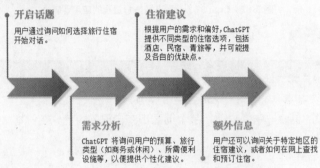

图 3-63 ChatGPT 提供旅行住宿选择指导的应用逻辑

2. ChatGPT 对话交互

⑤ ChatGPT：

用户：我计划去巴黎旅游，想找个离景点近但预算有限的住宿，有什么建议吗？

ChatGPT：在巴黎，如果你的预算有限，可以考虑以下几种住宿选项。

1. 青年旅社（Hostels）：适合预算有限的旅行者，尤其是独行背包客。许多青旅提供干净舒适的共享房间，价格合理。

2. 经济型酒店：这类酒店通常提供基本的住宿设施，价格比豪华酒店亲民，但依然保证舒适的住宿体验。

3. 民宿（B&B）：如果你想体验更地道的巴黎生活，可以选择民宿。它们通常位于住宅区，让你有机会近距离接触当地文化。

在选择住宿时，可以使用各种在线预订平台，如 Booking.com 或 Airbnb，这些平台允许你根据价格、地理位置和用户评价来筛选住宿。记得提前预订，特别是在旅游旺季。

用户：如果我想找个更安静的地方住，应该怎么选择？

ChatGPT：如果你偏好安静的环境，可以考虑巴黎郊区的住宿，或者选择位于主要旅游区外但交通便利的酒店。这些地方通常比市中心更安静，同时仍然方便你访问主要景点。你也可以寻找一些专门宣传为"宁静环境"的住宿。阅读其他游客的评论可以帮助你了解住宿的实际环境。

用户：好的，我会考虑这些建议。另外，有没有什么技巧可以帮助我在预订住宿时找到更优惠的价格？

ChatGPT：要找到优惠的住宿价格，你可以尝试以下几个技巧。

1. 提前预订：通常越早预订价格越优惠。尤其是在旅游旺季，最后一刻寻找住宿往往价格较高。

2. 比较不同平台：在不同的在线预订平台上比较价格，如 Expedia、Booking.com 或 Agoda。有时候不同平台会有不同的优惠。

3. 考虑非退款预订：如果你的行程已确定，选择非退款预订通常能享受更低的价格。

4. 寻找促销和优惠券：关注各大预订网站和酒店的促销活动，有时可以利用优惠券或特殊促销获取折扣。

　　5. 加入忠诚度计划: 如果你经常使用某个预订平台或酒店品牌, 加入它们的忠诚度计划有时可以获得额外优惠或积分。

　　用户: 这些方法听起来很有用。最后一个问题, 有没有什么特别需要注意的事项, 以确保住宿安全?

　　ChatGPT: 为确保住宿安全, 你应该注意以下几个方面。

　　1. 选择信誉良好的住宿: 通过预订平台上的用户评价和评分来判断住宿的质量和安全性。

　　2. 确认住宿的安全设施: 例如, 是否有 24 小时前台服务, 房间是否可以从内部上锁, 是否有安全的存放贵重物品的地方等。

　　3. 检查住宿周边环境: 了解周边区域的安全状况, 避免选择位于治安不佳的地区。

　　4. 留意消防安全: 检查是否有明显的紧急出口标志和消防设施。

　　5. 保护个人信息: 在办理入住时, 确保你的个人信息不会被旁人看到。

　　在使用 ChatGPT 选择旅行住宿时, 重要的是要考虑个人的预算、需求和旅行目的。虽然 ChatGPT 可以提供一般性建议, 但每个旅行者的情况都是独特的。结合个人偏好、预算和行程安排来选择住宿, 将有助于你在旅行中获得更满意的体验。

案例 064　应急情况处理建议

　　旅行中可能会遇到各种应急情况, 如健康问题、行李丢失、交通延误或意外事故等。这些情况可能会给旅行者带来不便甚至危险。因此, 了解如何处理这些紧急情况, 并做好相应的准备, 是确保旅行顺利进行的重要部分。

扫一扫, 看视频

1. ChatGPT 应用逻辑梳理

　　ChatGPT 提供应急情况处理建议指导的应用逻辑如图 3-64 所示。

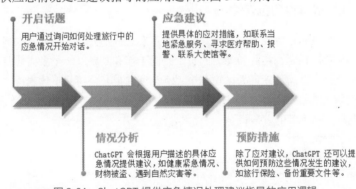

图 3-64　ChatGPT 提供应急情况处理建议指导的应用逻辑

2. ChatGPT 对话交互

> ChatGPT:

　　用户: 如果我在国外旅行时生病了怎么办?

　　ChatGPT: 如果你在国外旅行时生病, 首先要保持冷静。轻微的疾病, 如普通感冒, 可以在当地药店购买非处方药物自行处理。但如果病情严重, 比如高烧、严重腹痛或者意识不清, 应立即寻求医疗帮助。大多数国家都有紧急服务电话, 如欧洲的 112 或美国的 911。在旅行前, 了解目的地的紧急服务电话是很重要的。

此外，如果你有旅行保险，联系你的保险公司也是一个好主意。他们通常可以提供就医建议，甚至直接向你推荐医院。

用户：*如果我的护照和钱包在旅行中丢了怎么办？*

ChatGPT：如果你的护照或钱包丢失，首先要报警，并获取一份警察报告。随后，联系你国家的大使馆或领事馆，他们会指导你如何申请临时旅行文件。

对于丢失的钱包，如果里面有信用卡或借记卡，立即联系发卡银行或机构，挂失卡片以防止未授权的交易。此外，保留一些紧急现金和备份信用卡在不同的地方，可以在这种情况下提供帮助。

处理旅行中的应急情况时，及时、冷静的应对措施非常重要。在出发前做好准备，如购买旅行保险、备份重要文件和了解目的地的紧急服务信息，可以在遇到问题时提供很大帮助。正确理解和使用这些建议，结合个人的准备和情况，将有助于你更安全、顺利地进行旅行。

3.9 个人发展

在个人发展领域，ChatGPT 的应用正逐步展现出其独特价值和潜力。作为一种先进的 AI 工具，ChatGPT 能够为个人提供定制化的学习和成长建议，助力个人技能提升和综合素质的全面发展。本节将探讨 ChatGPT 在个人发展中的作用与意义，以及它如何帮助人们实现自我提升和目标达成。

首先，ChatGPT 能够提供个性化的学习资源和建议。根据个人的学习需求和兴趣，ChatGPT 可以推荐相关的书籍、在线课程、讲座和工作坊等资源。这种个性化的推荐使得学习更加针对性和高效，有助于个人快速掌握所需的知识和技能。

其次，ChatGPT 在职业规划和发展方面也具有重要作用。它可以帮助个人探索职业兴趣，分析行业趋势，提供职业道路的建议和策略。通过与 ChatGPT 的互动，个人可以更清晰地认识自己的职业目标，制订出更为实际和有效的职业发展计划。

案例 065 职场多样性和包容性

扫一扫，看视频

职场多样性和包容性是现代组织管理的重要组成部分。它们涉及如何在职场中促进不同背景、文化、性别、年龄和能力的员工共同工作和发展。一个多样化且包容性强的工作环境可以提高团队的创新能力、增强员工满意度并提升公司的整体表现。案例职场多样性和包容性的主要挑战包括如何消除偏见和歧视、如何创建一个支持和尊重每个人的环境，以及如何确保所有员工都有平等的发展机会。

1. ChatGPT 应用逻辑梳理

ChatGPT 探索职场多样性和包容性过程的应用逻辑如图 3-65 所示。

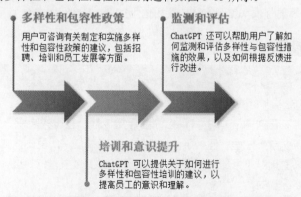

图 3-65　ChatGPT 探索职场多样性和包容性过程的应用逻辑

2. ChatGPT 对话交互

 ChatGPT:

大卫： 你好，ChatGPT。作为我们公司的 HR 经理，我正在寻找策略来增强公司职场的多样性和包容性。我们是一个全球性的公司，但我觉得我们还可以在这方面做得更好。你有什么建议？

ChatGPT： 你好，大卫。要增强公司职场的多样性和包容性，首先需要从招聘策略开始。努力招聘来自不同背景、文化和经验的人才。这可能包括改变招聘渠道，比如与多元化团体和机构合作，或在不同的地区和平台发布职位。同时，确保招聘过程中的评估标准是公平和无偏见的。

大卫： 我们确实在考虑改进招聘策略。在公司内部，我们该如何提高现有员工的多样性意识和包容性？

ChatGPT： 在公司内部提高多样性意识和包容性，可以通过提供培训和教育来实现。组织多样性和包容性培训，帮助员工认识到无意识偏见的存在，并学习如何在日常工作中实践包容性。此外，鼓励开放的对话和交流，让员工分享自己的经验和观点，这有助于增进他们之间的相互理解和尊重。

大卫： 那么，在日常工作中，我们该如何确保多样性和包容性的实践？

ChatGPT： 在日常工作中，实践多样性和包容性可以从几个方面来做。首先，创建一个支持和尊重每个人的工作环境。比如，确保会议中每个人的声音都被听到，提供平等的发言机会。其次，考虑员工的不同需要，比如提供灵活的工作安排，考虑不同文化和宗教的节假日等。此外，建立多样性和包容性委员会或小组，负责监督和推动相关活动和政策的实施。

大卫： 这听起来很有帮助。在评估多样性和包容性措施的效果时，我们应该关注什么？

ChatGPT： 在评估多样性和包容性措施的效果时，可以从多个方面进行。首先，可以通过员工满意度调查和反馈来了解员工对职场多样性与包容性的看法。其次，可以追踪多样性相关的指标，比如招聘、晋升和离职率等。此外，观察团队合作和工作氛围的变化也很重要，这些都是衡量多样性和包容性文化影响的重要指标。

在使用 ChatGPT 推动职场多样性和包容性时，需要注意的限制包括：多样性和包容性是一个长期的过程，需要持续的关注和努力；需要从组织的顶层到底层形成共识和支持；监测和评估是必不可少的部分，以确保措施的有效性和及时调整。

案例 066　时间管理与效率提升

在快节奏的现代生活中，个人发展、时间管理和效率提升是许多人面临的共同挑战。人们经常发现自己被日常琐事淹没，难以找到足够的时间来追求自我提升和实现长期目标。这个问题的核心在于如何有效地管理时间，确定优先级，以及如何在忙碌的日程中找到平衡点，同时确保个人和职业生活的持续增长。

扫一扫，看视频

1. ChatGPT 应用逻辑梳理

ChatGPT 提供时间管理与效率提升方法的应用逻辑如图 3-66 所示。

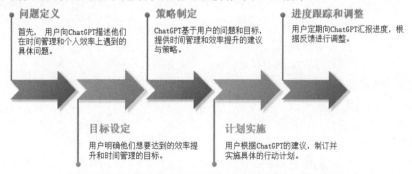

图 3-66　ChatGPT 提供时间管理与效率提升方法的应用逻辑

2. ChatGPT 对话交互

ChatGPT：

用户：你好，ChatGPT。我最近在工作和生活中感到非常压力山大，感觉自己的时间管理做得很差，经常加班但效率不高，感觉自己的个人发展也停滞不前。你有什么好的建议来帮助我改善这种状况吗？

ChatGPT：你好！很高兴你来寻求帮助。首先，我想说你并不孤单，许多人也面临着类似的挑战。关于时间管理和提高效率，我有一些策略可以推荐给你。首先，建议你开始使用时间管理工具，比如时间块安排法，将一天分成几个时间块，每个时间块专注于一项任务。其次，设立明确的短期和长期目标，这有助于你保持专注并衡量进展。此外，学会说"不"也很重要，避免接受过多的任务，从而让你的工作和生活失衡。最后，保持良好的身体健康和心理健康，通过定期运动和足够的休息来提高工作效率。你觉得这些建议对你有帮助吗？

用户：嗯，这些建议听起来很有用。我对你提到的时间块安排法很感兴趣。能详细解释一下这是怎么运作的吗？

ChatGPT：当然可以。时间块安排法是一种时间管理技巧，它要求你将一天划分成若干个固定的时间段，每个时间段专注于完成一项特定任务或活动。例如，你可以将上午 9 点到 11 点设定为完成报告的时间，11 点到 12 点回复邮件，下午 1 点到 3 点参加会议，以此类推。这种方法的优点在于它可以帮助你减少任务之间切换的时间损耗，提高专注度，从而提高效率。此外，它还能帮助你更清晰地看到一天中的时间分配，从而更好地平衡工作和休息时间。你可以根据自己的工作性质和习惯来调整时间块的长度与分配。尝试一段时间后，你可以根据实际效果进行调整。你认为这种方法适合你的工作和生活方式吗？

用户：听起来挺适合的。我还想问，如果工作中出现了紧急情况，打乱了原本的时间安排，我应该怎么办？

ChatGPT：这是一个很好的问题。时间块安排法的灵活性在于它允许你根据实际情况调整时间块。如果出现紧急情况，你可以重新安排时间块，将未完成的任务移动到其他空闲的时间块中，或者在第二天进行安排。关键是要保持一定的灵活性和调整能力。同时，对于经常出现的紧急情况，你也可以在每天的时间安排中预留一些"缓冲时间块"，用来处理这些意外情况，这样就不会完全打乱你的整体计划。除此之外，评估和优先级设定也非常重要。学会判断哪些是真正的紧急情况，哪些可以稍后处理，这有助于你更有效地管理时间。

用户：我觉得这些策略很实用，应该会有帮助。不过，我还有一个问题，我经常感到自己在工作中缺乏动力，这怎么办呢？

ChatGPT：缺乏动力是一个常见的问题，而解决这个问题的关键通常在于找到激励你的因素。首先，明确你的长期目标和短期目标。了解你为什么要做这项工作，它是如何帮助你达到更大的职业目标或个人目标的。其次，设定可实现的小目标。当你完成这些小目标时，你会感到成就感，从而提高动力。另外，给自己一些奖励也很重要。当你完成一个重要的任务或达到一个目标时，给自己一些小奖励，比如喝一杯你最喜欢的咖啡，或者看一集你喜欢的电视剧。此外，保持积极的工作环境也很关键，与积极向上的同事交流，寻求支持和反馈。最后，不要忘记休息。长时间工作会导致疲劳和动力下降，合理安排休息和放松时间对保持动力非常重要。你觉得这些建议对你有帮助吗？

用户：确实，我觉得这些方法很有帮助，特别是设定小目标和给自己奖励的部分。另外，我想知道，是否有一些工具或者应用可以帮助我更好地进行时间管理和目标设定？

ChatGPT：有很多工具和应用程序可以帮助你进行时间管理与目标设定。例如，Trello、Asana 和 Todoist 这些应用可以帮助你组织任务，设定截止日期和优先级。这些工具通常具有界面友好、易于使用的特点，可以帮助你追踪日常任务和长期项目。此外，对于时间管理，像 Google Calendar 或 Microsoft Outlook 这样的日历应用可以帮助你规划时间块和会议。还有像 Forest 或

Pomodoro Technique 这样的应用，可以帮助你通过设定工作时间和休息时间来提高专注力。最后，对于目标设定，你可以尝试使用像 Goal Setting Tracker & Planner 这样的应用，它们专注于帮助用户设定、跟踪和实现目标。你可以尝试使用一些这样的工具，看看哪些工具最适合你。

ChatGPT 提供的建议只是基于一般原则，用户还需要根据个人的具体情况和需求进行调整和适应。每个人的时间管理和效率提升需求都可能有所不同，因此需要将 ChatGPT 的建议与个人实际情况相结合，而且时间管理和效率提升是一个持续的过程，需要不断实践和调整。使用 ChatGPT 作为辅助工具时，用户需要将其建议转化为实际行动，并根据实际效果进行不断改进和优化。最后，要设定实际可行的目标，并避免过高的期望导致不必要的压力。

 案例 067　目标设定与追踪方法

在个人和职业发展中，有效的目标设定与追踪是成功的关键因素。许多人在设定目标时缺乏明确性和可操作性，导致在执行和跟踪过程中遇到困难。缺乏有效的目标管理策略会导致低效率、动力不足，甚至放弃目标。

1. ChatGPT 应用逻辑梳理

ChatGPT 提供目标设定与追踪方法过程的应用逻辑如图 3-67 所示。

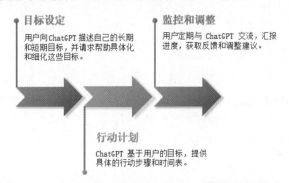

图 3-67　ChatGPT 提供目标设定与追踪方法过程的应用逻辑

2. ChatGPT 对话交互

> ChatGPT：
>
> 用户：我是一名软件工程师，我想在接下来的一年里提升我的编程技能，并且能承担更多的技术领导工作。我该如何制定我的目标和计划？
>
> ChatGPT：首先，让我们具体化你的目标。你可以将目标分解为以下几个方面：①学习特定的新编程语言或技术；②参与特定的项目来提升实战经验；③提升团队协作和领导能力。其次，为每个方面制定明确的时间线和行动计划。例如，你可以计划在接下来的三个月内学习一种新的编程语言，并在接下来的六个月内参与一个使用这种语言的项目。
>
> 用户：这听起来很有帮助。但我如何确保我能跟上这个计划并且达到我的目标呢？
>
> ChatGPT：为了确保你能跟进计划并达成目标，建议你采用以下策略：①设置具体的里程碑和截止日期，比如每周或每月的学习目标；②定期自我评估，每周或每月回顾进度，并调整计划；③寻找一个导师或同事作为你的学习伙伴，以获得支持和鼓励；④保持灵活性，根据实际情况调整目标和计划。
>
> 用户：我担心我可能会失去动力或者遇到障碍。有什么办法可以帮助我保持动力和应对挑战吗？

> **ChatGPT**：保持动力和应对挑战的关键在于：①庆祝每一个小成就，无论是完成一个小项目还是学习一个新概念；②与他人分享你的进展和挑战，比如在团队会议中或与导师交流；③当遇到困难时，寻求帮助，不要犹豫向同事或导师寻求指导；④保持正面积极的心态，记住每一个挑战都是成长的机会。
>
> **用户**：你的建议听起来很实用。但是，我还有一点疑惑，如何找到合适的导师或学习伙伴？我应该寻找什么样的人呢？
>
> **ChatGPT**：在寻找导师或学习伙伴时，最重要的是找到与你的学习目标和职业发展方向相匹配的人。首先，你可以在公司内部寻找，比如资深的同事或领导，他们对公司的项目和技术有深入的了解，能够提供实际的指导和建议。此外，你也可以参加行业会议、研讨会或在线社区，这些地方有很多志同道合的专业人士，他们可能有兴趣和你一起学习或分享经验。当选择导师或学习伙伴时，寻找那些具有你希望学习的技能和经验的人，同时，这个人应该是一个能够提供正面支持和建设性反馈的人。
>
> **用户**：我想我可以先从我的直接上司和一些经验丰富的同事开始尝试。另外，我对于如何有效地利用在线资源和社区不是很了解，你能给我一些建议吗？
>
> **ChatGPT**：当然可以。在线资源和社区是学习新技能和获取行业信息的宝贵资源。首先，你可以关注一些专业的编程和技术论坛，比如 Stack Overflow、GitHub 或 Reddit 上的相关子板块。这些平台上有许多经验丰富的开发者分享他们的知识和经验。其次，参加在线课程和研讨会也是一个不错的选择。例如，Coursera、Udemy 和 Pluralsight 提供了大量的编程与技术相关课程。除此之外，LinkedIn 和 Meetup 等社交平台上经常会有行业聚会与研讨会的信息，这些活动可以帮助你建立专业网络并学习新知识。最后，不要忘记积极参与讨论和提问，这不仅能帮助你解决问题，还能增加你在社区中的能见度。

使用 ChatGPT 进行目标设定和追踪时，需要注意以下几点：首先，要明确目标，制订实际可行的计划，并保持灵活性和适应性。通过定期的进度检查和自我反思，用户可以调整策略，保持动力。其次，建立一个支持系统，如同事、导师或学习小组，可以在遇到挑战时提供帮助和鼓励。最后，保持对自己的目标和计划的承诺是实现它们的关键。

 案例 068　职业规划基本指导

扫一扫，看视频

随着职业发展的需求不断变化，许多人在职业生涯的不同阶段面临职业选择和发展的难题。有效的职业规划可以帮助个人明确职业目标，优化职业路径，从而实现个人职业发展和满意度的提升。然而，许多人在制定职业规划时缺乏方向和工具，需要专业的指导帮助他们评估自身的兴趣、能力和职业市场情况，制订合理的职业发展计划。

1. ChatGPT 应用逻辑梳理

ChatGPT 提供职业规划基本指导的应用逻辑如图 3-68 所示。

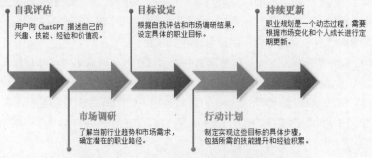

图 3-68　ChatGPT 提供职业规划基本指导的应用逻辑

2. ChatGPT 对话交互

> ⑤ ChatGPT：
>
> 用户：我是计算机科学专业的毕业生，对数据科学和 AI 很感兴趣，但不确定如何开始我的职业规划。
>
> ChatGPT：首先，需要进行自我评估。你可以从分析你的学术背景、技能、项目经验以及你对工作的兴趣和价值观开始。其次，需要了解数据科学和 AI 领域的市场趋势，包括行业需求、职位类型和必需的技能。基于这些信息，你可以设定一些具体的职业目标。例如，在两年内成为数据分析师。
>
> 用户：我了解了一些市场趋势，发现需要掌握机器学习和大数据技能。我该如何计划学习这些技能？
>
> ChatGPT：你可以制订一个学习计划，包括在线课程、实际项目和实习机会。例如，你可以先从基础的机器学习课程开始，然后通过项目来应用所学知识。同时，寻找实习机会或参加相关比赛也是积累经验的好方法。
>
> 用户：如果我在学习过程中遇到困难或市场需求变化，我该如何调整我的计划？
>
> ChatGPT：职业规划是一个动态过程，需要根据个人成长和市场变化进行调整。如果遇到学习困难，你可以寻求导师的帮助，参加研讨会或小组学习。同时，保持对行业动态的关注，根据市场变化调整你的学习重点和职业目标。
>
> 用户：听起来不错，但我还想了解一下，在这个领域内，有哪些具体的职位我可以考虑？不同职位之间有什么主要差异？
>
> ChatGPT：在数据科学和 AI 领域，你可以考虑以下几种职位：数据分析师、机器学习工程师、数据工程师和 AI 研究员。数据分析师主要负责数据的收集、处理和分析，为决策提供支持；机器学习工程师则更专注于开发和实现机器学习模型；数据工程师负责设计和维护数据处理系统；AI 研究员则在理论和算法层面进行研究与创新。不同职位间的主要差异在于技能需求、日常工作内容和研究方向。
>
> 用户：我应该怎样为这些不同的职位准备？是否有通用的技能或者需要特定的技能？
>
> ChatGPT：为这些职位准备时，有一些通用技能是必需的，如编程（Python 或 R）、数据处理和统计分析。对于特定职位，如机器学习工程师，你需要深入了解机器学习算法和模型；作为数据工程师，则需要掌握数据库管理和大数据技术；而想成为 AI 研究员，则需要具备强大的数学基础和算法设计能力。你可以根据自己的兴趣和职业目标来选择专注的领域，并针对性地发展相关技能。
>
> 用户：假设我想成为一名数据分析师，我应该怎样规划我的简历和求职策略？
>
> ChatGPT：如果你想成为数据分析师，你的简历应该突出以下几点：相关的教育背景（如统计、计算机科学或相关领域的学位）、数据处理和分析项目的经验、熟练使用数据分析工具（如 Excel、SQL、Python 等）。此外，你还可以通过实习、兼职或志愿者工作来积累实际经验。在求职策略方面，建议积极建立行业联系，参加相关行业活动，利用 LinkedIn 等职业社交平台来扩展你的职业网络。同时，准备好具体案例来在面试中展示你的技能和经验。

在使用 ChatGPT 进行职业规划时，重要的是要有清晰的自我认知和对市场需求的了解。设定具体、可实现的目标，并根据个人发展和市场变化持续调整计划。建立一个专业网络，寻求导师和同行的支持也是成功的关键。记住，职业规划是一个长期的过程，需要耐心和持续的努力。

扫一扫，看视频

案例 069　技能学习资源推荐

在快速变化的职业市场中，不断学习新技能是保持竞争力的关键。许多人希望提升自己的技能，但往往不知道从何开始，或者难以找到合适的学习资源。面对这个问题，人们可能感到困惑和无助。然而，积极主动地寻求学习机会和资源是克服这一挑战的关键。通过研究和探索不同的学习渠道和教育平台，用户就可以发现适合自己的学习资源，并根据自身需求和兴趣进行选择。

1. ChatGPT 应用逻辑梳理

ChatGPT 推荐技能学习资源过程的应用逻辑如图 3-69 所示。

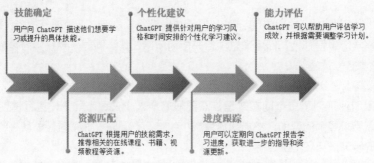

图 3-69　ChatGPT 推荐技能学习资源过程的应用逻辑

2. ChatGPT 对话交互

> ⑤ ChatGPT：
>
> 用户：我是一名市场营销专员，我想学习数据分析技能，不知道应该从哪些资源开始。
>
> ChatGPT：对于初学者，我建议从基础的数据分析概念开始学习。你可以尝试"数据科学的 Python 入门"这门在线课程，它涵盖了数据分析的基本技能。此外，《数据驱动的营销决策》这本书可以帮助你理解如何将数据分析应用于市场营销。
>
> 用户：我平时工作比较忙，有没有适合忙碌的专业人士的学习资源？
>
> ChatGPT：对于忙碌的专业人士，我推荐"数据分析的 15 分钟日课"这个系列视频。它们是短小精悍的教程，可以有效利用零碎时间进行学习。此外，"数据分析实战"的 Podcast 系列也是在通勤或休息时学习的好选择。
>
> 用户：我学了一段时间后，如何评估我的学习效果？
>
> ChatGPT：你可以通过实际项目来检验你的学习成效。尝试使用你学到的数据分析技能解决一些实际问题，比如分析公司的销售数据。此外，一些在线课程提供项目作业和测验，这也是测试你学习成果的好方法。
>
> 用户：如果我想更深入地学习数据分析，还有哪些进阶资源或课程可以推荐？
>
> ChatGPT：想要深入学习数据分析，我建议你考虑以下资源：首先，Coursera 上的"数据分析和统计推断"课程非常适合进一步提升你的统计分析技能。此外，"机器学习"是数据分析的重要分支，你可以尝试斯坦福大学提供的同名课程，了解机器学习的基础知识。还有，你可以阅读《数据分析精粹》这本书，它深入讨论了数据分析的高级技巧和策略。
>
> 用户：在学习的过程中，我遇到了一些难题，比如理解复杂的统计概念，有什么好的解决办法吗？
>
> ChatGPT：面对复杂的统计概念，一种有效的学习方法是通过实例学习。你可以在网上找到许多相关案例研究，看看这些统计概念是如何在实际问题中应用的。此外，参加相关的在线论坛和

学习小组，与其他学习者交流问题，也是很有帮助的。如果有条件，你也可以考虑请一位专业的数据分析导师来帮助你理解这些复杂的概念。

用户：我想将所学的数据分析技能应用到我的市场营销工作中，你有什么建议吗？

ChatGPT：将数据分析技能应用到市场营销工作中，你可以从以下几个方面入手：首先，利用数据分析技术来评估营销活动的效果，比如通过分析销售数据、客户反馈和市场趋势来调整策略。其次，可以使用数据分析来更好地理解客户群体，比如通过分析客户数据来划分市场细分和定制营销信息。最后，利用数据分析来预测市场趋势和消费者行为，从而更好地规划未来的营销活动。同时，保持对新兴数据分析工具和技术的关注，这将有助于你不断提升工作效率和效果。

在使用 ChatGPT 探讨技能学习资源推荐时，学习者可以获得相关的建议、信息和指导，从而帮助学习者厘清学习路径和制订学习计划。通过与 ChatGPT 的交互，学习者可以获取学习资源的推荐、学习方法的建议以及时间管理和自我评估的技巧。ChatGPT 可以提供个性化的支持，根据学习者的需求和问题来提供实用的建议和指导。然而，尽管 ChatGPT 可以提供有益的信息，但最终能否成功仍然取决于学习者的积极性和努力。不断地学习和实践是提升技能的关键，ChatGPT 可以作为一个有用的辅助工具来支持学习者的努力。

案例 070　情绪管理小技巧

在日常生活和工作中，有效管理情绪是保持心理健康和提高工作效率的关键。许多人在面对压力和挑战时的情绪波动，可能会影响决策能力和人际关系。因此，掌握一些情绪管理的技巧至关重要。通过了解自己的情绪反应和触发因素，人们可以更好地应对情绪波动。他们可以学习调整自己的情绪状态，并通过积极思考和应对策略来应对挑战。

扫一扫，看视频

1. ChatGPT 应用逻辑梳理

ChatGPT 提供情绪管理小技巧指导的应用逻辑如图 3-70 所示。

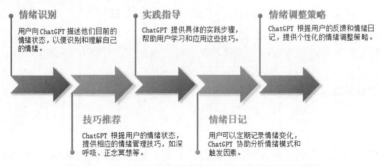

图 3-70　ChatGPT 提供情绪管理小技巧指导的应用逻辑

2. ChatGPT 对话交互

ChatGPT：

用户：我发现自己在工作中经常情绪波动，有时会感到压力很大。你能提供一些情绪管理的小技巧吗？

ChatGPT：当然可以。首先，了解情绪波动的触发因素非常重要。当你觉得情绪不稳时，试着记录下来发生了什么，这有助于你识别触发你情绪波动的具体事件。其次，练习深呼吸和冥想可以帮助你放松心情，减少压力。还有，保持规律的体育锻炼也对情绪管理有积极作用，因为运动能够释放压力缓解的激素。

用户：我觉得在压力大的时候，很难立刻冷静下来。有没有什么方法可以在短时间内快速缓解情绪呢？

ChatGPT：当你感到压力大的时候，可以尝试这几个快速缓解情绪的技巧：首先，深呼吸。深深地吸一口气，慢慢地呼出，重复几次，这可以帮助你放松身体和心灵。其次，进行简短的身体活动，比如散步或做几个伸展运动，这有助于释放紧张。另外，有时候将注意力转移到别的事物上，比如听听音乐或做些简单的手工活动，也能有效分散你的注意力，缓解紧张情绪。

用户：我有时候会对工作中的挫折感到沮丧，这种情绪有时候会影响我的工作效率。有什么办法可以帮我处理这种情绪吗？

ChatGPT：面对工作中的挫折感到沮丧是很正常的。首先，你需要接受这种情绪，不要逃避或压抑。你可以尝试写日记，把你的感受和想法记录下来，这是一种很好的情绪释放方式。其次，设定一些小目标，一步步克服挑战，这样可以帮你恢复信心。此外，与信任的同事、朋友或家人交流你的感受，他们的支持和建议可能会对你有所帮助。最后，保持乐观的心态，尝试从挫折中学习，将其视为成长的机会。

用户：我经常觉得自己的情绪容易受到他人的影响，比如同事的情绪波动也会影响我。我该如何更好地管理这种情绪同理心？

ChatGPT：情绪同理心是一种重要的社交技能，但过度吸收他人的情绪确实可能导致自己的情绪波动。首先，你需要意识到自己与他人的情绪是分离的。尝试建立心理边界，认识到你可以同情和理解他人，但他们的情绪不应该完全影响你。其次，练习自我保护的策略，比如通过冥想和自我反思来保持内心的平静。此外，学会说"不"，不必总是承担他人的情绪负担。最后，和积极正面的人交往，他们的情绪也会对你产生积极的影响。

用户：我还想提高我的情绪智力（EQ），这对我的职业发展很重要。有没有提高情绪智力的建议？

ChatGPT：提高情绪智力确实对个人和职业发展都有积极影响。首先，增强自我意识。这意味着要理解和认识自己的情绪，并理解这些情绪是如何影响你的思考和行为的。其次，练习自我调节。这涉及控制或重新定向你的情绪，并思考在特定情况下最佳的行为方式。接着，提高社交技巧，学会有效地沟通、解决冲突和建立良好的人际关系。最后，培养同情心和理解他人情绪的能力也是提高情绪智力的重要部分。你可以通过阅读相关书籍、参加工作坊或培训课程来进一步提升你的情绪智力。

用户：有时候工作压力很大，我觉得自己快要崩溃了。有什么办法可以帮助我更好地处理这种压力？

ChatGPT：面对高压工作环境，有效的压力管理非常关键。首先，确保你有足够的休息和睡眠。疲劳会加剧压力感。其次，制订现实可行的工作计划和目标，避免过度承诺。合理安排时间，给自己留出休息和放松的时间。此外，积极寻求支持，无论是同事的帮助，还是专业的心理咨询。有时候，仅仅是与他人分享你的感受，就能减轻你的压力。最后，发展兴趣爱好，参与一些让你放松的活动，如读书、运动或艺术创作，这些都有助于缓解压力。

ChatGPT 在指导情绪管理时，可以提供情绪管理方面的建议和指导，帮助个人识别和理解自己的情绪，并探索不同的管理技巧。通过与 ChatGPT 的交互，个人可以分享自己的情绪体验，获取情绪管理的策略和方法。ChatGPT 可以提供情绪管理的知识和理论，以及实际应用的示例和建议。然而，要有效地管理情绪，需要时间和实践。ChatGPT 可以在这个过程中提供支持和指导，但最终的成功仍然取决于个人的努力和实践。通过与 ChatGPT 的交互，个人可以逐渐提高情绪管理的能力，找到适合自己的方法，并应用于日常生活和工作中。

案例 071　公共演讲准备建议

公共演讲是许多职业领域中的一个重要技能，无论是在商业演示、教学、会议还是在大型活动中。对于很多人来说，公共演讲可能是一个巨大的挑战。人们会感到紧张、焦虑，甚至恐惧，这些情绪可能会影响他们的表现和信息传递。成功的公共演讲不仅需要良好的准备和内容组织，还需要有效的情绪管理和技巧训练，以确保信息能够清晰、有力地传达给听众。

扫一扫，看视频

1. ChatGPT 应用逻辑梳理

ChatGPT 提供公共演讲准备建议指导的应用逻辑如图 3-71 所示。

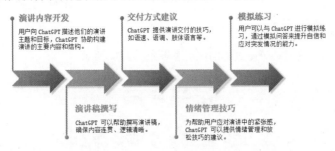

图 3-71　ChatGPT 提供公共演讲准备建议指导的应用逻辑

2. ChatGPT 对话交互

⑤ ChatGPT：

用户：我需要在一个行业会议上做关于市场趋势的演讲，但我不知道该怎么组织我的内容和想法。

ChatGPT：首先，我们来确定你演讲的主要目标和听众群体。你可以从介绍当前市场的总体趋势开始，然后分析这些趋势对你的行业和听众可能带来的影响。使用具体的数据和案例来支持你的观点可以增强你的论点。演讲的结尾可以提出一些行动建议或未来的预测。

用户：我在公共场合讲话时经常感到紧张，有没有什么方法可以帮我放松？

ChatGPT：在公共演讲前感到紧张是很正常的。你可以尝试一些深呼吸练习和正念冥想来帮助你放松。此外，在演讲前进行充分的练习和模拟也可以帮助你建立信心。试着将你的焦点放在信息传递上，而不是你的紧张感。

用户：我的演讲需要使用幻灯片，你有什么建议吗？

ChatGPT：在制作幻灯片时，保持简洁明了是关键。使用清晰的标题，避免过多的文字。图表和图像可以帮助说明你的观点，但要确保它们与内容相关且易于理解。每个幻灯片应该有一个明确的要点，帮助听众跟随你的演讲流程。

用户：如果我想在演讲中引入一些互动环节，以提高听众的参与度和兴趣，我应该怎么做？

ChatGPT：要在演讲中增加互动性，你可以考虑以下几个方法：首先，你可以在演讲中设置问答环节，鼓励听众提问，这样可以增强他们的参与感。其次，使用实时投票或调查工具，比如通过手机应用让听众对某个问题进行投票，然后及时展示结果。此外，你也可以通过案例研究或小组讨论的方式，让听众参与到特定的问题分析中。这些方法都有助于提高听众的参与度和兴趣。

用户：我担心我的演讲可能会超时，有什么技巧可以帮助我控制演讲时间？

ChatGPT：控制演讲时间的关键是提前练习和精确的时间规划。首先，在准备演讲内容时，明确每个部分你想花多少时间，并在练习时使用计时器来确保你能在规定时间内完成。其次，如果可能，试着在实际的演讲环境中进行至少一次完整的练习，这有助于你适应环境并更好地控制时间。此外，准备一个清晰的演讲大纲，以便于你在演讲过程中迅速判断进度。最后，在演讲时，可以设置一个小的计时器或让一位同事给你时间提示，帮助你保持在预定时间内。

有效的公共演讲需要综合的准备，包括内容的组织、演讲稿的撰写、交付方式的练习以及情绪的管理。通过充分的准备和练习，演讲者可以提高自信，更好地与听众交流。记住，公共演讲是一种技能，随着时间和实践，该技能会不断得以提高。

 案例 072　个人品牌打造策略 --

扫一扫，看视频

在当今社交媒体和数字化时代，个人品牌对于职业发展和社会影响力的建立至关重要。个人品牌是一个人的独特组合，包括技能、经验和个性，它可以帮助个人在众多领域中脱颖而出。然而，很多人在建立和维护个人品牌时面临挑战。例如，如何有效地传达自己的价值观和专业知识，如何在众多平台中保持一致性，以及如何吸引和保持目标受众的兴趣。

1. ChatGPT 应用逻辑梳理

ChatGPT 制定个人品牌打造策略过程的应用逻辑如图 3-72 所示。

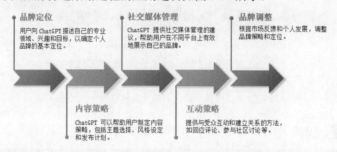

图 3-72　ChatGPT 制定个人品牌打造策略过程的应用逻辑

2. ChatGPT 对话交互

> **ChatGPT:**
>
> **用户：** 我是一名摄影师，想建立自己的个人品牌来吸引更多客户。我该从哪里开始？
>
> **ChatGPT：** 明确你作为摄影师的独特风格和专长，这将是你个人品牌的核心。你可以通过分享你的作品集、摄影技巧和背后的故事来展示这些特点。同时，在社交媒体上定期发布高质量的内容，并与你的追随者互动，这将帮助你建立忠诚的粉丝群。
>
> **用户：** 我应该如何在社交媒体上有效地推广我的品牌？
>
> **ChatGPT：** 在社交媒体上推广你的品牌时，重要的是保持一致性和真实性。选择与你的品牌相符的平台进行专注发展。例如，作为摄影师，Instagram 和 Pinterest 可能是理想的选择。定期发布你的作品，并分享幕后的创作过程可以吸引观众的兴趣。此外，参与相关话题的讨论和与其他摄影师合作也是提高可见性的好方法。
>
> **ChatGPT：** 建立个人品牌时，除了专注于社交媒体推广外，还有几个关键方面需要注意：首先，确保你的品牌信息一致且专业。这包括你的 logo、网站设计、作品展示方式以及你的沟通风格。其次，建立一个专业的网站是非常重要的，它不仅展示你的作品，也提供联系信息和预订服务。此外，建立邮件列表，定期发送电子邮件通信，可以帮助你与潜在客户保持联系，并推广最新作品和服务。最后，考虑参加摄影展览、研讨会和网络研讨会，这些活动可以帮助你建立行业联系和提高品牌知名度。
>
> **用户：** 我应该如何衡量我的品牌建设效果？
>
> **ChatGPT：** 衡量品牌建设效果的方法有很多，你可以从以下几个方面着手：首先，追踪社交媒体上的关注者增长和参与度。分析点赞、评论、分享和保存的数量，以及这些指标随时间的变化情况。其次，监控网站流量和用户行为，如访问次数、页面停留时间以及转化率。此外，收集客户反馈和评价也是衡量品牌效果的重要方法。最后，观察实际业务结果，如客户咨询量、预约数以及收入变化，这些都是衡量你品牌建设成效的直接指标。

建立个人品牌是一个长期且持续的过程。通过明确的品牌定位、一致的内容策略、有效的社交媒体管理，以及与受众的积极互动，用户可以逐步建立和发展个人品牌。在此过程中，ChatGPT 作为一个强大的工具，可以帮助用户制定策略、生成内容和分析反馈，从而更有效地打造和维护个人品牌。

 案例 073　生活平衡建议

在快节奏的现代生活中，许多人面临着工作和生活之间的平衡问题。如何有效管理时间、降低压力，并在忙碌的工作与个人生活中找到平衡点。这需要策略和自我管理技巧，以确保身心健康和生活质量。

扫一扫，看视频

1. ChatGPT 应用逻辑梳理

ChatGPT 提供生活平衡建议指导的应用逻辑如图 3-73 所示。

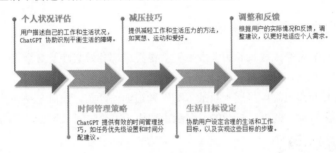

图 3-73　ChatGPT 提供生活平衡建议指导的应用逻辑

2. ChatGPT 对话交互

ChatGPT：

预设场景：Tom 是一名忙碌的 IT 专业人士，经常加班，感到生活和工作之间缺乏平衡。

用户：我是一名 IT 工作者，工作非常忙碌，我发现自己几乎没有时间进行个人活动或与家人相处。我该如何改善这种状况？

ChatGPT：管理好工作和个人时间是平衡生活的关键。你可以尝试每天设定固定的工作时间，并在工作之外的时间里专注于个人活动和家庭。此外，学习说"不"对于避免过度工作也很重要。为自己设定界限，并保持这些界限，可以帮助你更好地管理时间和精力。

用户：我应该如何在紧张的工作中找到放松的时间？

ChatGPT：在紧张的工作中找到放松的时间，可以通过短暂的休息和放松活动来实现。例如，工作间隙进行短暂的散步、深呼吸练习或者进行几分钟的冥想。这些简单的活动可以帮助你减轻压力，恢复精力。

用户：我怎样才能确保我能坚持这些改变？

ChatGPT：确保持续改变的关键在于设定实际可行的目标和建立良好的习惯。你可以从小变化开始，比如每天晚上花 30 分钟进行你喜欢的活动，或者每周至少和家人共度一次时光。逐渐建立这些习惯，最终它们会成为你日常生活的一部分。

用户：我经常感到工作压力很大，有没有什么方法可以帮我更有效地管理压力？

ChatGPT：管理工作压力的方法有很多，这里有几个建议：首先，确定压力的来源，并尝试找到解决这些问题的方法。可能是工作量过大、时间管理不当或是工作环境问题。识别问题后，你可以开始寻找解决方案。其次，练习放松技巧，如深呼吸、瑜伽或冥想，这些都有助于减轻压力。此外，保持健康的生活方式，如规律锻炼、保持足够的睡眠和均衡饮食，也对压力管理非常重要。最后，不要犹豫寻求帮助，无论是与同事、朋友交流，还是寻求专业的心理咨询。

用户：有没有一些时间管理的技巧可以帮我更高效地工作？

ChatGPT：有效的时间管理可以显著提高你的工作效率。以下是一些有用的时间管理技巧：首先，使用待办事项列表或数字工具来组织你的任务和责任。这可以帮助你清晰地看到需要完成的工作，并优先处理最重要的任务。其次，实践时间分块策略，将你的工作日划分成专注单一任务的时间块，这有助于提高专注力并减少中断。此外，设置时间限制，给每项任务设定一个具体的完成时间，这可以帮助你避免拖延并保持进度。最后，学会拒绝不必要的会议和活动，专注于对你的工作和目标真正重要的事情。

实现生活平衡需要时间和努力，关键在于有效的时间管理、合理的压力减轻方法和明确的生活目标。ChatGPT 在这一过程中可以提供个性化的建议和策略，帮助用户识别和克服平衡生活的障碍，从而改善生活质量。通过持续的实践和调整，用户可以逐步找到适合自己的生活平衡方式。

案例 074　自我反思与成长策略

扫一扫，看视频

　　自我反思是个人成长和职业发展的关键组成部分。它涉及对个人行为、思想、信念和情感的深入思考，目的在于更好地了解自己、识别改进领域并制定成长策略。然而，许多人在进行自我反思时可能遇到挑战，如不知道如何开始、如何客观评估自己或如何将反思转化为实际行动。此外，持续的自我反思和成长需要时间、耐心和正确的方法。

1. ChatGPT 应用逻辑梳理

ChatGPT 制定自我反思与成长策略过程的应用逻辑如图 3-74 所示。

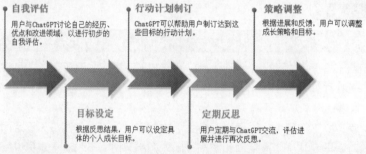

图 3-74　ChatGPT 制定自我反思与成长策略过程的应用逻辑

2. ChatGPT 对话交互

⑤ ChatGPT：

用户：我是一名初级经理，我想提高我的领导能力，但不确定如何开始。

ChatGPT：首先，我们可以通过评估你当前的领导风格和技能来开始。你可以思考一些关键问题：在领导中你感到最自信的方面是什么？你认为自己需要改进的领域是什么？基于这些反思，我们可以开始设定具体的成长目标。

用户：我认为我需要提高团队沟通和决策能力。我应该如何制订行动计划？

ChatGPT：为了提高你的沟通和决策能力，你可以考虑以下行动计划：①每周安排一次团队会议，专注于提高开放性和透明度；②参加决策制定的研讨会或课程；③求助于一位经验丰富的导师，定期讨论你的挑战和进展。

用户：我如何确保我能持续进行自我反思和遵循我的成长计划？

ChatGPT：为了确保持续进行自我反思和成长，建立一个固定的反思日程非常重要。例如，你可以在每周的末尾花一些时间回顾过去一周的经历和学习。同时，设定一些可量化的目标，比如完成特定的课程或达到一定的反馈标准，可以帮助你跟踪进展。

　　用户：有没有一些具体的技能或习惯，我作为一名初级经理应该专注于培养？

　　ChatGPT：作为一名初级经理，专注于培养以下技能和习惯将非常有益：首先，培养有效的沟通技能。这包括学会倾听团队成员的意见和反馈，清晰地传达你的想法和期望。其次，提高团队协作能力。鼓励团队成员分享想法，并促进一个支持和尊重的工作环境。此外，学习如何有效地解决冲突和处理团队内部的问题也很重要。最后，发展时间管理和优先级设置的能力，这将帮助你更高效地完成任务，并为团队树立良好的榜样。

　　用户：作为一名领导者，我如何激励我的团队并提高他们的工作表现？

　　ChatGPT：激励团队并提高其工作表现，可以通过以下几个方法实现：首先，确保你对每位团队成员的工作和努力表示认可和感谢。这不仅包括公开的赞扬，也包括私下的鼓励。其次，为团队设定清晰、具有挑战性且可实现的目标，这有助于提高他们的动力和参与感。此外，提供发展机会，如培训和职业发展计划，可以增强团队成员的技能和职业满足感。最后，创建一个支持性和包容性的工作环境，让团队成员感到他们的意见和想法被重视。

　　用户：我有时候发现自己在处理团队冲突时感到挑战，有什么方法可以帮助我更有效地管理这些情况？

　　ChatGPT：处理团队冲突时，采用以下方法可能会有所帮助：首先，及时应对冲突。避免冲突激化，尽早介入是关键。其次，倾听每一方的观点和感受。确保每个人都有机会表达自己的意见，这有助于理解冲突的根源。然后，保持中立和客观。作为领导者，你的角色是调解者，而不是裁判。接着，寻找共同点和互惠解决方案。鼓励团队成员集中精力找到双方都能接受的解决办法。最后，从冲突中学习，并采取措施预防未来的类似情况。

　　用户：我如何可以更好地理解和适应我的团队成员的不同工作风格和个性？

　　ChatGPT：理解和适应不同的工作风格和个性，可以采取以下几个策略：首先，进行个性和风格评估。使用诸如迪斯克（DISC）或迈尔斯-布里格斯（MBTI）之类的工具，可以帮助你和团队成员更好地理解彼此的行为偏好。其次，与每位团队成员进行一对一的会谈。了解他们的工作习惯、动机和挑战，可以帮助你更有效地支持他们。此外，提倡开放和包容的团队文化。鼓励团队成员尊重和欣赏彼此的差异，可以创造一个更和谐的工作环境。最后，灵活调整你的领导风格。根据团队成员的需求和反馈，调整你的方法和策略。

　　自我反思和个人成长是一个持续的过程，需要时间、耐心和恰当的方法。通过明确的目标设定、行动计划制订和定期评估，用户可以有效地推动个人发展。在这个过程中，ChatGPT 可以作为一个有益的工具，提供指导、资源推荐和反思的平台。通过不断的实践和调整，用户能在自我反思的过程中取得进步和成长。

3.10 社 交 媒 体

　　在当今数字化时代，社交媒体已成为连接人与人、品牌与消费者的重要桥梁。随着社交网络的日益普及，如何有效地管理社交媒体成为品牌建设、市场营销、公共关系和客户服务等多个领域的关键课题。本节将探讨社交媒体管理在现代沟通中的作用与意义，尤其关注 ChatGPT 在这一领域的潜力与应用。

　　社交媒体管理不仅仅是定期发布更新那么简单，它是一个多维度的策略行为，涵盖内容创作、品牌声誉监控、互动参与、数据分析和广告投放等多个方面。有效的社交媒体管理能够帮助品牌提升知名度，建立与目标受众的深层联系，同时还能够收集宝贵的市场洞察，指导未来的产品开发和市场营销策略。

此外，ChatGPT 还能够协助进行社交媒体监听和情绪分析，通过对大量社交媒体互动的自然语言处理和理解，帮助品牌洞察公众情绪和市场趋势。这对于及时调整社交媒体策略、处理公关危机、捕捉用户需求具有重要价值。

案例 075　内容创意与规划建议

扫一扫，看视频

社交媒体已成为个人和企业品牌建立和传播的关键平台。如何有效地管理社交媒体涉及内容创意、规划和执行，以及与目标受众的有效互动。许多人和企业在管理社交媒体时面临挑战，如内容创意枯竭、缺乏策略性规划、难以吸引或保持受众关注。成功的社交媒体管理不仅需要创新的内容，还需要对社交媒体趋势的敏感度、对受众的深入理解和持续的互动。

1. ChatGPT 应用逻辑梳理

ChatGPT 提供内容创意与规划建议指导的应用逻辑如图 3-75 所示。

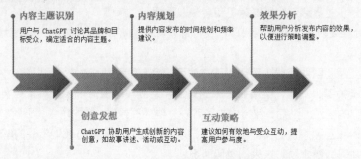

图 3-75　ChatGPT 提供内容创意与规划建议指导的应用逻辑

2. ChatGPT 对话交互

ⓢ ChatGPT：

用户：我是一名健身教练，想要在社交媒体上提升我的品牌知名度。我应该发布什么样的内容？

ChatGPT：作为健身教练，你可以分享健身技巧、饮食建议、客户成功案例和日常训练视频。这些内容不仅展示了你的专业知识，还可以激发受众的兴趣和参与。你还可以定期进行问答环节，回答粉丝的健身相关问题，增加互动性。

用户：我该如何规划我的社交媒体发布计划？

ChatGPT：你可以制订一个周或月发布计划，保持内容的一致性和频率。例如，每周发布两次健身技巧，每月分享一次成功案例。同时，保持对社交媒体趋势的敏感性，适时参与热门话题或挑战，以增加曝光度。

用户：我如何分析我的社交媒体策略是否有效？

ChatGPT：你可以通过分析粉丝增长、互动率（如点赞、评论和分享）以及转化率（如课程咨询和预约）来评估你的社交媒体策略。根据这些数据，你可以调整内容类型、发布时间或互动方式，以优化策略。

用户：我在社交媒体上的互动不太活跃，有没有办法提高粉丝的参与度？

ChatGPT：为了提高粉丝参与度，你可以尝试以下几种方法：首先，发布互动性强的内容，比如发起健身挑战、举办问答活动或提供互动式的健身计划。其次，及时回应粉丝的评论和私信，建立良好的粉丝关系。你也可以考虑与其他健身教练或相关领域的影响者合作，通过互相推广增曝光度。

用户：我该如何利用社交媒体的付费广告来吸引新客户？

ChatGPT：使用社交媒体的付费广告时，首先确定你的目标客户群体，比如年龄、地理位置和兴趣爱好。其次创建引人注目的广告内容，可以是成功案例或吸引人的优惠信息。确保广告内容清晰传达你的服务优势。最后定期监测和调整广告策略，以确保投资回报最大化。

用户：我担心我的内容可能会变得重复乏味，有什么方法可以保持内容的新鲜感和创意？

ChatGPT：为了保持内容的新鲜感和创意，你可以考虑以下几个策略：首先，尝试不同的内容格式，如短视频、教学直播、图文帖子或客户访谈。其次，关注健身行业的最新趋势和研究，将最新信息融入你的内容。此外，听取粉丝的反馈，了解他们感兴趣的话题。最后，不妨将你的个人生活和兴趣结合进内容中，展示你的多面性，这样可以让内容更加生动有趣。

用户：如何有效地利用社交媒体的各种功能，如故事、直播或高亮等？

ChatGPT：有效利用社交媒体的不同功能，可以增加内容的多样性和参与度：①使用故事功能发布日常更新或幕后花絮，这些通常更加轻松和亲近；②利用直播功能举办在线健身课或问答环节，增加实时互动；③使用高亮功能保存重要或受欢迎的内容，方便新粉丝回顾；④定期更新社交媒体封面和简介，保持信息的最新性和专业性。

社交媒体管理是一个动态的过程，需要创意、策略和对受众需求的深入理解。通过 ChatGPT 的协助，用户可以开发吸引人的内容，有效规划发布计划，并根据反馈进行策略调整。成功的社交媒体管理不仅可以提高品牌知名度，还可以建立与受众的长期关系。

案例 076　互动提升小技巧

在社交媒体的世界里，互动是提高内容可见性、建立社群和增强品牌认知度的关键。然而，很多内容创作者和品牌在社交媒体上面临着互动率低的挑战，这可能是由于内容不够吸引人、缺乏与受众互动的策略或者未能及时回应受众的反馈。有效提升社交媒体上的互动不仅需要有创意的内容，还需要了解受众的兴趣和参与方式，以及运用适当的技巧来激发和维持受众的兴趣和参与热情。

扫一扫，看视频

1. ChatGPT 应用逻辑梳理

ChatGPT 分享互动提升小技巧过程的应用逻辑如图 3-76 所示。

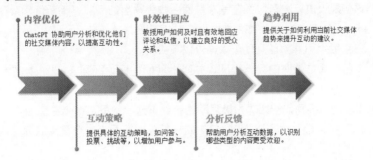

图 3-76　ChatGPT 分享互动提升小技巧过程的应用逻辑

2. ChatGPT 对话交互

> ChatGPT：
>
> 用户：我现在运营着一个健康与健身的社交媒体账号，但最近的互动率很低。你能帮我提高互动率吗？
>
> ChatGPT：当然可以！首先，我们需要了解一些背景信息。请告诉我你的账号主要发布什么类型的内容？目标受众是谁？以及你目前的互动策略是什么？
>
> 用户：我的账号主要发布健身技巧、健康食谱和运动动机。我主要的目标受众是 20～40 岁的

健身爱好者。目前我通常每天发布一到两次内容，主要是图片和视频，但互动率不高。

ChatGPT：好的，了解了你的基本情况。以下是一些初步建议，可以帮助提高你的互动率：内容多样化，除了图片和视频，可以尝试发布一些互动性强的内容，如问答、投票、挑战赛等；个性化互动，通过回应粉丝的评论和私信，增加与粉丝的互动；时间和频率，分析粉丝的活跃时间，选择在这些时段发布内容；话题和标签，使用相关的热门话题和标签，增加内容的曝光率。你可以先尝试这些策略，我们可以进一步深入讨论具体的实施细节和创意内容。

用户：好的，我可以尝试这些策略。你能帮我生成一些具体的内容创意吗？

ChatGPT：当然可以。以下是一些具体的内容创意，供你参考。

1. 挑战赛：发起一个健身挑战赛，如 30 天练出腹肌挑战，邀请粉丝每天打卡并分享他们的进展。

2. 健康问答：发布健康小知识问答，每周选出一些优质回答进行奖励。

3. 粉丝故事：邀请粉丝分享他们的健身故事，并将一些励志故事发布在账号上，增加粉丝的归属感和参与感。

4. 投票互动：发布一些关于健身偏好的投票，如"你更喜欢早晨锻炼还是晚上锻炼？"。

5. 实时直播：进行健身实时直播，与粉丝互动，回答他们的提问，提供实时指导。

你可以选择其中几个创意进行尝试，并观察粉丝的反应。

用户：这些创意听起来不错。我对直播比较感兴趣，但不知道该如何开始。你能给些建议吗？

ChatGPT：当然可以。以下是一些开始直播的建议。

1. 准备工作：选择一个合适的时间段，确保在这个时间段你的粉丝活跃度较高。提前宣传你的直播，让粉丝知道直播的时间和内容。

2. 设备和场地：确保你的直播设备和网络连接稳定，选择一个明亮且安静的地方进行直播。

3. 互动环节：在直播中安排多个互动环节，如实时问答、粉丝提问、现场演示等，增加粉丝的参与感。

4. 内容规划：提前准备好直播内容的纲要，确保直播过程流畅有序。可以包括健身演示、健康知识讲解、粉丝互动等部分。

5. 后续跟进：直播结束后，可以将直播内容的亮点剪辑成短视频发布，继续引导粉丝的互动和讨论。

你可以根据这些建议进行准备，并在首次直播后收集粉丝的反馈，不断优化直播内容和形式。

用户：还不错。我还想知道，如何在直播中更好地引导粉丝互动？

ChatGPT：在直播中引导粉丝互动可以通过以下方式。

1. 实时提问：在直播中随时向粉丝提问，并鼓励他们在评论区回答。例如，"大家喜欢哪个健身动作？"。

2. 奖励机制：设立小奖励，例如对积极互动的粉丝赠送小礼品，或者在直播中抽奖。

3. 参与感强的内容：设计一些需要粉丝参与的环节，比如同步进行简单的健身动作，让粉丝在家里跟着一起做。

4. 反馈环节：在直播结束前，询问粉丝的意见和建议，了解他们喜欢什么样的内容，并根据反馈调整未来的直播内容。

5. 回顾和总结：在直播结束后，简要回顾直播内容的要点，并感谢粉丝的参与，提醒他们关注未来的直播。

通过这些方法，你可以在直播中更好地引导粉丝互动，提高直播的参与度和互动率。

社交媒体上的互动提升需要有创意的内容并结合有效的互动策略。通过持续优化内容、积极与受众互动、及时回应反馈以及利用当前趋势，可以显著提高互动率。在此过程中，ChatGPT 可以提供内容优化建议、互动策略和反馈分析，帮助用户更好地与受众建立联系并提升其品牌影响力。

案例 077 分析社交媒体基础

在数字化时代，社交媒体成为人们获取信息、交流思想和表达自我最活跃的平台。对于企业和品牌而言，有效地分析社交媒体数据可以帮助他们更好地理解消费者行为、优化营销策略并提升品牌影响力。然而，社交媒体分析涉及大量的数据收集、处理和解读，需要专业的分析工具和方法来实现精准的市场洞察。

扫一扫，看视频

1. ChatGPT 应用逻辑梳理

ChatGPT 分析社交媒体基础过程的应用逻辑如图 3-77 所示。

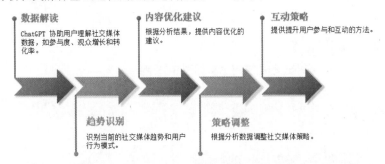

图 3-77　ChatGPT 分析社交媒体基础过程的应用逻辑

2. ChatGPT 对话交互

ChatGPT：

用户：我是一家中小型企业的社交媒体经理，我想知道如何分析我们的社交媒体表现。

ChatGPT：首先，关注你的关键性能指标（KPIs），如观众增长率、参与度（点赞、评论、分享）和点击率。使用社交媒体平台提供的分析工具来追踪这些数据。其次，尝试识别哪种类型的内容获得最高的参与度，以及发布时间对参与度的影响。

用户：我们应该如何根据分析结果调整我们的社交媒体策略？

ChatGPT：如果你发现某种类型的内容（如视频、图文帖子或故事）获得较高的参与度，考虑增加这类内容的发布频率。同时，注意观众活跃时间，并尝试在这些时间发布内容以提高可见性。此外，定期评估和调整目标受众，确保内容符合其兴趣和需求。

用户：我们如何利用社交媒体分析来提高用户参与？

ChatGPT：在提高用户参与方面，尝试以下策略：创建互动性强的内容，如投票、问答或挑战；及时回应用户评论和私信，以增加受众的互动；利用用户生成内容，如分享粉丝的帖子或故事，以增强社群感。此外，定期举行线上活动或竞赛，以刺激受众参与。

用户：我们企业的社交媒体预算有限，有没有成本效益高的策略来提升我们的品牌知名度？

ChatGPT：即使预算有限，仍有多种方法可以有效提升品牌知名度：首先，利用好故事和帖子中的自然互动功能，如投票和问答，这些都是免费且能提高用户参与度的。其次，合作伙伴营销也是一种成本效益高的策略，可以通过与其他品牌或影响者的互惠合作来扩大你的受众范围。此外，专注于创造高质量且具有共鸣的内容，能在受众中产生更深远的影响。

用户：对于我们这样的中小型企业来说，有没有什么特别需要注意的社交媒体营销技巧？

ChatGPT：对于中小型企业来说，以下几个社交媒体营销技巧尤其重要：首先，明确你的品牌声音和风格，确保所有发布的内容都与品牌形象保持一致。其次，建立与受众的真实连接，这可以通过分享品牌故事、幕后制作过程或团队介绍来实现。此外，跟踪和分析竞争对手的社交媒体策略也很重要，以便你可以学习他们的成功案例并避免常见错误。最后，保持灵活性和适应性，随时准备调整策略以应对不断变化的市场和受众需求。

社交媒体分析是提升社交媒体表现的重要工具。通过深入理解、分析数据，品牌和个人可以优化内容策略，增加用户参与度，并提高整体社交媒体影响力。ChatGPT 在这一过程中可以提供数据解读、趋势识别和策略调整的建议，帮助用户更有效地管理社交媒体平台。

 案例 078　粉丝增长策略

扫一扫，看视频

　　在社交媒体管理中，粉丝增长是衡量成功的关键指标之一。许多品牌和个人努力增加粉丝数量，以扩大影响力和提高品牌可见度。然而，这一过程可能充满挑战，包括如何吸引目标受众、维持粉丝的持续兴趣，以及如何与粉丝有效互动。成功的粉丝增长策略需要深入理解受众、创造有吸引力的内容，以及采取有效的互动和推广方法。

1. ChatGPT 应用逻辑梳理

ChatGPT 制定粉丝增长策略过程的应用逻辑如图 3-78 所示。

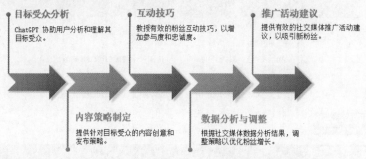

图 3-78　ChatGPT 制定粉丝增长策略过程的应用逻辑

2. ChatGPT 对话交互

🅢 ChatGPT：

　　用户：我是一名健身教练，我想在社交媒体上增加粉丝。我应该采取哪些策略？

　　ChatGPT：首先，明确你的目标受众是谁，如健身爱好者或寻求减肥建议的人。然后，创造针对这些受众的有吸引力的内容，如健身教程、饮食建议和转型故事。定期与粉丝互动，回答他们的问题，增加帖子的参与度。

　　用户：我怎样才能确保我的内容对目标受众有吸引力？

　　ChatGPT：进行市场调研，了解目标受众的兴趣和需求。你可以观察竞争对手的成功案例，看看他们的哪些内容得到了高度参与。同时，尝试不同格式的内容，如短视频、直播或故事，看看哪种形式更受欢迎。

　　用户：有没有办法提高我的帖子的可见性？

　　ChatGPT：利用合适的标签来提高帖子的可见性。参与流行的挑战或话题，与其他社交媒体影响者合作，以及在高流量时间发布内容，都有助于增加你的帖子曝光率。此外，定期进行分析，了解哪些内容和策略效果最好，并据此进行调整。

　　用户：我是否应该在多个社交媒体平台上活跃？

　　ChatGPT：确实，在多个社交媒体平台上保持活跃可以帮助你接触更广泛的受众。每个平台都有其独特的受众和内容格式。例如，Instagram 适合分享照片和短视频，而 YouTube 则更适合发布长视频教程。你可以根据每个平台的特点调整内容策略。

　　用户：我应该多久发布一次内容？

　　ChatGPT：发布频率取决于你的时间和资源。一般来说，建议每周至少发布几次，保持一定的频率和一致性。定期发布可以帮助你保持与受众的联系，但也要确保内容的质量。

用户：如何有效地利用直播功能增加粉丝？

ChatGPT：直播是一种极好的互动方式。你可以通过直播进行健身教学、答疑或分享日常训练。直播前，提前宣传以吸引观众。直播时，确保互动，回答观众提问，这有助于建立连接并增加粉丝的忠诚度。

用户：我该如何评估我的社交媒体策略是否有效？

ChatGPT：定期检查关键指标，如粉丝增长率、互动率（评论、点赞、分享）和观看时间。如果某种类型的内容或特定时间的发布效果更好，可以据此调整策略。同时，收集并考虑粉丝的反馈，这对优化你的策略至关重要。

在社交媒体上实现粉丝增长需要综合运用多种策略，包括深入了解目标受众、创造有吸引力的内容、有效互动和不断的策略调整。在这一过程中，ChatGPT 可以提供关键的分析和策略建议，帮助用户更有效地吸引和维护粉丝。通过持续优化内容和互动方式，以及利用数据驱动的决策，用户可以显著提高他们在社交媒体上的影响力和粉丝基础。

案例 079　品牌形象一致性维护

在社交媒体管理中，维护品牌形象的一致性至关重要。品牌形象一致性不仅影响观众对品牌的认知和信任度，还直接关联品牌的整体市场表现。很多企业和个人在社交媒体上推广时面临着品牌信息混乱、风格不统一、内容与品牌价值不符等问题。这些问题可能导致品牌信息传递不清晰，影响受众的认知和品牌忠诚度。

扫一扫，看视频

1. ChatGPT 应用逻辑梳理

ChatGPT 提供品牌形象一致性维护指导的应用逻辑如图 3-79 所示。

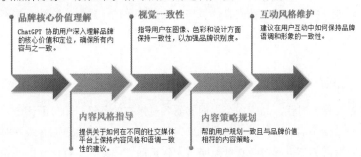

品牌核心价值理解
ChatGPT 协助用户深入理解品牌的核心价值和定位，确保所有内容与之一致。

视觉一致性
指导用户在图像、色彩和设计方面保持一致性，以加强品牌识别度。

互动风格维护
建议在用户互动中如何保持品牌语调和形象的一致性。

内容风格指导
提供关于如何在不同的社交媒体平台上保持内容风格和语调一致性的建议。

内容策略规划
帮助用户规划一致且与品牌价值相符的内容策略。

图 3-79　ChatGPT 提供品牌形象一致性维护指导的应用逻辑

2. ChatGPT 对话交互

ChatGPT：

用户：作为一家科技公司的社交媒体经理，我想在不同平台上维护我们品牌的一致性。我应该怎么做？

ChatGPT：首先，确保你对公司的品牌价值有深入的理解。所有社交媒体内容，无论是文字、图像还是视频，都应该反映这些核心价值。在不同平台上保持一致的视觉风格，如使用统一的色彩方案和品牌标志。

用户：我们应该如何规划我们的内容策略来反映我们的品牌价值？

ChatGPT：规划内容策略时，考虑创建与你的品牌价值相符的内容主题，比如创新、用户体验或社会责任。确保这些主题在你所有的帖子中贯穿始终。同时，定期发布与品牌发展和行业动态相关的内容，以加强品牌的行业领导地位。

用户：在与用户互动时，我们应该注意些什么来维护品牌形象的一致性？

ChatGPT：在与用户互动中，确保你的回复和评论反映了品牌的语调与态度。无论是正面还是负面的反馈，都应该以一种符合品牌形象的专业和友好的方式回应。这不仅传达了品牌的一致性，还建立了观众的信任和忠诚度。

用户：我们应该如何处理社交媒体上的危机管理，以保持品牌形象的稳定？

ChatGPT：处理社交媒体危机时，迅速而透明的响应至关重要。首先，立即承认问题并向受影响的人道歉。其次，提供清晰的解释和解决方案。在整个过程中，保持沟通的一致性和真诚性，以保护品牌的声誉。

用户：我们公司的产品更新非常频繁，我该如何在社交媒体上有效地宣传这些更新？

ChatGPT：对于产品更新，可以创建一系列定期更新的帖子，如"每周特色"或"月度亮点"，以保持受众的期待和兴趣。确保每次更新都突出产品的新特性和用户的潜在好处。此外，考虑使用故事功能或短视频来展示新功能的实际应用。

用户：我们该如何衡量我们社交媒体策略的成功？

ChatGPT：衡量社交媒体策略成功的关键指标包括粉丝增长、互动率（如评论、点赞和分享）、网站流量的来源，以及最终的销售转化。使用社交媒体分析工具定期检查这些指标，并根据数据结果调整你的策略。

用户：在不同的社交媒体平台上，我们的内容策略应该有哪些不同？

ChatGPT：虽然品牌信息在所有平台上保持一致，但内容格式和风格应根据每个平台的特点进行调整。例如，在 Instagram 上可以使用高质量的图像和短视频，而在 LinkedIn 上则更注重专业的长格式文章和公司新闻。此外，考虑每个平台的受众特点，适当调整语调和内容深度。

在社交媒体管理中维护品牌形象的一致性对于建立稳定的品牌形象和提高市场认可度至关重要。通过 ChatGPT 的协助，企业和个人可以更好地理解品牌的核心价值，规划一致的内容策略，维护视觉和互动风格的一致性，并定期评估社交媒体策略与品牌形象的一致性。这些做法不仅加强了品牌的市场影响力，还有助于建立长期的观众忠诚度和信任度。

 案例 080　危机应对与管理

扫一扫，看视频

在社交媒体时代，品牌和个人面临着各种潜在的危机，如负面评论、不当内容发布或其他导致公众不满的事件。这些危机如果处理不当，可能会迅速升级并对品牌声誉造成严重损害。有效的危机应对与管理策略对于保护品牌形象、维持受众信任和最小化损害至关重要。然而，许多人在面对社交媒体危机时，可能由于缺乏经验、准备不足或反应不当，而导致情况恶化。

1. ChatGPT 应用逻辑梳理

ChatGPT 提供危机应对与管理指导的应用逻辑如图 3-80 所示。

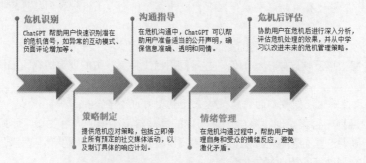

图 3-80　ChatGPT 提供危机应对与管理指导的应用逻辑

2. ChatGPT 对话交互

⬡ ChatGPT：

用户：我们的一个广告引起了负面反馈和愤怒的评论，我该怎么办？

ChatGPT：首先，立即暂停所有社交媒体活动，特别是与该广告相关的内容。其次，快速准备一个公开声明，承认错误，表达诚挚的歉意，并说明你们将如何解决问题和避免未来的重复。

用户：我们应该如何与愤怒的客户沟通？

ChatGPT：在与愤怒的客户沟通时，保持冷静和专业至关重要。直接回应他们的担忧，提供具体的解决措施。避免使用任何可能被解读为辩解或轻视问题的语言。

用户：危机结束后，我们应该怎么做？

ChatGPT：危机结束后，进行全面的危机回顾。分析危机的原因、处理过程和结果，以及公众的反应。从这次经验中学习，改进你的社交媒体策略和危机管理计划，以减少未来类似事件的风险。

用户：我们该如何在社交媒体上重建品牌形象？

ChatGPT：重建品牌形象时，关键是要展现出你的品牌已经从危机中学习并作出了改变。可以发布一系列与品牌核心价值相关的内容，强调你的品牌致力于提高标准和质量。同时，加强与客户的正面互动，展示你对顾客意见的重视。

用户：在未来，我们如何避免类似的危机？

ChatGPT：为了避免类似危机，建立严格的内容审核流程至关重要。确保所有的广告和社交媒体内容都经过多个层次的审查，包括法律、道德和文化敏感性审查。此外，定期对团队进行培训，提高他们对社会和文化问题的意识。

用户：我们应该如何改进我们的广告内容，以便更好地与受众沟通？

ChatGPT：改进广告内容时，尝试更加关注受众的需求和期望。进行市场调研，了解目标受众的兴趣、关切和偏好。创建更加包容和多元化的广告，确保你的内容能与广泛的观众产生共鸣。

用户：我们该如何在社交媒体上更有效地展示我们的品牌价值和使命？

ChatGPT：在社交媒体上展示品牌价值和使命时，可以通过故事讲述来建立情感连接。分享你的品牌背后的故事、你们的愿景以及如何实现这一愿景。强调你的产品如何符合这些价值和使命，并展示你们如何积极影响社会和客户。

有效管理社交媒体危机需要迅速识别问题、清晰的沟通策略、适当的情绪管理以及危机后的深入分析和学习。ChatGPT 在这一过程中可以扮演重要角色，提供即时的危机识别、沟通建议和情绪管理技巧。此外，它还能协助用户进行危机后评估和制定预防策略，从而增强品牌的社交媒体危机应对能力和整体韧性。通过这些措施，品牌不仅能有效处理当前的危机，还能为未来可能的挑战做好准备。

案例 081 影响力者合作建议

在社交媒体管理领域，与影响力者（Influencers）的合作已成为提升品牌知名度和参与度的有效策略。然而，确定合适的影响力者、建立互利的合作关系以及衡量合作效果，对许多品牌来说仍是一项挑战。成功地与影响力者合作不仅需要匹配品牌的定位和价值观，还需要清晰的目标设定、有效的沟通策略和精准的效果评估。

扫一扫，看视频

1. ChatGPT 应用逻辑梳理

ChatGPT 提供影响力者合作建议指导的应用逻辑如图 3-81 所示。

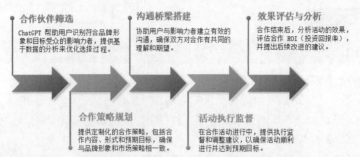

图 3-81　ChatGPT 提供影响力者合作建议指导的应用逻辑

2. ChatGPT 对话交互

ChatGPT：

用户：作为一家时尚品牌的社交媒体经理，我想通过与影响力者合作来提升我们的品牌影响力。我应该怎么开始？

ChatGPT：首先，你需要确定合适的影响力者。考虑那些与你的品牌形象相符合且拥有目标受众的影响力者。可以通过分析他们过去的内容和受众反馈来评估他们的适合度。此外，也要考虑他们的参与度和影响力范围。

用户：我们应该如何规划与影响力者的合作内容？

ChatGPT：合作内容应与你的品牌形象和市场策略相匹配。你可以探讨创造一些独特的内容，比如品牌故事的分享、产品体验或特别活动。确保这些内容对双方的受众都有吸引力，并能够刺激互动和讨论。

用户：我们如何确保合作活动的效果？

ChatGPT：确保效果的关键是设置清晰的目标和衡量指标。这可能包括受众增长、参与度提升或销售转化率。在活动进行中，密切监控这些指标，并适时调整策略以优化效果。

用户：合作结束后我们应该怎么做？

ChatGPT：合作结束后，进行全面的活动效果分析。评估合作是否达到了预期目标，收集受众反馈，并从中学习以改进未来的合作策略。此外，维护与影响力者的良好关系，为未来可能的再次合作打下基础。

用户：如果我们的预算有限，我们该如何选择合适的影响力者？

ChatGPT：在预算有限的情况下，可以寻找那些拥有较小但高度专注的受众的微影响力者。他们可能会对合作更开放，且成本相对较低。同时，微影响力者通常与粉丝有更紧密的联系，这可能会带来更高的参与度。

用户：我们如何与影响力者建立持久的合作关系？

ChatGPT：建立持久关系的关键是相互尊重和价值共享。确保合作对双方都有利，并且保持沟通透明和频繁。表达对他们工作的赞赏，并在合作结束后提供有价值的反馈。此外，可以考虑提供额外的激励，如优惠、独家内容或更深入的品牌参与。

用户：我们如何在社交媒体上宣传这些合作活动？

ChatGPT：在社交媒体上宣传合作活动时，可以采用多种方式。利用预告、倒计时和幕后花絮来创造期待感。在合作内容发布时，双方都应积极推广，如通过故事、帖子和可能的直播活动。还可以考虑使用特定的话题标签，以便追踪活动的影响。

用户：如何处理与影响力者合作过程中可能出现的问题？

ChatGPT：在合作过程中出现问题时，及时、公开地解决问题至关重要。如果是公关问题，要快速响应，并提供透明的解释和解决方案。如果是合作关系问题，与影响力者保持坦诚的沟通，共同寻找满意的解决方案。避免在公共平台上发生冲突，始终保持专业和尊重。

与影响力者的成功合作需要精准的选人策略、明确的目标设定、有效的合作沟通和细致的活动执行。ChatGPT 在这一过程中可以提供深入的数据分析、策略规划、执行监督和效果评估，帮助品牌最大化合作效果。通过这些策略，品牌可以有效地提升在社交媒体上的影响力，并建立与影响力者的长期合作关系。从而在社交媒体的激烈竞争环境中保持领先地位，增强品牌的市场影响力和受众忠诚度。

 案例 082　社交媒体趋势跟踪

社交媒体趋势的快速变化对品牌和内容创作者提出了挑战，及时捕捉和适应这些趋势，可以保持其品牌和内容的相关性和吸引力。忽视这些趋势可能导致其失去受众关注，因此，有效地跟踪和利用这些趋势变化才能增强品牌的市场影响力。

1. ChatGPT 应用逻辑梳理

ChatGPT 跟踪社交媒体趋势过程的应用逻辑如图 3-82 所示。

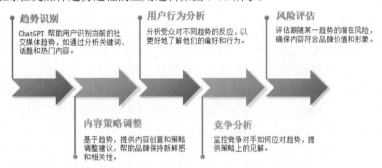

图 3-82　ChatGPT 跟踪社交媒体趋势过程的应用逻辑

2. ChatGPT 对话交互

ChatGPT：

用户：作为时尚品牌的社交媒体经理，我如何跟踪和利用社交媒体的最新趋势？

ChatGPT：首先，关注时尚相关的关键话题和热门标签，分析它们的流行原因和受众群体。然后，根据这些趋势调整你的内容策略，比如参与相关话题讨论或创建与趋势相关的内容。

用户：如何确保趋势内容与我们品牌的形象保持一致？

ChatGPT：虽然追随趋势很重要，但保持品牌一致性同样关键。确保参与的趋势与你的品牌价值和风格相符。如果某个趋势与品牌不符，最好避免盲目跟随。

用户：我们应该如何衡量趋势内容的效果？

ChatGPT：通过监控参与度、转化率和观众反馈等指标来评估趋势内容的效果。这些数据将帮助你了解趋势内容对受众的吸引力，并指导未来的内容策略。

用户：如果发现某个趋势对我们品牌特别有利，我们应该如何加强利用？

ChatGPT：如果某个趋势特别有利，考虑创建一系列与该趋势相关的内容，以维持受众的兴趣和参与度。同时，可以通过举办与趋势相关的活动或挑战，进一步提升参与度和品牌影响力。

用户：我们应该多久调整一次社交媒体策略以适应新的趋势？

ChatGPT：社交媒体趋势变化迅速，建议至少每季度审视并调整一次社交媒体策略。这将帮助你保持内容的新鲜感，同时确保策略与市场趋势保持同步。

用户：如何确保我们的团队迅速有效地响应社交媒体趋势的变化？

ChatGPT：建立一个灵活的工作流程和快速反应机制是关键。保持团队成员对最新趋势的敏感性，并鼓励快速创意生成和内容制作。同时，定期培训团队，以提高他们对趋势分析和内容创作的能力。

用户：我们该如何平衡追随趋势和创造原创内容的关系？

ChatGPT：在追随趋势和创造原创内容之间找到平衡是至关重要的。可以将流行趋势作为灵感来源，融入原创内容中，同时确保这些内容仍然体现出品牌的独特风格和声音。这样既能保持品牌特色，又能与当前趋势保持相关性。

有效地跟踪和利用社交媒体趋势对于保持品牌的市场竞争力至关重要。ChatGPT 在这一过程中可以扮演重要角色，提供趋势识别、内容策略调整、用户行为分析以及实时反馈和策略调整后的建议。这些操作不仅能帮助品牌及时把握社交媒体的发展方向，还能确保内容的相关性和吸引力，同时保持品牌形象的一致性。通过这种方式，品牌能够有效地利用社交媒体趋势，增强其在社交媒体领域的影响力和受众忠诚度。

3.11 环 境 保 护

在环境保护领域，ChatGPT 的应用正逐渐显现出潜在的巨大价值，它通过提供信息、教育和创新解决方案，为环境保护的倡导和实践提供了有效的支持。本节旨在探讨 ChatGPT 在环境保护中的作用与意义，以及它如何帮助推动环保意识的提升和环保行动的实施。

首先，ChatGPT 可以作为环保知识的普及平台。通过与用户的互动，ChatGPT 能够提供关于气候变化、生物多样性保护、资源循环利用等方面的知识，增强公众的环保意识。它能够根据用户的兴趣和需求，提供定制化的环保信息，使环保知识的传播更加个性化和针对性。

其次，ChatGPT 在提倡环保行为方面也具有重要作用。它可以提供具体的环保建议和行动指南，如节能减排的日常实践、可持续消费的选择，以及参与公共环保活动的途径等。通过这些实用的建议，ChatGPT 鼓励和指导用户将环保理念转化为具体行动，为环境保护做出贡献。

 案例 083　家庭垃圾分类方法

扫一扫，看视频

在当前的环境保护和可持续发展趋势下，家庭垃圾分类成为了一个重要议题。有效的垃圾分类不仅有助于减少对环境的压力，还能提高资源的循环利用率。然而，许多家庭在垃圾分类方面存在困惑，特别是在区分不同种类垃圾的正确处理方式时。

1. ChatGPT 应用逻辑梳理

ChatGPT 制定家庭垃圾分类方法过程的应用逻辑如图 3-83 所示。

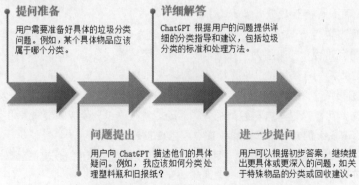

图 3-83　ChatGPT 制定家庭垃圾分类方法过程的应用逻辑

2. ChatGPT 对话交互

ChatGPT:

用户: 你好，ChatGPT。最近我注意到环境保护和可持续发展越来越受重视，家庭垃圾分类也成为一个重要议题。我想更好地参与其中，但我对于如何正确进行垃圾分类还不太了解。你能帮我详细解释一下吗？

ChatGPT: 当然可以。垃圾分类主要是为了更有效地回收资源和减少环境污染。一般来说，家庭垃圾可以分为四类：可回收物、有害垃圾、湿垃圾（也称为厨余垃圾或者生物垃圾）和干垃圾。

1. 可回收物：主要包括塑料瓶、玻璃瓶、纸张、金属罐头盒等，这些物品可以经过处理后重新利用。

2. 有害垃圾：包括废电池、废荧光灯管、过期药品等，这类垃圾需要特殊处理，防止对环境造成污染。

3. 湿垃圾：通常指厨房垃圾，如剩饭剩菜、水果皮核、蔬菜叶等，这些垃圾可以进行堆肥处理，变成有机肥料。

4. 干垃圾：是除了上述三类以外的其他垃圾，如破损的陶瓷、尘土、卫生纸等，通常无法回收利用。

正确分类垃圾不仅有利于资源回收，还能减轻环境污染。每个地区可能有细微的差别，建议你查看当地的垃圾分类指南。

用户: 原来是这样，感谢解释。我还想知道，对于那些不确定该如何分类的物品，我应该怎么处理呢？

ChatGPT: 面对不确定如何分类的物品，最好的做法是查询当地的垃圾分类指导手册或使用相关的垃圾分类查询工具。很多城市都有提供线上查询服务，甚至有些城市的智能手机应用可以通过拍照识别物品来帮助分类。如果实在无法确定，建议将其归类为干垃圾处理，因为错误地将垃圾放入可回收物或有害垃圾等类别，可能会导致更大的处理难度和环境污染。

用户: 这些信息很有帮助，谢谢。我还想了解，垃圾分类是否真的能有效减少环境污染？在实际操作中会遇到哪些困难？

ChatGPT: 垃圾分类确实可以有效减少环境污染。通过将垃圾分类，可以减少垃圾填埋和焚烧的数量，减少温室气体排放，同时促进资源的回收利用。例如，回收利用纸张可以减少对树木的砍伐，回收塑料可以减少对石油资源的依赖。

用户: 我刚刚在清理家里时，发现了一个旧的塑料容器，上面沾有油漆和一些化学品的残留。我不确定这个应该怎么分类。它是可回收物吗，还是应该归类为有害垃圾？

ChatGPT: 对于这种情况，正确的分类取决于容器上的残留物质。通常情况下，塑料容器如果是干净的，没有沾染有害物质，它属于可回收物。但由于你提到容器上沾有油漆和化学品残留，这可能使它变成有害垃圾。

有害垃圾主要是指那些含有对人体健康或自然环境有害的物质的废弃物。如果这个塑料容器上的油漆和化学品残留物是有毒的，如含有重金属、有机溶剂等，那么它应该被分类为有害垃圾。

在处理这类垃圾时，建议你戴上手套以保护自己，小心将其放入有害垃圾专用收集箱内。如果你不确定具体分类，可以咨询当地的环保部门或使用垃圾分类查询工具来获取更准确的指导。

用户: 了解了，那我该如何确保自己在处理这种有害垃圾时不会对环境造成更多伤害？

ChatGPT: 在处理有害垃圾时，确保安全和减少环境伤害的关键在于遵守正确的处理程序和使用合适的保护措施。以下是一些基本指南。

1. 个人保护：在处理含有有毒物质的容器时，应佩戴合适的手套，必要时应使用口罩，以避免直接接触有害物质。

> 2. 避免污染：确保有害垃圾不与其他垃圾混合。例如，将含有化学物质的容器单独包装，并确保容器密封良好，以防止化学物质泄漏。
>
> 3. 正确放置：将有害垃圾放入指定的有害垃圾收集箱中。不要随意丢弃这类垃圾，因为不当处理可能会污染土壤和水源。
>
> 4. 咨询专业意见：如果你不确定如何处理，可以联系当地的废物处理中心或环保部门，他们会提供具体的指导和帮助。
>
> 通过这些措施，你可以在保护自身安全的同时，减少对环境的潜在危害。

ChatGPT 根据用户的具体问题提供垃圾分类的指导和建议。这包括各类垃圾的正确分类、处理方法，如可回收物、厨余垃圾、有害垃圾等的分类、处理方式。通过这种互动，用户能够更准确地理解不同类型垃圾的分类标准，从而有效地参与到环保实践中。

案例 084 减少日常碳足迹

扫一扫，看视频

随着全球气候变化问题的日益严峻，减少日常碳足迹成为每个人可以参与的环保行动。日常碳足迹主要来自于个人的能源消耗、出行方式、饮食习惯等方面。通过改变日常习惯，每个人都能为减少温室气体排放做出贡献。

1. ChatGPT 应用逻辑梳理

ChatGPT 寻找减少日常碳足迹过程的应用逻辑如图 3-84 所示。

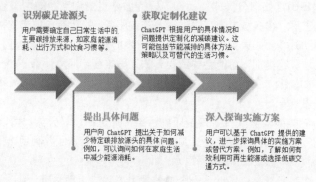

识别碳足迹源头
用户需要确定自己日常生活中的主要碳排放来源，如家庭能源消耗、出行方式和饮食习惯等。

获取定制化建议
ChatGPT 根据用户的具体情况和问题提供定制化的减碳建议。这可能包括节能减排的具体方法、策略以及可替代的生活习惯。

提出具体问题
用户向 ChatGPT 提出关于如何减少特定碳排放源头的具体问题。例如，可以询问如何在家庭生活中减少能源消耗。

深入探询实施方案
用户可以基于 ChatGPT 提供的建议，进一步探询具体的实施方案或替代方案。例如，了解如何有效利用可再生能源或选择低碳交通方式。

图 3-84 ChatGPT 寻找减少日常碳足迹过程的应用逻辑

2. ChatGPT 对话交互

ChatGPT：

Tom：我想减少我的家庭能源消耗，有什么建议吗？

ChatGPT：减少家庭能源消耗是减少日常碳足迹的一个重要方面。您可以从以下几个方面入手：首先，考虑使用节能灯泡，如 LED 灯泡，它们比传统灯泡更节能。其次，确保家中的电器在不使用时关闭，避免不必要的能源浪费。此外，合理调节家庭取暖和制冷设备的温度，使用节能型空调和暖气设备也非常重要。在可能的情况下，使用太阳能或其他可再生能源来供电也是一个不错的选择。同时，增强家庭的保温效果，比如通过加厚窗帘、密封门窗缝隙来减少热量损失，这些都能有效减少能源消耗。

Tom：对于日常出行有什么减碳建议？

ChatGPT：在日常出行方面，您可以采取多种方式来减少碳排放。首先，尽可能选择步行、骑自行车或使用公共交通工具，这些出行方式相比私家车更环保。如果您必须驾车，考虑使用电动车或至少选择燃油效率较高的车型。另外，合理规划出行路线和时间，减少不必要的行程，也能有效减少碳排放。对于长途旅行，尽可能选择火车而不是飞机，因为火车的碳排放通常远低于飞机。

　　Tom：饮食方面怎样才能减少碳足迹？

　　ChatGPT：在饮食方面，减少碳足迹主要是通过选择低碳食物和减少食物浪费来实现的。您可以考虑增加植物性食品的摄入比例，比如蔬菜、水果和全谷物，因为生产这些食物的碳排放通常比肉类和乳制品要低。同时，尽量购买当地生产的食物，这样可以减少因长距离运输食物而产生的碳排放。此外，合理规划饮食，避免购买过量食物以减少浪费，也是降低碳足迹的有效方法。

　　Tom：有没有其他日常生活中可以减少碳足迹的小技巧？

　　ChatGPT：当然有。在日常生活中，小的改变也可以产生大的影响。例如，使用可重复利用的购物袋、水瓶和餐具，减少一次性塑料产品的使用。在日常购物中选择环保包装或散装商品，减少包装废物。同时，参与本地的回收项目，正确分类垃圾，也能帮助减少废物对环境的影响。通过这些日常行为的改变，您可以有效地减少个人的碳足迹，为环保做出贡献。

　　在减少日常碳足迹方面，通过 ChatGPT 获取的建议和信息可以帮助用户明确自己在家庭生活、出行方式、饮食习惯等方面的改进措施。用户需要了解每个人的生活方式不同，因此减碳策略应该根据个人的具体情况来定制。此外，虽然 ChatGPT 提供的信息有助于指导用户减少碳足迹，但用户也需要持续学习和适应不断变化的环保知识和技术。

案例 085　自制环保清洁剂

　　随着环保意识的提升，越来越多的人开始关注日常生活中的可持续做法，如自制环保清洁剂。商业清洁产品中常含有对环境和人体健康有害的化学物质，而自制清洁剂通常使用更天然、更安全的成分，减少了对环境的负担。

扫一扫，看视频

1. ChatGPT 应用逻辑梳理

　　ChatGPT 提供自制环保清洁剂指导的应用逻辑如图 3-85 所示。

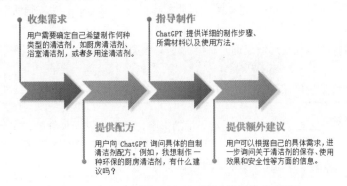

图 3-85　ChatGPT 提供自制环保清洁剂指导的应用逻辑

2. ChatGPT 对话交互

⑤ ChatGPT：

　　用户：我最近在网上看到很多关于自制环保清洁剂的内容，我想尝试一下。你能告诉我一些常用的自制环保清洁剂的配方吗？

　　ChatGPT：当然可以。自制环保清洁剂不仅能减少化学物质的使用，还能减少塑料包装的浪费。以下是一些常用且简单的自制环保清洁剂配方。

　　1. 通用清洁剂：将白醋与水按 1 ：1 的比例混合，可用于清洁窗户、镜子和表面。醋的酸性可以帮助去除污渍和细菌。

2. 厨房去油剂：将苏打粉与少量水混合成糊状，可用于清洁油腻的灶台和烤箱。苏打粉具有很好的去油和磨砂效果。

3. 卫生间清洁剂：将半杯苏打粉、四分之一杯白醋和一些柠檬汁混合。这个配方特别适合清洁马桶和瓷砖。

4. 玻璃清洁剂：将两杯水、半杯白醋和四分之一杯酒精混合。将混合液装入喷雾瓶中，使用时喷在玻璃上，然后用报纸或干净的布擦拭。

5. 地板清洁剂：将热水、一杯白醋和几滴精油（如薰衣草或柠檬）混合。用此液体擦洗地板，既可以清洁又能留下淡淡的香味。

使用这些自制清洁剂时，请先在不显眼的地方做小面积测试，以确保不会对材质造成损害。

用户：这些配方听起来都很环保，但我担心它们的清洁效果会不会不如市售的清洁剂？

ChatGPT：这是一个很好的问题。实际上，这些自制环保清洁剂在大多数日常清洁任务中都是非常有效的。白醋和苏打粉等天然成分在去除污渍、灰尘和细菌方面表现出色。当然，它们可能在处理极其顽固的污渍时效果略逊于一些强化学成分的清洁产品。

另外，自制清洁剂更加环保，因为它们减少了化学物质的排放，对环境的影响较小。使用自制清洁剂也是减少塑料包装和浪费的好方法。当然，根据你要清洁的具体情况，可能需要适当调整配方中的成分比例。

用户：听起来很不错。那么在制作和使用这些自制清洁剂时，我需要注意些什么安全问题吗？

ChatGPT：在制作和使用自制清洁剂时，有几个安全注意事项需要考虑。

1. 标签和存储：将自制清洁剂放在安全的容器中，并贴上标签，标明成分和制作日期，避免误用或误食。

2. 避免混合不兼容的成分：某些成分混合在一起可能会产生有害反应。例如，氨水和漂白水混合会产生有毒气体。

3. 通风：使用任何清洁剂时，尤其是含有醋和柠檬汁的清洁剂，都应确保工作区域有良好的通风。

4. 皮肤和眼睛保护：在使用清洁剂时，特别是较为强烈的配方时，考虑佩戴手套和眼镜来保护皮肤和眼睛。

5. 小心使用：即使是环保清洁剂，也应避免让小孩和宠物接触，以防万一。

自制环保清洁剂不仅能有效减少家庭对环境的影响，还能提供一种健康、安全的清洁用品选择。通过 ChatGPT，用户可以根据自己的具体需求获取定制化的配方和制作指导。不过，在使用自制清洁剂时，用户应注意成分的选择和储存方法，以确保安全和效果。

案例 086 节水技巧 --

扫一扫，看视频

随着全球水资源的日益紧张，节约用水已成为每个家庭和个人的重要责任。节水不仅有助于保护环境，也是实现可持续生活方式的关键部分。然而，许多人在日常生活中缺乏有效的节水策略。

1. ChatGPT 应用逻辑梳理

ChatGPT 提供节水技巧指导的应用逻辑如图 3-86 所示。

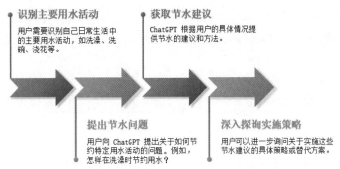

图 3-86 ChatGPT 提供节水技巧指导的应用逻辑

2. ChatGPT 对话交互

ChatGPT:

用户:我了解到全球水资源正变得越来越紧张,我想在日常生活中节约用水,不知道应该从哪些方面入手?

ChatGPT:节约用水是一种非常重要的环保行为,每个人的小小努力都能产生积极的影响。以下是一些日常生活中可以采取的节水措施。

1. 修复水龙头和马桶的漏水:即使是很小的漏水,长时间也会浪费大量水资源。定期检查并修理任何漏水的地方。

2. 节约洗澡水:减少淋浴时间,尽可能使用节水淋浴头。避免使用浴缸泡澡,因为这通常比淋浴消耗更多的水。

3. 改变洗碗和洗衣方式:使用洗碗机时,确保满载运行。同样,洗衣机也应在满载时使用,以减少水和能源的消耗。

4. 收集和利用雨水:可以设置雨水收集系统,收集雨水用于浇花、洗车等。

5. 合理浇灌植物:早晨或傍晚进行浇水,以减少水分蒸发。使用滴灌或浸灌系统比传统喷灌更节水。

6. 安装节水装置:在家中安装低流量的水龙头和节水型马桶,这些装置可以显著减少水的使用。通过这些简单的改变,你不仅可以节约用水,还可以为保护环境做出贡献。

用户:我还想知道,除了上述提到的方法,是否有什么技术或产品可以帮助家庭更有效地节约水资源?

ChatGPT:确实有一些技术和产品可以帮助家庭更有效地节约水资源。

1. 智能水表:智能水表可以监测家庭的用水情况,提供实时数据,帮助你更好地了解和管理水的消耗。

2. 低流量水龙头和淋浴头:这些设备通过限制水流来减少水的使用,同时保持了良好的水压。

3. 节水型马桶:现代的节水型马桶使用更少的水进行冲洗,一些甚至具备双冲模式,可以根据需要选择大量或少量冲水。

4. 水再循环系统:家庭水再循环系统可以收集来自淋浴和洗手池的灰水(轻度污染的水),经过过滤和消毒后用于冲厕所或灌溉。

5. 雨水收集系统:雨水收集系统可以更有效地收集和储存雨水,供日后使用。

这些技术和产品的引入不仅可以帮助家庭节约用水,还可以减少对市政供水的依赖,从而减轻对环境的压力。

用户:这些节水技术听起来很有用。但我担心成本可能会很高,从长远来看,它们真的经济吗?

ChatGPT:虽然一些节水技术和产品的初始投资可能较高,但从长远来看,它们确实是经济的。节水设备可以显著减少水的使用量,从而减少水费。随着时间的推移,节约下来的水费可以弥补初期的投资成本。

例如，低流量水龙头和淋浴头虽然购买时比普通产品贵一些，但它们可以减少水的使用量高达 50%。同样，智能水表和节水型马桶虽然初期成本较高，但长期来看可以节约大量的水资源和水费。

此外，一些地方政府和环保组织提供节水设备的补贴或折扣，这可以降低家庭在节水产品上的投资成本。总的来说，投资节水技术不仅有利于环境保护，从长远角度看也是经济实惠的选择。

通过 ChatGPT，用户可以获得日常生活中各种用水的节水建议和方法。这些建议旨在帮助用户在保持生活质量的同时，减少水资源的消耗。然而，节水的效果取决于用户的实际行动和持续的努力。用户需要了解，节水是一种生活方式的改变，涉及日常习惯的调整。为了进一步提高节水效果，用户可以探索更多创新的节水技术和方法，将节水理念融入到家庭和社区的日常生活中。

 案例 087　家庭节能改造

扫一扫，看视频

　　随着环保意识的增强和能源成本的上升，家庭节能改造成为一个重要议题。通过对家庭进行节能改造，不仅可以减少能源消耗和碳排放，还能长期节省能源费用。然而，许多家庭对如何进行有效的节能改造缺乏了解。

1. ChatGPT 应用逻辑梳理

ChatGPT 分享家庭节能改造过程的应用逻辑如图 3-87 所示。

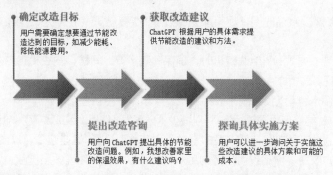

图 3-87　ChatGPT 分享家庭节能改造过程的应用逻辑

2. ChatGPT 对话交互

ChatGPT:

用户：我注意到能源成本在上涨，我想对我的家进行一些节能改造，以减少能源消耗和费用。你能给我一些建议吗？

ChatGPT：当然可以。家庭节能改造是一个很好的想法，不仅有助于减少能源消耗和碳排放，还能帮你节省能源费用。以下是一些建议。

1. 提高保温效果：检查家中的门窗是否密封良好，防止热量流失。如有必要，可以更换为双层或三层玻璃窗户。同时，增加墙体和屋顶的保温材料也很重要。

2. 节能照明：使用 LED 灯泡替换传统的白炽灯。LED 灯泡虽然初始成本较高，但寿命更长，能耗更低。

3. 高效家电：选择能效高的家电，如节能冰箱、洗衣机和空调。这些设备的能效标签通常会指明它们的节能程度。

4. 智能家居系统：安装智能恒温器和定时器，以更有效地管理家庭的加热和冷却。智能插座也可以帮助控制设备的能源消耗。

5. 利用太阳能：如果条件允许，可以考虑安装太阳能板来提供部分或全部的电力需求。虽然初始投资较大，但长期来看可以显著节省电费。

通过这些改造，你可以显著减少家庭的能源消耗，同时节省能源费用。

用户：你提到了安装太阳能板，我对这个很感兴趣。但我不确定它是否适合我的家。我应该考虑哪些因素来决定是否安装太阳能板？

ChatGPT：决定是否安装太阳能板时，你需要考虑以下几个关键因素。

1. 屋顶条件：你的屋顶是否有足够的空间安装太阳能板？屋顶的朝向、角度和阴影情况也会影响太阳能板的效率。

2. 地理位置：你所在地区的阳光照射量决定了太阳能板的发电效率。一般来说，阳光充足的地区更适合安装太阳能板。

3. 能源需求：你的家庭电力需求量是多少？这将决定你需要安装多少太阳能板。

4. 预算和成本效益：考虑安装太阳能板的初始成本，以及预计的长期节能效果。有些地区可能提供太阳能板的补贴或税收优惠。

5. 维护和耐用性：太阳能板通常需要很少的维护，但你应该了解它们的预期寿命和可能的维护成本。

在做决定之前，你可以咨询专业的太阳能板安装公司，他们可以提供详细的评估和建议。

用户：我还想知道，除了安装太阳能板，是否还有其他利用可再生能源的方法适用于家庭？

ChatGPT：除了太阳能板，还有其他几种可再生能源的利用方法适用于家庭。

1. 风能：在一些风力较强的地区，家庭可以安装小型风力发电机。虽然不如太阳能板普遍，但在合适的条件下也是一种有效的可再生能源。

2. 地热能：地热能系统利用地下恒定的温度来加热和冷却家庭。这种系统适合那些希望减少传统供暖和空调使用的家庭。

3. 生物质能：生物质锅炉可以使用木材、农作物残余物或其他生物质材料作为燃料来供暖和热水。这是一种碳中和的能源选择。

4. 太阳能热水器：太阳能热水器利用太阳能来加热水，这对于需要大量热水的家庭来说是一个节能的选择。

每种方法都有其特定的适用条件和成本效益，选择适合自己家庭的可再生能源解决方案可以大大减少能源消耗和碳排放。

家庭节能改造是一个多方面的过程，涉及隔热保温、取暖系统、照明等多个方面。通过 ChatGPT，用户可以获得针对各种节能改造的具体建议和解决方案。需要注意的是，每个家庭的具体情况不同，改造方案需根据实际情况灵活调整。此外，节能改造可能涉及一定的初始投资，但从长远来看，这些投资将通过降低能源费用而得到回报。用户可以根据自己的经济状况和节能目标，逐步实施这些改造措施。

案例 088　组织环保活动

随着环境问题的日益严重，越来越多的组织和个人开始关注如何通过活动来提高公众的环保意识。组织环保活动旨在教育社区成员，促进可持续生活方式，同时积极参与环境保护。

扫一扫，看视频

1. ChatGPT 应用逻辑梳理

ChatGPT 提供组织环保活动指导的应用逻辑如图 3-88 所示。

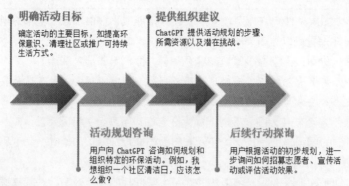

图 3-88　ChatGPT 提供组织环保活动指导的应用逻辑

2. ChatGPT 对话交互

ChatGPT：

用户：我是一个环保组织的志愿者，我们想举办一些活动来提高公众的环保意识。你能给我们提供一些创意和建议吗？

ChatGPT：当然可以。举办环保活动是提高公众环保意识的有效方式。以下是一些活动创意和建议。

1. 植树活动：组织社区植树活动，不仅能够直接改善环境，还能让参与者亲身体验到为环境做出贡献的满足感。

2. 清洁行动：在公园、海滩或社区举办清洁行动，收集垃圾并进行分类。这样的活动有助于提高人们对垃圾问题的认识。

3. 环保讲座和工作坊：邀请环保专家或倡导者举办讲座和工作坊，教育公众关于可持续生活方式、垃圾分类、节能减排等主题。

4. 电影放映：放映与环境保护相关的纪录片，通过视觉影响力来增强公众的环保意识。

5. 环保挑战赛：举办以环保为主题的挑战赛，如无塑料挑战、节能挑战等，鼓励人们在生活中实践环保行为。

6. 亲子环保活动：举办面向家庭的环保活动，如制作环保手工艺品、环保绘画比赛等，让孩子从小培养环保意识。

7. 环保市集：举办环保市集，展示和销售可持续、环保的产品，支持当地的环保小企业和工艺人。

通过这些活动，你们的组织可以有效地提高公众对环保问题的关注，同时鼓励他们采取实际行动。

用户：这些建议很有帮助。我们还想知道，如何才能吸引更多的人参与我们的环保活动？

ChatGPT：要吸引更多的人参与环保活动，可以考虑以下几个策略。

1. 社交媒体推广：利用社交媒体平台宣传活动，创建吸引人的内容，如海报、视频或活动预告等。也可以与社交媒体上的影响者合作，扩大活动的影响力。

2. 合作伙伴：与当地学校、企业或其他组织合作，通过它们的网络来推广活动。

3. 媒体宣传：联系当地的新闻媒体，如报纸、电台或电视台，让它们报道你们的活动。

4. 吸引力的活动内容：确保活动内容具有吸引力和教育意义，如有趣的互动环节、奖品抽奖等。

5. 口碑宣传：鼓励之前参与过的志愿者和参与者向他们的朋友和家人推荐活动。

6. 方便的注册流程：提供简单方便的注册流程，减少参与者的报名障碍。

7. 持续的参与机会：提供持续参与环保活动的机会，如建立志愿者社群，定期举办活动。

通过这些策略，你们的组织可以提高活动的可见度和吸引力，从而吸引更多的人参与。

用户：最后一个问题，我们如何测量我们活动的影响力和效果？

ChatGPT：要测量环保活动的影响力和效果，可以考虑以下几个方法。

1. 参与人数统计：记录活动的参与者数量，这是衡量活动吸引力的直接指标。

2. 问卷调查：在活动结束后，向参与者发送问卷调查，收集他们对活动的反馈和建议。

3. 社交媒体分析：分析活动在社交媒体上的覆盖范围和参与度，如点赞、分享和评论数量。

4. 媒体报道：跟踪活动在媒体上的报道情况。

5. 后续行动：跟踪参与者在活动后是否采取了环保行动，如加入环保组织、改变消费习惯等。

6. 长期影响评估：对于定期举办的活动，可以评估长期的影响，比如参与者数量的增长、公众环保意识的提高等。

组织环保活动是一项有意义的工作，可以有效提高公众的环保意识和参与度。通过 ChatGPT，用户可以获得关于如何有效规划和执行环保活动的实用建议。然而，成功的环保活动需要详细的规划、资源的合理分配以及对目标群体的准确理解。用户还需要考虑活动的可持续性，确保活动不仅在短期内有效，而且能够在长期内对社区产生积极影响。

案例 089　减少塑料使用

随着人们环保意识的提升和塑料污染问题的日益严重，减少塑料使用成为一个全球性的挑战。塑料产品，尤其是一次性塑料，会对环境造成长期的影响。因此，寻找替代方案和减少日常生活中塑料的使用变得越来越重要。

扫一扫，看视频

1. ChatGPT 应用逻辑梳理

ChatGPT 寻找减少塑料使用过程的应用逻辑如图 3-89 所示。

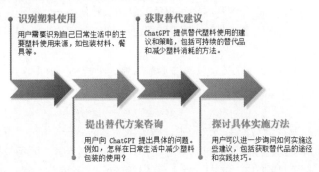

图 3-89　ChatGPT 寻找减少塑料使用过程的应用逻辑

2. ChatGPT 对话交互

ChatGPT：

用户：我现在越来越关注环境问题，特别是塑料污染，我知道一次性塑料对环境的影响特别大。我想尽自己的一份力减少日常生活中的塑料使用，但不知道从哪里开始做起。

ChatGPT：很高兴你意识到这个问题并想采取行动。减少塑料使用的第一步可以从日常生活中的小事做起。例如，你可以开始使用可重复使用的袋子，每次购物时带上自己的布袋或者其他环保袋，避免使用超市提供的一次性塑料袋。此外，尝试购买那些无塑料包装或使用纸质、玻璃等环保材料包装的产品。还有一个简单的方法是使用可重复使用的水瓶和餐具，这样就可以减少使用一次性塑料瓶和餐具的频率了。

用户：确实，这些听起来都是很实用的建议。但我发现有些商品几乎都是用塑料包装的，这种情况下我该怎么减少塑料的使用呢？

ChatGPT：对于那些不可避免使用塑料包装的商品，你可以尝试选择大包装的产品，因为相对于多个小包装来说，大包装的整体塑料使用量通常会少一些。另外，如果能循环使用这些塑料包装，如用它们来储存其他物品，也是减少塑料浪费的一个好方法。还有就是参与回收计划，确保将塑料包装物正确分类并参与回收，这样可以减轻塑料对环境的影响。同时，你可以支持那些致力于减少塑料使用的品牌和产品，如那些使用回收塑料或生物降解材料的产品。

用户：听起来这些都是很有效的方法。除了个人行动，我还想知道社区和政府层面上可以采取哪些措施来减少塑料污染？

ChatGPT：在社区和政府层面，可以采取一系列措施来减少塑料污染。首先，政府可以通过立法禁止或限制一次性塑料产品的使用，如塑料袋、塑料吸管和泡沫塑料餐具。其次，推广环保教育也很重要，可以通过学校和社区活动提高公众对塑料污染问题的认识和理解。此外，投资塑料回收设施和技术，提高塑料的回收率和效率也非常关键。政府还可以鼓励和支持替代产品的开发，比如提供资金和政策支持，鼓励企业和研究机构开发环保的替代产品。与企业合作减少塑料使用，鼓励他们减少塑料包装和使用更环保的材料。最后，定期组织社区清洁活动，清理公共场所的塑料垃圾，也是一个有效的方法。通过这些措施，社区和政府可以在更广泛的层面上减少塑料污染，保护环境。

用户：我了解了个人和政府层面上的一些措施，但我还想知道，作为普通市民，我们如何可以在更大范围内推广减少塑料使用的理念，让更多人加入到这个行动中来？

ChatGPT：作为普通市民，推广减少塑料使用的理念需要利用各种渠道和方法来提高公众意识。首先，你可以在自己的社交圈子中发挥影响力，通过社交媒体分享关于塑料污染的信息和减少塑料使用的技巧。其次，参与或组织公共教育活动，如讲座、研讨会和展览，来向更广泛的群体传播信息。此外，参与志愿者团体或环保组织，与志同道合的人一起工作，可以更有效地推广环保理念。你还可以向当地学校、社区中心提议开展环保教育项目，以教育下一代关于环保的重要性。最后，通过向政府和企业提出建议和反馈，推动他们采取更加环保的政策和措施，也是推广环保理念的一个重要途径。

用户：确实，通过这些方式可以让更多人了解和关注这个问题。但在推广过程中，我们可能会遇到一些挑战，比如人们对塑料使用减少的抵触情绪或者缺乏足够的环保意识。对此我们应该怎么办呢？

ChatGPT：在推广减少塑料使用的过程中，确实可能会遇到一些挑战。面对这些挑战，首先重要的是保持耐心和坚持。在传递信息时，使用积极、鼓励性的语言，而不是指责或负面的言辞，这样更容易获得听众的同情和支持。其次，提供具体的行动建议和替代方案，让人们明白减少塑料使用并不难，而且可以通过简单的日常改变做出贡献。你还可以通过分享成功案例和积极的环保故事来激励人们，展示减少塑料使用的好处和成效。此外，合作和建立伙伴关系也很重要，通过与当地企业、学校和其他组织合作，可以扩大影响力，共同努力解决塑料污染问题。最后，不断提升自己关于环保的知识和技能，这样在推广过程中就能更有说服力和影响力。

减少日常生活中塑料的使用是一个逐步的过程，需要对现有习惯进行调整并对替代方案进行探索。通过 ChatGPT，用户可以获得具体的建议和策略来减少塑料消耗。然而，实际上实施这些策略可能需要时间和努力，用户需要持续关注并适应可持续生活方式的变化。此外，鼓励家庭成员和社区一起参与减少塑料使用的行动，可以进一步扩大这一行动的影响力。通过不断的学习和实践，我们可以共同为减少塑料污染和保护环境做出应有贡献。

案例 090　循环再利用创意

随着环保意识的提升，资源循环利用的重要性正在日益凸显，循环再利用创意成为促进可持续发展的关键途径之一。循环再利用不仅有助于减少垃圾和资源浪费，还能激发创新思维，为环保事业带来新的解决方案。

扫一扫，看视频

1. ChatGPT 应用逻辑梳理

ChatGPT 提供循环再利用创意指导的应用逻辑如图 3-90 所示。

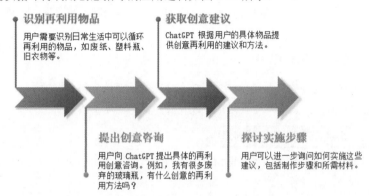

识别再利用物品
用户需要识别日常生活中可以循环再利用的物品，如废纸、塑料瓶、旧衣物等。

获取创意建议
ChatGPT 根据用户的具体物品提供创意再利用的建议和方法。

提出创意咨询
用户向 ChatGPT 提出具体的再利用创意咨询。例如，我有很多废弃的玻璃瓶，有什么创意的再利用方法吗？

探讨实施步骤
用户可以进一步询问如何实施这些建议，包括制作步骤和所需材料。

图 3-90　ChatGPT 提供循环再利用创意指导的应用逻辑

2. ChatGPT 对话交互

ChatGPT:

用户: 最近我在想，环保意识提升后，我们应该怎样在日常生活中实践循环再利用呢？

ChatGPT: 这是一个很好的问题。其实日常生活中很多东西都可以循环再利用。例如，你的旧衣服可以改造成为布艺品或者清洁布，旧玻璃瓶可以当作储物罐或者装饰品。还有，你可以尝试将厨余垃圾，如水果皮和蔬菜残余物堆肥，用来给植物施肥。

用户: 听起来不错。我还想知道，除了个人行动，我们还能怎样在社区中推广这种循环再利用的理念呢？

ChatGPT: 在社区推广循环再利用，可以通过举办一些相关活动来实现。例如，组织循环再利用的工作坊，让居民学习如何将废弃物变废为宝，或者举办主题展览，展示循环再利用的创意和成果，这样可以吸引更多人的注意，激发他们的兴趣。

用户: 那政府和企业呢？他们能做些什么来支持这一理念？

ChatGPT: 政府可以通过制定鼓励性政策和提供补贴来支持循环再利用。企业方面，可以在产品设计时就考虑到易于回收和再利用，或者投资于相关的循环再利用技术。同时，政府和企业还可以合作，建立更完善的回收和循环利用系统。

用户: 你提到的循环再利用工作坊听起来很有意思，具体应该怎么组织呢？

ChatGPT: 组织循环再利用工作坊，首先，要确定一个主题，如纸品再利用、电子废物回收等。其次，可以邀请懂得相关技能的志愿者或者专家来教授具体的再利用方法。此外，提前准备好工作坊所需的材料，确保参与者能够实际动手操作。最后，宣传这个活动，吸引社区居民参与。

用户: 听起来准备工作挺多的。如果我想参与这样的活动，应该怎么找到这些资源呢？

ChatGPT: 你可以先联系当地的环保组织或社区中心，询问他们是否有类似的活动。另外，社交媒体也是一个很好的资源获取平台，很多相关活动都会在那里发布信息。你还可以在社区公告板或者当地图书馆查找相关信息。

用户：如果我想自己动手尝试循环再利用，但又不知道从哪开始，你有什么建议吗？

ChatGPT：你可以先从一些简单的项目开始，如将旧报纸或杂志制作成纸篓、用废弃的瓶子制作自制花瓶等。这些项目通常不需要太复杂的技术或材料。你还可以在网上搜索一些教程视频，跟着一步步来学习和实践。

通过 ChatGPT，用户可以获得关于如何创意再利用日常物品的具体建议。然而，成功的再利用项目需要用户的创造力和实践能力。实施这些创意时，用户可能需要学习一些基本的手工技能。此外，共享和展示再利用项目的成果，不仅可以激励他人参与环保行动，还能共同构建一个更加可持续的社区环境。通过不断的实践和探索，循环再利用可以成为日常生活中的一种有趣且有意义的活动。

案例 091　教育孩子环保

扫一扫，看视频

随着环境问题的日益突出，教育孩子环保的重要性变得愈发迫切。培养孩子从小具有环保意识和行为习惯，对于促进可持续发展和保护地球至关重要。

1. ChatGPT 应用逻辑梳理

ChatGPT 提供教育孩子环保指导的应用逻辑如图 3-91 所示。

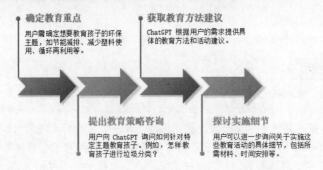

确定教育重点
用户需确定想要教育孩子的环保主题，如节能减排、减少塑料使用、循环再利用等。

获取教育方法建议
ChatGPT 根据用户的需求提供具体的教育方法和活动建议。

提出教育策略咨询
用户向 ChatGPT 询问如何针对特定主题教育孩子。例如，怎样教育孩子进行垃圾分类？

探讨实施细节
用户可以进一步询问关于实施这些教育活动的具体细节，包括所需材料、时间安排等。

图 3-91　ChatGPT 提供教育孩子环保指导的应用逻辑

2. ChatGPT 对话交互

ChatGPT:

用户：我有小孩，想教育他们了解环保的重要性，但不知道怎样让小孩子理解这个概念，你有什么建议吗？

ChatGPT：教育孩子了解环保非常重要。你可以从简单易懂的活动开始。例如，和孩子一起种植小植物，让他们体会到照顾自然的乐趣，还可以一起收集家里的可回收物品，讲解为什么要分类回收。通过这些亲身体验的活动，孩子们可以更容易理解和接受环保的理念。

用户：这些活动听起来很好。那么在日常生活中，我们还能做些什么来鼓励孩子们形成环保习惯呢？

ChatGPT：在日常生活中，家长可以通过身体力行来鼓励孩子们养成环保习惯。例如，减少使用一次性塑料产品，让孩子们看到并模仿这种行为。同时，可以带孩子们去参加一些社区的环保活动，如清洁海滩或公园，让他们在实践中学习环保的重要性。此外，家长还可以和孩子们一起学习有关环保的书籍或观看教育视频，增加他们对环境问题的认识。

用户：我还想知道，有没有什么好的资源，如书籍或者视频，适合孩子们了解环保呢？

ChatGPT：有许多适合孩子的资源可以帮助他们了解环保。例如，儿童图书《地球上的朋友》和《小小环保家》都是很好的选择。另外，一些动画片，如《海底总动员》和《华莱士与格罗米特：不要碰我的兔子》，既有趣又能传达环保信息。还有一些教育节目和 YouTube 频道专门针对儿童讲解环保知识，这些都是很好的学习资源。

> 用户：除了读书和看视频，我还能怎样在家教育孩子们环保呢？
>
> ChatGPT：在家教育孩子环保，可以通过日常生活中的小事来实践。例如，让孩子参与家庭的垃圾分类工作，教他们区分哪些是可回收垃圾，哪些是厨余垃圾，还可以一起制作一些简单的环保手工，比如用废弃的纸箱做储物盒。此外，节约用水、用电也是一个很好的教育点，如提醒孩子洗手或刷牙时关闭水龙头。
>
> 用户：这些建议很有用。对于学龄前的孩子，有没有什么特别的方法可以培养他们的环保意识呢？
>
> ChatGPT：对于学龄前的孩子，培养环保意识可以通过游戏和故事来实现。你可以和孩子一起玩一些关于自然与环境的游戏，如模拟动物的生活，让他们理解保护自然的重要性。阅读一些关于动物和自然的童话故事，通过故事来传达环保的信息。此外，带孩子们去户外，如公园或自然保护区，让他们亲近自然，感受自然的美好。
>
> 用户：确实，通过游戏和故事应该能吸引孩子的注意。那对于稍微大一点的孩子，如小学生，又该怎样教育他们呢？
>
> ChatGPT：对于小学生，可以通过更具体和深入的活动来培养他们的环保意识。例如，一起参与社区的环保项目，如树木种植、社区清洁等。鼓励孩子们进行环保科学实验，如观察植物生长、了解可再生能源。还可以让孩子参与讨论家庭的环保行动，如节能减排、减少浪费等，让他们感到自己在环保中扮演了重要的角色。

培养孩子的环保意识是一个长期且逐步的过程，需要家长的耐心和持续的努力。通过 ChatGPT，用户可以获得针对不同环保主题的教育方法和活动建议。更重要的是将环保理念融入孩子的日常生活中，通过实践活动让他们亲身体验和学习。同时，家长自身的环保行为也将对孩子产生重要影响。

3.12 公 共 服 务

在当代社会，公共服务的范畴日益扩大，覆盖了教育、医疗、交通、环保等多个领域，旨在满足公众的基本需求和提高生活质量。随着科技的快速发展，特别是 AI 技术的广泛应用，公共服务的提供方式和效率正在经历前所未有的变革。在这一背景下，ChatGPT 等先进的语言模型在提升公共服务质量和效率方面展现出巨大的潜力。

首先，ChatGPT 可以通过自然语言处理能力，大幅提升公共服务部门与公众之间的互动质量。例如，在政府部门的客户服务中心，ChatGPT 可以协助自动回答公众的咨询，减轻人工客服的工作压力，同时确保服务的及时性和准确性。通过深度学习和大数据分析，ChatGPT 能够理解复杂的咨询内容，提供针对性的信息和解决方案，提高公共服务的响应速度和满意度。

其次，ChatGPT 能够协助公共服务部门优化信息发布和知识共享。在紧急情况下，如自然灾害或公共卫生事件，ChatGPT 可以迅速生成准确、清晰的公共通知和指南，帮助公众获取关键信息和采取适当行动。此外，ChatGPT 还能够协助构建和维护知识库，使公众能够轻松获取到与各类公共服务相关的详尽信息，从而提高公共服务的透明度和可访问性。

案例 092　参与健康安全活动

随着社会对健康安全意识的提升，越来越多的组织和个人参与到各种健康安全活动中，如健康讲座、应急演练、健康筛查等。这些活动旨在提高公众对健康风险的认知，改善生活习惯，防止疾病。然而，有效地组织和参与这类活动需要一定的策划和资源调配能力。

扫一扫，看视频

1. ChatGPT 应用逻辑梳理

ChatGPT 提供参与健康安全活动指导的应用逻辑如图 3-92 所示。

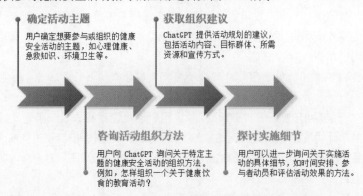

确定活动主题
用户确定想要参与或组织的健康安全活动的主题，如心理健康、急救知识、环境卫生等。

获取组织建议
ChatGPT 提供活动规划的建议，包括活动内容、目标群体、所需资源和宣传方式。

咨询活动组织方法
用户向 ChatGPT 询问关于特定主题的健康安全活动的组织方法。例如，怎样组织一个关于健康饮食的教育活动？

探讨实施细节
用户可以进一步询问关于实施活动的具体细节，如时间安排、参与者动员和评估活动效果的方法。

图 3-92　ChatGPT 提供参与健康安全活动指导的应用逻辑

2. ChatGPT 对话交互

ChatGPT:

用户：我是学校的老师，想在学校里举办一些活动来培养学生们的健康和安全意识。有什么好的建议吗？

ChatGPT：在学校举办健康和安全活动是个很好的主意。你可以从以下几个方面入手。

1. 健康教育课程：可以安排一些健康教育的课程，讲解平衡饮食、个人卫生和定期运动的重要性。也可以邀请医生或营养师来给学生们做专题讲座。

2. 紧急情况演练：定期进行火灾演习和地震演练，教会学生们如何在紧急情况下保持冷静和安全疏散。

3. 环境清洁行动：组织学生参与校园的环境清洁活动，如植树、捡拾垃圾等，培养他们的环保意识。

用户：这些主题很不错。但我担心学生们可能会觉得这些内容很枯燥，怎样才能提高他们的兴趣呢？

ChatGPT：为了让这些活动更加吸引学生，可以尝试以下方法。

1. 互动游戏和竞赛：通过设计一些有趣的游戏和竞赛来教授健康和安全知识，如健康知识问答赛或模拟紧急情况的角色扮演游戏。

2. 实践体验：安排一些实践活动，让学生亲身体验，如制作健康食品或参与急救技能的培训。

3. 使用多媒体工具：利用视频、动画等多媒体工具来展示健康和安全知识，使内容更生动有趣。

用户：听起来很有创意。那么对于不同年龄段的学生，我应该怎样调整活动内容呢？

ChatGPT：针对不同年龄段的学生，活动内容应该做相应的调整。

1. 低年级学生：对于年龄较小的学生，可以采用故事讲述和简单的游戏来教育他们基本的健康和安全知识。

2. 中年级学生：可以通过更具挑战性的活动，如团队合作的紧急情况模拟演练，来提高他们的兴趣和参与度。

3. 高年级学生：对于年龄较大的学生，可以引入更深入的话题，如心理健康和网络安全等，并鼓励他们参与讨论和分享。

用户：这些建议听起来很有帮助。除了学校活动，我还能怎样在家庭中推广健康和安全教育呢？

ChatGPT：在家庭中推广健康和安全教育，可以通过以下几种方式。

1. 日常对话：利用日常对话的机会，向孩子讲解健康饮食、个人卫生等基本知识。

2. 一起参与健康活动：和孩子一起做一些健康活动，如烹饪健康食品、一起运动等。

3. 模拟紧急情况：在家里模拟一些紧急情况，教孩子怎样应对，如如何拨打紧急电话、家庭消防安全知识等。

用户：这些都很实用。我还想知道，有没有什么好的资源，如书籍或者网站，适合家长们学习健康和安全知识？

ChatGPT：有许多资源可以帮助家长学习健康和安全知识。

1. 与健康相关的书籍：市面上有许多关于儿童健康和安全的书籍，可以提供丰富的信息和指导。

2. 在线课程和网站：一些专门的网站和在线课程提供有关健康和安全的信息，如急救技能、营养知识等。

3. 医疗机构的资源：很多医院和健康机构会提供免费的健康教育资源，包括手册和在线资料。

参与和组织健康安全活动能够有效增强公众的健康意识和安全知识储备。通过 ChatGPT，用户可以获取关于如何有效规划和执行健康安全活动的实用建议。成功的活动需要精心的规划、恰当的资源分配和对目标群体的深入理解。通过持续的努力和创新，健康安全活动可以在促进社区健康的同时增强社区的凝聚力。

 案例 093 应对社区紧急情况

社区紧急情况的应对是保障社区成员安全和减轻灾害影响的关键。这些紧急情况可能包括自然灾害、火灾、医疗紧急情况等。合理的应急计划和居民的紧急响应能力对于社区的安全至关重要。

扫一扫，看视频

1. ChatGPT 应用逻辑梳理

ChatGPT 提供应对社区紧急情况指导的应用逻辑如图 3-93 所示。

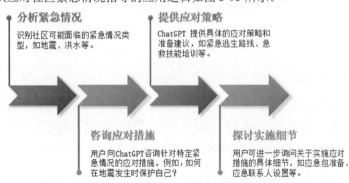

图 3-93 ChatGPT 提供应对社区紧急情况指导的应用逻辑

2. ChatGPT 对话交互

ChatGPT：

用户：我是社区的居委会成员，最近我们在讨论如何更好地应对紧急情况。你能给我们一些建议吗？

ChatGPT：当然可以。社区应对紧急情况的关键是事先的准备和计划。首先，建议制订一个详细的紧急应对计划，包括不同类型紧急情况的应对流程。例如，自然灾害发生时的疏散路线、火灾时的安全集结点、紧急医疗援助的联系方式等。同时，定期举办紧急应对训练和演练，让居民熟悉这些程序。

用户：这个计划听起来很重要。我们应该怎样让更多的社区居民参与到这个计划中来呢？

ChatGPT：提高居民参与度，可以通过以下几种方式。

1. 宣传教育：通过社区会议、宣传单、社交媒体等方式，普及紧急情况应对知识。

2. 组织演练：定期举办紧急疏散演练或急救培训，让居民亲身参与，提高他们的参与意识和能力。

3. 建立志愿者团队：鼓励居民加入社区紧急响应志愿者团队，提供培训，让他们在紧急情况下发挥作用。

用户：这些建议很有帮助。对于老年人和儿童这些特殊群体，我们应该有什么特别的准备吗？

ChatGPT：对于老年人和儿童这些特殊群体，确实需要以下特别的准备。

1. 老年人：确保紧急情况下他们的特殊需求得到关注，如易于理解的疏散指引、紧急联系方式的清晰标示。

2. 儿童：在学校和家长中推广紧急情况应对知识，用适合儿童理解的方式教授他们基本的安全知识，如怎样报警和求助。

用户：你觉得社区应对紧急情况还需要与哪些机构合作？

ChatGPT：社区应对紧急情况时，合作伙伴的选择非常重要。可以考虑以下机构。

1. 当地政府：与当地政府部门合作，获取官方的支持和资源。

2. 消防和急救部门：与消防局、急救中心等专业机构合作，获得专业的指导和支持。

3. 邻近社区：与邻近的社区建立联系，共享资源和信息，特别是在大型灾害发生时。

用户：最后一个问题，你认为社区在紧急情况下最需要注意的问题是什么？

ChatGPT：社区在紧急情况下最需要注意的是及时、准确的信息传递和有效的协调。确保紧急情况发生时，能够迅速传递信息给所有居民，包括疏散指示、安全提示和救援信息。同时，需要有效协调各方资源和力量，确保应对措施得以迅速执行。此外，也要注意紧急情况后的心理援助和社区重建工作，帮助居民从事件中恢复。

社区紧急情况的应对需要全体居民的共同努力和准备。通过 ChatGPT，用户可以获取针对不同紧急情况的应对策略和准备建议。重要的是要定期更新和练习应急计划，确保在紧急情况发生时每个人都能迅速且有效地行动。此外，与当地的紧急服务机构保持联系，获取相关的资源和指导，也是非常重要的。通过这些措施，用户可以有效提高社区在面对紧急情况时的应对能力和安全性。

案例 094 服务老年人社区

扫一扫，看视频

随着社会老龄化的加剧，服务老年人社区成为社会发展的重要组成部分。为老年人提供适当的服务和支持，不仅能提高他们的生活质量，还能促进社区的和谐发展。

1. ChatGPT 应用逻辑梳理

ChatGPT 分享服务老年人社区过程的应用逻辑如图 3-94 所示。

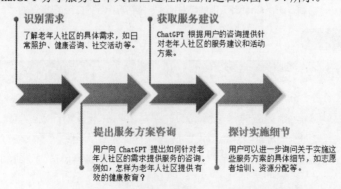

图 3-94　ChatGPT 分享服务老年人社区过程的应用逻辑

2. ChatGPT 对话交互

⑤ ChatGPT：

用户： 我最近加入了一个专门服务老年人的社区项目，但我不太清楚应该如何着手。你能给我一些建议吗？

ChatGPT： 很高兴你对服务老年人感兴趣。首先，了解他们的需求非常关键。你可以通过调查问卷或社区会议的方式，收集他们在日常生活、健康护理、精神支持等方面的需求。了解这些信息后，你们就可以根据需求制订相应的服务计划。

用户： 我明白了，首先要了解他们的需求。我们在制订服务计划时需要注意什么？

ChatGPT： 制订服务计划时，需要考虑老年人的身体状况和兴趣爱好。例如，你们可以计划一些适合老年人的活动，如轻柔的体育锻炼、手工艺制作或者园艺活动。同时，考虑到一些老年人可能有健康问题，提供一些基本的健康检查和咨询服务也很重要。

用户： 这样的活动听起来不错。我们应该怎样才能让更多的老年人参与进来呢？

ChatGPT： 要吸引老年人参与，你们可以通过多种宣传活动，如社区公告、邮件通知或微信群。此外，设立一个热情友好的接待环境和确保活动易于访问也很重要。你们还可以通过口口相传的方式，鼓励已经参加的老年人邀请他们的朋友和邻居一起参与。

用户： 好的，我会试试这些方法。对于那些行动不便的老年人，我们又该怎么帮助他们呢？

ChatGPT： 对于行动不便的老年人，提供上门服务可能是一个好选择。例如，可以组织志愿者上门提供日常生活援助，如家务、购物或简单的健康检查。此外，如果条件允许，可以提供交通服务，帮助他们参加社区中的各种活动。

用户： 确实，上门服务对他们来说很有帮助。对于老年人的精神健康支持，我们又能做些什么？

ChatGPT： 对于老年人的精神健康支持，可以考虑以下几点。

1. 社交活动：组织各种社交活动，鼓励老年人相互交流，分享经验，这对于减轻孤独感和提升心情都很有帮助。

2. 心理健康讲座：定期邀请专家进行心理健康相关的讲座或工作坊，帮助老年人了解如何保持良好的心态。

3. 一对一支持：提供一对一的心理辅导服务，特别是对于经历了重大生活变化或丧失亲人的老年人。

为老年人社区提供服务是一项有益于社会的工作，可以显著提高老年人的生活质量。通过 ChatGPT，用户可以获得关于如何有效服务老年人社区的建议和方案。重要的是要深入了解老年人的需求和兴趣，以确保服务活动的有效性和吸引力。此外，服务过程中的互动和反馈对于不断优化与改进服务方案也非常重要。通过持续的努力和创新，我们可以为老年人社区创造一个更加健康和支持性的环境。

案例 095 反映公共服务问题

在社区管理中，有效地反映和处理公共服务问题对于提高居民生活质量与社区整体福祉至关重要。公共服务问题可能涉及基础设施维修、环境清洁、社区安全等多个方面。

扫一扫，看视频

1. ChatGPT 应用逻辑梳理

ChatGPT 提供反映公共服务问题指导的应用逻辑如图 3-95 所示。

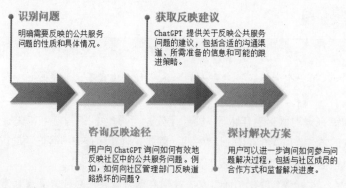

识别问题
明确需要反映的公共服务问题的性质和具体情况。

获取反映建议
ChatGPT 提供关于反映公共服务问题的建议，包括合适的沟通渠道、所需准备的信息和可能的跟进策略。

咨询反映途径
用户向 ChatGPT 询问如何有效地反映社区中的公共服务问题。例如，如何向社区管理部门反映道路损坏的问题？

探讨解决方案
用户可以进一步询问如何参与问题解决过程，包括与社区成员的合作方式和监督解决进度。

图 3-95　ChatGPT 提供反映公共服务问题指导的应用逻辑

2. ChatGPT 对话交互

> **ChatGPT：**
>
> 用户：我负责社区管理工作，最近发现要有效地处理公共服务问题挺有挑战。你能给我一些建议吗？
>
> ChatGPT：社区管理中有效处理公共服务问题首先需要建立一个有效的反馈和响应机制。你可以设立一个专门的渠道，如电话热线、社区应用程序或者服务台，让居民方便地反映问题。同时，确保每个反馈都有人负责跟进，并在合理的时间内给出回应或解决方案。
>
> 用户：这个建议不错。我们应该如何提高处理问题的效率和质量呢？
>
> ChatGPT：提高处理效率和质量，关键在于系统化和专业化。首先，可以建立一个标准化流程，对常见问题进行分类，并制定相应的处理流程和时间标准。其次，培训服务人员，提高他们对社区服务的了解和问题处理能力。还可以利用信息技术，如建立数据库记录问题和处理情况，以便于追踪和管理。
>
> 用户：你说得对，系统化管理很重要。在处理问题时，我们应该如何平衡不同居民的需求和期望呢？
>
> ChatGPT：平衡不同居民的需求和期望，需要良好的沟通和协调能力。首先，保持透明和开放的态度，让居民了解问题处理的进展和难点。其次，对于有争议或不同意见的问题，可以组织居民会议或小组讨论，听取各方意见，尽量找到大多数人能接受的解决方案。同时，对于特殊群体的需求，如老年人或残疾人，要给予特别关注和照顾。
>
> 用户：我明白了，沟通和协调很关键。在资源有限的情况下，我们应该怎样优先处理问题？
>
> ChatGPT：在资源有限的情况下，优先处理问题需要明智的决策。可以根据问题的紧急程度和影响范围来判断优先级。例如，涉及居民安全或影响大部分居民的问题应该优先处理。另外，也可以考虑问题的长远影响，优先解决那些如果不及时处理可能带来更大问题的情况。同时，适当地调动社区资源，如组织志愿者参与，也可以在资源有限的情况下提高处理效率。

有效地反映公共服务问题是促进社区发展的关键。通过 ChatGPT，用户可以获得关于如何反映和跟进公共服务问题的建议。重要的是要提供准确的问题描述，并选择适当的沟通渠道。此外，积极参与问题的解决过程和与社区成员合作，可以进一步提升社区的凝聚力和居民的满意度。

 案例 096　志愿服务贡献 ·······························

志愿服务是社区发展和社会进步的重要组成部分。志愿者通过无偿地提供时间和技能，帮助需要帮助的人群，同时也促进了社区的团结与和谐。

1. ChatGPT 应用逻辑梳理

ChatGPT 提供志愿服务指导的应用逻辑如图 3-96 所示。

扫一扫，看视频

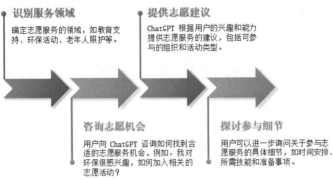

识别服务领域
确定志愿服务的领域，如教育支持、环保活动、老年人照护等。

咨询志愿机会
用户向 ChatGPT 咨询如何找到合适的志愿服务机会。例如，我对环保很感兴趣，如何加入相关的志愿活动？

提供志愿建议
ChatGPT 根据用户的兴趣和能力提供志愿服务的建议，包括可参与的组织和活动类型。

探讨参与细节
用户可以进一步询问关于参与志愿服务的具体细节，如时间安排、所需技能和准备事项。

图 3-96　ChatGPT 提供志愿服务指导的应用逻辑

2. ChatGPT 对话交互

ChatGPT：

用户：我对做志愿者很感兴趣，想加入社区服务，但不知道怎么开始。你能给我一些建议吗？

ChatGPT：当然可以。首先，了解你所在社区当前需要志愿者参与的项目或活动。你可以联系当地的社区中心、慈善机构或非政府组织，询问他们是否需要志愿者，也可以在社区公告板或网站上查找相关信息。此外，思考一下你自己感兴趣的领域和你能提供的技能，这样可以帮助你找到合适的志愿服务机会。

用户：我明白了。我有一些教育背景，你觉得我应该选择哪种类型的志愿服务？

ChatGPT：既然你有教育背景，你可能会对教育或辅导类的志愿服务感兴趣。例如，你可以加入课后辅导项目，帮助学生提高学习成绩，或者参与成人教育，帮助成年人提升技能。此外，也可以考虑加入青少年导师计划，为青少年提供学业和生活上的指导。

用户：这些听起来很适合我。在参与志愿服务时，我应该注意些什么？

ChatGPT：参与志愿服务时，首先要确保你能够承诺足够的时间和精力，要有责任心，按时参加活动，并尽自己最大的努力完成任务。其次，保持开放和尊重的态度，因为你可能会遇到来自不同背景的人。最后，保持耐心和积极性，有时志愿服务可能会有挑战，但记住你的努力对社区是有价值的。

用户：我会记住这些建议。如何才能确保我的志愿服务对社区真正有帮助呢？

ChatGPT：为了确保你的志愿服务对社区真正有帮助，首先要确保你的服务符合社区的实际需求，可以与组织者沟通，了解社区的需求，并根据这些需求提供服务。其次，持续学习和提升自己的技能，这样可以在志愿服务中提供更高质量的帮助。同时，积极反馈和接受反馈，不断改进服务方式，使其更有效率。

用户：你的建议真的很有帮助。最后一个问题，志愿服务对个人有什么好处呢？

ChatGPT：志愿服务不仅对社区有益，对个人也有很多好处。首先，它可以帮助你建立社区联系，扩展社交网络。其次，志愿服务是一个学习和成长的机会，你可以在服务中获得新技能和经验。此外，它还可以提升你的自我满足感和幸福感，因为帮助他人本身就是一件让人感到快乐的事情。最后，参与志愿服务还可以提升你的简历，对未来的职业发展有所帮助。

通过 ChatGPT，用户可以获得关于如何找到并参与志愿服务的具体建议。重要的是要根据自己的兴趣和能力选择合适的服务领域，并做好充分的准备。志愿服务不仅能帮助他人，也是个人成长和技能提升的重要途径。通过积极参与，志愿者可以为社会的进步和发展做出贡献。

案例 097　参与公共设施建设

参与公共设施建设是提升社区环境和居民生活质量的重要途径。公共设施建设包括道路维修、公园建设、社区中心建设等，这些活动不仅改善了居民的生活环境，也促进了社区的和谐发展。

1. ChatGPT 应用逻辑梳理

ChatGPT 提供参与公共设施建设指导的应用逻辑如图 3-97 所示。

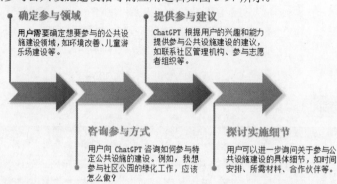

确定参与领域
用户需要确定想要参与的公共设施建设领域，如环境改善、儿童游乐场建设等。

提供参与建议
ChatGPT 根据用户的兴趣和能力提供参与公共设施建设的建议，如联系社区管理机构、参与志愿者组织等。

咨询参与方式
用户向 ChatGPT 咨询如何参与特定公共设施的建设。例如，我想参与社区公园的绿化工作，应该怎么做？

探讨实施细节
用户可以进一步询问关于参与公共设施建设的具体细节，如时间安排、所需材料、合作伙伴等。

图 3-97　ChatGPT 提供参与公共设施建设指导的应用逻辑

2. ChatGPT 对话交互

ChatGPT：

用户：作为社区管理者，我想推动一些公共设施建设项目，以提升我们社区的环境和居民的生活质量。你有什么建议吗？

ChatGPT：推动公共设施建设是个很好的想法。首先，你需要了解社区居民的需求和期望，如通过调查问卷或社区会议来收集意见。其次，根据收集到的信息，确定优先建设的项目，如道路维修、公园建设或社区中心的升级。此外，制订详细的计划和预算，确保项目的顺利实施。

用户：了解居民的需求确实很重要。在实施这些项目时，我们应该如何确保工程的质量和进度呢？

ChatGPT：确保工程质量和进度，首先要选择合格可靠的建筑公司和承包商，你可以通过招标过程来选择最合适的合作伙伴。同时，制定严格的工程监督制度，确保施工过程符合规划和标准。另外，定期向社区居民报告项目进展，保持透明度和公开性，这样有助于提高社区居民对项目的信任和满意度。

用户：确实，选择合适的合作伙伴很重要。我们怎样才能吸引更多居民参与和支持这些公共设施建设项目呢？

ChatGPT：要吸引居民参与和支持，可以从以下几个方面入手。

1. 公开沟通：在项目开始前，通过社区会议或公告，向居民介绍项目的重要性和预期效果。

2. 居民参与：鼓励居民参与项目的规划和设计阶段，如通过意见调查或设计竞赛。

3. 透明管理：在项目实施过程中保持透明，及时向社区报告进度和任何变更。

4. 庆祝活动：项目完成后，举办一些庆祝活动，如开放日或小型庆典，让居民感受到他们的贡献和项目的成果。

用户：这些方法听起来很有效。但在项目实施过程中，我们可能会遇到一些挑战和阻力，应该怎么处理呢？

ChatGPT：面对项目实施过程中的挑战和阻力，首先要保持耐心和积极的态度。对于居民的担忧和反对意见，要认真倾听并给予回应。可能需要对项目计划作出一些调整，以适应居民的合理需求和意见。此外，加强与社区领袖和影响力人物的合作，利用他们的影响力帮助解决问题。同时，确保项目管理团队具备足够的能力和资源来应对可能出现的各种情况。

用户：你的建议很实用。最后，如何评估这些公共设施建设项目的效果和影响呢？

ChatGPT：评估公共设施建设项目的效果和影响，可以通过以下几个方面进行。

1. 居民满意度调查：项目完成后，通过问卷调查或访谈收集居民的反馈和满意度。

2. 使用情况统计：统计新设施的使用频率和使用人数，了解设施的实际效果。

3. 环境改善评估：评估项目对社区环境的具体改善，如空气质量、交通状况等。

4. 长期跟踪：持续跟踪项目的长期效果，确保其持续对社区产生积极影响。

参与公共设施建设是一种积极参与社区发展的方式。通过 ChatGPT，用户可以获得关于如何有效参与公共设施建设的建议。更重要的是要了解社区的需求，选择合适的参与领域，并准备好必要的资源和知识。通过积极参与和合作，用户可以共同为改善社区环境和提升居民生活质量做出贡献。

3.13 物流管理

在物流管理领域，ChatGPT 的应用正展现出其独特的价值和潜力，通过提供智能化的交流和数据分析支持，ChatGPT 能够有效提升物流效率，优化供应链管理，从而在当今快速变化的市场环境中为企业带来竞争优势。本节将探讨 ChatGPT 在物流管理中的作用与意义，以及它如何帮助企业解决物流管理中的问题。

首先，ChatGPT 在提高物流通信效率方面发挥着重要作用。在供应链管理中，实时准确的通信对于确保物流操作的顺畅至关重要。ChatGPT 可以作为客户服务的一部分，为客户提供即时的物流信息查询、问题解答和异常处理服务，大大提高了物流通信的响应速度和客户满意度。

其次，ChatGPT 在物流数据分析和决策支持方面具有显著的价值。通过分析历史物流数据，ChatGPT 能够帮助企业识别供应链中的瓶颈和效率低下的环节，提供改进建议。此外，它还能够通过模拟不同的物流方案，帮助企业评估各种物流策略的潜在影响，从而作出更加科学和合理的决策。

 案例 098 优化物流成本

优化物流成本不仅需要关注直接的运输成本，更要全面考虑库存管理和供应链的各个环节。例如，进行库存预测与控制，精细化管理采购与生产计划，降低库存周转次数，以此减少不必要的库存保管成本，同时优化供应链布局，合理安排供应商布点，选择最佳运输方式，缩短产品在各个环节的流转时间，降低整体的库存规模。

扫一扫，看视频

1. ChatGPT 应用逻辑梳理

ChatGPT 分享优化物流成本过程的应用逻辑如图 3-98 所示。

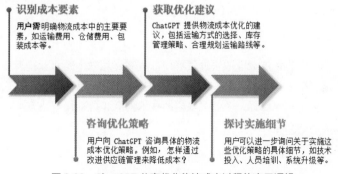

图 3-98 ChatGPT 分享优化物流成本过程的应用逻辑

2. ChatGPT 对话交互

> ⑤ ChatGPT：

用户：我在公司负责物流管理，现在面临着减少物流成本的挑战。我应该从哪里着手呢？

ChatGPT：在物流成本优化方面，你可以先从审视整个供应链开始。看看是否有机会改进效率和减少浪费。例如，与供应商建立更紧密的合作关系，以缩短补货时间。同时，关注你的库存管理策略，通过更精确的需求预测，减少库存过剩。另外，考虑你的运输途径，试着通过优化运输路线和合并货物运输来降低运输成本。

用户：提到供应链，我们具体该怎么优化它呢？

ChatGPT：优化供应链的关键在于提高供应链的透明度和灵活性。你可以使用供应链管理软件来提高供应链的可视性，确保随时了解供应链的每个环节。此外，通过与供应商建立更紧密的合作伙伴关系，协作共同优化库存水平和生产计划。还可以考虑多样化的供应商，以降低对单一供应商的依赖，减少风险。

用户：听起来我们需要更好地管理库存。有什么方法能有效降低库存成本吗？

ChatGPT：有效的库存管理首先需要准确的需求预测。你可以使用数据分析工具来预测销售趋势，并据此调整库存水平。实施及时库存管理系统，及时调整库存，避免不必要的积压。定期审查库存策略，以确保能够适应市场的变化，减少仓储成本。

用户：运输是个大头，我们怎样才能有效减少运输成本？

ChatGPT：降低运输成本可以从几个方面入手。首先，利用物流软件优化运输路线，减少不必要的运输里程和时间。尽量合并货物运输，减少半满载情况的发生。根据货物的种类和紧急程度选择最合适的运输方式，如陆运、空运或海运。与运输公司有效沟通，争取更好的运费协议。

用户：这些建议很有帮助。但我们怎样才能确保这些优化措施真正有效呢？

ChatGPT：确保优化措施有效，需要定期评估和调整。你可以通过比较优化前后的物流成本来评估节约效果。监控库存周转率和订单履行时间，看看这些指标是否有所改进。同时，通过客户反馈来评估物流服务的质量。根据这些数据和反馈，不断调整优化策略，以适应市场和业务的变化。

用户：最后一个问题，对于物流团队来说，他们在这个过程中应该注意哪些问题？

ChatGPT：对于物流团队来说，保持沟通和灵活性至关重要。团队成员需要清楚了解优化目标和计划，确保每个人都朝着同一方向努力。在执行过程中，鼓励团队成员提出意见和建议，以便发现并解决潜在的问题。同时，团队需要随时准备应对市场和供应链的变化，灵活调整策略和计划。有效的团队协作和持续的改进可以确保物流优化措施的成功实施。

物流成本的优化需要综合考虑各个方面的因素。通过 ChatGPT，用户可以获得关于物流成本优化的实用建议。实施这些优化策略需要企业内部的协调合作、技术投入，以及可能的供应链合作伙伴的协商。通过持续的努力和创新，企业可以有效降低物流成本，提高运营效率。

案例 099　提高送达效率

在电子商务和物流行业的快速发展中，提高送达效率是企业提升客户满意度和市场竞争力的关键。除了快速配送外，送达效率的提升还包括减少错误、提高准确性和增强客户体验。为了实现这一目标，企业可以借助技术创新和自动化解决方案。

扫一扫，看视频

1. ChatGPT 应用逻辑梳理

ChatGPT 提供提高送达效率指导的应用逻辑如图 3-99 所示。

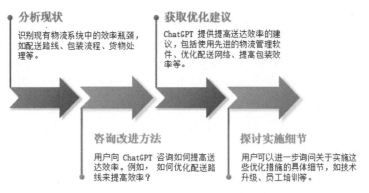

分析现状
识别现有物流系统中的效率瓶颈，如配送路线、包装流程、货物处理等。

获取优化建议
ChatGPT 提供提高送达效率的建议，包括使用先进的物流管理软件、优化配送网络、提高包装效率等。

咨询改进方法
用户向 ChatGPT 咨询如何提高送达效率。例如，如何优化配送路线来提高效率？

探讨实施细节
用户可以进一步询问关于实施这些优化措施的具体细节，如技术升级、员工培训等。

图 3-99　ChatGPT 提供提高送达效率指导的应用逻辑

2. ChatGPT 对话交互

⟲ ChatGPT:

用户：我在一家电子商务公司工作，我们面临着提高送达效率的挑战。你有什么建议可以帮助我们提高这方面的表现吗？

ChatGPT：提高送达效率对于电子商务公司非常关键。首先，考虑利用先进的物流管理系统，这可以帮助你更高效地规划路线和调度。其次，探索与本地快递服务的合作，特别是对于最后一公里的配送，这通常是提高效率的关键环节。还可以考虑建立或扩大仓储网络，尤其是在高需求的区域，以减少从仓库到客户的运输时间。

用户：使用先进的物流管理系统听起来是个不错的主意。你能具体说说这些系统有哪些功能吗？

ChatGPT：现代的物流管理系统通常具有多种功能，可以大大提高配送效率。例如，它们可以提供实时的货物跟踪，帮助你实时了解货物的位置。这些系统还能进行智能路线规划，根据交通状况和配送需求自动优化配送路线。此外，它们还可以帮助管理库存，通过预测分析来优化库存水平，减少缺货或过剩的情况。

用户：和本地快递服务合作听起来也是个不错的选择。我们应该怎样选择合作伙伴呢？

ChatGPT：选择本地快递服务作为合作伙伴时，首先要考虑它们的服务质量和效率。查看他们的配送时间记录和客户反馈，确保它们能提供高质量的服务。此外，考虑它们的覆盖范围，确保能覆盖你的主要市场区域。还可以评估它们的技术能力，如是否支持实时跟踪和电子签收，这些都是提高客户满意度的重要因素。

用户：建立或扩大仓储网络是个大工程。在决定在哪里建立新仓库时，我们应该考虑哪些因素？

ChatGPT：在决定建立新仓库的位置时，首先要分析你的订单分布和客户基础。选择靠近你主要客户群的地区，可以减少配送时间和成本。其次，考虑交通连通性，确保仓库容易从主要运输网络到达。还要考虑当地的劳动力市场和成本，以及仓库运营的潜在成本，包括租金、设施维护等。

用户：最后一个问题，我们如何衡量送达效率的提升和优化的成效呢？

ChatGPT：衡量送达效率的提升可以通过几个关键指标来实现。首先，关注配送时间，如平均订单处理时间和运输时间。其次，监控配送准确率，确保订单正确无误地送达。还可以通过客户反馈来评估服务质量，特别是关于配送速度和准时性的反馈。此外，分析物流成本，看看成本是否因为提高效率而下降。通过这些指标，你可以全面评估送达效率优化的成效。

提高送达效率是一个涉及多个方面的过程，需要综合考虑物流管理、技术应用和员工培训。通过持续的优化和创新，企业可以显著提升物流效率，提高客户满意度，并在市场上保持竞争力。

案例 100　仓库空间管理

仓库空间管理在物流和供应链管理中扮演着关键的角色。它的重要性在于优化仓库空间利用率、提高存储效率和降低成本，并同时确保货物的安全性和快速流通。通过有效的仓库空间管理，企业可以最大化其物流能力、减少库存积压、提高订单处理速度，以及减少货物损失和浪费。这有助于提高客户满意度、增强竞争力，并为企业创造更高的利润。

1. ChatGPT 应用逻辑梳理

ChatGPT 提供仓库空间管理指导的应用逻辑如图 3-100 所示。

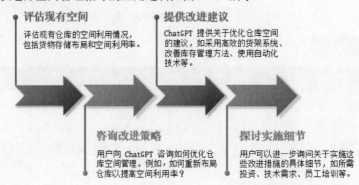

图 3-100　ChatGPT 提供仓库空间管理指导的应用逻辑

2. ChatGPT 对话交互

⑤ ChatGPT：

用户：我负责公司的仓库管理，我们面临着空间利用不足和存储效率低下的问题。你有什么建议可以帮助我们改善这种状况吗？

ChatGPT：要提高仓库的空间利用率和存储效率，首先建议进行仓库空间的重新规划。考虑采用高效的货架系统，如高层架或可移动架，以充分利用垂直空间。同时，优化货物的存储布局，根据货物的尺寸和频繁出入库的情况来调整货物的位置。另外，实施先进先出（FIFO）或类似的库存管理策略，以确保库存流动性和减少过时存货。

用户：我们的确需要重新规划仓库空间。在选择货架系统时，我们需要考虑哪些因素？

ChatGPT：在选择货架系统时，需要考虑以下几个因素。

1. 货物特性：考虑存储的货物类型、尺寸和重量，选择能够适应这些特性的货架系统。

2. 空间最大化：选择能够最大限度利用仓库垂直空间的货架系统，如高层货架。

3. 可访问性：确保货架系统可以方便地存取货物，特别是对于高频出入的物品。

4. 扩展性：选择可以根据未来需求调整和扩展的货架系统，以适应业务增长。

用户：优化存储布局听起来也很重要。我们应该如何进行这方面的优化呢？

ChatGPT：优化存储布局主要是根据货物的存取频率和特性来安排。将高频出入的货物放在易于存取的位置，如靠近出入口的地方。同时，可以根据货物的尺寸和形状，合理规划货架的分配和布局。还可以考虑采用动态存储系统，如流利架或旋转架，以提高空间的使用效率。

用户：你提到了 FIFO 的库存管理策略。这种策略具体是怎样的？对我们有什么好处？

ChatGPT：FIFO 是一种库存管理策略，意味着最先入库的货物应该最先出库。这种策略对于管理易腐货物或有保质期的商品特别有用，可以减少过期和损耗。它也有助于保持库存的新鲜度和流动性，确保库存持续更新。实施 FIFO 策略，你需要合理安排货物的存放顺序，并确保库存管理系统能够追踪每批货物的入库时间。

用户：听起来我们需要更好地利用技术来提高效率。在技术方面，我们还能做些什么来提升仓库管理的水平？

ChatGPT：在技术方面，可以考虑以下几个方面来提升仓库管理水平。

1. 实施仓库管理系统（WMS）：这可以帮助你自动化库存跟踪、优化货物布局和提高订单处理速度。

2. 采用条码或 RFID 技术：通过自动化识别和数据捕获技术，提高货物追踪的精确度和效率。

3. 利用自动化设备：考虑引入自动化拣选系统或机器人，减少人工操作，提高拣选的速度和准确性。

这些技术的应用可以显著提高仓库的运营效率和准确性。

有效的仓库空间管理不仅能提高存储效率，还能降低运营成本。通过 ChatGPT，用户可以获取关于优化仓库管理的实用建议。实施这些策略需要综合考虑技术、人力和财务资源。通过不断优化和更新仓库管理系统，企业可以提高运营效率，提升客户满意度。

 案例 101　关税和进口税咨询

关税和进口税是国际贸易中非常重要的组成部分，它们直接影响着跨国商品的流通、定价以及最终的市场竞争力。随着全球贸易环境的不断变化，各国为了保护本国产业，可能会频繁调整关税政策，这给国际贸易带来了不少挑战。

扫一扫，看视频

1. ChatGPT 应用逻辑梳理

ChatGPT 咨询关税和进口税的应用逻辑如图 3-101 所示。

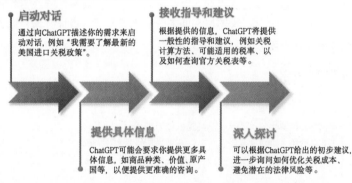

启动对话
通过向ChatGPT描述你的需求来启动对话，例如"我需要了解最新的美国进口关税政策"。

接收指导和建议
根据提供的信息，ChatGPT将提供一般性的指导和建议，例如关税计算方法、可能适用的税率、以及如何查询官方关税表等。

提供具体信息
ChatGPT可能会要求你提供更多具体信息，如商品种类、价值、原产国等，以便提供更准确的咨询。

深入探讨
可以根据ChatGPT给出的初步建议，进一步询问如何优化关税成本、避免潜在的法律风险等。

图 3-101　ChatGPT 咨询关税和进口税的应用逻辑

2. ChatGPT 对话交互

ChatGPT：

用户：我正计划从中国进口一批电子产品到美国，我需要了解当前的关税政策。

ChatGPT：根据美国海关和边境保护局的最新政策，从中国进口的电子产品关税率可能会根据具体产品种类而有所不同。一般而言，电子产品的关税率可能在 0% 到 25% 之间变化。为了给你更准确的指导，我需要了解这批电子产品的具体种类，比如是手机、笔记本电脑还是其他电子配件？

用户：主要是智能手表。

ChatGPT：智能手表通常被归类在可佩戴电子设备类别下。根据最新的关税表，这一类别的产品可能面临 2.5% 到 10% 的关税率，具体取决于产品的功能和价值。除了关税，你还需要考虑其他可能的费用，比如增值税（VAT）、消费税等。建议你访问美国海关和边境保护局的官方网站，那里有一个在线关税数据库，可以帮助你查询具体的税率。

用户：我该如何计算关税成本呢？

ChatGPT：计算关税成本的基本公式是：关税成本 = 商品价值 × 关税率。以智能手表为例，如果你进口的智能手表价值为每件 100 美元，假设关税率为 5%，那么每个手表的关税成本就是 5 美元。总的关税成本将是你进口手表数量乘以单件的关税成本。不过，需要注意的是，商品价值的计算可能会包括运输和保险费用，这取决于你的贸易条款，比如 FOB（离岸价）或 CIF（成本、保险加运费）。

用户：有没有办法可以减少关税成本？

ChatGPT：减少关税成本的一种方法是通过利用贸易协定或特殊经济区的优惠政策。例如，如果你的商品可以通过某个贸易协定享受更低的关税率，那么你可以通过提供必要的证明文件来申请这一优惠。此外，合理的供应链管理和货物分类也可以帮助你优化关税成本。在某些情况下，对产品进行细微的调整以满足特定关税分类的标准，这可能会让你享受到更低的税率。但是，这需要确保所有的做法都符合目标国家的法律法规。

使用 ChatGPT 在关税和进口税咨询中提供帮助可以大大提高效率，但需要注意的是，ChatGPT 提供的信息可能不包含所有最新的政策变化，因此应该将其作为初步指导，并以官方发布的信息为准，并确保提供给 ChatGPT 的信息尽可能详细和准确，以便获得更有针对性的建议。

 案例 102　减少物流损耗

扫一扫，看视频

　　在物流和供应链管理中，减少物流损耗是关键环节，它直接影响企业的效率、成本和客户满意度。物流损耗包括货物损坏、丢失、误送等问题，它们导致资源浪费、额外成本和客户的不满。通过减少物流损耗，企业可以提高运作效率、降低货物损失和废品率，并减少库存积压和资金占用。这不仅有助于降低成本，还可以提升客户满意度，增强企业的竞争力，并为可持续发展做出贡献。

1. ChatGPT 应用逻辑梳理

ChatGPT 提供减少物流损耗指导的应用逻辑如图 3-102 所示。

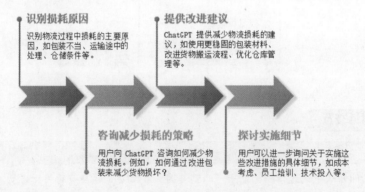

图 3-102　ChatGPT 提供减少物流损耗指导的应用逻辑

2. ChatGPT 对话交互

ChatGPT:

　　用户：我是物流公司的经理，我们最近遇到了一些货物损坏和丢失的问题，这对我们的业务产生了不小的影响。你能给我一些建议来减少这种物流损耗吗？

　　ChatGPT：减少物流损耗首先需要分析损耗的原因。例如，可以检查货物的打包和搬运过程，看看是否可以通过改进包装材料或加强员工培训来减少损坏。此外，采用先进的跟踪系统可以减少货物丢失和误送的情况，还可以定期审查和优化运输路线，以减少运输过程中的风险。

用户：你提到了改进包装材料，具体应该怎么做呢？

ChatGPT：改进包装材料意味着选择更适合特定货物的包装方式和材料。例如，对于易碎品，使用气泡膜或泡沫填充物进行额外保护。对于重物，使用坚固的箱子和加固的带子。另外，根据货物的特性选择合适的防水和防潮材料，确保货物在运输过程中的安全。

用户：跟踪系统听起来很重要。我们应该如何选择和实施一个有效的跟踪系统？

ChatGPT：选择有效的跟踪系统时，首先要确保系统能实时准确地跟踪货物的位置。可以考虑采用带有 GPS 功能的系统，它可以提供货物的实时位置和运输状态。同时，系统应该对用户友好，易于员工操作和理解。在实施过程中，确保所有相关员工都接受了系统使用的培训，并定期进行系统的维护和更新。

用户：关于运输路线的优化，我们应该从哪些方面入手？

ChatGPT：优化运输路线需要综合考虑多个因素。首先，分析运输过程中的时间效率和成本效率，选择最经济的路线。考虑交通状况和可能的延误因素，如拥堵、天气变化等。利用路线规划软件可以帮助你更科学地规划路线。此外，定期审查和调整路线，根据实际情况作出适当的改变。

用户：如果发生了货物损耗，我们应该怎样有效地处理这个问题？

ChatGPT：发生货物损耗时，首先要迅速行动，确定损失的原因和范围。对于客户的投诉和赔偿要求，要及时响应，公开透明地处理，以维护公司的信誉。其次，对损耗事件进行详细的分析，找出问题的根源，并采取措施避免类似事件再次发生，还可以考虑为高风险或高价值的货物投保，以减轻潜在的财务损失。

用户：最后，你认为我们还有哪些方法可以进一步提高物流效率和降低成本？

ChatGPT：提高物流效率和降低成本，除了上述提到的方法外，还可以考虑以下几点。

1. 员工培训：提高员工的操作技能和效率，减少错误和延误。

2. 合作伙伴关系：与可靠的供应商和合作伙伴建立稳固的关系，共同优化供应链。

3. 技术创新：探索和采用新技术，如自动化、机器人技术，来提高操作效率。

4. 持续改进：建立持续改进的文化，鼓励员工提出改进建议，不断寻找提高效率和降低成本的新方法。

减少物流损耗是一个涉及多个环节的过程，需要从包装、搬运、运输到仓储等各个方面进行综合考虑。通过持续的优化和员工培训，企业可以显著降低物流损耗，从而提升物流效率和客户满意度。同时，投资于先进的技术和管理系统也是降低物流损耗、提升整体物流效率的关键。

案例 103　实施绿色物流

随着全球对环境保护和可持续发展的关注，实施绿色物流已成为物流行业的重要趋势。绿色物流的作用在于降低物流活动对环境的影响，包括减少碳排放、能源消耗和废物产生。通过提高能源效率和资源利用率，绿色物流有助于减少环境污染、气候变化以及自然资源的消耗。此外，绿色物流还能提升企业形象，满足消费者对环保产品和服务的需求，增加市场竞争力。通过采用可再生能源、推广循环经济和促进供应链合作，绿色物流为实现可持续的发展目标做出了积极贡献。

扫一扫，看视频

1. ChatGPT 应用逻辑梳理

ChatGPT 提供实施绿色物流指导的应用逻辑如图 3-103 所示。

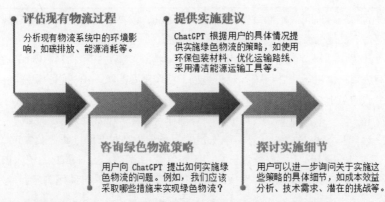

评估现有物流过程
分析现有物流系统中的环境影响，如碳排放、能源消耗等。

提供实施建议
ChatGPT 根据用户的具体情况提供实施绿色物流的策略，如使用环保包装材料、优化运输路线、采用清洁能源运输工具等。

咨询绿色物流策略
用户向 ChatGPT 提出如何实施绿色物流的问题。例如，我们应该采取哪些措施来实现绿色物流？

探讨实施细节
用户可以进一步询问关于实施这些策略的具体细节，如成本效益分析、技术需求、潜在的挑战等。

图 3-103　ChatGPT 提供实施绿色物流指导的应用逻辑

2. ChatGPT 对话交互

ChatGPT：

用户：我负责公司的物流部门，最近我们想转向实施绿色物流，但不太清楚应该从哪些方面入手。你能给我一些建议吗？

ChatGPT：转向绿色物流是一个积极的决策。首先，考虑采用更环保的运输方式，如使用电动或混合动力运输车辆。其次，优化运输路线和装载效率，减少空驶和过度装载，可以减少燃料消耗和二氧化碳排放，还可以通过提高包装材料的循环利用率和采用可降解材料来减少废物。此外，考虑采用可再生能源，如太阳能或风能，为仓库和物流中心供电。

用户：你提到优化运输路线和装载效率，具体该如何操作呢？

ChatGPT：优化运输路线和装载效率，首先，可以利用高级的物流规划软件进行路线优化，确保每次运输都是最经济高效的。其次，通过改进装载策略，如采用货物集中装载和拼车配送，以提高车辆的装载率，还可以定期分析运输数据，识别改进空间，不断调整运输策略以减少无效运行。

用户：在包装方面，我们应该如何实现环保和降低成本的平衡？

ChatGPT：在包装方面，你可以选择更环保且经济的材料，如再生纸板或生物降解塑料。同时，设计可重复使用的包装系统，减少一次性包装的使用。考虑采用更轻的材料以减轻运输负担，进一步降低能源消耗。此外，减少过度包装，只使用足以保护货物安全的最少包装。

用户：采用可再生能源听起来是个不错的选择。在实际操作中，我们应该注意些什么？

ChatGPT：在采用可再生能源时，首先评估你的仓库和物流中心的能源需求，并调研可行的可再生能源选项，如太阳能板或风力发电。安装这些设施需要初期投资，但长期来看可以节省能源成本。此外，确保这些系统的维护和运营符合你的业务需求，还可以考虑政府的补贴政策，这可能会降低初始投资的负担。

用户：关于采用电动或混合动力运输车辆，我们需要考虑哪些因素来确保这是一个合适的选择？

ChatGPT：在考虑采用电动或混合动力车辆时，首先要评估这些车辆是否适合你的运输需求，包括运输距离、货物重量和体积等。其次，考虑充电或加油的可用性和方便性，特别是对于长途运输。另外，不仅要分析这种转换对成本的影响，包括购车成本、维护成本以及潜在的节能效果，还需要考虑这些车辆的维护和运营培训要求，确保员工能够有效地管理新车辆。

　　实施绿色物流是一个系统工程，需要综合考虑运输方式、包装材料、物流管理等多个方面。通过持续的努力和技术创新，企业不仅能减少物流对环境的影响，还能提高物流效率和企业形象。实施绿色物流策略时，企业还需要考虑成本效益和实施的可行性，确保这些措施既环保又经济。

案例104　客户物流体验

扫一扫，看视频

在当今竞争激烈的市场环境中，提供卓越的客户物流体验对于企业的成功至关重要。客户物流体验的关键点不仅限于货物的及时送达，还包括整个物流过程的透明度、可靠性和客户服务质量。通过提供准确的跟踪信息和实时的物流更新，企业可以增强客户对物流过程的信任和满意度。良好的物流体验还可以帮助企业建立良好的声誉和品牌形象，吸引更多的客户和业务机会。此外，通过专业的客户服务团队和有效的沟通，企业可以更好地理解客户需求，提供个性化的解决方案，从而提高客户忠诚度和口碑传播。

1. ChatGPT 应用逻辑梳理

ChatGPT 提供客户物流体验指导的应用逻辑如图 3-104 所示。

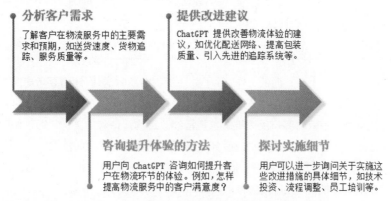

图 3-104　ChatGPT 提供客户物流体验指导的应用逻辑

2. ChatGPT 对话交互

⊛ ChatGPT:

用户：作为一家物流公司的负责人，我认识到提供优质客户体验对于我们的成功至关重要。你认为我们应该如何提升客户物流体验？

ChatGPT：提升客户物流体验，首先需要确保货物的及时准确送达。这意味着要优化你的物流网络和运输过程，减少延误和错误。其次，提高整个物流过程的透明度是关键，比如通过提供实时跟踪服务，让客户随时了解货物的最新状态。还应加强客户服务，确保任何问题和投诉都能得到快速有效的响应和解决。最后，不断收集和分析客户反馈，持续改进服务质量。

用户：我们正在考虑引入更先进的技术来提升服务质量。在技术方面，我们应该关注哪些方面？

ChatGPT：在技术方面，你可以考虑以下几个方面来提升服务质量。

1. 实时货物跟踪系统：使用 GPS 和物联网技术，提供实时货物跟踪，增加服务的透明度。

2. 客户服务平台：建立一个全面的客户服务平台，使客户能够轻松获取信息、提出问题和跟踪订单状态。

3. 数据分析工具：利用数据分析工具来优化物流路线，预测和解决潜在的物流问题。

4. 自动化工具：考虑使用自动化工具来提高仓库和运输的效率，减少人为错误。

用户：确保货物及时送达非常重要。我们如何能够在保持效率的同时，确保货物的及时送达？

ChatGPT：确保货物及时送达的同时保持效率，需要从多个方面着手。

1. 精确的需求预测和库存管理：这有助于减少缺货或过剩库存的情况，提高响应速度。

2. 强大的供应链合作伙伴网络：与可靠的供应商和运输合作伙伴合作，确保物流链的每一环都高效运作。

> 3. 灵活的运输模式：提供多种运输模式，以适应不同的客户需求和紧急情况。
>
> 4. 优化的路线规划：通过先进的物流软件来优化路线规划，减少不必要的延误。
>
> 　用户：提高透明度是我们的另一个重点。我们应该如何做到这一点？
>
> ChatGPT：为了提高物流过程的透明度，你可以做到以下几点。
>
> 1. 提供详细的货物跟踪信息：让客户能够通过网站或移动应用实时查看货物位置和状态。
>
> 2. 通信和更新：定期通过电子邮件或短信向客户更新货物的运输状态。
>
> 3. 开放反馈渠道：提供一个方便的渠道，让客户提出问题和反馈，并确保及时回应。
>
> 　用户：客户服务是另一个我们需要重点关注的领域。我们应该怎样提升客户服务质量？
>
> ChatGPT：为了提升客户服务质量，你应该做到以下几点。
>
> 1. 建立专业的客户服务团队：培训员工提供高效、友好和专业的服务。
>
> 2. 快速响应机制：确保客户的咨询和投诉能够得到快速且有效的处理。
>
> 3. 个性化服务：根据客户的具体需求提供定制化的服务方案。
>
> 4. 持续的客户关系管理：通过定期的沟通和回访来维护与客户的关系，了解他们的需求和满意度。

　　提升客户物流体验是一个多方面的工作。除了关注货物的及时送达，还需要考虑配送效率、透明度、服务质量等多个因素。通过不断优化物流流程和提高服务水平，企业可以显著提高客户满意度，并增强其在市场中的竞争力。有效的客户反馈机制也是持续改进物流体验的关键，通过倾听客户的意见和建议，企业可以有针对性地改进和优化物流服务，以便更好地满足客户的需求。

　　在这个过程中，企业可以向 ChatGPT 提出关于物流体验的问题，如如何提高配送效率、优化供应链管理等，以获取有用的建议和洞察方向。ChatGPT 还可以提供行业趋势、最佳实践和案例研究，以帮助企业了解物流行业的最新发展，并为改进客户物流体验提供参考。

案例 105　处理物流延误

扫一扫，看视频

　　在物流和供应链管理中，处理物流延误是维护客户满意度和保持服务质量的关键。物流延误可能由多种因素引起，如运输途中的不可预见事件、仓库处理效率低下、不良天气等。妥善处理这些延误事件对于维护品牌信誉和客户关系至关重要。

1. ChatGPT 应用逻辑梳理

　　ChatGPT 分享处理物流延误过程的应用逻辑如图 3-105 所示。

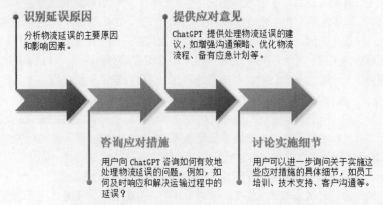

识别延误原因
分析物流延误的主要原因和影响因素。

提供应对意见
ChatGPT 提供处理物流延误的建议，如增强沟通策略、优化物流流程、备有应急计划等。

咨询应对措施
用户向 ChatGPT 咨询如何有效地处理物流延误的问题。例如，如何及时响应和解决运输过程中的延误？

讨论实施细节
用户可以进一步询问关于实施这些应对措施的具体细节，如员工培训、技术支持、客户沟通等。

图 3-105　ChatGPT 分享处理物流延误过程的应用逻辑

2. ChatGPT 对话交互

> 🟢 ChatGPT:

用户：作为物流经理，我发现处理物流延误是个挑战。你能给我一些建议，如何更有效地处理这些延误情况吗？

ChatGPT：处理物流延误的关键在于及时沟通和采取有效措施。首先，一旦发现可能导致延误的情况，应立即通知客户，同时提供延误的原因和预计的新送达时间。透明和诚实的沟通可以增加客户的理解和信任。其次，评估是否有可能通过调整路线或使用备用资源来减少延误情况。同时，对于频繁导致延误的问题，进行根本原因分析，并采取措施避免未来的重复问题。

用户：你提到了及时通知客户。我们应该怎样在不影响客户信任的情况下，有效地传达延误信息？

ChatGPT：在传达延误信息时，重要的是要保持诚实、专业且具有同情心的态度。在通知客户时，清晰地说明延误的原因和目前的情况，以及你们正在采取的补救措施，避免使用过于技术性或模糊的语言。提供一个实际的新预计送达时间，并保证会持续更新信息。如果可能，提供一些形式的补偿或优惠，如折扣或免费服务，以表明你们对客户时间的重视。

用户：对于因延误导致的问题，我们应该如何避免重复发生？

ChatGPT：避免延误重复发生需要从根本上解决问题。首先，分析延误的常见原因，是否是由于特定的运输路线、供应商问题或内部流程引起的。基于这些分析，改进运输计划、优化库存管理，或升级内部处理流程。此外，建立一个健壮的应急计划，以便在遇到类似情况时迅速响应。持续监控物流过程，及时发现并解决可能导致延误的问题。

用户：在提高仓库处理效率方面，我们应该采取哪些措施？

ChatGPT：提高仓库处理效率，可以从以下几个方面入手。

1. 自动化和技术改进：使用自动化设备和高效的仓库管理系统来加快货物处理速度。

2. 优化仓库布局：确保仓库内的货物摆放合理，以便快速拣选和装载。

3. 员工培训：提高员工的操作技能和效率，确保他们能够高效地完成任务。

4. 持续的流程优化：定期评估仓库操作流程，寻找改进空间，比如通过减少不必要的步骤或重新安排工作流程。

通过这些措施，你可以显著提高仓库的处理速度，从而减少导致延误的可能性。

用户：有时候，延误是由不可控因素引起的，如不良天气。这种情况下，我们应该怎么做？

ChatGPT：面对由不可控因素引起的延误，如不良天气，首要任务是确保员工和货物的安全。其次，及时与客户沟通，解释情况并提供最新的信息。在这种情况下，客户通常会更理解不可控因素引起的延误。此外，可以考虑制定应对恶劣天气的预案，如提前调整运输计划或安排备用资源。这样，在遇到类似情况时，可以快速采取行动，尽量减少对客户的影响。

妥善处理物流延误不仅仅需要及时的沟通和应急响应，还需要从根本上优化物流流程和提升员工的应对能力。通过持续改进和技术支持，企业可以有效减少物流延误的发生，从而提高客户满意度和服务质量。

企业可以向 ChatGPT 提出特定的问题，如如何优化物流流程、提升应急响应能力等，以获取有用的建议和洞察。ChatGPT 还可以提供行业经验、最佳实践和技术解决方案，帮助企业了解和应对物流延误的挑战。通过与 ChatGPT 的交互，企业可以获得更全面的信息，进行更深入的分析和决策，从而改善物流延误的处理能力。

此外，ChatGPT 还可以提供实时的数据分析和预测模型，帮助企业预测潜在的物流延误风险，并采取相应的措施进行预防和处理。利用 ChatGPT 的技术能力，企业可以更加精确地识别和解决物流延误问题，提高响应速度和处理效率。

案例 106　物流信息技术应用

　　随着物流行业的快速发展,运用信息技术来提高物流效率和服务质量变得越来越重要。物流信息技术的应用包括实时货物追踪、自动化仓库管理、数据分析优化物流路径等,这些技术的应用能显著提升物流操作的透明度和效率。

1. ChatGPT 应用逻辑梳理

ChatGPT 提供物流信息技术应用指导的应用逻辑如图 3-106 所示。

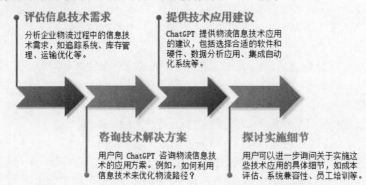

图 3-106　ChatGPT 提供物流信息技术应用指导的应用逻辑

2. ChatGPT 对话交互

ChatGPT:

用户:作为物流公司的 IT 经理,我想了解如何利用信息技术来提升我们的物流效率和服务质量。能给我一些建议吗?

ChatGPT:利用信息技术提升物流效率和服务质量,关键在于选择合适的技术解决方案并有效地整合它们到你的物流操作中。首先,实施一个强大的物流管理系统（LMS）或仓库管理系统（WMS）,这可以帮助你实现库存的实时跟踪和更高效的仓库操作。其次,使用 GPS 追踪技术和物联网（IoT）设备来实时监控货物的位置与状态。此外,利用数据分析工具来分析物流数据、优化运输路线和预测潜在的延误。

用户:你提到了物流管理系统和仓库管理系统。这些系统通常具备哪些关键功能?

ChatGPT:物流管理系统和仓库管理系统通常包括以下几个关键功能。

1. 库存管理:提供实时库存水平和位置信息,帮助管理库存和减少过剩或短缺。

2. 订单处理:自动化订单处理流程,从接收订单到拣选、打包和发货。

3. 运输管理:协助规划和优化运输路线,跟踪运输状态。

4. 报告和分析:提供详细的数据报告和分析功能,帮助识别效率提升和成本降低的机会。

用户:实时货物追踪技术听起来很有帮助。我们应该怎样实现这一点?

ChatGPT:实现实时货物追踪,可以通过以下几个步骤。

1. 采用 GPS 追踪设备:在运输车辆和重要货物上安装 GPS 追踪设备。

2. 使用物联网技术:利用 IoT 传感器来收集并传输货物的实时信息,如位置、温度或者震动情况。

3. 集成到管理系统:将这些追踪信息集成到你的物流管理系统中,确保信息的实时更新和准确性。

用户:关于数据分析优化物流路径,我们应该怎么做?

ChatGPT:为了通过数据分析优化物流路径,你可以有以下几种途径。

1. 收集和分析历史数据:收集历史运输数据,包括路线、时间、成本和服务水平。

> 2. 应用预测分析：使用预测分析工具来预测未来的物流需求和潜在的延误风险。
>
> 3. 测试不同的路线方案：基于分析结果测试不同的路线方案，找到最优化的路线。
>
> 4. 持续的监控和调整：不断监控实际运输与预测的差异，及时调整路线规划。
>
> 用户：最后一个问题，实施这些信息技术对我们员工有什么培训要求？
>
> ChatGPT：实施这些信息技术时，确保员工接受适当的培训至关重要。培训内容应包括新系统的操作方法、数据输入和分析的技巧以及如何解读系统提供的信息。此外，对于使用新技术可能出现的问题和挑战，提供相应的解决策略和技术支持。确保员工理解这些技术如何帮助提升工作效率和服务质量，以增加他们使用这些工具的信心和能力。

在物流行业中，信息技术的应用可以显著提升物流操作的效率和透明度，帮助企业在竞争激烈的市场中保持竞争优势。实施这些技术解决方案需要综合考虑企业的具体需求、成本效益和技术兼容性。通过持续的技术更新和员工培训，企业可以充分利用信息技术优化物流过程，提升服务质量。

ChatGPT 还可以为企业提供技术支持和培训。企业可以向 ChatGPT 提出关于信息技术实施和操作的问题，获得解决方案和培训指导。通过与 ChatGPT 的交互，企业可以获得针对性的技术支持，提高员工对信息技术工具的使用能力，进一步优化物流操作。

3.14　人 力 资 源

人力资源管理是组织成功的关键要素之一，它不仅关系到员工的招聘、培训、评估和激励，还涉及员工关系管理、绩效管理和组织文化的塑造等多个方面。随着 AI 技术的飞速发展，尤其是像 ChatGPT 这样的先进语言模型的出现，人力资源管理领域正经历着一场革命。本节将探讨 ChatGPT 在人力资源管理中的作用和意义，以及它如何帮助人力资源专业人士提高工作效率、优化人才管理流程和改善员工体验。

首先，ChatGPT 可以极大地提高人力资源管理中的沟通效率。通过自然语言处理能力，ChatGPT 可以作为虚拟助手，帮助解答员工的常见问题，如假期政策、福利详情和培训资源等。这不仅可以减轻人力资源部门的工作负担，还可以提供给员工更即时、更个性化的服务体验。

其次，ChatGPT 在招聘和筛选过程中的应用也极具潜力。通过分析大量的简历和申请材料，ChatGPT 可以帮助人力资源专业人士高效地识别合适的候选人，从而缩短招聘周期，提高招聘质量。同时，ChatGPT 还可以协助进行初步的候选人筛选和面试预约，进一步提高招聘流程的效率。

 案例 107　提升工作满意度

提升工作满意度是企业提高员工敬业度、降低人员流动率和提升工作效率的重要策略。工作满意度高的员工更有动力、更忠诚，能更好地服务于公司。他们更愿意投入时间和精力，在工作中展现出更高的工作质量和效率。提升工作满意度还有助于建立积极的工作氛围，增强团队合作和员工间的互信，促进沟通和知识分享，进一步提升整体工作效能。此外，工作满意度高的员工通常对公司和职业发展更有期望和追求，更愿意参与培训和学习，提升自身能力水平，为公司创造更多的价值。

扫一扫，看视频

1. ChatGPT 应用逻辑梳理

ChatGPT 提供提升工作满意度指导的应用逻辑如图 3-107 所示。

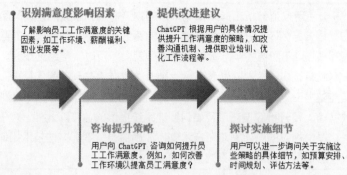

识别满意度影响因素
了解影响员工工作满意度的关键因素，如工作环境、薪酬福利、职业发展等。

提供改进建议
ChatGPT 根据用户的具体情况提供提升工作满意度的策略，如改善沟通机制、提供职业培训、优化工作流程等。

咨询提升策略
用户向 ChatGPT 咨询如何提升员工工作满意度。例如，如何改善工作环境以提高员工满意度？

探讨实施细节
用户可以进一步询问关于实施这些策略的具体细节，如预算安排、时间规划、评估方法等。

图 3-107　ChatGPT 提供提升工作满意度指导的应用逻辑

2. ChatGPT 对话交互

ChatGPT:

用户：作为人力资源经理，我正在寻找方法来提升我们员工的工作满意度。你认为我们应该从哪些方面着手？

ChatGPT：提升员工的工作满意度，可以从以下几个方面入手。

1. 良好的沟通：确保管理层与员工之间有有效的沟通渠道。定期收集员工的反馈和建议，并且对这些反馈作出响应。

2. 职业发展机会：提供员工职业发展和培训的机会，帮助他们在职业生涯中成长。

3. 公平的薪酬和福利：确保员工获得行业内竞争力的薪酬和福利，包括健康保险、退休金计划等。

4. 正面的工作环境：创造一个支持性和包容性的工作环境，鼓励团队合作和尊重多样性。

5. 认可和奖励：对员工的努力和成就给予认可和奖励，这可以是金钱奖励、表扬或晋升等。

用户：你认为如何有效地收集员工反馈，并确保我们的响应对他们有意义？

ChatGPT：有效收集员工反馈的方法包括定期进行满意度调查、设立建议箱、组织员工座谈会等。关键是要确保员工知道他们的声音被听到，并且对他们的反馈采取行动。当实施基于反馈的改变时，明确地通知员工这些改变是如何根据他们的意见作出的。这样可以提高员工对管理层的信任，并感受到他们对公司有实际的影响力。

用户：关于职业发展和培训，我们应该如何规划以最大化其效果？

ChatGPT：为了最大化职业发展和培训的效果，可以首先与员工讨论他们的职业目标和兴趣。基于这些讨论，提供定制化的培训计划，包括在线课程、研讨会或在职培训。此外，鼓励员工参与跨部门的项目或轮岗，以获得不同的工作经验。还可以设立导师计划，让经验丰富的员工指导新员工或职位较低的员工。

用户：薪酬和福利方面，除了基本的工资和健康保险，还有什么其他措施可以提升员工满意度？

ChatGPT：除了基本的工资和健康保险，还可以考虑以下措施来提升员工满意度。

1. 灵活的工作安排：提供远程工作、弹性工作时间等灵活工作选项。

2. 员工福利计划：如健身房会员、员工旅游、团队建设活动等。

3. 心理健康支持：提供心理健康服务，如员工辅导计划或压力管理研讨会。

4. 家庭友好政策：如带薪育儿假、家庭紧急假期等。

用户：在提升工作环境方面，我们可以采取哪些具体措施？

ChatGPT：为了提升工作环境，可以考虑以下措施：

1. 改善办公设施：提供舒适的工作空间，包括良好的照明、适宜的温度和适当的工作设备。

2. 鼓励开放交流：营造一种文化，鼓励员工分享想法和意见，无论职位高低。

3. 支持工作生活平衡：鼓励员工在工作和个人生活之间找到平衡，避免过度工作。

4. 多样性和包容性：倡导多样性和包容性的工作环境，确保所有员工都感到被尊重和价值。

通过实施这些措施，企业可以创造一个更加积极和生产性的工作环境。

企业可以向 ChatGPT 提出关于提升工作满意度的问题，如如何改善沟通流程、设计有效的培训计划、优化薪酬福利体系等，以获取有用的建议和洞察。ChatGPT 可以提供关于工作满意度的最佳实践、调研数据和案例研究，帮助企业了解行业的发展动态，并为改进员工满意度提供参考。

 案例108　员工培训策略

员工培训策略在企业发展中扮演着关键角色，它能提高员工技能、增强团队合作，从而提升整体业务绩效。有效的员工培训策略可以帮助员工更好地适应岗位要求，促进个人职业发展，并提高企业的竞争力。

扫一扫，看视频

1. ChatGPT 应用逻辑梳理

ChatGPT 制定员工培训策略过程的应用逻辑如图 3-108 所示。

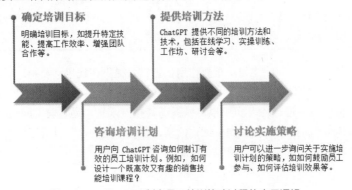

图 3-108　ChatGPT 制定员工培训策略过程的应用逻辑

2. ChatGPT 对话交互

⑤ ChatGPT：

用户：我是一家公司的培训经理，我们正在制定新的员工培训策略。你认为在制订培训计划时我们应该考虑哪些关键因素？

ChatGPT：制定有效的员工培训策略时，应考虑以下关键因素。

1. 明确培训目标：确定培训的目的和预期结果。这可能包括提高特定技能、促进团队协作或适应新技术。

2. 员工需求分析：了解员工在技能和知识方面的具体需求。可以通过调查、面谈或绩效评估来收集信息。

3. 定制化培训内容：根据员工的需求和公司的目标定制培训内容，包括技能培训、职业发展和领导力培训等。

4. 灵活多样的培训方式：采用多种培训方法，如面对面培训、在线课程、工作坊或模拟练习等。

5. 跟踪和评估：实施有效的跟踪和评估机制，以确保培训达到预期效果，并根据反馈进行调整。

用户：在实施培训项目时，如何确保高参与度和积极的学习态度？

ChatGPT：为确保高参与度和积极的学习态度，你可以做到以下几点。

1. 提前沟通培训的价值：向员工清晰地传达培训的好处和它如何帮助他们在工作中取得成功。

2. 参与式学习：采用互动式和参与式的教学方法，如小组讨论、角色扮演和实际案例研究。

3. 提供反馈和激励：在培训过程中提供正面反馈，鼓励积极参与。考虑设立奖励机制，如培训完成证书或奖品。

4. 灵活的培训安排：提供灵活的培训时间和形式，以适应不同员工的需求和时间表。

用户：培训后，我们如何评估培训效果和对业务绩效的影响？

ChatGPT：评估培训效果和对业务绩效的影响，可以通过以下方法进行。

1. 立即反馈：在培训结束后立即收集参与者的反馈，了解他们的学习体验和意见。

2. 绩效评估：比较培训前后员工的工作绩效，看是否有明显改进。

3. 长期跟踪：在培训后的几个月内，持续跟踪员工的应用情况和绩效变化。

4. 业务指标分析：分析培训是否对关键业务指标产生了积极影响，如生产率、销售额或客户满意度。

通过这些方法，企业可以全面了解培训的效果，并据此调整未来的培训策略。

用户：员工培训与职业发展有何关联？我们应该如何在培训中融入职业发展元素？

ChatGPT：员工培训与职业发展紧密相关，因为培训是员工职业发展的重要组成部分。在培训中融入职业发展元素，可以通过以下方式实现。

1. 职业规划对话：在培训前与员工进行职业规划对话，了解他们的职业目标和兴趣。

2. 提供多方面培训：包括专业技能、软技能和领导力培训，帮助员工全面发展。

3. 发展路径规划：展示培训如何帮助员工实现职业发展的具体路径。

4. 提供晋升机会：将培训与内部晋升机会相结合，鼓励员工通过学习和提高来实现职业上的发展。

通过这些方式，企业可以增强培训的吸引力，同时帮助员工实现长期的职业发展目标。

ChatGPT 可以在员工培训策略中发挥重要作用，它具备提供在线培训材料、教育课程和资源的能力，能回答员工的问题，解释复杂概念，并提供实际案例和建议。此外，ChatGPT 还能模拟实际工作场景，让员工在虚拟环境中进行练习和模拟，以提高其技能水平。通过与 ChatGPT 的互动，员工可以在自己的节奏和时间表内学习，并获得个性化的学习经验。这些全面且灵活的培训策略可以帮助企业提高员工的技能和知识，并促进员工的职业发展。

 案例 109　招聘和面试技巧

扫一扫，看视频

在当今竞争激烈的就业市场中，招聘和面试过程对于公司和求职者来说都至关重要。公司需要找到合适的人才来推动业务发展，而求职者则希望找到匹配自己技能和职业目标的职位。招聘过程中的挑战包括如何有效地筛选简历、评估候选人的技能和潜力，以及如何在面试中准确地判断候选人是否符合公司文化和岗位要求。同样，求职者面临的挑战包括如何在众多候选人中脱颖而出、展示自己的技能和经验，以及如何准备面试以提高被录用的机会。

1. ChatGPT 应用逻辑梳理

ChatGPT 提供招聘和面试技巧指导的应用逻辑如图 3-109 所示。

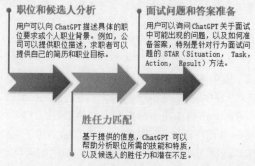

图 3-109　ChatGPT 提供招聘和面试技巧指导的应用逻辑

2. ChatGPT 对话交互

Alex：我们正在招聘一名软件工程师，需要擅长 Java 编程和团队协作。你能帮我设计一些面试问题吗？

ChatGPT：当然，基于您提供的职位要求，我建议您在面试中通过以下问题来评估技术能力和团队合作技能。

1. 技术问题："请描述一个您使用 Java 解决复杂问题的场景。您是如何分析问题并实现解决方案的？"

2. 团队合作问题："请提供一个您在团队项目中遇到冲突的例子。您是如何处理这种冲突，并确保项目顺利进行的？"

3. 情景模拟问题："如果您加入我们的团队，您将如何在紧迫的项目截止日期下与不同部门合作，确保及时交付高质量的软件产品？"

Alex：这些问题很好，能帮我设计一些评估候选人回答的标准吗？

ChatGPT：当然，评估候选人回答时，您可以考虑以下标准。

1. 对于技术问题：关注候选人如何具体描述问题解决过程，包括他们使用的技术方法、遇到的挑战和最终的结果。优秀的答案会展示出深入的技术理解和创新解决方案的能力。

2. 对于团队合作问题：重点是候选人处理冲突的方式和团队协作的能力。优秀的答案会展示出良好的沟通技巧、同理心和团队精神。

3. 对于情景模拟问题：评估候选人的时间管理能力、压力下的表现以及与不同团队成员协作的能力。有效的回答将展示出候选人对紧迫截止日期的适应性和协调多个任务的能力。

Alex：这很有帮助。如果候选人在面试中表现出色，我应该如何判断他们是否真的适合我们的团队？

ChatGPT：在候选人技术和行为面试表现出色的情况下，您还可以考虑以下几点来评估他们是否适合团队。

1. 公司文化适配度：考虑候选人的价值观和工作态度是否与公司文化相符。这可以通过观察他们对工作环境和团队合作的态度来判断。

2. 学习和适应能力：评估候选人对新技术和新环境的适应能力。这可以通过询问他们过去如何快速学习新技能或适应新环境来了解。

3. 长期潜力：考虑候选人的职业规划与公司的长期发展方向是否匹配。这可以通过讨论他们的职业目标和对公司未来的看法来评估。

在使用 ChatGPT 进行招聘和面试时，需要注意以下几点：ChatGPT 无法完全替代人类的直觉和判断力，特别是在评估候选人的个性和文化适配度方面；ChatGPT 的建议需要结合具体情况进行调整，不能一概而论；在使用 ChatGPT 生成问题和标准时，应注意保持灵活性，根据面试过程中的实际情况进行调整。

用户可以进一步探索的方向包括使用 ChatGPT 来优化在线面试和远程招聘流程，以及辅助设计针对不同职位的定制化面试流程和评估标准。

案例 110　绩效评估体系

绩效评估是企业管理的重要组成部分，它涉及如何公正、有效地评价员工的工作表现，以及如何使用这些评估结果来指导员工发展和组织决策。绩效评估的主要挑战包括确保评估的公正性、有效性，以及如何确保评估结果与员工发展和组织目标一致。此外，还需要考虑如何激励员工，提高他们的工作满意度和忠诚度。

扫一扫，看视频

1. ChatGPT 应用逻辑梳理

ChatGPT 提供绩效评估体系指导的应用逻辑如图 3-110 所示。

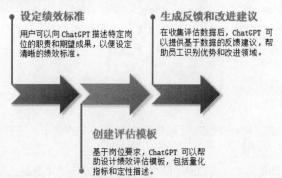

设定绩效标准
用户可以向 ChatGPT 描述特定岗位的职责和期望成果，以便设定清晰的绩效标准。

生成反馈和改进建议
在收集评估数据后，ChatGPT 可以提供基于数据的反馈建议，帮助员工识别优势和改进领域。

创建评估模板
基于岗位要求，ChatGPT 可以帮助设计绩效评估模板，包括量化指标和定性描述。

图 3-110　ChatGPT 提供绩效评估体系指导的应用逻辑

2. ChatGPT 对话交互

⑤ ChatGPT：

用户：ChatGPT，我们公司最近在考虑改进绩效评估体系。目前，我们面临的一个主要问题是评估的公正性和有效性。你有什么建议吗？

ChatGPT：首先，确保评估的公正性和有效性，需要建立一个全面且透明的评估体系。你们可以考虑以下几个方面：首先，设定清晰、具体的绩效指标，这些指标应与公司目标和员工岗位职责紧密相关。其次，采用 360 度反馈机制，这不仅包括直接上司的评价，还包括同事、下属甚至客户的反馈。此外，建立定期的评估周期，如季度或半年评估，以及年度总结评估，这有助于跟踪员工的工作进展和发展。

用户：我同意定期评估和 360 度反馈的重要性，但是我担心这可能会增加我们的工作负担，并可能引起员工的抵触情绪。我们该如何平衡？

ChatGPT：确实，实施全面的绩效评估系统可能会增加一些工作量，但长远来看，它对于员工的成长和公司的发展是有益的。为了减少工作负担，你们可以考虑使用专业的绩效管理软件，它可以帮助自动化许多流程，如收集反馈、生成评估报告等。至于员工的接受度，关键在于沟通和教育。你们需要向员工明确传达绩效评估的目的、流程和好处，帮助他们理解这是为了他们的个人发展以及团队和公司的整体利益。

用户：说到员工的发展，我们如何确保评估结果真正有助于员工的职业成长和满意度提升？

ChatGPT：要使绩效评估成为员工发展的有力工具，重要的是将评估结果与员工的个人发展计划相结合。首先，评估不应仅仅关注过去的表现，还应包括未来的发展潜力和改进方向。其次，建立一个支持性的反馈环境，确保反馈是建设性的，专注于解决问题而不是指责。同时，提供相关的培训和发展资源，如在线课程、工作坊或者导师制度。最后，建立一个跟踪系统来监控员工的进展和发展计划的实施情况，确保他们得到必要的支持和资源。

用户：我明白了，绩效评估不仅是一个评价过程，也是一个发展和学习的过程。但在实际操作中，如何处理员工对评估结果的不满或异议呢？

ChatGPT：处理员工对评估结果的不满或异议是绩效评估中一个非常重要的环节。首先，确保评估过程的透明性和公正性至关重要，这可以减少不满的产生。其次，当员工对评估结果有异议时，应提供一个正式的途径让他们提出异议。例如，可以设置一个审查小组，由不同部门的代表组成，以确保异议处理的中立性和公正性。此外，鼓励开放的沟通也很重要。管理者应倾听员工的观点，理解他们的担忧，并提供具体的例子或数据来支持评估结果。必要时，可以调整评估结果，或提供额外的支持和资源来帮助员工改进。

用户：这确实是个好方法。那么，对于表现优异的员工，我们应该如何使用绩效评估结果来激励他们呢？

174

> ChatGPT：对于表现优异的员工，绩效评估结果可以用来提供正面的激励和奖励。首先，可以通过物质奖励，如奖金、晋升机会或其他福利来认可他们的表现。其次，非物质激励也非常重要，如公开赞扬、颁发荣誉证书或提供更多的职业发展机会。此外，你们可以考虑让表现优异的员工参与更高级别的项目或决策过程，这不仅是对他们工作的认可，也有助于他们的职业成长和技能提升。

在使用 ChatGPT 进行绩效评估时，需要注意以下几点：ChatGPT 无法完全理解复杂的人际关系和组织文化，评估标准和反馈建议需要根据实际情况进行调整；ChatGPT 提供的建议应作为参考，最终的决策应由人力资源专业人员和直接管理者共同决定。

案例 111　解决职场冲突

职场冲突是工作环境中常见的现象，它可能源于个人差异、沟通障碍、工作压力或组织结构问题。不能妥善处理冲突可能会导致工作效率下降、员工士气降低甚至员工流失。因此，有效解决职场冲突对于维护和谐的工作环境和提升团队效能至关重要。

扫一扫，看视频

1. ChatGPT 应用逻辑梳理

ChatGPT 提供解决职场冲突指导的应用逻辑如图 3-111 所示。

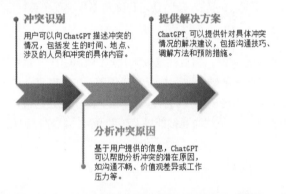

图 3-111　ChatGPT 提供解决职场冲突指导的应用逻辑

2. ChatGPT 对话交互

> **ChatGPT：**
>
> 用户：ChatGPT，我团队中最近出现了一些冲突，主要是因为沟通不畅和工作压力大。我应该怎样处理这个问题？
>
> ChatGPT：首先，重要的是要及时介入并解决冲突。你可以首先安排一个会议，让所有相关团队成员参加。在会议上，鼓励每个人公开表达自己的观点和感受，同时确保会议环境是安全和尊重的。倾听是关键，尽量理解每个人的立场和担忧。然后，共同探讨解决冲突的方法，努力找到一个双方都能接受的解决方案。
>
> 用户：我明白了。如果冲突双方都坚持己见，不愿意妥协怎么办？
>
> ChatGPT：当冲突双方都不愿妥协时，你可能需要采取更积极的调解角色。首先，尝试找出双方立场背后的真正关切和需求，通常冲突背后的原因比表面上看到的更复杂。你可以帮助他们识别共同的目标和利益。其次，提出一些创造性的解决方案，这些方案应旨在满足双方的关键需求。在这个过程中，保持中立和客观至关重要。如果必要，可以寻求外部专业人士的帮助，如职业调解员。
>
> 用户：我理解了介入和调解的重要性，但我担心我的干预可能会被某些团队成员视为偏袒。我该怎么确保自己的中立性？

ChatGPT：确保中立性是关键。在处理冲突时，最重要的是保持客观和公正。明确告诉团队，你的目的是解决问题，而不是站在任何一方。在听取各方观点时，保持公正的态度，不要打断或质疑，而是用开放性问题引导讨论。同时，避免使用任何可能被解读为偏袒的语言或行为。

用户：如果冲突升级，影响到整个团队的氛围和效率，我应该怎么办？

ChatGPT：如果冲突开始影响到整个团队，就需要更积极地介入。可以考虑举办团队建设活动，通过非正式的环境促进团队成员间的理解和沟通。同时，评估是否需要调整团队结构或工作流程，以减少潜在的摩擦点。在必要时，不要害怕进行个别辅导或者调整责任分配，以缓解紧张关系。

用户：这些策略听起来很有用。我想知道，有没有什么方法可以帮助团队成员提升他们处理冲突的能力？

ChatGPT：提升团队成员处理冲突的能力是一个长期的过程。你可以定期组织沟通和团队合作的培训。这些培训包括角色扮演、情景模拟等互动环节，帮助团队成员在安全的环境中学习如何有效地沟通和解决问题。另外，鼓励团队成员反思自己在冲突中的行为和反应，这有助于他们在未来的冲突中作出更加成熟和理智的选择。

用户：这听起来是个长期的计划。在日常管理中，我该如何培养一个更加和谐的工作环境？

ChatGPT：在日常管理中，创建一个开放和包容的文化是关键。鼓励团队成员分享他们的想法和感受，无论是在正式会议还是日常交流中。同时，作为领导者，你应该以身作则，展示积极的沟通方式和冲突解决技巧。确保团队目标和价值观是清晰且被大家认同的，这有助于减少由于目标不一致或价值观冲突引起的摩擦。最后，及时认可和奖励那些展现出良好团队合作精神的行为，这会鼓励更多的积极互动。

在使用 ChatGPT 解决职场冲突时，需要注意以下几点：ChatGPT 无法完全替代面对面的沟通和直接的人际互动；提供的解决方案需要结合实际情况灵活调整；在处理复杂的人际关系时，ChatGPT 的建议应只作为参考，最终决策应由经验丰富的管理者作出。除了上述的应用方案，用户还可以深入探索如何利用 ChatGPT 来提升团队成员的沟通技能以及辅助开展团队建设和预防冲突活动。

案例 112　员工福利设计

扫一扫，看视频

员工福利设计是企业人力资源管理的重要方面，它涉及如何为员工提供既有吸引又有竞争力的福利和奖励。良好的福利体系不仅有助于吸引和留住人才，还能提升员工的工作满意度和忠诚度。设计良好福利体系的主要挑战包括如何平衡成本和效益、如何满足不同员工的需求，以及如何确保福利体系与公司战略和文化相符。

1. ChatGPT 应用逻辑梳理

ChatGPT 提供员工福利设计指导的应用逻辑如图 3-112 所示。

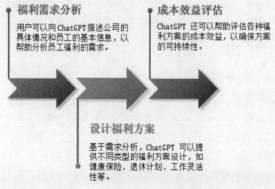

福利需求分析
用户可以向 ChatGPT 描述公司的具体情况和员工的基本信息，以帮助分析员工福利的需求。

成本效益评估
ChatGPT 还可以帮助评估各种福利方案的成本效益，以确保方案的可持续性。

设计福利方案
基于需求分析，ChatGPT 可以提供不同类型的福利方案设计，如健康保险、退休计划、工作灵活性等。

图 3-112　ChatGPT 提供员工福利设计指导的应用逻辑

2. ChatGPT 对话交互

ChatGPT:

用户：ChatGPT，我们公司正在考虑改进员工福利计划。我们希望这些福利既具吸引力又具竞争力。你有哪些建议？

ChatGPT：要设计一个既具吸引力又具竞争力的员工福利计划，首先需要了解员工的需求和偏好。你们可以通过问卷调查或小组讨论的方式收集员工的意见。了解他们最关心的福利是什么，如健康保险、退休金计划、灵活工作时间等。然后，根据公司的财务状况和战略目标来决定可以提供哪些福利。

用户：我们已经有一些基本的福利，如健康保险和年假。你认为我们还可以提供什么额外的福利来吸引员工？

ChatGPT：除了基本福利外，你们还可以考虑提供一些额外的福利来吸引员工。例如，提供灵活的工作安排，如远程工作选项或弹性工作时间，这在近年来变得越来越受欢迎。提供职业发展支持，如培训和进修机会，也是一个很好的福利，有助于员工的个人成长。此外，健康和福祉计划，如健身房会员、心理健康支持等，也是非常受欢迎的。你们还可以考虑设立员工认可和奖励计划，以表彰优秀员工。

用户：这些都是很好的建议。那么，在实施这些福利计划时，我们需要注意哪些问题？

ChatGPT：在实施福利计划时，有几个重要的注意事项。首先，确保福利计划的可持续性和公司财务的平衡。其次，透明地沟通福利计划的细节，确保员工充分理解他们所获得的福利。此外，定期评估和调整福利计划，确保它们仍然符合员工的需求和公司的目标。最后，要考虑法律和税务方面的影响，确保所有的福利都符合相关的法律法规。

用户：关于员工福利计划的成本问题，我们应该如何平衡员工的期望和公司的财务状况？

ChatGPT：平衡员工的期望和公司的财务状况是设计福利计划时的一个关键挑战。一种方法是提供多样化的福利选项，让员工根据自己的需求选择。例如，可以提供几种不同的健康保险计划，或者让员工选择是否参加某些额外福利项目。另外，考虑提供一些成本较低但价值感高的福利，如灵活的工作安排、在家办公的选项，或者额外的休息日。这些福利通常不需要太大的财务投入，但对员工的吸引力很大。

用户：我想知道，如何衡量我们的福利计划是否成功？

ChatGPT：衡量福利计划成功与否可以从多个方面来看。首先，可以通过员工满意度调查来直接了解员工对福利计划的看法。其次，可以观察员工福利计划对招聘和员工保留的影响，如新员工加入的速度和员工流失率。此外，也可以考察福利计划对员工生产力和工作满意度的影响。定期收集这些数据，并根据结果调整福利计划。

用户：我们还应该如何改进我们的福利计划？

ChatGPT：改进福利计划的一个关键方面是持续地听取员工的反馈。定期进行问卷调查或组织小组讨论，了解员工的需求和期望是否发生变化。此外，随着公司发展和行业趋势的变化，定期审查和更新福利计划也很重要。同时，关注市场上的新趋势和创新做法，如提供心理健康支持、增加无限假期等，这些都可能成为吸引人才的新方式。

在设计员工福利方案时，福利方案需要符合公司的财务状况和战略目标。因为不同员工可能有不同的需求和偏好，所以设计时需要考虑多样性。另外，福利方案应定期评估和调整，以确保其持续有效。

案例 113　远程工作管理

扫一扫，看视频

随着技术的进步和工作方式的变化，远程工作成为越来越多公司和员工的选择。远程工作管理涉及如何有效地管理分散在不同地点的团队，以确保沟通顺畅、工作效率和团队合作。远程工作管理的主要挑战包括如何维持团队成员之间的沟通和协作、如何监督和评估远程员工的工作表现，以及如何维持员工的参与度和工作动力。

1. ChatGPT 应用逻辑梳理

ChatGPT 提供远程工作管理指导的应用逻辑如图 3-113 所示。

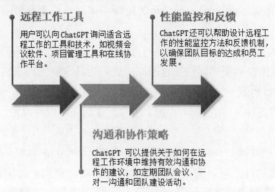

图 3-113　ChatGPT 提供远程工作管理指导的应用逻辑

2. ChatGPT 对话交互

ChatGPT：

Alex：你好，ChatGPT。作为一个项目经理，我正努力管理一个分布在多个地区的远程团队。我感觉沟通和协调工作非常具有挑战性。你有什么建议吗？

ChatGPT：你好，Alex。管理远程团队确实有其特殊的挑战。首先，建立一个有效的沟通机制至关重要。我建议你使用一些在线协作工具，如 Slack、Microsoft Teams 或 Zoom，这些工具可以帮助团队成员即时沟通和协调工作。定期举行视频会议也很重要，这有助于加强团队成员之间的联系和理解。

Alex：的确，我们已经在使用一些这样的工具。但我发现团队成员参与度不一，有些人很活跃，有些人则相对被动。这该怎么办？

ChatGPT：在远程团队中，确保每个人的参与和投入是一项挑战。你可以尝试安排定期的一对一会议，与每个团队成员单独交流，了解他们的工作进展和任何可能的问题。此外，鼓励团队成员在会议中分享他们的想法和意见。你还可以考虑设立一个"虚拟水 cooler"——一个非正式的在线空间，让团队成员可以进行非工作相关的交流，这有助于建立更轻松的团队氛围。

Alex：我觉得这个"虚拟水 cooler"的想法很有趣。那么，在项目管理方面，我该如何确保远程团队的效率和生产力？

ChatGPT：为了确保远程团队的效率和生产力，建立明确的目标和期望是非常重要的。你应该为每个项目阶段设定清晰的目标和截止日期，并使用项目管理工具，如 Asana 或 Trello，来跟踪进度和任务完成情况。此外，为团队设立适当的 KPIs（关键绩效指标）和定期检查这些指标，有助于监控团队的整体表现。不要忘记认可和奖励那些表现出色的团队成员，这可以提高团队的整体士气和动力。

Alex：非常感谢你的建议，这对我来说非常有帮助。还有一个问题，对于跨时区工作，你有什么特别的建议吗？

> ChatGPT：对于跨时区的工作，灵活性是关键。尽量安排在所有团队成员都方便的时间举行会议。对于无法找到共同时间的情况，可以录制会议供无法参加的成员事后观看。此外，鼓励团队成员在自己的工作时间内保持一定的工作进度和沟通，同时也要尊重他们的工作生活平衡。如果可能，可以考虑设立工作时间的"重叠时段"，在这段时间内所有团队成员都在工作，以便进行实时沟通和协作。

远程工作可能导致沟通不足和团队凝聚力下降，管理者需要积极采取措施来弥补这些缺失。首先，监督员工工作需要平衡，避免过度监督导致员工压力。其次，保持团队文化和员工参与度是远程工作的持续挑战。ChatGPT 不仅可以优化远程工作中的团队沟通和协作，而且可以设计和实施远程员工的培训和发展计划。

案例114 团队合作沟通

团队合作沟通是组织中不可或缺的一部分，它对于提高团队效率、增强团队凝聚力和促进项目的成功至关重要。有效的团队沟通可以帮助解决问题、分享信息、促进创新和协调团队成员的工作。团队合作沟通的主要挑战包括如何确保信息的透明和及时性、如何处理沟通中的误解和冲突，以及如何促进不同背景和专业领域的团队成员之间的有效沟通。

扫一扫，看视频

1. ChatGPT 应用逻辑梳理

ChatGPT 提供团队合作沟通指导的应用逻辑如图 3-114 所示。

图 3-114　ChatGPT 提供团队合作沟通指导的应用逻辑

2. ChatGPT 对话交互

> **ChatGPT：**
>
> 用户：ChatGPT，我是一个团队的负责人，最近发现团队合作不够流畅，沟通也存在一些问题。我该怎么改进这个状况？
>
> ChatGPT：要改善团队合作和沟通，首先需要确保每个团队成员都清楚团队的共同目标和各自的角色。明确的目标和角色分配有助于减少误解和冲突。其次，建立定期的团队会议，确保信息的透明和及时交流。在会议上，鼓励每个人分享他们的想法和反馈，同时也确保听取他人的意见。
>
> 用户：我同意定期会议的重要性，但有时候会议似乎效率不高，怎样才能让会议更加高效？
>
> ChatGPT：要提高会议的效率，你可以尝试以下几个策略：首先，事先准备会议议程，并提前发送给所有参会者，这样大家可以有针对性地准备和参与讨论。其次，会议开始时明确时间限制和目标，保持会议的焦点和效率。另外，会议结束时总结讨论的要点和下一步的行动计划，确保每个人都清楚自己的责任和期限。

用户：这些都是很实用的建议。那么，对于远程团队成员，我们该如何改进沟通和合作？

ChatGPT：对于远程团队成员，有效的沟通和合作尤为重要。你可以利用各种在线协作工具来促进沟通，如 Slack、Zoom 或 Microsoft Teams。确保团队成员了解如何使用这些工具，并鼓励他们定期更新自己的工作进展和面临的挑战。对于重要的沟通，考虑使用视频会议，因为面对面的交流可以增进理解和提高团队凝聚力。此外，考虑时区差异和工作生活平衡，尽量安排在对所有人都方便的时间进行团队活动。

用户：确实，使用合适的工具和考虑时区差异非常重要。还有没有其他方法可以提高团队合作的效果？

ChatGPT：除了前面提到的策略，还可以考虑定期组织团队建设活动，这有助于增强团队成员之间的信任和了解。这些活动可以是与工作相关的，如头脑风暴会议，也可以是非正式的社交活动，如虚拟咖啡会或团队游戏。此外，作为团队负责人，要注意观察团队动态，及时识别和解决潜在的冲突。最后，确保对团队成员的努力和成就给予认可与奖励，这可以提高团队的士气和合作意愿。

在优化团队合作沟通时，用户首先可以使用 ChatGPT 来定期评估和优化沟通策略，也可以让其协助设计团队建设活动，以增强团队合作和沟通。其次，沟通策略需要考虑团队成员的多样性和个体差异，沟通工具和平台应根据团队的具体需求与偏好来选择。最后，保持沟通的持续性和一致性是长期的挑战。

案例 115　促进职业发展

扫一扫，看视频

职业发展是员工个人成长和组织发展的关键组成部分。有效的职业发展策略不仅能帮助员工实现个人职业目标，还能提升组织的绩效和竞争力。促进职业发展的主要挑战包括如何设计和实施有效的职业发展计划、如何鼓励员工主动参与职业发展活动，以及如何确保职业发展计划与组织目标相一致。

1. ChatGPT 应用逻辑梳理

ChatGPT 提供促进职业发展指导的应用逻辑如图 3-115 所示。

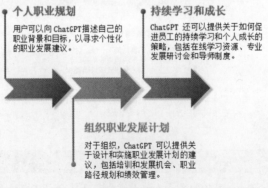

图 3-115　ChatGPT 提供促进职业发展指导的应用逻辑

2. ChatGPT 对话交互

ChatGPT：

人力资源经理：你好，我是一家公司的人力资源经理。我们公司正在努力设计一个有效的职业发展计划，以帮助员工在实现个人职业目标的同时，提升公司的绩效和竞争力。你有什么建议吗？

ChatGPT：你好！设计有效的职业发展计划需要综合考虑员工的个人发展和组织目标。首先，建议与员工进行一对一的职业规划会谈，了解他们的职业兴趣、长期目标和发展需求。基于这些信息，可以设计个性化的职业发展路径。

其次，提供多样化的培训和发展机会。这可以包括内部和外部培训课程、在线学习资源、职业辅导以及跨部门轮岗等。

还有，确保职业发展计划与组织的长期战略和目标相一致。这意味着需要明确哪些技能和知识对组织未来发展至关重要，并鼓励员工在这些领域发展。

人力资源经理：我们如何鼓励员工主动参与职业发展活动呢？

ChatGPT：要鼓励员工主动参与职业发展活动，可以采取以下几种方法。

1. 明确沟通职业发展的价值：让员工理解参与职业发展活动对他们个人职业成长和公司成功的重要性。

2. 提供必要的资源和支持：为员工提供时间、资金和其他资源，以便他们能参加培训和发展活动。

3. 建立激励机制：通过奖励或认可机制来激励员工参与职业发展活动。

4. 创造发展机会：为员工提供实际的工作机会，让他们应用所学的技能和知识。

人力资源经理：如何确保职业发展计划与组织目标相一致？

ChatGPT：确保职业发展计划与组织目标相一致，关键是进行战略规划和持续沟通。定期审查组织的长期战略和目标，识别关键的技能和能力缺口。将这些需求纳入职业发展计划，并通过持续的沟通确保员工了解这些目标和他们的职业发展如何相互支持。此外，定期评估职业发展计划的效果，确保它们仍然符合组织的发展需求，并根据需要进行调整。

在使用 ChatGPT 促进职业发展时，职业发展策略需要个性化。首先，考虑员工的独特需求和职业目标。其次，需要管理层的支持和资源投入。最后，职业发展计划应与组织的长期战略目标相一致。在这个案例中，可以深入探索如何使用 ChatGPT 来辅助设计针对不同职业阶段员工的职业发展计划，如何利用 ChatGPT 来提供职业发展相关的培训和资源推荐。

 案例 116　自我成长与目标设定

在个人发展的道路上，自我成长和目标设定是推动个人进步和实现梦想的重要步骤。有效的目标设定可以帮助人们明确方向，集中精力，克服挑战，最终达到期望的成就。然而，许多人在设定目标和实施行动计划时遇到困难，可能是因为目标设定不够具体、缺乏动力、难以持续执行或面对挑战时易于放弃。

扫一扫，看视频

1. ChatGPT 应用逻辑梳理

ChatGPT 提供自我成长与目标设定指导的应用逻辑如图 3-116 所示。

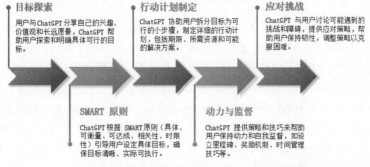

图 3-116　ChatGPT 提供自我成长与目标设定指导的应用逻辑

2. ChatGPT 对话交互

> 🟢 ChatGPT：
>
> 用户：我是一名年轻的专业人士，非常希望在职业生涯中取得进步。你有什么建议可以帮助我实现这个目标吗？
>
> ChatGPT：作为一个年轻的专业人士，有几个关键策略可以帮助你在职业生涯中取得进步。首先，终身学习非常重要。无论是通过在线课程、专业研讨会还是行业认证，不断提升自己的技能和知识可以让你保持竞争力，并为未来的机会做好准备。
>
> 其次，建立一个强大的职业网络也是成功的关键。尝试参加行业相关的活动和会议，主动与你所在领域的其他专业人士建立联系。通过扩大你的职业网络，你可以获得宝贵的洞察、建议和可能的职业机会。
>
> 用户：我觉得自己在工作中的表现还不错，但似乎很难获得更多的认可和晋升机会。有什么办法可以改善这种情况吗？
>
> ChatGPT：如果你觉得自己的工作表现没有得到足够的认可，可能需要更主动地展示你的成就和能力。首先，确保你的上级和关键决策者了解你的贡献。定期更新他们关于你项目的进展、你所面临的挑战以及你如何成功克服这些挑战的信息。
>
> 其次，积极寻求反馈和指导。向你的上级或导师询问如何提高表现，并寻求他们对你职业发展的建议。这不仅可以帮助你改善工作表现，还可以表明你对个人发展的承诺。
>
> 用户：我怕自己在某个领域陷入舒适区，不敢尝试新的挑战。你有什么建议吗？
>
> ChatGPT：跳出舒适区确实是职业发展中的一大挑战，但也是成长的重要机会。首先，给自己设定一些小的、可实现的目标，这些目标应该稍稍超出你目前的能力范围。通过实现这些小目标，你可以逐渐建立起自信，准备好接受更大的挑战。
>
> 其次，寻找一个导师或导师团队可以提供巨大的帮助。选择那些已经走过你当前所在路径的人，他们的经验和指导可以帮助你避免常见的陷阱，并鼓励你在面对不确定性时采取行动。
>
> 最后，记住失败是成长的一部分。每个成功的专业人士都经历过失败，关键在于从失败中学习，并将这些教训应用于未来的尝试。保持开放和适应性强的心态，愿意从每次经历中学习，将帮助你在职业生涯中不断进步。

自我成长和目标设定是一个动态且持续的过程，需要个人对自己的愿望和潜能有深入的了解，并通过实际行动不断接近目标。ChatGPT 可以作为一个有力的工具，帮助用户探索潜能，明确目标，制订行动计划，并在实现目标的过程中提供支持和指导。重要的是要保持耐心和灵活性，适时调整目标和计划，以适应不断变化的环境和个人状况。

3.15　客户关系管理

在客户关系管理（CRM）领域，ChatGPT 的应用正逐步展现出巨大的潜力和价值，通过提供智能化的交流和数据分析支持，ChatGPT 能够帮助企业更好地理解和满足客户需求，提升客户满意度和忠诚度，从而在激烈的市场竞争中获得优势。本节将探讨 ChatGPT 在客户关系管理中的作用与意义，以及它如何帮助企业优化客户服务和关系维护。

首先，ChatGPT 可以作为客户服务的智能化辅助工具。它能够 24/7 不间断地提供服务，通过自然语言处理技术理解客户的咨询和需求，提供即时、准确的回应和解决方案，极大地提高了客户服务的效率和质量。这种即时响应的服务方式能够有效提升客户满意度，并减轻企业客服中心的工作负担。

其次，ChatGPT 在客户数据分析和洞察方面发挥着重要作用。通过分析客户的交互记录和行为数据，ChatGPT 能够帮助企业深入理解客户的需求和偏好，预测客户行为，从而为客户提供更加个性化和贴心的服务。这种基于数据的洞察对于提升客户体验、提高客户忠诚度具有重要意义。

 案例 117　提高服务响应速度

在当今竞争激烈的商业环境中，有效的 CRM 对于企业的成功至关重要。CRM 的目标是通过更好地理解客户需求和行为来优化客户服务与体验。提高服务响应速度是 CRM 的一个关键方面，它涉及如何快速有效地响应客户的咨询和需求。提高服务响应速度的主要挑战包括如何利用技术提高响应效率、如何确保服务质量，以及如何通过个性化服务提升客户满意度。

扫一扫，看视频

1. ChatGPT 应用逻辑梳理

ChatGPT 分享提高服务响应速度过程的应用逻辑如图 3-117 所示。

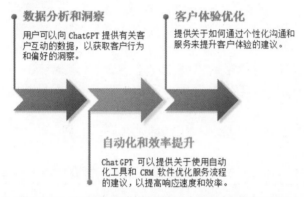

图 3-117　ChatGPT 分享提高服务响应速度过程的应用逻辑

2. ChatGPT 对话交互

> **ChatGPT：**
>
> Alex：你好，我是一家零售公司的客户服务经理。我们的客户服务团队目前面临响应客户咨询速度慢的问题。我想请教一下，有没有什么有效的方法可以提高我们的服务响应速度？
>
> ChatGPT：你好 Alex，很高兴能帮助到你。提高客户服务的响应速度可以从几个方面着手。首先，你可以考虑使用自动化工具，如聊天机器人，来处理常见的问题和简单咨询。这样可以减轻客服人员的负担，让他们专注于处理更复杂的问题。其次，对于客服团队的培训和管理也很重要。定期的培训可以帮助他们提高处理问题的效率。另外，可以通过数据分析来了解高峰时段，并在这些时段增加人手。最后，优化内部流程，如创建一个更有效的问题转接系统，也有助于提高响应速度。你觉得这些建议有用吗？
>
> Alex：非常有用！我对使用聊天机器人很感兴趣，但我担心它可能无法准确理解和回应客户的问题。这方面有什么好的解决方案吗？
>
> ChatGPT：关于聊天机器人，确实存在理解复杂咨询的挑战，但现在的技术已经相当成熟，能够处理大部分标准咨询。为了提高聊天机器人的效果，你可以考虑以下几个方面：首先，确保聊天机器人拥有一个全面且经常更新的知识库，这样它能更准确地回答问题。其次，可以设置一个有效的转接机制，当机器人无法解答时，能够及时将客户转接给人工客服。另外，定期收集和分析客户与机器人的互动数据，根据这些反馈不断优化聊天机器人的性能。此外，选择一个适合你公司业务的聊天机器人平台也很重要。有没有特别关注的聊天机器人平台？

Alex：我们还没有特别关注任何平台。你能推荐几个业界公认的、适合零售业务的聊天机器人平台吗？

ChatGPT：当然可以。对于零售业务，以下几个聊天机器人平台是业界公认的优秀选择。

1. Zendesk Chat：非常适合提供客户支持服务，易于集成和使用，同时提供强大的数据分析工具。

2. Intercom：提供个性化和自动化的客户沟通服务，支持通过机器人和人工无缝转接。

3. Drift：专注于转化和销售，适合那些希望通过客户服务提升销售的公司。

4. Freshchat：由 Freshworks 提供，支持多渠道沟通，用户友好且功能丰富。

每个平台都有其独特的特点和优势，建议根据你们公司的具体需求和预算来选择最合适的。需要更详细的信息吗？

Alex：这些信息很有帮助，谢谢！我会进一步调研这些平台。另外，你提到了数据分析，我们应该如何利用数据来提高客户服务效率？

ChatGPT：使用数据分析来提高客户服务效率主要包括以下几个步骤。

1. 数据收集：首先，确保你能收集到客户互动的关键数据，如咨询类型、响应时间、解决时间、客户满意度等。

2. 数据分析：运用统计分析方法来识别常见问题、高峰时段和客服效率等关键指标。

3. 洞察发现：通过分析，你可以发现哪些问题最常见，哪些时段最繁忙，以及哪些流程可能需要改进。

4. 行动计划：根据这些洞察，制订具体的行动计划。例如，调整人力资源分配，优化常见问题的自动回复，或改进流程。

5. 持续监测与优化：实施改进措施后，持续监测关键指标的变化，并根据需要调整策略。

为了提高 CRM 服务响应速度并保持人性化和个性化，ChatGPT 可以起到关键作用。它可以帮助客户快速得到回复，并提供个性化的解决方案。通过智能的语义理解和情感识别功能，ChatGPT 能够理解客户的需求和情感，并提供相应的支持和建议，使客户感受到个性化的关怀。

然而，提高效率不应以牺牲服务质量为代价。ChatGPT 可以辅助人工客服团队，提供自动化回复和常见问题解答，从而减轻团队的工作负担，但关键的是确保回答准确、相关且满足客户的期望。ChatGPT 的使用应与人工客服相结合，以确保服务质量和客户满意度的提高。

定期评估和调整策略是至关重要的，以适应客户需求的变化。ChatGPT 可以收集用户反馈并提供数据分析，帮助管理者了解客户的变化需求，从而进行相应的策略调整。这种持续的反馈和改进过程可以确保 CRM 服务始终与客户期望保持一致，并提供最佳的体验和结果。

 案例 118　利用客户反馈

扫一扫，看视频

客户反馈是企业了解客户需求、改进产品和服务以及提升客户满意度的关键。有效利用客户反馈可以帮助企业及时调整市场策略、优化产品设计、提高服务质量，从而提高客户忠诚度和市场竞争力。利用客户反馈的主要挑战包括如何高效收集和分析客户反馈、如何将反馈转化为实际行动，以及如何在整个组织内推广客户导向的文化。

1. ChatGPT 应用逻辑梳理

ChatGPT 提供利用客户反馈指导的应用逻辑如图 3-118 所示。

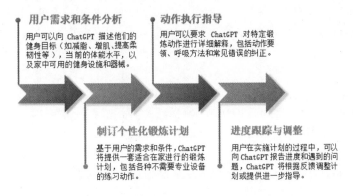

图 3-118　ChatGPT 提供利用客户反馈指导的应用逻辑

2. ChatGPT 对话交互

> ⑤ ChatGPT：
>
> 市场经理：你好，我是一家餐饮企业的市场经理。我们收集了大量的客户反馈，但似乎没有有效地利用这些信息。我想知道如何能更好地分析和应用这些反馈来改进我们的服务和营销策略。
>
> ChatGPT：你好！很高兴能为你提供帮助。要有效利用客户反馈，可以从以下几个方面入手。
>
> 1. 分类和分析：首先，将反馈按类型分类，如服务、食品质量、价格、环境等。文本分析工具可以帮助你更高效地处理和分析大量文本数据。
>
> 2. 识别关键主题：通过分析，找出客户最常提及的问题和需求。这可以帮助你了解客户的主要关切点。
>
> 3. 量化分析：如果可能，对反馈进行量化分析。例如，通过评分系统来衡量顾客满意度的变化。
>
> 4. 行动计划：根据分析结果制订行动计划。例如，如果发现多数顾客对某个菜品的口味有负面反馈，可能需要考虑调整菜品配方。
>
> 5. 跟踪改进效果：实施改进措施后，继续收集客户反馈，监测改进措施的效果。
>
> 6. 市场营销策略调整：利用客户反馈来调整营销策略。例如，如果客户对某些特色菜肴的评价很高，可以在营销活动中突出这些菜肴。
>
> 需要更多具体的建议或工具推荐吗？
>
> 市场经理：这些建议很有用。你能推荐一些文本分析工具吗？我们目前还没有使用过这类工具。
>
> ChatGPT：当然可以。以下是一些流行的文本分析工具，适合用于分析客户反馈。
>
> 1. NVivo：适合进行深入的定性分析，可以帮助你理解复杂的文本数据。
>
> 2. Lexalytics：一款强大的文本分析平台，适用于大数据量的分析，能够提供情感分析、主题发现等功能。
>
> 3. MonkeyLearn：用户友好，适合初学者，提供文本分类和情感分析等服务。
>
> 4. Google Cloud Natural Language：提供高级文本分析功能，包括情感分析、实体识别等。
>
> 这些工具各有特点，建议根据你们的具体需求和技术背景选择最适合的。你们有经验丰富的IT团队或数据分析团队吗？
>
> 市场经理：我们有一支小型的IT团队，但在数据分析方面经验不多。你认为我们应该如何开始使用这些工具？
>
> ChatGPT：既然你们有IT团队，但在数据分析方面经验较少，我建议从以下几步开始。

> 1. 选择合适的工具：首先，选择一个易于上手且适应你们需求的工具。例如，MonkeyLearn 和 Google Cloud Natural Language 是相对容易上手的选择。
>
> 2. 小规模试验：开始时，不妨先用一小部分数据进行试验，以便团队熟悉工具的使用方法和分析过程。
>
> 3. 培训与学习：让 IT 团队参加相关的在线课程或研讨会，了解基本的数据分析概念和工具使用方法。
>
> 4. 逐步扩大应用范围：随着经验的积累，逐步扩大数据分析的范围，增加更多类型的数据进行分析。
>
> 5. 寻求外部支持：如果需要，可以考虑与专业的数据分析咨询公司合作，以获得更专业的指导和帮助。

在使用 ChatGPT 利用客户反馈时，有以下几个限制需要注意。

（1）客户反馈可能包含主观成分，因此需要结合客观数据进行分析，以确保准确理解其含义和背后的需求。

（2）实施改进措施需要整个组织的协作。仅仅依靠 ChatGPT 作为工具是不够的，关键是确保各部门和团队之间的良好沟通和协调，以共同参与并有效执行计划改进。

（3）持续收集和分析反馈是一个动态的、长期的过程。在处理大量的客户反馈数据时，ChatGPT 可以帮助分析和解读客户的反馈，提取关键信息，并提供洞察和建议。此外，ChatGPT 还可以用于设计客户反馈的收集和分析流程，以提高效率和准确性。

深入探索的方向包括如何利用 ChatGPT 的自然语言处理能力来处理大规模的客户反馈数据，并提供有价值的见解，还可以探讨如何使用 ChatGPT 来自动分类和归纳客户的反馈，以更快速、准确地识别关键问题和趋势。这样组织就可以更好地理解客户需求，并采取相应的改进措施来提高产品和服务质量。

案例 119　客户忠诚计划

扫一扫，看视频

在竞争日益激烈的商业环境中，建立和维护客户忠诚度是企业成功的关键。客户忠诚计划旨在通过提供奖励和优惠来激励客户持续购买与支持企业的产品或服务。设计客户忠诚计划的主要挑战包括如何设计吸引人且可持续的忠诚计划、如何确保计划与企业的品牌和市场策略一致，以及如何衡量和优化计划的效果。

1. ChatGPT 应用逻辑梳理

ChatGPT 设计客户忠诚计划过程的应用逻辑如图 3-119 所示。

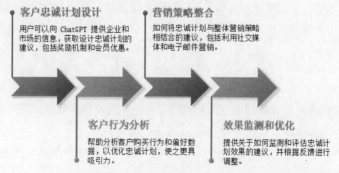

客户忠诚计划设计
用户可以向 ChatGPT 提供企业和市场的信息，获取设计忠诚计划的建议，包括奖励机制和会员优惠。

营销策略整合
如何将忠诚计划与整体营销策略相结合的建议，包括利用社交媒体和电子邮件营销。

客户行为分析
帮助分析客户购买行为和偏好数据，以优化忠诚计划，使之更具吸引力。

效果监测和优化
提供关于如何监测和评估忠诚计划效果的建议，并根据反馈进行调整。

图 3-119　ChatGPT 设计客户忠诚计划过程的应用逻辑

2. ChatGPT 对话交互

ChatGPT：

市场策划：你好，我是一家零售连锁店的市场策划。我们正在设计一项新的客户忠诚计划，目的是提升客户忠诚度和促进复购。我想听听你有哪些建议？

ChatGPT：你好！设计客户忠诚计划是一个很好的策略。以下是一些建议。

1. 积分奖励系统：为每次购物赋予一定积分，积分可以兑换商品、优惠券或其他奖励。确保积分系统简单易懂，让客户容易参与和理解。

2. 分级制度：根据消费额或积分等级设置不同的会员级别，不同级别提供不同的优惠和服务。这样可以激励客户更多消费以达到更高级别。

3. 个性化推荐：利用客户购买数据提供个性化的产品推荐和优惠。这不仅提升了客户体验，也能增加销售机会。

4. 专属活动与优惠：为忠诚计划的会员提供专属的促销活动、新品预览或特别活动邀请。

5. 客户反馈环节：建立反馈机制，让客户参与到服务改进和产品选择过程中，增强他们的参与感和忠诚度。

6. 合作伙伴计划：与其他公司或品牌合作，扩大奖励兑换的范围，如餐饮、娱乐等。

7. 沟通策略：通过电子邮件、社交媒体、App 推送等多渠道保持与客户的沟通，定期更新他们的积分情况和可用优惠。

这些只是基本的建议，你们有没有考虑过具体的忠诚计划形式或特色？

市场策划：我们在考虑提供一些独特的体验作为奖励，如 VIP 顾客活动或定制服务，但我们还没有具体的想法，你能提供一些建议吗？

ChatGPT：当然可以。提供独特体验是一个很好的思路，以下是一些建议。

1. VIP 顾客活动：举办专属的 VIP 客户活动，如新品发布会、品鉴会或购物夜。这些活动可以增强客户的独特体验感和归属感。

2. 定制服务：提供个性化的定制服务，如个人购物助理、定制包装或专享快速结账通道。

3. 生日特权：在客户生日提供特别优惠或礼品，如额外积分、优惠券或小礼物。

4. 教育与工作坊：组织与你们产品相关的教育活动或工作坊，如烹饪课程、美妆教学等。

5. 意见领袖互动：邀请行业意见领袖或知名人士参与活动，增加活动的吸引力。

6. 专属折扣日：定期为 VIP 客户提供专属的折扣日或预购权。

这些都是可以增强客户忠诚度和参与度的方法。你觉得这些建议适合你们的情况吗？

市场策划：这些建议非常棒，我会考虑将它们纳入我们的计划中。另外，有没有什么好的方法来衡量客户忠诚计划的效果？

ChatGPT：衡量客户忠诚计划的效果可以通过以下几个关键指标。

1. 复购率：衡量客户重复购买的频率，是评估客户忠诚度的直接指标。

2. 会员增长率：观察忠诚计划会员的增长情况，了解计划的吸引力。

3. 参与度：通过活动参与情况、积分兑换率等来衡量客户的参与活跃度。

4. 顾客满意度：定期进行顾客满意度调查，了解他们对忠诚计划的看法。

5. 客户留存率：衡量客户在一定时间内继续选择你们品牌的比例。

6. 销售数据分析：分析忠诚计划会员的消费数据，了解计划对销售的影响。

在设计和实施客户忠诚计划时，需要注意有以下几个限制。

（1）确保计划对所有客户群体公平且具有吸引力。这意味着需要考虑不同客户群体的需求和偏好，并设计相应的奖励和福利，以确保计划的普适性和可持续性。

（2）持续收集和分析客户反馈是优化计划效果的关键。ChatGPT 可以帮助分析客户反馈和行为数据，提供洞察和见解，帮助组织了解客户需求、偏好和行为模式。通过持续收集和分析反馈，ChatGPT 可以及时调整和优化忠诚计划，以提高客户满意度和忠诚度。

 案例 120 处理客户投诉 --

扫一扫，看视频

在任何商业环境中，处理客户投诉都是维护客户满意度和忠诚度的关键部分。有效地处理投诉不仅可以解决客户的即时问题，还能提升企业的声誉和客户关系。处理客户投诉的主要挑战包括如何快速识别和响应投诉、如何公正和有效地解决问题，以及如何从投诉中学习并改进产品或服务。

1. ChatGPT 应用逻辑梳理

ChatGPT 提供处理客户投诉指导的应用逻辑如图 3-120 所示。

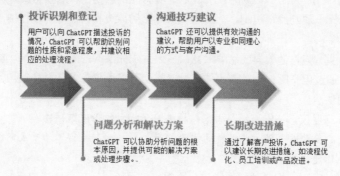

图 3-120　ChatGPT 提供处理客户投诉指导的应用逻辑

2. ChatGPT 对话交互

> **ChatGPT:**

客户服务代表：你好，我在处理客户投诉时遇到了一些困难。我们的响应速度不够快，客户经常表示不满。有什么好方法可以改进吗？

ChatGPT：你好！快速响应确实对于提升客户满意度至关重要。你可以试着简化处理流程。例如，设立一个专门处理投诉的团队，并使用自动回复系统确认收到投诉。这样可以提高响应速度。

客户服务代表：怎样才能确保我们理解了客户的具体问题呢？

ChatGPT：好问题！首先，仔细倾听客户的描述很重要。你们可以训练客服团队，教会他们如何通过提问来准确地获取问题的核心信息。此外，回顾类似的历史投诉案例也很有帮助。

客户服务代表：如果客户情绪激动怎么办？

ChatGPT：在这种情况下，首先要保持冷静。向客户表达同情和理解，让他们感觉被重视。避免与客户对抗，而是尝试理解他们的感受，这样可以帮助缓和情绪。

客户服务代表：有时候，我们找不到立即解决问题的方法，该如何应对？

ChatGPT：这时候，诚实地告诉客户你们正在努力寻找解决方案，并给出一个大致的时间框架。同时，定期更新进展情况，让客户知道他们的问题正在被重视。

客户服务代表：我们如何知道客户对解决方案满意呢？

ChatGPT：解决问题后，主动联系客户，询问他们是否满意处理结果。你们也可以通过后续调查或反馈表来收集客户的意见。

客户服务代表：还有什么方法能提升我们团队处理投诉的技能？

ChatGPT：定期进行培训非常重要。你们可以通过模拟不同的投诉场景来训练团队，或者邀请有经验的客服专家分享经验。团队成员之间的知识分享也非常有用。

　　客户服务代表：最后，我们该如何防止类似的投诉再次发生呢？

　　ChatGPT：分析投诉的根本原因至关重要。定期审查和分析投诉数据，找出问题的共同点。然后，改进相应的流程或产品，防止问题重复发生。

　　在处理客户投诉时，ChatGPT 可以发挥重要作用。

　　首先，作为一个智能助手，它可以帮助客服团队迅速响应客户投诉，并提供专业和同理心的回复。通过提供即时的自动化回复，ChatGPT 可以帮助减少响应时间，同时保持高效和准确。

　　其次，ChatGPT 还可以帮助客服团队制定符合公司政策和实际情况的解决方案。通过分析投诉内容，ChatGPT 可以提供相关的政策和指导，帮助客服团队制定适当的解决方案，并确保其合规性。

案例 121　使用 CRM 软件

　　CRM 软件是企业管理客户信息和优化客户互动过程的重要工具。有效使用 CRM 软件可以帮助企业提高销售效率、改善客户服务质量并加深对客户行为的理解。使用 CRM 软件的主要挑战包括如何选择合适的 CRM 软件、如何有效地集成和使用该软件，以及如何确保数据的准确性和安全性。

扫一扫，看视频

1. ChatGPT 应用逻辑梳理

　　ChatGPT 分享使用 CRM 软件过程的应用逻辑如图 3-121 所示。

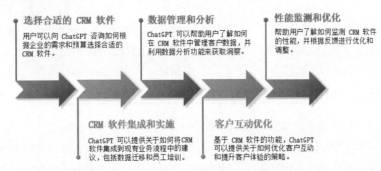

图 3-121　ChatGPT 分享使用 CRM 软件过程的应用逻辑

2. ChatGPT 对话交互

> **⑤ ChatGPT：**
>
> 　　**Alex**：你好，我是一家中型制造公司的销售经理。我们最近开始使用 CRM 软件，但我觉得我们还没有充分利用它的潜力。你能给我一些建议，如何更有效地使用 CRM 软件来提升销售和客户服务吗？
>
> 　　**ChatGPT**：你好 Alex！很高兴帮助你更有效地使用 CRM 软件。首先，重要的是确保所有销售和客服团队成员都能熟练地使用这个软件。你可以考虑举办一些培训课程来提高团队使用该软件的技能。其次，你们可以利用 CRM 软件来更好地了解你们的客户。通过分析客户的购买历史和偏好，你们可以提供更个性化的服务和产品推荐。
>
> 　　**Alex**：我们如何确保团队成员都能有效地使用 CRM 系统呢？
>
> 　　**ChatGPT**：一个有效的方法是定期举办培训和研讨会，确保团队成员对 CRM 软件的所有功能都有深入了解。可以邀请专业的 CRM 培训师，或者利用软件提供商的在线资源和教程。同时，鼓励团队成员在日常工作中积极使用 CRM 系统，并提供足够的时间和资源让他们适应这个新工具。

Alex：CRM 软件中有哪些功能是特别有助于提升销售和客户服务的？

ChatGPT：CRM 软件中有几个核心功能可以特别帮助提升销售和客户服务。

1. 客户数据管理：可以详细记录每个客户的信息，包括联系方式、购买历史和偏好。

2. 销售漏斗管理：帮助你追踪销售进展，从潜在客户到成交。

3. 自动化营销工具：可以自动发送定制的营销邮件或提醒，提升客户参与度。

4. 客户服务跟踪：记录每次客户服务的情况，帮助提高服务质量和效率。

5. 报告和分析：提供销售和客户服务的详细报告，帮助你作出更明智的决策。

Alex：我们应该如何利用 CRM 软件来分析客户数据，以改善销售策略？

ChatGPT：利用 CRM 软件分析客户数据时，可以关注以下几个方面。

1. 客户细分：根据购买历史、地理位置、消费习惯等标准对客户进行细分。

2. 销售趋势分析：分析不同时间段的销售数据，了解哪些产品或服务最受欢迎。

3. 客户购买行为：研究客户的购买周期和偏好，找出潜在的销售机会。

4. 客户满意度调查：通过 CRM 软件收集和分析客户反馈，了解他们对产品或服务的满意度。

Alex：CRM 软件如何帮助我们提升客户服务水平呢？

ChatGPT：CRM 软件可以通过以下方式帮助提升客户服务水平。

1. 集中管理客户信息：确保客户信息的完整性和准确性，方便快速响应客户需求。

2. 服务请求跟踪：记录和跟踪客户的每一个服务请求，确保及时处理。

3. 客户历史记录：通过查看客户的历史互动记录，提供更个性化的服务。

4. 反馈和投诉管理：迅速响应客户的反馈和投诉，提高客户满意度。

Alex：非常感谢你的建议，这对我们来说很有帮助。我们还有其他方面需要注意的吗？

ChatGPT：最后，我建议定期回顾和更新 CRM 软件的使用策略。随着业务的发展，你们可能需要调整 CRM 的使用方法，以适应新的市场和客户需求。同时，保持团队成员对 CRM 软件的熟练使用也是很重要的。定期收集团队成员的反馈，看看是否有必要进行额外的培训或调整工作流程。这样可以确保 CRM 软件始终是提升销售和客户服务的有效工具。

　　ChatGPT 可以在软件选择、员工培训和数据管理方面发挥重要作用。首先，作为一个智能助手，它可以提供关于不同 CRM 软件的信息和比较，帮助企业更好地了解每个软件的优势和适用性，以便作出符合其需求和预算的明智选择。其次，ChatGPT 还可以提供培训材料和指南，帮助企业设计和实施有效的员工培训计划，以便员工能够熟练地使用 CRM 软件。最后，在数据管理方面，ChatGPT 可以提供有关数据安全和隐私标准的信息和建议，帮助企业了解和遵守相关法规，并制定适当的数据安全策略，以确保客户数据的保护和合规性。通过 ChatGPT 的支持，企业可以更好地进行软件选择、员工培训和数据管理，以提高 CRM 软件实施的成功率和效果。

 案例 122　创造个性化体验 --

扫一扫，看视频

　　在当前的市场环境中，创造个性化体验对于吸引和保留客户至关重要。个性化体验涉及根据客户的个人偏好、历史行为和需求来定制产品和服务。这不仅可以提高客户满意度和忠诚度，还能提升企业的品牌价值。创造个性化体验的主要挑战包括如何收集和分析客户数据、如何在保护隐私的前提下实现个性化，以及如何在不同的触点上提供一致的个性化体验。

1. ChatGPT 应用逻辑梳理

　　ChatGPT 提供创造个性化体验指导的应用逻辑如图 3-122 所示。

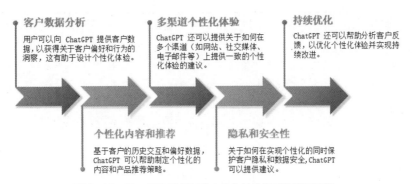

客户数据分析
用户可以向 ChatGPT 提供客户数据，以获得关于客户偏好和行为的洞察，这有助于设计个性化体验。

多渠道个性化体验
ChatGPT 还可以提供关于如何在多个渠道（如网站、社交媒体、电子邮件等）上提供一致的个性化体验的建议。

持续优化
ChatGPT 还可以帮助分析客户反馈，以优化个性化体验并实现持续改进。

个性化内容和推荐
基于客户的历史交互和偏好数据，ChatGPT 可以帮助制定个性化的内容和产品推荐策略。

隐私和安全性
关于如何在实现个性化的同时保护客户隐私和数据安全，ChatGPT 可以提供建议。

图 3-122　ChatGPT 提供创造个性化体验指导的应用逻辑

2. ChatGPT 对话交互

ChatGPT:

市场经理：你好，我是一家在线零售商的市场经理。我们正在寻找方法为客户创造更加个性化的购物体验。你能提供一些建议吗？

ChatGPT：你好！为了提供更个性化的购物体验，你们可以考虑以下几点。

1. 数据驱动的个性化推荐：利用客户的购买历史、浏览记录和偏好来推荐产品。你们可以使用机器学习算法来分析这些数据，并根据客户的行为和偏好提供个性化的产品推荐。

2. 个性化的营销活动：根据客户的购买历史和兴趣创建定制的电子邮件营销活动。这些邮件可以包括专门针对他们兴趣的产品推荐，或者他们可能感兴趣的特殊优惠。

3. 用户界面的个性化：根据用户的偏好和行为自动调整网站的用户界面。例如，如果一个客户经常购买某类产品，可以把这类产品的相关信息显示在网站的显眼位置。

4. 增强社交媒体互动：在社交媒体上与客户互动，了解他们的需求和偏好。利用这些信息来提供更加个性化的服务和产品。

5. 客户反馈的有效利用：积极收集并分析客户反馈，了解他们对产品和服务的看法。根据这些反馈来调整产品线和营销策略。

市场经理：这些听起来不错，但我们如何在不侵犯客户隐私的前提下收集这些数据呢？

ChatGPT：这是个非常重要的问题。在收集和使用客户数据时，确保遵守所有相关的隐私法律和规定是关键。明确通知客户你们将如何使用他们的数据，并提供一个容易理解的隐私政策。此外，给客户提供选择退出个性化推荐的选项也很重要，这样他们可以控制自己的数据被如何使用。

市场经理：关于个性化推荐算法，你有什么具体的建议吗？

ChatGPT：对于个性化推荐算法，你们可以考虑使用一些现成的解决方案，如 Google 的推荐 AI、Amazon Personalize 或 IBM Watson Recommendations。这些工具可以帮助你们基于客户的行为和偏好提供个性化的产品推荐。如果你们有能力开发自己的算法，可以考虑使用诸如协同过滤、内容基推荐或混合推荐系统这类方法。

市场经理：对于个性化的营销活动，有没有什么好的实践方法？

ChatGPT：对于个性化营销活动，一个有效的方法是细分你的目标市场，并创建针对不同细分市场的定制内容。例如，基于客户的年龄、地理位置、购买历史或浏览行为来创造不同的营销信息。此外，测试不同的邮件主题和内容，看哪些更能引起客户的兴趣，并据此调整策略。

市场经理：我们如何通过社交媒体来增强客户互动性？

ChatGPT：在社交媒体上增强客户的互动性，可以通过以下几种方式。

1. 定期发布互动性内容：如问答、投票或竞赛，鼓励客户参与并分享他们的想法和反馈。

2. 利用社交媒体监听工具：追踪品牌提及和客户对你们产品的讨论，从而及时回应和参与对话。

3. 创建专属社区：在平台上建立专门的社群，邀请客户加入，分享独家内容和优惠，促进品牌忠诚度。

市场经理：关于客户反馈，你建议我们如何收集和分析？

ChatGPT：关于客户反馈，你们可以通过多种渠道收集，如在线调查、社交媒体、客户支持对话以及产品评论。一旦收集到反馈，你们可以使用文本分析工具来识别常见的主题和趋势。此外，定期与客户进行深入的访谈或焦点小组讨论，可以提供更深层次的洞察。根据这些反馈来优化你们的产品和服务，确保持续满足客户的需求。

在平衡个性化和隐私保护方面，ChatGPT 可以发挥关键作用。首先，作为智能助手，它可以帮助企业设计和实施个性化策略，同时确保客户数据的隐私和安全。通过分析准确和全面的客户数据，ChatGPT 可以提供个性化推荐、定制化服务和个性化营销建议，以提升客户体验和满意度。

其次，ChatGPT 还可以帮助企业持续优化个性化体验。通过收集和分析客户反馈，ChatGPT 可以提供有关个性化策略的见解和建议，帮助企业了解客户需求和偏好的变化，并及时调整个性化策略以满足客户期望。这种持续的优化过程可以帮助企业不断改进个性化体验，提高客户忠诚度和业务成果。

 案例 123　社交媒体客户管理

扫一扫，看视频

社交媒体已成为企业与客户互动的重要渠道。有效的社交媒体客户管理可以帮助企业增强与客户的联系，提升品牌形象，并收集宝贵的市场信息。其主要挑战包括如何在社交媒体上有效响应客户需求、如何管理在线声誉，以及如何利用社交媒体数据来优化营销策略。

1. ChatGPT 应用逻辑梳理

ChatGPT 提供社交媒体客户管理指导的应用逻辑如图 3-123 所示。

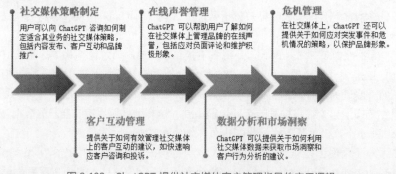

社交媒体策略制定
用户可以向 ChatGPT 咨询如何制定适合其业务的社交媒体策略，包括内容发布、客户互动和品牌推广。

在线声誉管理
ChatGPT 可以帮助用户了解如何在社交媒体上管理品牌的在线声誉，包括应对负面评论和维护积极形象。

危机管理
在社交媒体上，ChatGPT 还可以提供关于如何应对突发事件和危机情况的策略，以保护品牌形象。

客户互动管理
提供关于如何有效管理社交媒体上的客户互动的建议，如快速响应客户咨询和投诉。

数据分析和市场洞察
ChatGPT 可以提供关于如何利用社交媒体数据来获取市场洞察和客户行为分析的建议。

图 3-123　ChatGPT 提供社交媒体客户管理指导的应用逻辑

2. ChatGPT 对话交互

ChatGPT：

市场经理：你好，我是一家时尚品牌的市场经理。我们的品牌在社交媒体上有相当大的关注度，但我发现我们在管理社交媒体客户互动方面效率不高。有什么方法可以提升效率吗？

ChatGPT：你好！提高社交媒体客户管理效率的关键在于使用合适的工具和策略。首先，考虑使用社交媒体管理工具，如 Hootsuite、Buffer 或 Sprout Social。这些工具可以帮助你集中管理所有社交媒体账户，安排帖子发布，监控品牌提及，并更高效地回应客户的评论和私信。

其次，建立一个清晰的社交媒体响应策略也很重要。确定不同类型的用户互动（如询问、投诉、评论）的标准回应流程。此外，为常见问题准备一些预设回复，以加快响应速度。

还有，定期分析你们的社交媒体数据，了解哪些类型的内容和互动最受欢迎，以便进一步优化策略。

市场经理：我们应该如何处理大量的用户评论和消息？

ChatGPT：面对大量的用户评论和消息，一个有效的方法是优先级分类。紧急和重要的消息（如投诉或重要询问）应该优先回复。对于常见的问题或评论，可以使用自动化工具或预设的快速回复。此外，可以设立一个专门的社交媒体客服团队，负责监控和回应用户互动。

市场经理：我们应该如何提高社交媒体内容的吸引力？

ChatGPT：为了提高社交媒体内容的吸引力，重要的是创造与你的品牌形象和目标受众相关的有趣内容。可以使用吸引人的视觉元素，如高质量的图片和视频，以及创造性的文案。互动性内容，如投票、问答或挑战，也能增加用户参与度。定期与影响者合作，利用他们的影响力来扩大你的品牌声誉和覆盖范围。同时，跟踪社交媒体分析，了解哪些类型的内容最能引起用户的兴趣和互动。

市场经理：我们如何确保保持与客户的持续互动？

ChatGPT：为了保持与客户的持续互动，你们应该定期发布内容，并保持一致的品牌声音。此外，主动与用户互动，如对他们的评论进行回复和点赞，可以增加用户的参与感。可以定期举行社交媒体活动或竞赛，鼓励用户分享和参与。最后，关注并回应时事和趋势，使你的社交媒体内容保持相关性和吸引力。

ChatGPT 可以在确保一致和专业的品牌形象、平衡自动化工具的使用和个性化互动，以及持续监测和评估社交媒体策略有效性方面发挥重要作用。

首先，作为智能助手，ChatGPT 可以提供品牌形象指导和建议，帮助企业确保在各个渠道上传递一致的品牌价值和形象，并提供专业的内容和回应。

其次，在持续监测和评估社交媒体策略有效性方面，ChatGPT 可以提供有关社交媒体分析和评估的见解和建议。它可以帮助企业监测社交媒体活动的效果和反馈，提供关键指标和趋势分析，以便企业能够及时调整和优化策略，以实现更好的口碑和影响。

 案例 124　跨渠道客服策略

随着客户服务渠道的多样化，企业面临着如何在不同渠道上提供一致且高效的客户服务的挑战。跨渠道客服策略涉及在电话、电子邮件、社交媒体、聊天机器人等多个渠道上统一管理客户互动。其主要挑战包括如何保持各渠道服务的一致性、如何高效管理多渠道数据，以及如何利用技术提高服务效率。

扫一扫，看视频

1. ChatGPT 应用逻辑梳理

ChatGPT 制定跨渠道客服策略过程的应用逻辑如图 3-124 所示。

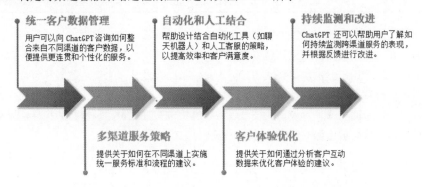

图 3-124　ChatGPT 制定跨渠道客服策略过程的应用逻辑

2. ChatGPT 对话交互

ChatGPT:

客户服务经理：你好，我是一家电子商务公司的客户服务经理。我们的客服团队目前在多个渠道（如电话、电子邮件、社交媒体和聊天）提供服务，但我发现我们在跨渠道服务的效率和质量上还有提升的空间。你能给我一些建议吗？

ChatGPT：你好！提升跨渠道客服的效率和质量，关键在于统一管理和优化客户互动。首先，考虑使用一个全渠道客户服务平台，如 Zendesk 或 Salesforce Service Cloud。这些平台可以帮助你在一个统一的界面上管理所有渠道的客户互动，确保无缝的客户体验。

其次，建立一个统一的客户信息数据库非常重要。这样无论客户通过哪个渠道联系，你的客服团队都能访问到完整的客户信息和历史互动记录，从而提供更快速、更个性化的服务。

还有，定期培训你的客服团队，确保他们熟悉所有服务渠道的特点和最佳实践。同时，建立明确的服务标准和流程，确保各个渠道上的服务质量一致。

客户服务经理：这些听起来很有帮助。我们应该如何跟踪和评估跨渠道服务的效果呢？

ChatGPT：评估跨渠道服务效果，可以通过以下几个关键指标。

1. 响应时间：测量不同渠道上的平均响应时间。

2. 解决时间：跟踪从客户提出问题到问题解决的平均时间。

3. 客户满意度：通过调查或反馈收集工具评估客户对服务的满意度。

4. 一次解决率：测量在首次接触时成功解决客户问题的比例。

使用客户服务软件的内置分析工具可以帮助你跟踪这些指标，或者你也可以使用第三方分析工具进行更深入的分析。

客户服务经理：我们该如何处理跨渠道服务中的重复查询问题？

ChatGPT：处理跨渠道服务中的重复查询，关键在于确保信息的一致性和流畅的信息共享。通过集成的客户服务平台，确保无论客户通过哪个渠道咨询，都能访问到他们的完整查询历史。这样即使客户更换渠道，客服代表也能迅速了解之前的互动情况，避免重复解答同一个问题。此外，建立一个知识库，让客服团队能够快速查找信息，并提供一致的回答。这不仅提高了效率，也提升了客户的满意度。

客户服务经理：有没有什么技巧可以提高社交媒体渠道上的客服效率？

ChatGPT：在社交媒体渠道上提高客服效率，可以采取以下几种方法。

1. 自动化工具：使用聊天机器人处理常见的查询和初步筛选，为人工客服节省时间。

2. 预设回复：针对常见问题准备标准回复，以快速响应用户的询问。

3. 监控工具：使用社交媒体监控工具追踪品牌提及和相关对话，及时回应重要的客户互动。

4. 优先级设置：根据消息的紧急程度和重要性设定优先级，确保首先响应最关键的客户互动。

首先，作为智能助手，ChatGPT 可以帮助企业确保各渠道服务的一致性，提供标准化的回应和指导，以确保客户在不同渠道获得一致且高质量的服务体验。其次，它也可以帮助企业有效管理和分析来自不同渠道的大量数据，提供数据整理和分析工具，帮助企业从多个渠道收集和整合数据，并提供见解和洞察，以支持数据驱动的决策和优化客户体验。最后，在持续投资于技术和人员培训以优化客户体验方面，它可以帮助企业了解最新的技术趋势和解决方案，提供培训材料和指导，以帮助人员掌握相关技能和知识，从而优化客户体验并适应不断变化的市场需求。

案例 125　客户数据保护

客户数据保护是企业在数字化时代面临的重要挑战之一。随着数据泄露和网络攻击事件的增多，保护客户的个人信息和交易数据变得尤为重要。有效的客户数据保护不仅可以防止财务损失和法律责任，还能增强客户的信任和企业的品牌形象。其主要挑战包括如何实施有效的数据安全措施，如何遵守各地区的数据保护法规，以及如何在保护数据的同时维持业务的灵活性和效率。

扫一扫，看视频

1. ChatGPT 应用逻辑梳理

ChatGPT 提供客户数据保护指导的应用逻辑如图 3-125 所示。

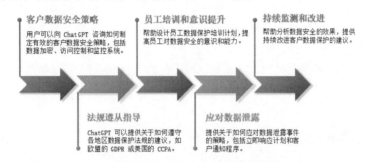

图 3-125　ChatGPT 提供客户数据保护指导的应用逻辑

2. ChatGPT 对话交互

ChatGPT：

IT 经理：你好，我是一家金融服务公司的 IT 经理。我们公司处理大量的客户数据，我正在寻找方法来提高客户数据保护的水平。你能给我一些建议吗？

ChatGPT：你好！金融服务公司在处理客户数据时确实需要非常严格的安全措施。首先，确保你们的网络安全是最新的。使用最新的防火墙和入侵检测系统来保护你们的网络免受攻击。其次，实施强大的身份验证和访问控制措施。使用多因素认证，确保只有授权人员能访问敏感数据。

此外，对员工进行数据保护和网络安全方面的培训也很重要。确保他们了解如何安全地处理客户数据，以及如何识别和响应安全威胁。

还有，定期进行数据安全审计和风险评估。评估现有安全措施的有效性，并根据最新的威胁情况进行更新。

IT 经理：我们应该如何确保在远程工作环境中保护客户数据？

ChatGPT：在远程工作环境中保护客户数据，你们可以采取以下措施。

1. 使用安全的 VPN 连接：确保所有远程工作的员工通过安全的 VPN 连接访问公司网络。

2. 加强设备安全：确保所有用于远程工作的设备都安装了最新的安全软件，并且是加密的。

3. 远程工作政策：制定明确的远程工作安全政策，指导员工如何安全地处理数据和使用公司资源。

4. 定期安全培训：定期对远程工作人员进行网络安全和数据保护方面的培训。

IT 经理：数据备份和恢复策略应该如何制定？

ChatGPT：制定数据备份和恢复策略时，要考虑以下几个要点。

1. 定期备份：定期备份所有关键数据，确保备份的频率与数据的重要性相符。

2. 多地备份：在不同的地理位置存储数据备份，以防单点故障。

3. 测试恢复过程：定期测试数据恢复过程，确保在需要时可以迅速且有效地恢复数据。

4. 备份加密：加密备份数据，确保即使备份被盗取也无法被未授权的人员访问。

IT 经理：我们如何确保遵守数据保护法规和标准？

ChatGPT：为了确保遵守数据保护法规和标准，建议采取以下措施。

1. 了解法规要求：确保你和你的团队充分了解适用的数据保护法规，如 GDPR 或 CCPA。

2. 合规性审计：定期进行合规性审计，确保你的数据处理和保护措施符合法律要求。

3. 数据保护官：考虑指派或聘请一名数据保护官，专门负责监督数据保护合规性。

4. 政策和流程文档：制定详细的数据保护政策和流程，并确保所有员工都能访问和理解这些政策。

在实施客户数据保护策略时，ChatGPT 可以在以下方面发挥作用。首先，它可以提供关于平衡数据安全和业务效率的建议和指导，帮助企业确保数据安全的同时保持业务的高效运作。其次，ChatGPT 可以提供及时的法规和合规性更新，帮助企业遵守不断变化的国际法规，保护客户数据的合法性和隐私。最后，ChatGPT 还可以提供技术支持和培训资源，帮助企业持续投资于技术和员工培训，提高数据安全性。通过提供实时建议、法规更新和技术支持，ChatGPT 可以帮助企业建立和实施可靠的客户数据保护策略，并确保数据安全与合规性。

 案例 126 　维护长期客户关系

扫一扫，看视频

维护长期客户关系对于企业的持续成功至关重要。长期的客户关系有助于保持稳定的收入流，降低新客户获取成本，并提高客户的生命周期价值。其主要挑战包括如何有效沟通、满足和超越客户期望，以及如何通过不断的客户参与和忠诚计划来加深客户关系。

1. ChatGPT 应用逻辑梳理

ChatGPT 提供维护长期客户关系指导的应用逻辑如图 3-126 所示。

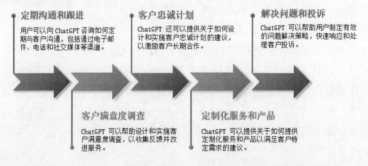

图 3-126　ChatGPT 提供维护长期客户关系指导的应用逻辑

2. ChatGPT 对话交互

ChatGPT：

客户关系经理：你好，我是一家 B2B 软件公司的客户关系经理。我们正努力提高客户保留率并加深与客户的关系。你能提供一些建议吗？

ChatGPT：你好！提高客户保留率和加深客户关系，关键在于提供卓越的客户体验和建立长期的信任关系。首先，了解你的客户和他们的需求至关重要。可以定期与客户沟通，了解他们对你们产品或服务的满意度以及他们可能面临的挑战。

其次，提供优秀的客户支持。确保你的支持团队不仅快速响应，而且能提供有效的解决方案。利用客户反馈来改进产品和服务也非常重要。

还有，定期提供价值增加的服务或内容，如行业报告、专业培训或定制的产品升级，以增加客户的参与度和忠诚度。

客户关系经理：我们应该如何更好地理解和满足客户的需求？

ChatGPT：要更好地理解和满足客户的需求，可以采取以下几种方法。

1. 定期进行客户满意度调查：通过在线问卷或电话访谈了解客户对你们产品或服务的看法。

2. 建立客户顾问委员会：邀请一些关键客户加入顾问委员会，定期收集他们的反馈和建议。

3. 客户成功故事：分享其他客户如何成功使用你们的产品或服务，这不仅能展示你们的价值，也能激发其他客户的灵感。

4. 个性化沟通：根据客户的特定需求和业务情况提供个性化的解决方案和建议。

客户关系经理：我们如何才能提供更优秀的客户支持呢？

ChatGPT：为了提供更优秀的客户支持，你们可以考虑以下几点。

1. 快速响应：确保快速响应客户的询问和问题。

2. 培训专业的支持团队：定期对客服团队进行培训，确保他们了解产品的最新信息并拥有良好的沟通技巧。

3. 多渠道支持：提供电话、电子邮件、在线聊天等多种客服渠道，让客户可以选择他们偏好的沟通方式。

4. 客户支持知识库：建立一个详细的知识库或常见问题解答，帮助客户快速找到解决问题的方法。

客户关系经理：如何通过增值服务或内容来提高客户的参与度？

ChatGPT：提高客户的参与度，可以通过提供增值服务或内容来实现。

1. 定制的培训和研讨会：提供与你们产品或服务相关的培训，帮助客户更有效地使用。

2. 行业洞察和趋势报告：分享行业相关的研究报告或趋势分析，帮助客户了解市场动态。

3. 客户专属活动：举办线上或线下的客户活动，如用户大会、研讨会或网络研讨会。

4. 客户专属优惠：为长期或忠诚的客户提供专属的优惠或服务。

在维护长期客户关系时，首先，ChatGPT 可以帮助企业分析客户反馈数据，提供更深入的客户洞察。通过处理大量的客户反馈信息，ChatGPT 可以识别常见问题、需求和趋势，并提供见解和建议，以帮助企业更好地了解客户并针对其需求作出响应。其次，ChatGPT 可以用于设计和实施客户关系加强计划。通过与客户进行互动，ChatGPT 可以提供个性化的建议和推荐，帮助企业定制化客户关系管理策略。它可以根据客户的需求和偏好提供定制化的服务、建议和促销活动，从而增强客户关系，提升客户满意度和忠诚度。

3.16　电 子 商 务

在过去几十年里，电子商务已经从一个新兴概念发展成为全球经济中不可或缺的一部分。它改变了消费者购物的方式，也为企业提供了前所未有的市场拓展机会。随着 AI 技术的快速发展，尤其是像 ChatGPT 这样的语言模型的出现，电子商务领域正迎来更多创新和变革。本节将探讨 ChatGPT 在电子商务中的作用和意义，包括如何帮助企业提升客户服务、优化用户体验、增强市场营销效果，以及提高运营效率。

首先，ChatGPT 可以极大地提升电子商务平台上的客户服务质量。通过自然语言处理技术，ChatGPT 可以作为智能客服代表，24/7 无休地为客户提供即时、个性化的服务。无论是解答与产品相关的查询、处理订单问题，还是提供售后支持，ChatGPT 都能够提供准确和及时的响应，极大地提高了客户满意度和忠诚度。

其次，ChatGPT 在优化电子商务用户体验方面也显示出巨大的潜力。通过分析用户的购物习惯和偏好，ChatGPT 可以提供个性化的购物建议和产品推荐，使购物体验更加贴心和便捷。最后，

ChatGPT 还可以通过自然语言交互，简化购物流程，使用户能够通过简单的对话完成搜索、比较和购买过程，从而提升用户体验。

案例 127　提升网店设计

　　在电子商务日益竞争的当下，网店设计已成为吸引顾客、提升用户体验的关键因素。许多网店面临的主要挑战包括如何创造独特的视觉效果、提供个性化用户体验，以及优化用户界面等。对于小型企业或初创公司来说，缺乏专业设计团队和有限的资源使这一挑战更加突出。因此，寻找一种高效、成本效益高的解决方案成为这些企业的迫切需求。

1. ChatGPT 应用逻辑梳理

ChatGPT 制定提升网店设计方案的应用逻辑如图 3-127 所示。

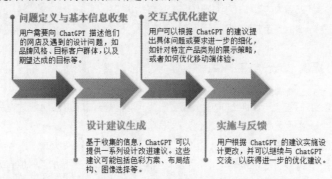

图 3-127　ChatGPT 制定提升网店设计方案的应用逻辑

2. ChatGPT 对话交互

> ⑤ ChatGPT：

用户：你好，我是一名小型电子商务公司的老板。我们最近打算重新设计我们的网店，但我们没有专业的设计团队，也没有太多的预算。我们应该怎样开始这个项目呢？

ChatGPT：您好！针对小型企业网店设计的项目，您可以从以下几个步骤开始。

1. 市场调研和定位：首先，了解您的目标客户群体和市场趋势。这有助于确定网店的风格、功能和用户体验。例如，如果您的目标客户是年轻人，可能需要一个更现代、视觉上吸引人的设计。

2. 竞争对手分析：查看同行业内其他成功电商网站的设计和功能。这可以帮助您了解行业标准和客户期望。

3. 预算规划：根据您的预算，决定哪些方面是主要的，哪些是次要的。例如，您可能需要优先考虑易用性和基本的视觉设计，而非高级功能。

4. 选择平台和工具：根据您的技术能力和预算，选择合适的电商平台和设计工具。例如，Shopify、WooCommerce 等平台提供了一些易于使用的设计模板。

5. 用户体验设计（UX）：设计一个简单直观的导航结构，确保用户能轻松找到他们需要的产品。同时，确保网站在移动设备上也有良好的显示效果。

6. 视觉设计（UI）：选择合适的颜色方案、字体和图像，以创造吸引人的界面。可以使用像 Canva 这样的工具来帮助设计。

7. 测试和优化：在网站上线前，进行用户测试、收集反馈，并根据反馈进行调整。

用户：这些步骤听起来很有用，但我还是不太确定具体该如何执行。例如，我该如何进行市场调研和竞争对手分析？

ChatGPT：进行市场调研和竞争对手分析，您可以遵循以下步骤。

1. 确定目标客户：明确您希望吸引的客户类型。考虑他们的年龄、性别、收入水平、购物习惯等。

2. 收集信息：使用在线工具和资源来收集信息。例如，Google Analytics 可以帮助您了解访问者的行为，而社交媒体平台则可以提供有关目标客户的洞察。

3. 调查问卷：设计调查问卷，向目标客户群体收集具体的反馈和建议。

4. 分析竞争对手：浏览您的主要竞争对手的网站，注意其布局、特色、商品展示、用户界面等。您还可以使用工具（如 SEMrush）来分析这些网站的流量和关键词策略。

5. 参考行业报告：阅读电子商务相关的行业报告和案例研究，了解行业趋势和最佳实践。

6. 创建顾客画像：基于收集到的数据，创建一个或多个理想顾客的画像，帮助您在设计和营销策略上作出更有针对性的决策。

用户：关于平台和工具的选择，您能否推荐一些适合小型电商企业的选项？我们的技术团队不是很强，所以希望操作简单一些。

ChatGPT：当然可以。对于技术团队不太强的小型电商企业，以下几个平台和工具可能会很合适。

1. Shopify：这是一个非常受欢迎的电商平台，特别适合小型企业。它提供了许多易于使用的模板，且无须太多技术知识。

2. WooCommerce：这是一个基于 WordPress 的插件，适用于那些希望更多自定义的商家。如果您已有 WordPress 网站，这是一个很好的选择。

3. Wix eCommerce：Wix 提供了一个用户友好的拖放界面，使得设计和管理网店变得简单。

4. Squarespace：这个平台以其优雅的设计和简洁的用户界面闻名，非常适合注重视觉美感的商店。

5. BigCommerce：适合那些希望快速增长和扩展的电商企业。它提供了许多可定制的功能。

6. Canva：一个非常适合非设计师使用的图形设计工具，可以帮助您轻松创建网站图像和营销材料。

选择平台时，请考虑它们的价格、易用性、可定制程度、集成选项（如支付网关、物流服务）以及客户支持服务。您可以尝试使用它们的免费试用版本，以更好地了解它们是否符合您的需求。

使用 ChatGPT 进行网店设计优化时，需要注意的是，对于其建议用户可能需要结合实际情况进行调整。ChatGPT 提供的建议基于一般性原则，可能不完全适用于特定市场或品牌。因此，用户应结合自身实际情况和市场研究来决定最终的设计方案。此外，定期评估网站性能和用户反馈，并与ChatGPT 进行交流，可以不断改进网店设计。

案例 128　应对负面评价

对于网店而言，负面评价是经常出现的一部分。但这也是一个机会，公司可以通过正确处理来提升品牌声誉和客户满意度。应对负面评价是一个挑战，积极的回应态度不仅能够恢复顾客的信任，还能展示公司的专业素养和优质的客户服务。通过倾听客户的意见并采取适当行动，网店可以为自己树立良好的形象，吸引更多顾客的关注和忠诚。

扫一扫，看视频

1. ChatGPT 应用逻辑梳理

ChatGPT 提供应对负面评价指导的应用逻辑如图 3-128 所示。

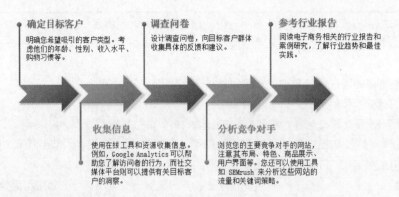

确定目标客户
明确您希望吸引的客户类型。考虑他们的年龄、性别、收入水平、购物习惯等。

调查问卷
设计调查问卷，向目标客户群体收集具体的反馈和建议。

参考行业报告
阅读电子商务相关的行业报告和案例研究，了解行业趋势和最佳实践。

收集信息
使用在线工具和资源收集信息。例如，Google Analytics 可以帮助您了解访问者的行为，而社交媒体平台则可以提供有关目标客户的洞察。

分析竞争对手
浏览您的主要竞争对手的网站，注意其布局、特色、商品展示、用户界面等。您还可以使用工具如 SEMrush 来分析这些网站的流量和关键词策略。

图 3-128　ChatGPT 提供应对负面评价指导的应用逻辑

2. ChatGPT 对话交互

ChatGPT:

用户: 我们的网店收到了一些负面评价，我很担心这会对我们的品牌形象产生负面影响。我们应该怎么处理这些评价呢？

ChatGPT: 面对负面评价，最关键的是用正确的方式应对。这不仅是一个挑战，也是提升品牌声誉和客户满意度的机会。首先，快速回应是很重要的，它向顾客展示了您关注并重视他们的反馈。即使评论可能包含负面内容，也要保持专业和礼貌，这样可以避免激化矛盾，同时展示公司的成熟度和专业性。

其次，如果评论中指出的问题确实存在，诚实地承认并提出道歉是很必要的。这表明了您的诚意和负责任的态度。同时，为顾客提供解决方案，如退换货服务或优惠补偿，可以帮助挽回顾客的信任。另外，鼓励顾客通过私下渠道联系您，以便更详细地讨论问题和解决方案。

最后，将这些负面评价视作改进的机会。分析评论，找出问题的根本原因，并采取措施防止类似问题再次发生。这样不仅能改善产品或服务，还能通过积极的改进措施增强顾客对品牌的信任。

用户: 如果遇到明显不合理或恶意的负面评价，我们应该怎么处理？

ChatGPT: 对于明显不合理或恶意的负面评价，处理方式需要稍有不同。首先，保持冷静和客观是非常关键的，即使面对不公正的指责也不要情绪化。您可以公开回应，表明愿意解决顾客的任何合理问题，但同时也要避免与评论者进行无休止的争论。

如果评论违反了平台的规定，如包含侮辱性语言或错误信息，您可以向平台报告，要求移除这些评论。在回应中，可以强调公司的政策和立场，特别是如果评论涉及您的公司政策或业务实践。

同时，记录这些评论并进行监控是很重要的。这不仅可以帮助您应对当前的情况，还可以让您了解是否存在针对性的负面攻击或其他需要关注的趋势。

用户: 对于负面评价，尤其是那些指出我们产品质量问题的评论，这种情况下我们应该怎么做？

ChatGPT: 面对涉及产品质量的负面评价时，关键是要采取一种全面的应对策略。首先，快速且详细地了解客户的投诉内容非常重要。如果问题确实存在，诚实地承认错误并向客户道歉是必要的。其次，提供合理的解决方案，如退换货或维修服务，以显示您的负责任态度和对顾客的尊重。同时，这也是一个检视和改进产品质量的机会，通过内部审查找出问题的原因，采取措施以防止未来再次发生类似问题。此外，向受影响的客户说明您所采取的改进措施，这样可以帮助你重建信任，并向其他潜在客户展示您公司的责任感和专业性。

用户: 如果客户不满意我们提供的解决方案，甚至提出了一些我们难以承受的要求，我们应该怎么办？

> **ChatGPT**：当遇到客户不接受您的解决方案，甚至提出过高要求的情况时，保持沟通是关键。首先，尽量理解他们的立场和需求，并清楚而礼貌地解释您的限制和立场。在此基础上，寻找一个双方都能接受的妥协方案，如部分退款或提供未来购物的优惠。在整个过程中，保持专业和冷静至关重要。如果情况复杂，涉及可能的法律问题，那么寻求专业法律咨询是一个明智的选择。

在应对负面评价时，ChatGPT 可以提供有用的建议和模拟对话。但需要记住的是，用户对于 ChatGPT 提供的建议可能需要根据具体情况进行调整。首先，在应对负面评价时，保持专业、诚恳和同理心是至关重要的。回复时，用户可以先感谢客户的反馈，并表达对问题的关注。其次，用户可以提供一个详细的解释或者解决方案，以回应客户的关切。重要的是要保持冷静和尊重，避免情绪化的回应。

 案例 129　策划促销活动

在电子商务竞争激烈的环境中，有效的促销活动对于吸引顾客、增加销售额和提升品牌知名度至关重要。网店经营者面临的挑战包括设计吸引人的促销活动、确定目标客户群以及量化活动的效果。这需要创造独特而有吸引力的促销策略，与目标客户建立联系，并通过数据分析来评估活动的成效。通过不断优化和调整策略，网店可以在竞争激烈的市场中脱颖而出，实现业务增长和品牌的持续发展。

扫一扫，看视频

1. ChatGPT 应用逻辑梳理

ChatGPT 制定策划促销活动方案的应用逻辑如图 3-129 所示。

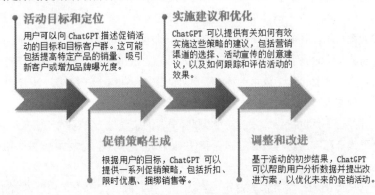

图 3-129　ChatGPT 制定策划促销活动方案的应用逻辑

2. ChatGPT 对话交互

> **⑤ ChatGPT**：
>
> 　　**用户**：我正在计划我们网店的下一次促销活动，但不太确定从哪里开始。您能给我一些关于如何设计一个吸引人的促销活动的建议吗？
>
> 　　**ChatGPT**：当然，有效的促销活动可以大大提升网店的客户参与度和销售额。首先，明确您的促销目标非常重要，如增加销售额、清理库存或提升品牌知名度。接着，深入了解您的目标客户群是关键。这包括了解他们的购买习惯、喜好和需求。根据这些信息，您可以设计出更有针对性的促销活动。
>
> 　　其次，创造性地设计促销活动以吸引顾客。例如，您可以提供限时折扣、买一赠一、积分奖励或独家优惠。让促销活动具有一定的紧迫感可以激发顾客的购买冲动。此外，利用社交媒体和电子邮件营销来宣传您的促销活动也很重要。通过这些渠道，您可以直接触及目标客户群。

最后，量化您的促销活动效果是评估活动成功与否的关键。设置明确的指标，如销售增长率、网站流量或社交媒体互动情况，可以帮助您了解促销活动的实际效果，并为未来的营销活动提供宝贵的数据支持。

用户：我明白了设计促销活动的基本原则。您认为我们应该如何确定目标客户群体呢？

ChatGPT：确定目标客户群体需要您对现有客户进行深入分析，同时考虑潜在的新客户群体。您可以分析客户的购买历史、行为习惯、年龄、性别、地理位置等信息。这些数据可以从您的网店平台、社交媒体互动和市场调研中获取。了解您的客户群体可以帮助您设计更有针对性的促销活动，这些活动将更有可能吸引他们的兴趣。

此外，观察竞争对手的市场定位和他们的目标客户群体也可以提供一些启发。了解竞争对手的成功和失败案例可以帮助您避免常见的陷阱，同时吸取他们的有效策略。当然，您也可以通过社交媒体和在线调研，直接向您的客户群体了解他们的需求和期望，这种直接反馈通常非常宝贵。

用户：了解了。那么关于量化活动效果，您有什么具体的建议吗？

ChatGPT：量化促销活动的效果，首先需要设定具体可量化的目标。这些目标可以是销售额的增长、新客户的增加、网站流量的提升，或者社交媒体互动（如点赞、评论、分享）的增加。具体的量化方法包括以下几点。

1. 销售数据分析：监测促销期间的销售数据，与促销前的数据进行对比，以评估销售增长。

2. 客户流量和参与度监测：使用网站分析工具（如 Google Analytics）来监测促销期间的网站访问量、访问深度和停留时间等指标。

3. 社交媒体分析：分析促销活动在社交媒体上的表现，包括点赞、评论、分享数量以及达到的观众规模。

4. 顾客反馈收集：通过调查问卷或直接交流，收集顾客对促销活动的反馈。

5. 成本效益分析：评估促销活动的成本与带来的收益之间的比例，确保投入产出比是合理的。

用户：您提到了一些量化活动效果的方法，这很有帮助，但我还想知道，如果结果没有达到预期，我们应该如何调整策略呢？

ChatGPT：如果促销活动的结果没有达到预期，重要的是要进行详细的分析来确定原因。首先，回顾您的促销活动设计和实施过程，检查是否有任何执行上的问题。例如，促销信息是否传达得清晰，渠道是否恰当，时机是否适宜等。

其次，分析客户反馈和行为数据。这可能会揭示一些问题，如目标客户群没有正确地被识别，或者促销优惠对他们来说不够吸引人。有时候，外部因素如市场趋势变化或竞争对手的活动也可能影响您的促销效果。

根据这些分析，您可以调整策略。例如，如果发现促销信息传达不清，可以改进宣传材料和渠道策略；如果发现促销优惠对目标客户吸引力不足，可以重新设计促销活动，提供更符合他们需求的优惠。同时，考虑测试不同的促销方法，如改变折扣结构、优惠时限或促销渠道，以找到最有效的策略。

在策划网店促销活动时，ChatGPT 可以提供有价值的策略和实施建议。需要注意的是，促销活动的成功在很大程度上取决于对目标市场的深入理解和持续的优化。首先，了解目标客户的需求和偏好，运用个性化的推广手段，以及不断评估活动效果并根据反馈进行调整，都是至关重要的步骤。其次，利用数据分析工具来监测销售数据和用户行为，可以为制定更有效的促销策略提供支持。通过持续优化和创新，网店可以成功实现促销活动、吸引更多顾客、增加销售额，并提升品牌知名度。

案例 130　入门跨境电商

跨境电商是一个快速发展的领域，为企业提供了接触全球市场的机会。然而，进入跨境电商领域意味着需要了解新的市场规则、消费者行为、物流和税务规定等。对于初学者来说，这是一个充满挑战的过程。他们需要研究目标市场的文化差异，了解当地消费者的喜好和购物习惯，并适应不同的支付方式和货币，还需要解决物流和海关的问题，确保顺畅的物流运作和合规性。同时，税务规定也需要仔细研究和遵守。通过持续学习和与专业人士的合作，初学者可以逐步掌握跨境电商的要点，并实现在全球市场的成功。

扫一扫，看视频

1. ChatGPT 应用逻辑梳理

ChatGPT 提供入门跨境电商指导的应用逻辑如图 3-130 所示。

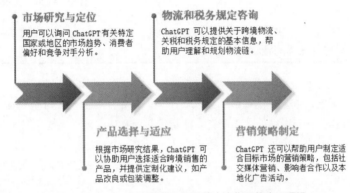

市场研究与定位
用户可以询问 ChatGPT 有关特定国家或地区的市场趋势、消费者偏好和竞争对手分析。

物流和税务规定咨询
ChatGPT 可以提供关于跨境物流、关税和税务规定的基本信息，帮助用户理解和规划物流链。

产品选择与适应
根据市场研究结果，ChatGPT 可以协助用户选择适合跨境销售的产品，并提供定制化建议，如产品改良或包装调整。

营销策略制定
ChatGPT 还可以帮助用户制定适合目标市场的营销策略，包括社交媒体营销、影响者合作以及本地化广告活动。

图 3-130　ChatGPT 提供入门跨境电商指导的应用逻辑

2. ChatGPT 对话交互

> ⬡ ChatGPT：
>
> **用户**：我想将我的网店业务扩展到跨境电商领域，但我对此并不熟悉。您能给我一些建议吗，特别是对于初学者来说应该注意的事项？
>
> **ChatGPT**：进入跨境电商领域确实是一个挑战，但也充满机会。首先，了解目标国家或地区的市场特性非常重要。这包括当地消费者的购买习惯、偏好、文化背景和购物节日等。进行市场调研，了解这些因素对您的产品和营销策略至关重要。
>
> 其次，考虑物流和供应链管理。跨境电商的物流比本地电商复杂得多，包括运输时间长、成本高和关税问题。了解不同国家的物流和关税政策，选择合适的物流合作伙伴，并设计高效的物流方案对保证顺畅的订单履行至关重要。
>
> 此外，考虑到不同国家可能有不同的支付偏好和法规，您需要设置多种支付方式，并确保交易的安全和合规性。了解目标市场的支付习惯和法律法规，选择合适的支付网关是非常必要的。
>
> 还有，考虑到跨境电商涉及多种货币和税收问题，合理的定价和税务管理也非常重要。了解目标国家的税收规定，并考虑汇率变动对定价策略的影响。
>
> 最后，制定有效的客户服务策略。这包括提供多语言支持、明确的退换货政策和有效的沟通渠道，以提高客户满意度并建立品牌信誉。
>
> **用户**：听起来有很多需要考虑的方面。您能详细解释一下如何进行市场调研吗？
>
> **ChatGPT**：进行跨境电商市场调研的关键在于收集和分析有关目标市场的信息。首先，您可以从在线资源、市场报告和行业分析中获取信息。这些资源可以提供有关目标市场的宏观经济数据、消费者行为趋势和竞争环境等信息。
>
> 其次，考虑使用问卷调查、社交媒体分析和在线论坛等工具来直接了解消费者的需求和偏好。

这些方法可以帮助您获得更深入的消费者洞察。

另外，分析竞争对手在目标市场的表现也很有帮助。了解他们的产品、定价策略、营销活动和客户反馈可以为您的决策提供参考。

最后，考虑与当地的市场专家或咨询公司合作。他们对当地市场的深入了解可以提供宝贵的见解，并帮助您避免常见的陷阱。

用户：关于物流和供应链管理，我应该如何开始规划？

ChatGPT：在规划跨境电商的物流和供应链时，首先需要考虑的是运输方式的选择。这包括海运、空运和陆运等，每种方式都有其成本和时间效率的差异。根据您的产品特性和客户需求，选择合适的运输方式。了解目标国家的关税政策和进口规定。这对于确保您的产品能够顺利通过海关并合法销售至关重要。您可以咨询专业的关税顾问或利用在线工具来获取这些信息。

此外，与可靠的物流服务提供商合作也非常重要。他们可以提供专业的物流解决方案，并帮助您优化运输成本和时间。同时，确保您的物流系统能够跟踪和管理国际订单，这对于提供透明的客户服务和及时的订单更新非常关键。

最后，考虑建立多元化的供应链，以减少对单一供应商的依赖。这可以帮助您在面临供应中断时更灵活地调整，以确保业务的连续性。

跨境电商是一个复杂而充满机遇的领域。初学者可以利用 ChatGPT 进行市场研究、产品选择、物流规划和营销策略制定，以更好地理解和进入新市场。需要注意的是，对于 ChatGPT 提供的信息，用户可能需要结合专业咨询和详细的市场研究，即持续学习和适应新市场变化对于跨境电商的成功至关重要。初学者应该不断地与行业专家和有经验的从业者进行交流，并密切关注市场趋势和竞争情况。通过综合运用 ChatGPT 的建议和专业知识，初学者可以提高自身在跨境电商领域的竞争力，并实现在新市场中的成功。

 案例 131　减少购物车放弃

扫一扫，看视频

购物车放弃是电子商务网站普遍面临的问题，原因多种多样，如复杂的结账过程、额外费用、不满意的配送选项等。减少购物车放弃对于提高转化率和增加收入至关重要。网站经营者需要通过优化用户体验、简化结账流程、提供透明的费用信息，以及提供灵活的配送选项来应对这个问题。此外，定期分析购物车放弃的数据，并有针对性地改进网站和流程，可以帮助提升用户满意度和购买意愿。通过不断地改进和优化，电子商务网站可以有效降低购物车放弃率，实现更高的转化率和收入增长。

1. ChatGPT 应用逻辑梳理

ChatGPT 分享减少购物车放弃思路的应用逻辑如图 3-131 所示。

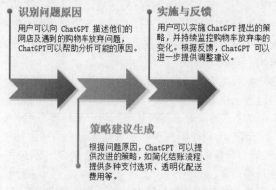

图 3-131　ChatGPT 分享减少购物车放弃思路的应用逻辑

2. ChatGPT 对话交互

ChatGPT：

用户：我们的网店面临一个问题，很多顾客在加入购物车后却没有完成购买，导致购物车放弃率很高。有什么办法可以减少购物车放弃吗？

ChatGPT：购物车放弃是电子商务中常见的问题，解决这个问题可以从多个方面入手。首先，简化购物流程是关键。确保您的结账过程简单明了，减少需要填写的字段，提供清晰的指引，这样可以减少顾客在结账时感到的困难或疑惑。

其次，提供多样化的支付选项也很重要。不同的顾客可能有不同的支付偏好，提供多种支付方式，如信用卡、PayPal、Apple Pay 等，可以满足更多顾客的需求。

另外，明确展示所有费用，包括税费和运费，可以减少顾客在结账时因意外的额外费用而放弃购物车。提前告知顾客可能的额外费用，可以提高透明度，减少顾客的不满。

还有，提供优秀的客户服务，如实时聊天支持，可以帮助解决顾客在购买过程中可能遇到的问题。及时的客户支持可以提高购买完成率。

此外，优化您的网站性能也是减少购物车放弃的重要因素。确保网站加载速度快，易于导航，特别是在移动设备上的表现也要良好。

最后，实施购物车放弃的回收策略。例如，通过电子邮件提醒顾客的购物车中还有未完成的订单，有时可以有效地回收部分放弃的购物车。

用户：您提到的购物车放弃回收策略是什么？我们应该如何实施？

ChatGPT：购物车放弃回收策略通常指的是通过电子邮件或其他方式提醒那些将商品加入购物车却没有完成购买的顾客。实施这个策略的步骤包括以下几个。

1. 收集联系信息：在顾客加入购物车的过程中，尽早收集他们的联系信息，如电子邮件地址。

2. 发送提醒邮件：如果顾客在一定时间内没有完成购买，发送一封提醒邮件，告知他们的购物车还有未完成的订单。邮件中可以包含直接链接回购物车，方便顾客完成购买。

3. 提供额外激励：有时，提供小额折扣或免运费等激励措施可以促使顾客完成购买。

4. 优化邮件内容：确保邮件内容吸引人，包括清晰的商品信息和图像，以及明确的行动号召。

5. 定时发送：发送提醒邮件的时机也很重要。可以在顾客放弃购物车几小时后发送第一封邮件，然后在一到两天后再发送一封跟进邮件。

通过这些步骤，您可以有效地回收一部分购物车放弃，提高转化率。

用户：我对提高网店转化率还有一个问题。我们的网站流量还不错，但实际的购买率相对较低。除了刚才提到的减少购物车放弃率的策略，还有哪些方法可以提高网站的转化率？

ChatGPT：提高网站转化率是一个多方面的过程。首先，确保您的网站具有吸引力且易于使用。这包括具有专业的视觉设计、清晰的导航和高效的搜索功能。网站的用户体验对于吸引和保留顾客至关重要。

其次，优化产品展示也很重要。确保产品图片和描述清晰、详细，提供足够的信息以帮助顾客作出购买决定。您也可以考虑使用视频或用户评价来增强产品展示。

另外，实施有效的营销策略来吸引潜在顾客。这可能包括搜索引擎优化（SEO）、社交媒体营销、电子邮件营销或付费广告。这些策略可以帮助提高网站的曝光率并吸引更多目标客户。

还有，提供促销和优惠可以刺激购买。限时折扣、优惠券或捆绑销售等促销活动可以激发顾客的购买欲望。

最后，建立信任和可信度也是提高转化率的关键。这可以通过展示安全认证标志、客户评价、媒体报道或行业奖项等方式来实现。

用户：您提到的 SEO 和社交媒体营销具体应该怎么做？

ChatGPT：对于 SEO，重点在于优化您的网站，使其在搜索引擎中排名更高，从而吸引更多有机流量。这包括使用相关的关键词、优化网页标题和描述、提升网站速度和移动端体验，以及创建高质量的内容。了解目标客户使用的关键词，并将这些关键词自然地融入您的网站内容和博客文章中。

至于社交媒体营销，关键是选择适合您品牌和目标客户的平台。在社交媒体上，您可以分享吸引人的内容，如产品图片、用户评价、幕后故事和特殊活动。与您的追随者互动，如回应评论和私信，可以建立社区并提高品牌忠诚度。此外，您还可以考虑使用社交媒体广告来精准地达到目标客户群体。

减少购物车放弃是提高网店转化率和销售额的关键。首先，通过 ChatGPT，用户可以获取针对性的策略建议和实施指导。其次，持续监测和分析数据是必不可少的，以确保策略的有效性。最后，保持与顾客的良好沟通和提供优质的客户体验同样重要。网店经营者应积极与顾客互动，解答疑问，提供个性化的购物体验，并关注顾客反馈。通过综合运用 ChatGPT 的建议、数据分析以及优质客户服务，网店可以有效地减少购物车放弃，提高转化率并增加销售额。

 案例 132 提高顾客忠诚度

扫一扫，看视频

在电子商务的竞争环境中，建立并维护顾客忠诚度是至关重要的。顾客忠诚度不仅影响重复购买率，还能带来口碑推荐。然而，随着市场的饱和和消费者选择的增加，保持顾客忠诚度成为一个挑战。网店经营者需要不断提升产品和服务的品质，从而赢得顾客的信任和满意。个性化的营销和定制化的购物体验也能够提高顾客的忠诚度。通过积极沟通、回应反馈和建立长期关系，网店可以建立稳固的顾客基础，并在竞争激烈的市场中脱颖而出。

1. ChatGPT 应用逻辑梳理

ChatGPT 提供提高顾客忠诚度指导的应用逻辑如图 3-132 所示。

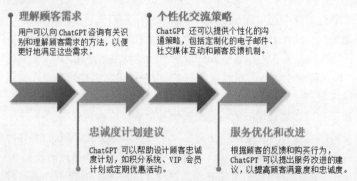

图 3-132　ChatGPT 提供提高顾客忠诚度指导的应用逻辑

2. ChatGPT 对话交互

ChatGPT：

用户：我们的产品销量还不错，但我注意到很多顾客只购买一次就再也没有再购买。我该如何提高顾客忠诚度呢？

ChatGPT：提高顾客忠诚度是一个长期的过程，涉及多个方面的策略。首先，提供优质的产品和服务是基础。确保您的产品质量高，服务体验好，这是让顾客回头再次购买的关键。

其次，建立良好的客户关系非常重要。这包括定期与顾客沟通、倾听他们的反馈并作出响应。您可以通过电子邮件、社交媒体或客户服务渠道与顾客保持联系，了解他们的需求和期望，并基于这些信息改进产品和服务。

另外，创建一个顾客忠诚计划，奖励回头客也是一个有效的策略。这可以是积分系统、会员优惠、专属折扣或生日礼物等。通过这些方式，您可以鼓励顾客重复购买，并让他们感到自己的忠诚被珍视。

还有，提供卓越的客户服务也至关重要。确保您的客服团队响应迅速、专业且友好。在解决顾客问题时，尽量超出他们的期望，这样可以留下深刻的印象，并提高他们对品牌的忠诚度。

最后，定期向顾客提供价值，如有用的信息、专业建议或教育内容。通过博客、电子邮件或社交媒体分享这些内容，不仅可以提升品牌形象，还能加深顾客与品牌的联系。

用户：我理解了。您觉得建立顾客忠诚计划时应该注意些什么？

ChatGPT：建立顾客忠诚计划时，有几个关键点需要注意。首先，确保您的忠诚计划简单易懂，顾客可以轻松参与并了解如何获得奖励。复杂的规则和要求可能会让顾客失去兴趣。

其次，奖励应该具有吸引力并与顾客的需求相关。这可以是折扣、免费产品、专属服务或其他形式的奖励。了解您的顾客喜欢什么，然后根据这些信息设计奖励。

另外，定期更新和优化您的忠诚计划很重要。根据顾客的反馈和行为数据调整计划，确保它始终符合顾客的需求和市场的变化。

还有，通过有效的沟通和营销策略宣传您的忠诚计划。让顾客了解他们如何能够从中受益，并鼓励他们参与。

最后，考虑将您的忠诚计划与社会责任活动结合起来。例如，顾客的每次购买可以为某个慈善项目贡献一部分。这样不仅能提高顾客的参与度，还能增强品牌的正面形象。

用户：我想再深入了解一下，您提到的通过提供价值来加深顾客与品牌的联系，具体应该怎么做？

ChatGPT：提供价值来加深顾客与品牌的联系，主要是指通过提供相关且有益的内容来吸引和保持顾客的兴趣。例如，您可以创建与您的产品或服务相关的有用内容，如指南、教程、博客文章、视频或者在线研讨会。这些内容应该能够解答顾客可能的疑问，提供他们感兴趣的信息，或帮助他们更好地使用您的产品。

例如，如果您的网店销售厨房用品，您可以创建一系列的烹饪教程或食谱视频。如果您销售运动装备，可以提供训练指南、运动健康相关的文章或在线研讨会。

此外，定期发送电子邮件也是一种有效的方式。您可以在电子邮件中包含最新的博客文章、特别优惠、行业动态或客户故事。这样不仅为顾客提供了价值，也增强了他们与您品牌的联系。

社交媒体也是连接顾客和品牌的重要渠道。在社交媒体上分享有价值的内容，鼓励顾客参与讨论和分享。您也可以通过社交媒体进行客户服务，快速响应顾客的咨询和反馈。

用户：听起来我们需要创造很多内容。有什么方法可以高效地进行内容创作和管理吗？

ChatGPT：高效的内容创作和管理需要良好的计划和工具。首先，建立一个内容日历非常有用，它可以帮助您规划和跟踪内容创作的进度。您可以计划一周或一个月的内容主题，并安排不同类型的内容发布时间。

其次，利用内容管理系统(CMS)可以提高效率。CMS 像 WordPress 这样的平台可以帮助您组织、编辑和发布内容。您还可以使用工具如 Hootsuite 或 Buffer 来管理社交媒体内容。

另外，考虑内容的多用途性。例如，一个长篇的博客文章可以被分割成几个短视频，或者转化为一系列的社交媒体帖子。这样可以最大化您内容的覆盖范围和影响力。

还有，团队合作也是关键。鼓励团队成员提供内容创意，并根据他们各自的专长分配任务。您也可以考虑与外部内容创作者合作，如自由撰稿人、视频制作人或社交媒体影响者。

提高网店顾客忠诚度需要多方面的努力，包括理解顾客需求、提供优质服务、设计吸引人的忠诚度计划，以及进行有效的沟通。通过 ChatGPT，你可以获得有关这些方面的指导和建议。然而，持续的改进和积极响应顾客反馈是保持顾客忠诚度的关键。网店经营者应密切关注顾客需求的变化，不断优化产品和服务，提供个性化的购物体验，并定期评估忠诚度计划的效果。积极回应顾客的反馈和意见，解决问题并提供解决方案，能够增强顾客的满意度和忠诚度。通过持续改进和积极响应，网店可以建立稳固的顾客关系，提高顾客忠诚度，并实现业务的可持续增长。

3.17 娱乐媒体

在娱乐媒体领域，ChatGPT 的应用开启了一系列创新和变革，这不仅改变了内容的创作和分发方式，也为观众提供了更加丰富和个性化的娱乐体验。本节将探讨 ChatGPT 在娱乐媒体领域中的作用与意义，以及它如何为这个行业带来新的机遇和挑战。

ChatGPT 在内容创作上提供了新的可能性。通过高级的语言模型，ChatGPT 能够协助编剧和创作者生成剧本、故事情节、角色对话等，甚至可以独立创作短篇故事、诗歌和歌词等内容。这种 AI 辅助的创作方式不仅能够提高创作效率，还能够激发新的创意和视角，为观众带来新颖独特的娱乐体验。

 案例 133　组织线上活动 --------------------------------

娱乐行业的线上活动，如虚拟音乐会、在线电影放映、互动直播等，因其便利性和广泛的覆盖范围而日益受到欢迎。有效地组织这些活动不仅能提高观众的参与感，还能扩大娱乐产品的影响力。

扫一扫，看视频

1. ChatGPT 应用逻辑梳理

ChatGPT 制定组织线上活动方案的应用逻辑如图 3-133 所示。

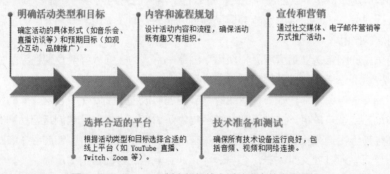

图 3-133　ChatGPT 制定组织线上活动方案的应用逻辑

2. ChatGPT 对话交互

> ⑤ ChatGPT:
>
> 李华：你好，ChatGPT。我负责策划一场虚拟音乐会，我们希望能够吸引全球观众，但我对如何有效地组织这类活动不太熟悉。你能给我一些建议吗？
>
> ChatGPT：你好，李华。很高兴帮助你策划这场虚拟音乐会。首先，我建议使用一个稳定且功能丰富的直播平台，这对于提供高质量的观看体验至关重要。你可以选择一些知名的直播平台，如 Twitch 或 YouTube Live。其次，考虑到你的目标是吸引全球观众，提供多语言字幕或同声传译会是一个好主意。此外，为了提高观众的互动性和参与感，你可以在直播中加入实时投票、弹幕评论和虚拟礼物功能。
>
> 李华：听起来不错。我们还想在音乐会中加入一些特殊环节来吸引观众，你有什么建议吗？
>
> ChatGPT：当然，你可以考虑以下几个创意环节：首先，邀请几位知名音乐人进行在线互动，

如问答环节或者即兴表演。其次，安排一些独家内容，如幕后花絮或者艺人的个人故事分享，这样可以吸引粉丝的兴趣。另外，你还可以举办在线投票，让观众投票选择他们希望听到的歌曲，或者选择接下来的表演内容。这些互动环节不仅能提高观众的参与感，还能使活动更加个性化和有趣。

李华：这些建议很有帮助，谢谢。另外，我们还需要考虑推广这场活动。你有什么好的市场营销策略吗？

ChatGPT：对于市场营销，你可以采取以下策略：首先，通过社交媒体平台进行宣传，如 Instagram、Facebook 和微博。你可以创建活动专页，发布活动预告、艺人介绍和幕后花絮等内容。其次，考虑与一些有影响力的博主或 KOL 合作，通过他们的社交网络推广活动。此外，你还可以利用电子邮件营销，向已有的客户数据库发送定制的邀请邮件。另外，设置早鸟票价和团购优惠也是吸引观众的好方法。

李华：这些策略听起来都很实用。但我还想知道，如何确保活动当天的技术稳定性和流畅性？

ChatGPT：为了确保技术稳定性，我建议你提前做好几方面的准备：首先，选择一个可靠的直播服务提供商，并在活动前进行多次测试，确保直播的视频和音频质量。其次，考虑到可能会有大量的全球观众同时在线，确保服务器有足够的承载能力是非常重要的。此外，准备一个技术支持团队，在活动期间实时监控直播的稳定性，并快速应对可能出现的技术问题。最后，建议在活动前向观众提供观看指南，包括如何连接到直播、如何参与互动环节等信息。

李华：非常感谢你的建议，我觉得这些都非常有用。我会开始着手准备这些事项。再次感谢你的帮助。

在使用 ChatGPT 组织娱乐行业的线上活动时，需要注意以下几点：明确活动的类型、目标和预期成果，确保所有技术方面都准备充分；通过宣传增加活动的知名度，并通过互动提高观众的参与度；同时，也可以深入探索不同类型的线上娱乐活动和创新形式；了解观众的行为和偏好，用于改进未来的活动。

 案例 134　建立艺人互动平台

艺人互动平台是一个创造艺人与粉丝之间更直接交流和互动的平台，可以是网站、移动应用程序或社交媒体账号等形式。通过这样的平台，粉丝可以与自己喜爱的艺人进行实时互动，如发送消息、评论、点赞和分享内容等。这种互动平台的好处是能够提高粉丝的参与感和忠诚度。粉丝们能够更加接近自己喜欢的艺人，了解他们的日常生活、创作过程和背后的故事。粉丝可以与艺人分享自己的支持和喜爱之情，表达对艺人作品的意见和建议，甚至参与一些特殊活动和赛事。同时，互动平台也为艺人们提供了一个直接与粉丝沟通的渠道，艺人可以与粉丝建立更紧密的关系，了解他们的需求和反馈，甚至通过互动活动吸引更多的粉丝参与和支持。

1. ChatGPT 应用逻辑梳理

ChatGPT 提供建立艺人互动平台指导的应用逻辑如图 3-134 所示。

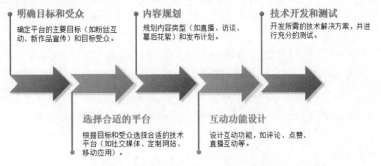

图 3-134　ChatGPT 提供建立艺人互动平台指导的应用逻辑

2. ChatGPT 对话交互

⑤ ChatGPT：

张蕾：你好，ChatGPT。我正在规划一个艺人互动平台，主要目的是加强粉丝和艺人之间的联系。这个平台可以是网站或者移动应用程序。你有什么好的建议吗？

ChatGPT：你好，张蕾。很高兴帮助你设计这个艺人互动平台。首先，我建议平台界面设计简洁易用，确保用户可以轻松地找到他们感兴趣的艺人和内容。其次，平台应该提供多种互动方式，如实时聊天、问答环节、投票活动等。你还可以考虑加入一些独家内容，如艺人的幕后视频、日常生活分享等，这可以提高粉丝的参与感和忠诚度。此外，确保平台有良好的社区管理和反馈机制，这对于营造良好的互动环境和提高用户满意度至关重要。

张蕾：这些建议很有帮助，谢谢。在运营这个平台时，我们应该注意些什么？

ChatGPT：在运营这个平台时，有几个关键点需要注意：首先，定期更新内容是非常重要的，这样可以保持粉丝的兴趣和活跃度。其次，鼓励艺人定期参与互动，如直播、回答粉丝提问等，这样可以加强艺人和粉丝之间的联系。此外，监测用户行为和反馈，定期收集用户的意见和建议，并据此优化平台功能和内容。还要注意保护用户和艺人的隐私与安全，确保平台是一个安全可靠的交流空间。

张蕾：我明白了。另外，我们还想通过这个平台增加收入，你有什么建议吗？

ChatGPT：对于平台的盈利模式，你可以考虑以下几个方向：首先，可以设置会员制度，提供一些会员专属内容和特权，如独家视频、艺人互动机会等。其次，可以通过售卖虚拟商品和服务来增加收入，如艺人定制商品、在线签名会等。此外，你还可以考虑通过广告来盈利，但需要注意广告的选择和布置，避免影响用户体验。最后，可以与其他品牌或公司合作，开展联名活动或者赞助活动。

张蕾：关于提高平台用户黏性，除了独家内容和艺人互动，我们还能做些什么？

ChatGPT：为了提高用户黏性，你可以考虑以下几个策略：首先，建立一个积分奖励系统，鼓励用户频繁访问和参与平台活动。例如，用户每天登录、参与互动、发表评论都可以获得积分，积分可以兑换特权或礼品。其次，可以定期举办线上活动和挑战，如粉丝作品征集、知识问答等，这样既增加了互动性，也提高了用户的参与度。此外，考虑建立一个用户社区，让粉丝能够分享自己的观点和创作，促进粉丝之间的交流。

张蕾：这些主意不错。我还想问一下，我们应该如何处理用户数据，以确保合法合规的同时又能有效地利用这些数据？

ChatGPT：在处理用户数据时，首先要确保遵守相关的隐私保护法律和规定，如欧盟的 GDPR 或中国的个人信息保护法。其次，明确告知用户你们会如何收集和使用他们的数据，并获得他们的同意。在使用数据时，可以通过分析用户行为和偏好来优化内容推荐与个性化服务，从而提高用户体验。同时，确保数据的安全存储和处理，防止数据泄露和滥用。

张蕾：了解了，我们会严格遵守相关法律法规。另外，我还想知道，我们应该如何吸引新用户，并将他们转化为活跃用户？

ChatGPT：吸引新用户并促使他们成为活跃用户可以通过以下方式实现：首先，通过社交媒体和网络广告来提高平台的可见度。利用目标受众分析来定位潜在用户，并通过精准的营销策略吸引他们。其次，可以通过合作伙伴或影响者来扩大平台的影响力。例如，与热门艺人或社交媒体影响者合作，通过他们来推广平台。此外，提供一些新用户专享的优惠或特权，如免费试用会员服务、新用户专属活动等，这可以刺激他们的兴趣并促使他们更加积极地参与平台活动。

张蕾：这些建议很有启发性，我会和团队一起讨论如何实施。最后，我想问一下，关于平台长期发展，我们应该有什么战略规划？

ChatGPT：对于平台的长期发展，建议你们制定以下几个战略规划：首先，持续关注市场趋势和用户需求的变化，及时调整内容和服务以适应这些变化。其次，不断优化和升级平台技术，提高用户体验，如改善界面设计、增强服务器稳定性等。此外，考虑多元化发展，如拓展到新的娱乐领域、开发新的功能和服务。还要注意品牌建设，通过高质量的内容和良好的用户体验来树立良好的品牌形象。最后，从长期来看，可以考虑国际化发展，吸引更多海外用户，这需要考虑多语言支持和文化差异适应等问题。

在使用 ChatGPT 咨询如何建立艺人互动平台时，需要注意以下几点：确立平台的目标以及与艺人品牌相符的策略；让 ChatGPT 提供吸引人的用户体验以及丰富的互动功能；通过持续的内容更新以及互动活动吸引和保持粉丝的兴趣。

另外，用户也可以和 ChatGPT 探讨（如 AR / VR、AI 聊天机器人等）新技术在互动平台中的应用；询问 ChatGPT 如何进行有效的社区管理和粉丝互动策略。

案例 135 推广影视作品

在娱乐业中，有效推广影视作品至关重要。用户可以结合传统方法与现代技术，以最大化影视作品的影响力。传统方法（如预告片、海报和宣传活动）仍然有效，同时，数字媒体的兴起也为推广影视作品带来新机遇。社交媒体平台、在线广告和影片官方网站等现代技术可吸引更广泛的观众。整合传统方法与现代技术，将影视作品推广至全球，提高收视率和票房将成为可能。

扫一扫，看视频

1. ChatGPT 应用逻辑梳理

ChatGPT 提供推广影视作品过程的应用逻辑如图 3-135 所示。

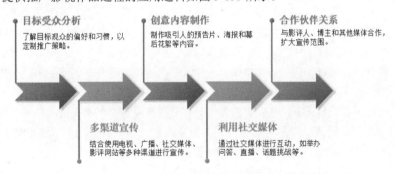

图 3-135 ChatGPT 提供推广影视作品过程的应用逻辑

2. ChatGPT 对话交互

> ⑤ **ChatGPT**：
>
> 杨强：你好，ChatGPT。我们有一部新电影即将上映，我想整合传统和现代手段来进行有效推广。你能给我一些建议吗？
>
> ChatGPT：你好，杨强。很高兴为你的电影推广提供建议。首先，传统的推广方式（如预告片、海报和宣传活动）仍然非常重要。你可以在电视、电影院和户外广告板上放映预告片，同时设计吸引人的海报在不同的场所展出。其次，现代技术提供了新的推广渠道。例如，你可以在社交媒体平台上发布电影的预告片、幕后花絮和演员访谈，利用这些平台的广泛覆盖和高互动性来吸引观众。此外，利用在线广告定向推广电影，可以根据用户的兴趣和行为来精准投放广告，还可以建立一个电影的官方网站，提供详细的电影信息、演员阵容、放映时间等，同时也可以作为在线售票的平台。

杨强：这些建议很实用。我们还希望通过一些创新的方法来吸引年轻观众，你有什么建议吗？

ChatGPT：针对年轻观众，你可以尝试以下几种创新方法：首先，考虑与一些流行的社交媒体影响者合作，通过他们来推广电影。这些影响者通常拥有大量的忠实粉丝，他们的推荐可以有效吸引年轻观众。其次，可以利用增强现实（AR）和虚拟现实（VR）技术制作互动体验，如电影主题的 VR 体验游戏，这样的体验可以提高电影的知名度并吸引技术爱好者。此外，可以在热门的视频平台上发布与电影相关的短视频内容，如挑战、梗图等轻松有趣的内容，这些内容易于传播，可以快速吸引年轻观众的注意。

杨强：这些创新方法听起来很有吸引力。我们应该如何衡量这些推广活动的效果呢？

ChatGPT：衡量推广活动效果的关键是设定明确的指标并进行数据分析。对于传统媒体，你可以关注预告片和广告的观看次数、海报的曝光度等。对于数字媒体，重点可以放在社交媒体帖子的点赞、分享、评论数量，网站和在线广告的点击率，以及通过这些渠道的电影票预售情况。除此之外，还可以通过调查和市场研究来收集观众的反馈，了解他们对推广活动的看法和电影的期待程度。这些数据将帮助你评估推广策略的有效性，并为未来的推广活动提供参考。

杨强：除了已经讨论的策略，你认为还有哪些其他的推广方法可以帮助我们突破噪声，特别是在这个信息过载的时代？

ChatGPT：在当前的信息过载时代，创造独特且有记忆点的推广活动至关重要。首先，考虑组织一些特别的线下活动，如主题派对、影迷见面会或者街头快闪活动。这些活动可以在社交媒体上引起关注和讨论，从而提高电影的知名度。其次，可以利用交互式内容，如在线互动游戏或竞赛，让观众参与到电影的推广中来。此外，考虑与其他品牌或产品进行跨界合作，通过这种方式可以接触到更广泛的受众群体，还可以利用数据分析工具来深入了解目标观众的喜好和行为，从而制定更加精准和有效的推广策略。

杨强：关于跨界合作，你有什么具体的建议吗？我们应该如何选择合作伙伴？

ChatGPT：在选择跨界合作伙伴时，重要的是找到与电影主题或风格相契合的品牌。例如，如果电影是科幻题材，可以考虑与科技产品或游戏公司合作；如果是爱情电影，可以与服装、化妆品或餐饮品牌合作。在选择合作伙伴时，还需要考虑品牌的市场定位和受众群体，确保双方的目标观众有重叠。合作方式可以多样，如共同举办活动、联合推广、定制联名产品等。这种合作不仅可以扩大电影的推广覆盖范围，还可以增加电影的多样性和趣味性。

杨强：我理解了。最后一个问题，我们应该如何利用好影评和观众反馈来推动电影的宣传？

ChatGPT：影评和观众反馈是电影推广中非常重要的一环。首先，可以邀请知名影评人或博主提前观看电影并撰写影评，这些影评可以在电影上映前发布，

以吸引观众的兴趣。其次，上映后积极收集观众的反馈，并在社交媒体和官方网站上展示积极的评论，这有助于建立口碑。此外，对于负面反馈，应该认真对待并作出适当回应。有时候，一些具有建设性的负面评论也可以帮助提升电影的知名度和讨论度。最后，鼓励观众在社交媒体上分享他们的观影体验，利用观众的社交网络来扩大电影的影响力。

在使用 ChatGPT 推广影视作品时，需要注意以下几点：了解观众的兴趣和习惯，以制定有效的推广策略；制作高质量的宣传内容吸引观众；结合使用多种渠道和媒体进行宣传；可以和 ChatGPT 探讨如何有效利用数字媒体进行电影宣传；了解如何提高观众参与度并获取反馈，以优化推广效果。

案例 136　优化直播内容

在当前的数字媒体环境中，直播成为一种流行的内容形式，尤其在娱乐、游戏、教育和品牌推广等领域。然而，直播内容的优化面临诸多挑战。

1. ChatGPT 应用逻辑梳理

ChatGPT 提供优化直播内容指导的应用逻辑如图 3-136 所示。

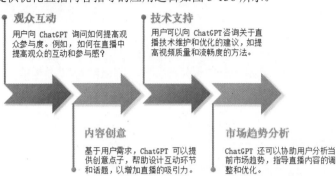

观众互动
用户向 ChatGPT 询问如何提高观众参与度。例如，如何在直播中提高观众的互动和参与感？

技术支持
用户可以向 ChatGPT 咨询关于直播技术维护和优化的建议，如提高视频质量和流畅度的方法。

内容创意
基于用户需求，ChatGPT 可以提供创意点子，帮助设计互动环节和话题，以增加直播的吸引力。

市场趋势分析
ChatGPT 还可以协助用户分析当前市场趋势，指导直播内容的调整和优化。

图 3-136　ChatGPT 提供优化直播内容指导的应用逻辑

2. ChatGPT 对话交互

> **ChatGPT:**
>
> 赵敏：你好，ChatGPT。我们公司计划在多个领域推广直播内容，但我不太确定如何优化这些内容来吸引观众。你能给我一些建议吗？
>
> ChatGPT：你好，赵敏。很高兴为你提供直播内容优化的建议。首先，明确你的目标受众是非常重要的。根据不同领域的特点，定制适合该受众的内容。例如，在游戏领域，可以展示游戏技巧、进行游戏解说，或者举办游戏比赛；在教育领域，可以提供互动式学习体验，如实时答疑和在线研讨；在品牌推广方面，可以通过直播展示产品、举办互动营销活动等。其次，确保直播的技术质量，包括稳定的流媒体传输、清晰的画面和音质。此外，增加直播的互动性也很重要。例如，通过实时聊天、观众投票或互动游戏等方式增加观众的参与感。
>
> 赵敏：这些建议很有帮助。我们应该如何利用数据和反馈来进一步改进直播内容呢？
>
> ChatGPT：利用数据和反馈来改进直播内容，你可以关注以下几点：首先，分析观众的观看行为，如观看时长、互动次数、留存率等，这些数据可以帮助你了解哪些内容最受欢迎。其次，收集观众的直接反馈，可以通过调查问卷或社交媒体来了解观众的意见和建议。此外，观察和分析竞争对手的直播内容，了解他们的优势和不足，可以为你的内容策划提供灵感。最后，根据收集到的数据和反馈，定期调整和优化直播内容，确保内容始终贴近观众的需求和兴趣。
>
> 赵敏：明白了。另外，直播过程中的突发问题怎么处理？如技术故障或不当内容出现？
>
> ChatGPT：直播过程中处理突发问题需要提前准备和及时应对。对于技术故障，如流媒体中断或画面质量下降，建议提前做好技术测试，并准备备用的流媒体设备和网络连接。同时，设立技术支持团队，在直播过程中实时监控，一旦出现问题能够迅速解决。对于不当内容，如不符合社会规范或违反法律法规的内容，应设立内容审核机制，确保所有直播内容都经过严格审核。此外，建议在直播中设置延时播放机制，一旦出现不当内容，可以立即进行处理。最后，对于直播嘉宾和参与者，提前进行培训和指导，确保他们了解直播规则和标准。

在使用 ChatGPT 优化直播内容时，需要注意以下几点：明确受众群体、直播主题和预期目标，以便提供更吸引人的内容；了解受众的兴趣和喜好，选择适合他们的话题和互动方式；同时，确保直播内容的流畅性和专业性，以提高观众的参与度和留存率；利用现代技术和工具，如高清摄像设备、专业音频设备和直播平台的互动功能，为观众带来更好的观看体验；定期进行直播前的测试和演练，以应对可能出现的技术故障和紧急情况；考虑到直播的重要性，如果有条件，建议咨询专业的直播策划团队或顾问，以获取更多优化直播内容的建议。

案例 137　制作虚拟展览

扫一扫，看视频

随着数字技术的发展，虚拟展览成为文化和艺术领域的一个重要趋势。它能够为观众提供更广泛的接触艺术作品和展品的机会，同时为艺术作品和展品提供一个创新的展示平台。然而，制作一个吸引人且互动性强的虚拟展览面临着诸多挑战，如内容策划、故事叙述、用户体验设计等。

1. ChatGPT 应用逻辑梳理

ChatGPT 提供制作虚拟展览指导的应用逻辑如图 3-137 所示。

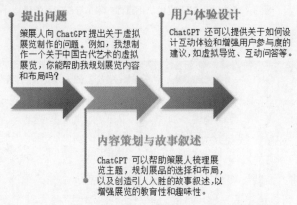

图 3-137　ChatGPT 提供制作虚拟展览指导的应用逻辑

2. ChatGPT 对话交互

> ⑤ ChatGPT：
>
> 王莉：你好，ChatGPT。我正在筹划一场虚拟展览，但对于如何吸引观众并提供良好的互动体验，我还没有太多头绪。你能给我一些建议吗？
>
> ChatGPT：你好，王莉。很高兴帮助你策划虚拟展览。首先，关于内容策划，建议你挑选能够引起广泛共鸣的主题，并围绕这个主题策划展品和展览内容。其次，在故事叙述方面，可以通过讲故事的方式来介绍艺术作品。例如，通过视频、音频讲解或互动式故事板来增加展览的吸引力。对于用户体验设计，重点在于制作一个直观易用的虚拟展览界面，确保用户可以轻松地浏览和互动。此外，加入一些互动元素，如虚拟导览、在线问答、互动游戏等，这些都能提升观众的参与度和体验感。
>
> 王莉：这些建议很有帮助。在技术选择方面，我们应该注意些什么？
>
> ChatGPT：在技术选择方面，首先要确保所选的平台和技术能够支持高质量的图像和视频展示，这对于展示艺术作品至关重要。如果预算允许，可以考虑使用虚拟现实（VR）或增强现实（AR）技术来创造更加沉浸式的体验。此外，确保虚拟展览的加载速度和稳定性，这对于吸引观众的兴趣和提高其满意度非常重要。还要考虑平台的兼容性，确保观众可以在不同的设备上顺畅访问展览。
>
> 王莉：我明白了。我们还应该如何有效地推广这场虚拟展览呢？
>
> ChatGPT：对于虚拟展览的推广，你可以采取以下几种方法：首先，利用社交媒体平台来推广展览，可以通过发布展览预告、幕后制作过程和参展艺术家的介绍等内容来吸引观众的兴趣。其次，

3

与教育机构、艺术团体和媒体合作，通过这些渠道来扩大展览的影响力。此外，考虑通过电子邮件营销和在线广告来吸引潜在观众。最后，提供一些特别活动或优惠，如在线导览、艺术家见面会等，以吸引更多人参与。

王莉：关于虚拟展览的内容策划，我想更深入了解如何结合故事叙述和艺术作品来吸引观众。你能给出一些具体的例子吗？

ChatGPT：当然可以。在结合故事叙述和艺术作品方面，你可以尝试以下几种方式：首先，为每件展品设计一个故事线索。例如，如果展览的主题是某个艺术流派的发展，可以通过时间线的形式，讲述每个时期的代表作品和背后的故事。其次，可以创建虚拟角色作为展览的导览者，让这个角色带领观众穿梭于不同的展区，讲述与每件艺术品相关的历史背景和趣闻轶事。此外，利用多媒体元素如音频、视频和互动图像来增强故事体验。例如，为每件作品配上艺术家的解说，或者制作一些与展品相关的互动游戏和测验。

王莉：这些想法听起来很有创意。我还想知道，如何确保虚拟展览对不同年龄和文化背景的观众都有吸引力？

ChatGPT：为了确保虚拟展览对不同年龄和文化背景的观众都有吸引力，可以考虑以下几点：首先，提供多语言选项，这样不同语言背景的观众都能享受展览。其次，设计不同难度级别的互动内容，以适应不同年龄层的观众，如儿童友好的互动游戏和更深入的艺术分析。此外，考虑文化多样性，确保展览内容具有包容性和敏感性，尊重并展示不同文化背景下的艺术作品。最后，通过用户反馈和调查来不断优化展览内容，确保它能满足广泛观众的需求和兴趣。

王莉：你的建议非常实用。最后一个问题，关于虚拟展览的长期运营，我们应该注意些什么？

ChatGPT：对于虚拟展览的长期运营，建议注意以下几个方面：首先，定期更新展览内容，引入新的艺术作品和主题，保持展览的新鲜感和吸引力。其次，持续跟踪和分析观众数据，如访问量、观看时长和互动频率，这些数据可以帮助你了解观众的喜好和行为模式，从而优化展览内容。此外，考虑与艺术家和创作者进行持续合作，不断引入创新元素和新颖的展示方式。还要注重观众反馈，通过调查和社交媒体等渠道收集观众意见，及时作出调整。最后，不断探索新的技术和展示方法，如增强现实、虚拟现实和 3D 建模技术，以提升展览的互动性和沉浸感。

在使用 ChatGPT 制作虚拟展览时，需要注意以下几点：明确展览主题、收集相关展品，并选择合适的虚拟平台；安排展品顺序和提供解说说明也至关重要；添加互动元素和测试优化是确保展览流畅性和功能性的关键步骤；发布预告和宣传展览能吸引观众参观。

在虚拟展览中，ChatGPT 可以进一步提供有关展览的背景知识、艺术品解读和互动体验的指导。策展人可以咨询 ChatGPT 有关展览开幕式的创意、虚拟导览的设计以及观众参与的互动方式。此外，ChatGPT 还可以提供关于展览的推广策略和在线宣传的建议，以帮助策展人吸引更多观众参观和推广虚拟展览。

通过 ChatGPT 的帮助，策展人可以获得关于虚拟展览制作的全面指导，以确保展览内容精彩、互动性强，并能够吸引观众的兴趣和参与。

案例138　体育赛事互动

随着技术的发展，体育赛事不仅仅是观看运动员比赛，观众的互动体验也成为重要的一部分。然而，体育赛事的互动性往往受限于现场环境和技术条件，导致观众体验有限。如何利用技术提升体育赛事的观看体验和互动性成为一个挑战。

扫一扫，看视频

1. ChatGPT 应用逻辑梳理

ChatGPT 提供提升体育赛事互动指导的应用逻辑如图 3-138 所示。

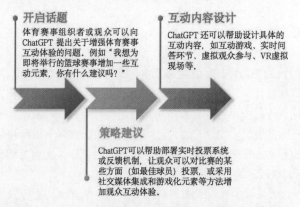

开启话题
体育赛事组织者或观众可以向 ChatGPT 提出关于增强体育赛事互动体验的问题。例如"我想为即将举行的篮球赛事增加一些互动元素，你有什么建议吗？"

互动内容设计
ChatGPT 还可以帮助设计具体的互动内容，如互动游戏、实时问答环节、虚拟观众参与、VR虚拟现场等。

策略建议
ChatGPT可以帮助部署实时投票系统或反馈机制，让观众可以对比赛的某些方面（如最佳球员）投票，或采用社交媒体集成和游戏化元素等方法增加观众互动体验。

图 3-138　ChatGPT 提供提升体育赛事互动指导的应用逻辑

2. ChatGPT 对话交互

ChatGPT：

李明：你好，ChatGPT。我们公司正在寻找方法，以提升体育赛事的观众体验和互动性。由于受限于现场环境和技术条件，我想知道有没有什么好的方式可以克服这些限制？

ChatGPT：你好，李明。提升体育赛事观众体验和互动性是一个非常有意义的目标。首先，你可以考虑利用移动应用来增强观众的互动体验。通过这个应用，观众可以获取即时的比赛数据分析、参与投票和竞猜活动，甚至可以通过应用直接购买周边商品和餐饮服务。其次，考虑使用增强现实（AR）技术提供更丰富的观赛体验。例如，通过 AR 眼镜，观众可以看到球员的实时数据、比赛回放和不同角度的视图。此外，也可以在现场设置互动屏幕和虚拟现实（VR）体验区，让观众在比赛间隙体验不同的互动游戏和模拟体验。

李明：这些想法听起来很有前景。在实施这些技术时，我们应该注意什么？

ChatGPT：在实施这些技术时，有几个关键点需要注意：首先，确保技术的稳定性和可靠性，避免在比赛中出现技术故障。其次，考虑用户体验设计，确保应用界面直观易用，适合所有年龄段的观众使用。此外，关注数据安全和隐私保护，特别是在处理观众的个人信息和支付数据时。最后，提前进行测试和用户反馈收集，以便及时调整和优化技术应用。

李明：这些信息非常有用。另外，我们还想提高赛事的在线观看体验，你有什么建议吗？

ChatGPT：对于提高赛事的在线观看体验，可以尝试以下几种方法：首先，提供高质量的直播服务，包括高清画质和稳定的流媒体传输。其次，考虑提供多角度摄像机直播，让观众可以选择不同的视角来观看比赛。此外，可以在直播中加入互动元素，如实时评论区、观众投票和实时数据分析，还可以利用 AI 技术对比赛进行实时分析，提供更深入的数据解读和比赛亮点回放。

李明：你提到了增强现实和虚拟现实技术，但我担心这些技术的成本和观众的接受度。你能给出一些建议，如何在成本可控的情况下实施这些技术吗？

ChatGPT：确实，增强现实和虚拟现实技术的实施需要考虑成本与观众的接受度。首先，你可以考虑与技术供应商合作，寻找成本效益高的解决方案。例如，选择成熟的技术平台，而不是定制开发。其次，可以先在部分高关注度的比赛中试点这些技术，评估观众的反馈和技术的表现，然后逐步扩展到其他赛事。此外，考虑通过赞助和品牌合作来分担成本。例如，找到愿意投资新技术体验的品牌，作为技术实施的合作伙伴。

李明：这是个不错的思路。我还想问一下，除了技术层面，我们还能如何通过创新内容来增强观众的互动体验？

> ChatGPT：创新内容方面，可以从以下几个方面着手：首先，可以制作赛事的幕后内容，如运动员训练的日常、赛前准备等，通过这些内容让观众了解运动员的另一面。其次，考虑举办在线问答、讲座或讨论会，邀请运动员、教练或体育专家与观众互动。此外，可以利用数据和统计，为观众提供更深入的比赛分析，如运动员的表现数据、团队战术分析等，还可以在社交媒体上进行互动活动，如竞猜赛果、最佳运动员投票等，增加观众的参与度。
>
> *李明：这些建议很有启发性。最后，我想知道，在推广这些新技术和内容时，我们应该如何有效地吸引和教育我们的观众？*
>
> ChatGPT：在推广新技术和内容时，有效的沟通和教育策略是关键。首先，通过营销活动和社交媒体来宣传这些新的观赛体验和内容，突出它们的独特性和吸引力。其次，提供清晰的指导和教程，帮助观众了解如何使用这些新技术，如 AR/VR 设备的使用方法和移动应用的功能介绍。此外，可以通过观众反馈来持续优化用户体验，确保新技术和内容能够满足观众的需求，还可以利用影响者和知名人士来推广这些新体验，利用他们的影响力吸引更多观众。

ChatGPT 可以辅助策划者解决体育赛事互动中的各种相关问题。它可以提供创意和灵感，帮助策划者设计新颖有趣的互动活动。通过与 ChatGPT 进行对话，策划者不仅可以获取关于投票、竞猜、挑战或其他创意互动活动的建议，而且可以收集观众的反馈和意见，以优化互动活动的设计和执行。ChatGPT 可以帮助策划者分析观众的喜好和需求、提供改进意见，并帮助策划者不断改进体育赛事的互动体验。

案例 139　设置节目投票

在电视节目或各类活动中，观众投票是一种常见的互动方式，可以提升观众的参与感和节目的吸引力。然而，设计一个有效、公正且易于参与的投票系统是一项挑战。如何确保投票过程简单直观，同时防止作弊和确保数据的准确性，是需要考虑的关键问题。

扫一扫，看视频

1. ChatGPT 应用逻辑梳理

ChatGPT 提供设置节目投票过程的应用逻辑如图 3-139 所示。

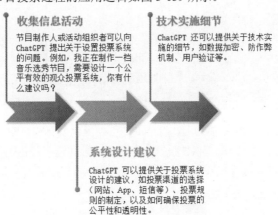

图 3-139　ChatGPT 提供设置节目投票过程的应用逻辑

2. ChatGPT 对话交互

> ⑤ ChatGPT：
>
> *陈晓：你好，ChatGPT。我负责的新节目中包含观众投票环节，我想设计一个既有效又公平的投票系统。你有什么建议吗？*

ChatGPT：你好，陈晓。设计一个有效和公平的观众投票系统是提升节目互动性的关键。首先，推荐使用易于访问且用户友好的投票平台，如移动应用、节目官方网站或社交媒体平台。这些平台可以提供简单直观的投票界面，确保观众可以轻松地进行投票。其次，为了确保投票的公正性和防止作弊，可以考虑实施一些机制。例如，每个账户或设备限制投票一次，使用验证码防止自动化投票。此外，确保后端数据处理的透明和准确，可能需要技术团队定期监控数据，以防止任何异常活动。

陈晓：这些建议很有帮助。另外，我们如何在保证投票公正的同时，提高观众的参与度呢？

ChatGPT：为了在保证公正的同时提高观众参与度，可以考虑以下策略：首先，可以通过节目本身鼓励观众投票，如通过主持人呼吁、屏幕提示或节目互动环节。其次，可以设置奖励机制，如对参与投票的观众进行抽奖，奖品可以是节目周边商品、优惠券或特别嘉宾的见面会邀请。此外，及时公布投票结果和相关数据，可以增加观众的信任感和参与感。还可以在社交媒体上进行宣传和互动，鼓励更多观众参与投票。

陈晓：你的建议对我们很有启发。最后，我们应该如何处理和展示投票结果，以保证透明度和公正性？

ChatGPT：在处理和展示投票结果方面，保证透明度和公正性非常重要。首先，建议实时或定期更新投票结果，让观众可以跟踪投票进展。其次，投票结束后，应通过可靠的方式公布结果。例如，在节目中直播或在官方平台发布详细的投票数据。此外，为了增加可信度，可以考虑邀请第三方机构对投票过程和结果进行审核和确认。最后，对于任何投票异常或争议，应该及时公开说明情况，并采取相应的措施来解决问题。

陈晓：另外，我还想了解，我们如何能够有效地利用投票数据为节目内容和未来规划提供指导？

ChatGPT：利用投票数据为节目内容和未来规划提供指导，可以通过以下几个方面来实现：首先，分析投票结果，了解哪些环节或参与者最受观众欢迎，这可以帮助你在未来的节目中调整内容或者特别强调这些受欢迎的部分。其次，观察投票过程中的观众参与模式，如投票的高峰时段和观众的地理分布，这有助于优化节目的播出时间和针对特定地区的宣传策略。此外，收集观众在投票过程中的反馈，如对节目的评论和建议，这些信息可以用来改进节目内容和提升用户体验。最后，考虑将投票数据与其他数据源（如收视率和社交媒体互动数据）结合分析，以获得更全面的观众洞察。

陈晓：这确实是个好方法。那么我们如何确保在投票过程中保护观众的隐私权和数据安全呢？

ChatGPT：在投票过程中保护观众的隐私权和数据安全非常重要。首先，确保投票系统符合相关的数据保护法律和规定，如欧盟的通用数据保护条例（GDPR）或其他地区的隐私法规。其次，明确告知观众他们的数据将如何被收集、使用和存储，并确保获取他们的同意。此外，采取适当的技术措施来保护存储的数据，防止未经授权的访问、泄露或滥用。还应定期审查和更新数据保护措施，以应对不断变化的安全威胁。最后，对于处理观众数据的员工和合作伙伴，应提供必要的培训和指导，确保他们了解并遵守隐私保护的最佳实践。

在使用 ChatGPT 设置节目投票时，虽然 ChatGPT 可以提供创意和策略，但是实际的技术实施和数据处理需要专业团队来完成。同时，保持投票过程的公平性和透明性也是至关重要的。鼓励节目制作人不断创新，利用技术手段提升观众的互动体验和节目的吸引力。

3.18　新闻与媒体

新闻与媒体行业作为信息传播的重要途径，对于塑造公众意识、影响社会观念及促进文化交流等方面具有不可替代的作用。随着数字化转型的加速，新闻与媒体行业面临着前所未有的挑战与机遇。在这一背景下，像 ChatGPT 这样的先进 AI 技术，正逐步成为新闻与媒体行业创新发展的重要助力。

首先，ChatGPT 在新闻内容的生成和编辑中发挥着越来越重要的作用。通过学习大量的新闻资料和数据，ChatGPT 能够自动生成新闻报道的草稿，帮助记者和编辑节省时间，提高工作效率。同时，ChatGPT 还能够协助进行语言风格和语法的校对，确保新闻内容的质量。此外，ChatGPT 还可以通过分析历史数据和趋势，为记者提供新闻线索和背景材料，支持深度报道的创作。

其次，在个性化新闻推荐方面，ChatGPT 也展现出巨大的潜力。通过分析用户的阅读历史、兴趣偏好以及社交媒体活动，ChatGPT 可以为用户定制个性化的新闻内容和推荐，从而提高用户的阅读体验和参与度。这种个性化的服务不仅有助于吸引和保留用户，也为媒体机构提供了更加精准的目标受众，进而优化广告投放和内容营销的策略。

 案例 140　实时更新新闻

在新闻和媒体行业，实时更新新闻是保持观众参与和信息传播的关键。然而，实时报道新闻面临着准确性、速度和资源分配等挑战。如何快速而准确地报道最新新闻并在多个平台上发布，是新闻媒体需要解决的问题。

扫一扫，看视频

1. ChatGPT 应用逻辑梳理

ChatGPT 提供提高实时更新新闻速度指导的应用逻辑如图 3-140 所示。

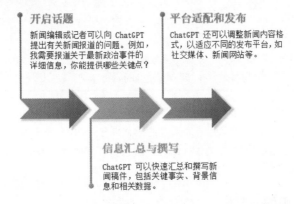

开启话题
新闻编辑或记者可以向 ChatGPT 提出有关新闻报道的问题。例如，我需要报道关于最新政治事件的详细信息，你能提供哪些关键点？

平台适配和发布
ChatGPT 还可以调整新闻内容格式，以适应不同的发布平台，如社交媒体、新闻网站等。

信息汇总与撰写
ChatGPT 可以快速汇总和撰写新闻稿件，包括关键事实、背景信息和相关数据。

图 3-140　ChatGPT 提供提高实时更新新闻速度指导的应用逻辑

2. ChatGPT 对话交互

ChatGPT：

林涛：你好，ChatGPT。在新闻行业，我们急需提高新闻报道的速度和准确性，并在多个平台上进行有效发布。你有什么好的建议吗？

ChatGPT：你好，林涛。在新闻行业中，快速准确地报道新闻是非常重要的。首先，建议建立一个强大的新闻采集和审核系统。这可能包括使用先进的技术工具来监测和分析新闻源，以及培训一支能够迅速响应的新闻团队。其次，确保有一个高效的内部审核流程，以保证新闻内容的准确性和可靠性。在多平台发布方面，可以使用自动化工具来同时向多个平台发布新闻，如社交媒体、官方网站和移动应用。此外，考虑使用数据分析工具来了解不同平台的受众特点，以便制定更有针对性的发布策略。

林涛：这些建议很有帮助。关于提高报道速度，我们应该如何平衡速度和准确性？

ChatGPT：在提高报道速度的同时保持准确性，关键在于建立有效的工作流程和标准。首先，对新闻团队进行培训，强调速度和准确性的重要性，并确保他们了解快速报道的流程和标准。其次，使用实时通信工具来加快内部沟通和协作速度。同时，建立快速反应机制，如设置紧急新闻处理小组，以便在关键时刻迅速采取行动。此外，实施分层审核制度，对不同类型的新闻采用不同程度的审核，以确保快速发布的新闻同时保持准确性。

林涛：我理解了。另外，在资源分配方面，我们应该如何高效利用资源？

ChatGPT：在资源分配方面，有效管理是关键。首先，根据新闻重要性和紧急程度来分配资源。对于重大新闻事件，可以优先分配更多的采编和技术资源。其次，考虑建立灵活的工作团队，使员工能够根据新闻的需求快速调整工作重点。此外，利用技术工具，如自动化软件和 AI，来减轻员工的工作负担，并提高工作效率。最后，定期评估资源分配的效果，根据评估结果调整策略，确保资源得到有效的利用。

林涛：在多平台发布新闻时，我们如何确保各个平台上的内容都有良好的观众互动和参与？

ChatGPT：在多平台发布新闻时，确保各个平台上的内容互动性和参与度，可以采取以下策略：首先，了解不同平台的受众特性和内容偏好，根据这些特点定制内容。例如，在社交媒体上可以发布更加轻松互动的新闻内容，而在官方网站上则提供更深入全面的报道。其次，鼓励观众参与和反馈，在社交媒体上引入互动性元素，如投票、评论和分享。此外，使用引人入胜的标题和视觉元素，如引人注目的图片和视频，以增加内容的吸引力。最后，定期分析各平台的互动数据，如点赞、评论和分享次数，根据这些数据调整内容策略。

林涛：关于实时更新新闻，有没有什么技术工具可以帮助我们提高效率？

ChatGPT：实时更新新闻方面，有多种技术工具可以提高效率：首先，可以使用内容管理系统（CMS）来快速发布和更新新闻内容。这些系统通常支持一键发布到多个平台，并允许快速编辑和调整内容。其次，可以利用社交媒体管理工具来统一管理不同平台的发布和互动，如 Hootsuite 或 Buffer 等。此外，考虑使用数据分析工具来实时监控新闻的表现和观众反应，从而快速作出调整，还可以使用 AI 工具，如自动化写作软件，来辅助生成新闻内容，特别是在处理大量数据和信息时。

　　使用 ChatGPT 进行新闻实时更新时，虽然 ChatGPT 可以提供信息汇总和撰写的帮助，但是核实事实和数据的准确性是必需的。此外，考虑到新闻报道的敏感性和影响力，合规性和伦理标准是不可忽视的。最后，鼓励新闻机构利用 ChatGPT 提高工作效率，同时保持新闻质量和专业标准是最基本的工作要求。

 案例 141　个性化新闻推送

　　在新闻媒体行业，面对信息过载的时代，观众往往需要筛选出与自己兴趣相关的内容。个性化新闻推送能够帮助观众节省时间，同时提升阅读体验。然而，设计一个能够准确理解用户偏好并提供相关内容的个性化新闻推送系统是一项挑战。

1. ChatGPT 应用逻辑梳理

　　ChatGPT 提供个性化新闻推送指导的应用逻辑如图 3-141 所示。

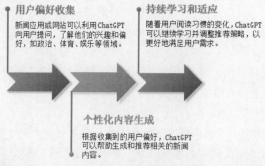

用户偏好收集
新闻应用或网站可以利用 ChatGPT 向用户提问，了解他们的兴趣和偏好，如政治、体育、娱乐等领域。

持续学习和适应
随着用户阅读习惯的变化，ChatGPT 可以继续学习并调整推荐策略，以更好地满足用户需求。

个性化内容生成
根据收集到的用户偏好，ChatGPT 可以帮助生成和推荐相关的新闻内容。

图 3-141　ChatGPT 提供个性化新闻推送指导的应用逻辑

2. ChatGPT 对话交互

 ChatGPT：

　　周婷：你好，ChatGPT。我们正在开发一个个性化新闻推送系统，但我担心如何准确捕捉用户的兴趣并推送相关内容。你有什么建议吗？

　　ChatGPT：你好，周婷。一个有效的个性化新闻推送系统需要精准地捕捉和分析用户的兴趣。首先，可以考虑使用机器学习算法来分析用户的阅读历史和互动行为，如点击、收藏和分享等，从而了解他们的偏好。其次，鼓励用户主动选择感兴趣的新闻主题或关键词，以便系统更准确地推送相关内容。此外，实时跟踪热门话题和趋势，将这些信息结合到推送算法中，可以提高内容的时效性和相关性。最后，定期收集用户反馈，不断调整推送算法，以提高推送内容的准确性和用户满意度。

　　周婷：这些方法听起来很实用。我们如何平衡个性化推送和用户接触多样性的需求？

　　ChatGPT：平衡个性化推送和提供内容多样性，需要精心设计推送算法。首先，虽然重点推送用户感兴趣的内容，但也可以适当包含一些多样性内容，如不同领域的热门新闻和新兴话题。其次，可以设置用户偏好调整选项，允许用户调整推送内容的多样性程度。此外，利用推荐系统的探索机制，定期推送一些用户不经常接触但可能感兴趣的内容。最后，通过数据分析来监控和评估内容多样性，确保用户不会陷入"信息茧房"。

　　周婷：这些建议对我们非常有帮助，另外，我们应该如何处理用户隐私和数据安全问题？

　　ChatGPT：处理用户隐私和数据安全问题非常重要。首先，确保遵守相关的数据保护法规，如欧盟的通用数据保护条例（GDPR）。其次，明确告知用户数据的收集、使用和存储方式，并获取他们的明确同意。此外，采取强有力的数据加密和安全措施，防止数据泄露和未授权访问，还要定期对系统进行安全审查和升级，以应对新的安全威胁。最后，对用户提供透明的隐私设置选项，让他们可以控制自己的数据和隐私级别。

　　在使用 ChatGPT 进行个性化新闻推送时，首先，要保持对用户隐私的尊重，并确保推荐内容的多样性和准确性。其次，系统需要具备灵活性，能够根据用户的反馈和行为数据进行持续学习和适应。最后，保持内容的新鲜度和相关性对于维持用户的长期兴趣至关重要。

 案例 142　制作互动报道

　　随着数字媒体的发展，互动报道成为新闻领域的一个重要分支。它利用多媒体和互动技术，提供更加丰富和参与性强的内容，使受众能够更深入地理解新闻事件。然而，创建吸引人的互动报道面临着诸多挑战，如内容策划、技术实现、用户体验优化等。

扫一扫，看视频

1. ChatGPT 应用逻辑梳理

　　ChatGPT 分享制作互动报道过程的应用逻辑如图 3-142 所示。

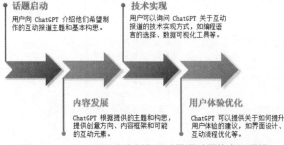

图 3-142　ChatGPT 分享制作互动报道过程的应用逻辑

2. ChatGPT 对话交互

⑤ ChatGPT：

　　用户：你好，ChatGPT！我是一名数字媒体工作者，最近我想尝试做一些互动报道，但我对这方面还不太熟悉，你能帮我了解一下怎样策划和实施一个成功的互动报道吗？

ChatGPT：当然可以。互动报道是一种非常有效的方式，可以增加观众的参与度和对新闻故事的深入理解。首先，你需要确定报道的主题和目标受众。故事应该是吸引人的，能够激起受众的兴趣，并且要考虑到他们的背景知识和偏好。

用户：明白了。在内容策划上有什么具体的建议吗？

ChatGPT：对于内容策划，你可以采用叙事性较强的故事线，结合多媒体元素，如视频、图片、音频等，来讲述故事。同时，要考虑互动元素的融入。例如，可以让用户通过点击不同的选项来探索故事的不同方面，或者通过小测试来增加参与感。另外，确保内容是事实准确的，同时也要考虑到多元化和包容性。

用户：我明白了。在技术实现方面，我应该注意些什么？

ChatGPT：在技术实现方面，首先要选择合适的平台和工具。例如，一些专门的互动报道制作工具，如 Shorthand、StoryMapJS 等，可以帮助你制作高质量的互动内容。此外，考虑到用户体验，确保你的报道在不同的设备上都能良好运行，这意味着要对移动端进行优化。同时，加载速度也非常关键，确保多媒体内容可以快速加载。

用户：关于用户体验优化，还有哪些方面是我需要特别注意的？

ChatGPT：在用户体验优化方面，首先要确保界面直观易用，不要让用户感到困惑。互动元素不应该太过复杂或者难以理解。其次，内容的布局要合理，避免信息过载，可以通过视觉分割来帮助用户更好地吸收信息。此外，还要关注反馈机制，如用户参与互动后能得到什么样的反馈或结果，这会增加他们的参与度。

在使用 ChatGPT 制作互动报道时，需要注意以下几点：确保所用数据的准确性和更新性，错误的数据会误导用户；了解所使用技术的限制，确保项目在技术上的可行性；在使用图片、视频等素材时，注意版权问题，避免侵权；持续优化用户体验，确保互动元素能够吸引并保持用户的参与；在发布前进行充分的测试，根据用户反馈进行必要的调整。

案例 143　制作数据新闻

数据新闻是一种新闻报道形式，通过数据分析和可视化来呈现复杂信息，使读者能够更深入地理解新闻事件。其面临的挑战包括确保数据的准确性和可靠性、选择合适的分析方法，以及创造吸引人的叙述方式。

扫一扫，看视频

1. ChatGPT 应用逻辑梳理

ChatGPT 分享制作数据新闻过程的应用逻辑如图 3-143 所示。

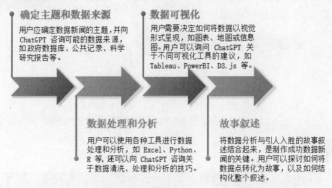

图 3-143　ChatGPT 分享制作数据新闻过程的应用逻辑

2. ChatGPT 对话交互

ChatGPT:

用户：你好，ChatGPT！我是一名数据新闻工作者。我现在面临一些挑战，主要是如何确保数据的准确性和可靠性，选择合适的分析方法，以及如何创造吸引人的叙述方式。你能给我一些建议吗？

ChatGPT：当然可以。数据新闻是一个复杂但非常有价值的领域。首先，确保数据准确性和可靠性的关键是选择信誉良好的数据来源。同时，对数据进行彻底的验证和交叉检查，以确保其真实性和相关性。如果数据是自行收集的，确保采用的方法是科学和合理的。

用户：这很有帮助。关于数据分析方法，我应该注意些什么？

ChatGPT：在选择数据分析方法时，首先要明确你的报道目标和受众。不同的数据分析方法适用于不同类型的数据和故事。例如，如果你的数据具有时间序列特性，则可能需要使用时间序列分析。如果是探究变量之间的关系，则可能需要相关性分析或回归分析。同时，保持方法的透明度和可解释性也很重要，这有助于建立受众的信任。

用户：明白了。另外，关于叙述方式，你有什么好的建议吗？

ChatGPT：在叙述方式上，好的数据故事应该是引人入胜且易于理解的。尝试从数据中找出有趣的故事线索，用故事来引导读者理解数据。可视化工具，如图表和地图，可以帮助读者更直观地理解复杂数据。同时，避免使用过于复杂的专业术语，用简洁清晰的语言讲述故事。

用户：这些建议听起来很实用。我会尝试应用到我的工作中。还有其他我需要注意的吗？

ChatGPT：另一个重要方面是交互性。在数字媒体上，你可以利用交互式元素，如可点击的图表或地图，让读者能够更深入地探索数据。这不仅增加了参与度，而且可以帮助读者从不同角度理解数据。最后，始终记得进行事实核查，确保报道的准确性和客观性。

为了有效地从 ChatGPT 获取制作数据新闻的建议，需要确保使用的数据是准确、更新和全面的；选择适合的数据分析方法；使用直观的可视化工具，使复杂数据易于理解；将数据与实际案例和真实故事相结合，增加故事性；考虑所用技术的限制，确保在技术上可行。

案例 144　保护媒体版权

保护媒体版权是指确保内容创作者和媒体公司的知识产权不被非法复制和分发。随着数字媒体的发展，媒体版权保护变得更加复杂，尤其是在网络环境下，非法复制和分享的情况屡见不鲜。

扫一扫，看视频

1. ChatGPT 应用逻辑梳理

ChatGPT 提供保护媒体版权指导的应用逻辑如图 3-144 所示。

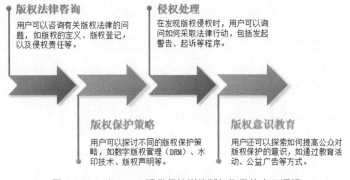

版权法律咨询
用户可以咨询有关版权法律的问题，如版权的定义、版权登记，以及侵权责任等。

侵权处理
在发现版权侵权时，用户可以询问如何采取法律行动，包括发起警告、起诉等程序。

版权保护策略
用户可以探讨不同的版权保护策略，如数字版权管理（DRM）、水印技术、版权声明等。

版权意识教育
用户还可以探索如何提高公众对版权保护的意识，如通过教育活动、公益广告等方式。

图 3-144　ChatGPT 提供保护媒体版权指导的应用逻辑

2. ChatGPT 对话交互

ChatGPT：

用户：你好，ChatGPT！我在一家媒体公司工作，我们最近遇到了一些版权问题。我想了解一下，如何更有效地保护我们的媒体版权，尤其是在数字化和网络环境下？

ChatGPT：保护媒体版权在数字时代确实面临很多挑战。首先，明确你们发布的内容的版权信息非常重要。这包括在所有发布的内容上明确标注版权信息和发布日期。其次，可以使用数字水印和版权管理技术（如 DRM，数字版权管理）来追踪和控制你的内容。这些技术可以帮助限制非法复制和分发。

用户：在网络环境下，我们该如何应对非法复制和分享的情况呢？

ChatGPT：在网络环境下，监控和应对非法复制和分享是一个持续的过程。你可以使用版权监测工具跟踪你发布的内容在互联网上的使用情况。如果发现版权侵权，可以采取措施，如发送版权侵犯通知，要求对方停止侵权行为或从网络上移除相关内容。此外，与搜索引擎和社交媒体平台合作，移除或下架侵权内容也是一个有效的策略。

用户：我明白了。另外，我们应该如何提高公众对版权的意识和尊重？

ChatGPT：提高公众对版权的意识是一个长期的工作。你可以通过教育和宣传活动来提升公众对知识产权的认识。例如，制作关于版权保护重要性的宣传材料，举办研讨会和讲座。此外，鼓励和支持合法的内容分享和使用方式，如提供合理的许可和订阅服务，也能帮助建立更健康的版权文化。

用户：我还想了解一下，有没有什么具体的技术手段或者软件工具，可以帮助我们更好地监控和管理版权内容？

ChatGPT：当然。目前市场上有许多专门的软件和服务，用于监控和管理版权内容。例如，可以使用版权管理软件，如 Adobe Content Server 或者 DigiMarc，这些工具可以帮助你嵌入数字水印，跟踪内容使用情况，并管理版权信息。此外，还有一些在线服务，如 Copyscape 或 DMCA Protection，它们专注于监测互联网上的内容复制情况，并帮助识别潜在的版权侵权行为。

用户：对于我们自己的员工，应该如何培训他们更好地理解和尊重版权？

ChatGPT：员工教育是版权管理的一个重要环节。你可以定期举办版权法律和政策的培训课程，确保所有员工了解相关法律规定和公司政策。这包括如何合法使用第三方内容，以及如何保护自己的作品不受侵权。此外，创建详细的版权指南和最佳实践文档，使员工能够随时查阅和遵循，也是非常有效的。

用户：如果我们发现了侵权行为，除了法律途径，还有其他处理方式吗？

ChatGPT：是的，除了采取法律行动之外，还有一些替代方式。首先，可以直接联系侵权方，进行友好沟通，请求他们停止侵权行为或达成某种形式的授权协议。有时，侵权可能是无意的，因此通过沟通解决问题往往更为高效和友好。此外，还可以通过合作伙伴关系或者内容授权平台来管理和分发内容，这样可以更好地控制内容的使用和分发。

在保护媒体版权方面时，ChatGPT 可以提醒并强调媒体版权的重要性。通过与用户互动，ChatGPT 可以向用户介绍关于媒体版权的概念、法律和道德责任，以提高用户的版权保护意识；可以向用户提供关于合法使用媒体内容的建议；可以向用户介绍合法的授权渠道，以帮助用户获取媒体内容的合法使用权。例如，指导用户购买授权、使用授权库或与版权持有人联系获取授权等。ChatGPT 还可以鼓励用户进行创造性使用，即在版权法规范的范围内使用媒体内容。通过与用户的对话，ChatGPT 也可以提供创意和灵感，帮助用户理解如何在尊重版权的前提下进行创意转化和二次创作。

案例145 识别虚假新闻

虚假新闻是指故意发布的不真实或误导性信息，目的通常是影响公众意见或获得经济利益。在数字时代，虚假新闻的传播速度快，影响范围广，给社会带来了严重的挑战。

扫一扫，看视频

1. ChatGPT 应用逻辑梳理

ChatGPT 提供识别虚假新闻指导的应用逻辑如图 3-145 所示。

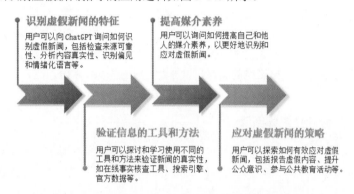

识别虚假新闻的特征
用户可以向 ChatGPT 询问如何识别虚假新闻，包括检查来源可靠性、分析内容真实性、识别偏见和情绪化语言等。

提高媒介素养
用户可以询问如何提高自己和他人的媒介素养，以更好地识别和应对虚假新闻。

验证信息的工具和方法
用户可以探讨和学习使用不同的工具和方法来验证新闻的真实性，如在线事实核查工具、搜索引擎、官方数据等。

应对虚假新闻的策略
用户可以探索如何有效应对虚假新闻，包括报告虚假内容、提升公众意识、参与公共教育活动等。

图 3-145 ChatGPT 提供识别虚假新闻指导的应用逻辑

2. ChatGPT 对话交互

ChatGPT:

用户：你好，ChatGPT。我是一名新闻编辑，最近我们遇到了一些关于虚假新闻的问题。在数字时代，虚假新闻传播速度之快，影响之广，我们应该如何更有效地识别和防止虚假新闻的传播？

ChatGPT：你好。确实，虚假新闻是当今社会面临的一个重要问题。首先，建立一个强大的事实核查机制至关重要。这包括训练专业的事实核查员，使用可靠的数据源进行核查，以及建立有效的信息验证流程。其次，提高新闻编辑和记者的媒介素养也非常重要，让他们能够辨别可能的虚假信息。

用户：我明白了。在实际操作中，是否有什么具体的技巧或工具可以帮助我们识别虚假新闻？

ChatGPT：是的，有一些技巧和工具可以帮助识别虚假新闻。例如，可以使用在线事实核查工具，如 Snopes、FactCheck.org 等，来验证信息的真实性。另外，对源头进行追踪，检查发布信息的原始来源，判断其可靠性也很关键。此外，学习识别虚假新闻常用的手法，如夸张的标题、不完整的引用、不实的数据支持等，也可以提高识别虚假新闻的能力。

用户：了解了。我们作为媒体机构，如何向公众传达真实、准确的信息，减少虚假新闻的影响呢？

ChatGPT：作为媒体机构，传达真实、准确的信息非常重要。一方面，确保所有发布的新闻都经过严格的事实核查。另一方面，可以通过教育公众提高他们的媒介素养，帮助他们识别和怀疑虚假信息。此外，积极与其他媒体、政府机构和社会组织合作，共同打击虚假新闻，也是减少其影响的有效方式。

用户：除了上述提到的措施，我们还应该如何与公众互动，以提高他们对虚假新闻的辨别能力？

ChatGPT：与公众互动是提高他们对虚假新闻辨别能力的关键。可以定期发布关于如何识别和防范虚假新闻的指南和文章。举办线上、线下的研讨会和讲座，邀请专家教授公众如何分析新闻来源，理解新闻背后的意图和背景。此外，通过社交媒体平台积极参与到反虚假新闻的讨论中，增强与公众的互动。

用户：如何处理已经传播的虚假新闻呢？我们能做些什么来减少其负面影响？

3

ChatGPT：一旦发现虚假新闻已经开始传播，及时发布准确信息来纠正错误是至关重要的。可以通过官方声明、新闻报道或社交媒体更新来澄清事实。同时，与其他新闻机构和平台合作，加强对准确信息的传播力度，确保更广泛的覆盖。此外，向有关部门报告虚假新闻，并请求他们协助停止进一步传播也是一种有效的方法。

ChatGPT 在给出识别虚假新闻的建议时，可以向用户介绍识别虚假新闻的标准和技巧，如验证信息来源、查证事实、辨别偏见和谣言等。这有助于用户在面对新闻报道时更加谨慎和批判地进行评估；通过与 ChatGPT 的对话，用户向它提供新闻内容或链接，然后 ChatGPT 可以帮助用户分析信息的可信度，提供关于来源的背景信息、检查事实的准确性，并指出可能存在的虚假或误导性内容；此外，ChatGPT 可以向用户介绍一些常见的虚假新闻传播策略，如点击诱导、情绪煽动、信息篡改等。它还可以向用户提供避免受到这些策略影响的建议，以提高用户的警觉性和辨别能力。

 案例 146　整合社交媒体新闻

扫一扫，看视频

社交媒体已成为新闻和信息传播的重要渠道。整合社交媒体新闻涉及到从各种社交平台收集、筛选和呈现新闻内容。这一过程需要考虑到信息的真实性、多样性以及受众的接受度。

1. ChatGPT 应用逻辑梳理

ChatGPT 提供整合社交媒体新闻过程的应用逻辑如图 3-146 所示。

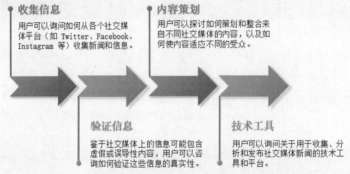

图 3-146　ChatGPT 提供整合社交媒体新闻过程的应用逻辑

2. ChatGPT 对话交互

ChatGPT:

张先生：你好，我是一名媒体工作者，最近负责整合社交媒体的新闻内容，我发现从各个平台收集和筛选新闻很困难，你能给我一些建议吗？

ChatGPT：你好，张先生。整合社交媒体新闻确实是一项挑战。首先，你需要关注几个主要的社交媒体平台，如微博、微信公众号、抖音等。其次，建立一个有效的关键词列表来过滤新闻内容是非常重要的。你可以根据新闻热点、时事话题或特定事件来设定这些关键词。此外，使用一些社交媒体监控工具也会很有帮助，如 Hootsuite 或 Buffer，这些工具可以帮助你跟踪和管理多个社交媒体账号。

张先生：听起来不错。但是社交媒体上的信息量太大，如何有效筛选出高质量的内容呢？

ChatGPT：确实，信息筛选是关键。首先，设定好的关键词能帮助你初步筛选出相关内容。其次，可以考虑设定一些质量标准，如筛选出拥有较高关注度和互动率的内容。另外，可以关注一些权威的新闻发布账号和行业领导者，他们的内容通常更值得信赖。此外，定期评估和调整你的筛选标准也很重要，以确保内容的相关性和质量。

张先生：这些方法听起来都很实用，但是在呈现这些内容时，我应该注意什么呢？

ChatGPT：在呈现内容时，保持内容的原汁原味非常重要。即使是简短的摘要或改编，也应确保不改变原始信息的核心意义。同时，考虑到社交媒体用户的阅读习惯，内容应该简洁、直观，并且包含吸引人的视觉元素，如图片和视频。另外，提供原始来源链接，让读者可以追溯到原始内容，这样既能增强内容的可信度，也能遵守版权规定。

张先生：谢谢你的帮助。我还想问问，有没有什么工具或软件可以帮助我自动化这个过程？毕竟手动操作效率太低了。

ChatGPT：当然，自动化工具可以大大提高你的工作效率。例如，可以使用一些社交媒体管理工具，如 Sprout Social、Buffer 或 Hootsuite，这些工具可以帮助你跟踪关键词、监控不同社交媒体平台，并安排发布内容。此外，可以考虑使用一些内容聚合工具，如 Feedly 或 Flipboard，它们可以帮助你聚合来自不同来源的内容，并根据你的兴趣进行筛选。还有一些高级工具，如 Brandwatch 或 Mention，这些工具提供了更深入的数据分析和趋势追踪功能。

张先生：这听起来非常有用，但是这些工具是否涉及版权问题？在使用这些内容时，我应该怎么处理版权问题？

ChatGPT：这是一个非常好的问题。在使用社交媒体内容时，版权确实是一个重要的考虑因素。首先，确保你使用的内容是公开的，而不是受版权保护的私人内容。其次，即使是公开内容，最好也要标明来源，尊重原创者的版权。在某些情况下，可能需要联系原作者获取使用许可。此外，使用这些工具时，也要遵守它们的服务条款，这些条款通常会涉及版权和使用规范。

张先生：原来如此，我会注意这些版权问题的。另外，我该如何衡量我的工作效果呢？

ChatGPT：衡量工作效果可以通过多种指标来实现。例如，可以跟踪你发布的内容的观看量、点赞数、分享次数和评论数量等互动数据。这些数据可以帮助你了解哪些内容更受欢迎，从而指导你未来的内容策略。此外，可以通过社交媒体分析工具来获取更深入的数据，如观众的人口统计信息、最佳发布时间等。最后，定期反思和调整你的策略也很重要，以确保你的工作始终符合目标受众的需求和兴趣。

在使用 ChatGPT 整合社交媒体新闻时，需要注意以下几点：验证信息来源，确保所用信息的来源可靠，防止传播虚假或误导性内容；整合不同类型的内容，以覆盖更广泛的受众；了解并适应目标受众的偏好和兴趣；利用适当的技术工具来高效地收集和分析社交媒体内容。

 案例 147　验证新闻来源

在数字时代，新闻和信息来源变得越来越多样化，这使得验证新闻来源的真实性和可靠性变得尤为重要。不准确或误导性的新闻可能会对公众意见产生重大影响。

扫一扫，看视频

1. ChatGPT 应用逻辑梳理

ChatGPT 提供验证新闻来源指导的应用逻辑如图 3-147 所示。

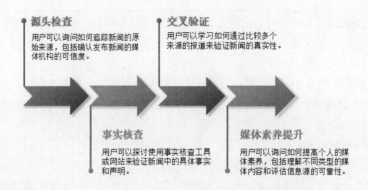

图 3-147　ChatGPT 提供验证新闻来源指导的应用逻辑

2. ChatGPT 对话交互

⚙ ChatGPT：

用户：你好，我刚看新闻说全球变暖对北极熊产生重大影响，是真的吗？

ChatGPT：你好！判断新闻或信息的真实性和可靠性是一个重要的技能。首先，可以从以下几个方面来进行判断。

1. 来源检查：查看新闻发布的媒体是否可靠。知名、有信誉的新闻机构通常更值得信任。

2. 作者资质：检查作者的背景和资质。专业的记者或领域专家撰写的文章通常更可靠。

3. 证据支持：文章是否提供了可查证的证据，如科学研究、统计数据等。

4. 一致性检查：与其他可信新闻源报道的信息进行比较，看是否一致。

5. 偏见和情感词汇：客观、中立的报道通常更可靠。过于情绪化或带有明显偏见的内容需要谨慎对待。

对于你提到的关于"全球变暖对北极熊影响"的新闻，你可以根据这些标准来进行判断。

用户：明白了。如果我想深入了解全球变暖对北极熊的影响，我应该怎么做？

ChatGPT：想要深入了解全球变暖对北极熊的影响，你可以根据以下几点研究。

1. 阅读科学研究论文：搜索学术数据库，如 Google Scholar，找到相关的科学研究论文。

2. 关注专业机构：关注专门研究气候变化和野生动物保护的机构，如世界自然基金会（WWF）和国际气候变化小组（IPCC）。

3. 参考政府和非政府组织报告：这些报告通常基于广泛的研究和数据，如美国国家海洋和大气管理局（NOAA）的报告。

4. 多方位获取信息：从不同来源获取信息，包括书籍、纪录片和新闻报道，以获得全面的了解。

5. 参与论坛和讨论：在专业论坛和社交媒体上参与相关讨论，了解不同观点和最新研究动态。

在使用 ChatGPT 验证新闻来源时，需要注意以下几点：应确认新闻发布机构的可靠性和信誉；使用事实核查工具和网站来验证具体的事实和声明；比较多个来源的报道，查找一致性和差异；提高个人的媒介素养，培养批判性思维。

案例 148　创作多媒体内容 ··

扫一扫，看视频

多媒体内容结合了文本、图像、音频和视频等多种形式，能够更加丰富和动态地传达信息，吸引并保持观众的注意力。

1. ChatGPT 应用逻辑梳理

ChatGPT 提供创作多媒体内容指导的应用逻辑如图 3-148 所示。

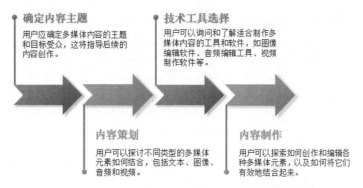

图 3-148　ChatGPT 提供创作多媒体内容指导的应用逻辑

2. ChatGPT 对话交互

ChatGPT：

用户：你好，我最近在准备一个关于环境保护的演讲，想要通过多媒体内容来吸引听众，但我不太清楚如何有效地结合文本、图像、音频和视频，你能给我一些建议吗？

ChatGPT：当然可以。多媒体内容确实能够更生动、有效地传达信息。首先，你需要确定演讲的核心信息和观众群体。例如，如果你的主题是关于全球变暖，你可以从以下几个方面来设计。

1. 文本：精简且有力的文本是关键。确保你的演讲稿简明扼要，突出重点。可以使用引人深思的问题、统计数据或引用来吸引听众的注意。

2. 图像：使用高质量的图像来展示环境问题的实际影响，如冰川融化、野生动物栖息地的破坏等。这些图像能够在视觉上给听众留下深刻印象。

3. 音频：你可以加入一些与环境相关的声音元素，如森林中的鸟鸣声、海浪声等，以增强演讲的氛围。

4. 视频：一个短小精悍的视频片段，展示环境变化的前后对比，会非常有说服力。确保视频不要过长，以免分散听众注意力。

结合这些元素时，关键在于平衡和谐调配。确保每一种媒介都服务于你的主题，切勿过度使用某一种媒介以至于喧宾夺主。

用户：谢谢你的建议，这非常有帮助。另外，我该如何在演讲中平衡这些多媒体元素呢？我担心如果处理不当，可能会让听众感到信息过载。

ChatGPT：平衡多媒体元素的关键在于"适度"和"聚焦"。以下是一些具体的策略。

1. 分段落使用：可以根据演讲的不同部分来使用不同的媒体形式。例如，在介绍统计数据时使用图表，在讲述具体案例时播放视频片段。

2. 交互性：在演讲中加入一些互动环节，如提问、观众反馈等，可以有效避免单调的信息传递方式。

3. 节奏控制：确保演讲节奏适中，给听众留出足够的时间来消化信息。例如，在播放视频后可以稍作停顿，让观众有时间思考。

4. 技术测试：在正式演讲之前，进行充分的技术测试，确保所有多媒体内容都能够顺畅展示。

5. 强调核心信息：尽管使用了多种媒体形式，但核心信息应该始终是清晰且一致的。确保所有的多媒体元素都能够围绕这一核心展开。

用户：听起来我需要在演讲中很好地掌握时间和内容的安排。除了上述这些，还有没有什么技巧可以帮助我更好地进行这样的演讲呢？

ChatGPT：确实，掌握时间和内容的安排非常关键。以下是一些额外的技巧。

1. 故事讲述：人们通常对故事更感兴趣。尝试将你的演讲构建成一个故事，用具体的例子和案例来展示环境问题及其影响。

2. 情感连接：尝试在演讲中加入一些能够引起情感共鸣的元素，如个人经历、动人的图片或感人的视频片段。

3. 观众参与：鼓励观众参与到演讲中来。这可以通过提问、现场调查或邀请观众分享他们的观点来实现。

4. 重复核心信息：在演讲的不同阶段重复你的核心信息，帮助观众更好地记住和理解。

5. 使用专业工具：考虑使用一些专业的演示软件，如 PowerPoint、Keynote 或其他多媒体编辑工具，来制作高质量的演示内容。

6. 练习：演讲之前多次练习，尤其是多媒体内容的切换部分，确保在正式演讲时能够流畅自然。

ChatGPT 在创作多媒体内容时可以与创作者进行互动，提供创意和灵感，帮助他们生成多媒体内容的想法。首先，通过与 ChatGPT 的对话，创作者可以获得新的视角和创作方式，从而提高多媒体内容的创造力和独特性，还可以针对特定主题或受众提供内容建议。创作者也可以向 ChatGPT 描述创作意图和目标受众，然后 ChatGPT 可以提供相关的多媒体元素、主题和风格建议，以帮助创作者更好地创作多媒体内容。

3.19 出版行业

在出版行业，ChatGPT 的应用正逐步展现出其独特价值和广泛潜力。随着数字化转型的加速，出版行业正面临着前所未有的挑战和机遇，而 ChatGPT 等 AI 技术的引入，则为这一传统行业带来了新的发展动力。本节旨在探讨 ChatGPT 在出版行业中的作用与意义，以及它如何助力出版行业的创新与发展。

首先，ChatGPT 在内容创作和编辑方面展现出了显著的潜力。通过高级的自然语言处理技术，ChatGPT 能够协助编辑和作者生成创意文本、编辑草稿，甚至提供文学创作的灵感。这不仅能够提高内容创作的效率，还能够拓宽内容的创新和多样性，为读者带来更加丰富和高质量的阅读材料。

其次，ChatGPT 在个性化内容推荐方面发挥着重要作用。通过分析读者的阅读偏好和历史行为，ChatGPT 能够提供个性化的书籍和文章推荐，从而增强用户体验，提高读者的满意度和忠诚度。这种个性化的内容服务，对于提升出版物的销售和读者的阅读参与度具有重要意义。

最后，ChatGPT 在提升出版流程效率方面也显示出巨大潜力。它可以协助出版社在校对、格式化、版权管理等环节中自动化处理大量重复性工作，从而缩短出版周期、降低成本，使出版社能够更加专注于内容质量和创新。

案例 149　优化电子书布局

优化电子书布局对于提升读者的阅读体验至关重要。良好的电子书布局可以帮助读者更容易地理解内容，增加阅读的舒适度，并提高电子书整体的美观性。

扫一扫，看视频

1. ChatGPT 应用逻辑梳理

ChatGPT 提供优化电子书布局指导的应用逻辑如图 3-149 所示。

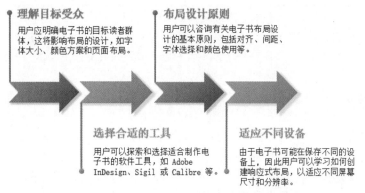

图 3-149　ChatGPT 提供优化电子书布局指导的应用逻辑

2. ChatGPT 对话交互

> **ChatGPT：**
>
> 用户：我最近在制作一本关于历史和文化主题的电子书，里面包含了大量的文本、图片和一些地图。我希望通过优化电子书布局来提升读者的阅读体验，但我不太确定应该如何着手。你能给我一些建议吗？
>
> ChatGPT：当然可以。优化电子书的布局是提高读者体验的关键。以下是一些建议。
>
> 1. 清晰的目录结构：构建一个直观且易于导航的目录。目录应清楚地反映出书的结构，方便读者快速找到他们感兴趣的部分。
>
> 2. 合理的文本布局：避免长段落的堆积。使用合适的段落间距，适当的字号和行间距，以及清晰易读的字体。考虑到电子书的特性，可选择的字体应该在各种设备上都能保持良好的可读性。
>
> 3. 图像和地图的使用：确保图片和地图的质量高，且与文本内容紧密相关。图片应插到与之相关的文本附近，以便读者理解。同时，考虑到不同设备的显示效果，图像和地图的大小应适中，以便在不同尺寸的屏幕上都能清晰展示。
>
> 4. 颜色和对比度：使用舒适的背景色和文本颜色，确保良好的对比度，减少长时间阅读的眼睛疲劳。
>
> 5. 互动性元素：如果可能的话，添加一些互动性元素，如可点击的目录链接、注释或者地图。这些互动性元素可以提升阅读体验，使读者更加投入。
>
> 6. 适应不同设备：考虑到读者可能会在不同的设备上阅读电子书（如智能手机、平板电脑和电子阅读器），布局应当能够自适应不同屏幕尺寸和分辨率。
>
> 用户：非常感谢你的建议。关于图像和地图的处理，你有没有什么具体的技巧可以分享？我想确保这些视觉元素既能增加信息量，又不会过于分散读者的注意力。
>
> ChatGPT：处理图像和地图时，可以遵循以下几个技巧。
>
> 1. 图像质量：确保所有的图片和地图都是高分辨率的，以便在放大时仍然清晰。
>
> 2. 相关性：只使用与文本直接相关的图片和地图。确保每个图像都有其存在的目的，不仅仅是为了装饰。
>
> 3. 标注：在地图或者复杂的图像上添加标注，可以帮助读者更好地理解其内容。标注应清晰、简洁并且易于辨识。
>
> 4. 尺寸和布局：调整图片和地图的尺寸，使其既不至于过小以致难以识别细节，也不至于过大占据过多页面空间。在布局上，尽量使图像紧跟相关的文本内容，避免读者在页面上跳转来寻找对应信息。
>
> 5. 格式和兼容性：选择合适的文件格式以确保图像在不同设备上的兼容性和加载速度。例如，JPEG 通常适用于照片，而 PNG 适用于需要高清晰度或透明背景的图像。

用户：我明白了，这些都是非常实用的建议。另外，我还想了解一下，如何才能确保我的电子书在不同设备上都有良好的显示效果呢？

ChatGPT：确保电子书在不同设备上都有良好显示效果的关键在于"响应式设计"。以下是一些建议。

1. 使用流式布局：流式布局（又称为 reflowable 布局）意味着文本和图片可以根据屏幕大小自动调整布局。这对于在手机和电子阅读器上阅读尤其重要。

2. 测试不同设备：在设计过程中，定期在不同类型的设备上测试电子书的显示效果，包括不同尺寸的平板电脑、智能手机和电子阅读器。

3. 适应性字体大小：确保字体大小可以在不同设备上自动调整，以便于不同屏幕上的阅读。

4. 考虑横竖屏模式：有些读者可能会在平板电脑上使用横屏模式阅读，所以要确保布局在横竖屏切换时仍然保持良好的可读性和美观度。

5. 使用专业工具：可以考虑使用专业的电子书制作工具，如 Adobe InDesign、Calibre 等，这些工具提供了更多的自定义选项和对不同格式的支持，有助于制作出在多种设备上表现良好的电子书。

通过这些方法，你可以确保你的电子书无论在哪种设备上都能提供良好的阅读体验。

在优化电子书布局时，应根据目标读者群体的需求设计布局；确保文字和内容的易读性，包括字体选择和大小；使用恰当的颜色和图像，增强视觉吸引力；确保布局在不同设备上的兼容性和呈现效果；可以考虑在电子书中加入交互元素，如链接、音频或视频，以丰富内容和提高参与度；在设计过程中收集目标读者的反馈，以进一步优化布局和内容。

案例 150　数字化出版物

数字化出版物是指通过数字电子方式出版和分发的内容，包括电子书、在线杂志、数字报纸等。它们的优势在于便于分发、存储和访问，能够达到更广泛的受众，并且通常具有更低的生产和分发成本。

扫一扫，看视频

1. ChatGPT 应用逻辑梳理

ChatGPT 分享数字化出版物过程的应用逻辑如图 3-150 所示。

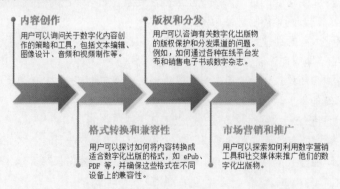

图 3-150　ChatGPT 分享数字化出版物过程的应用逻辑

2. ChatGPT 对话交互

🅖 ChatGPT：

用户：最近我们出版社正在考虑将一些传统的书籍和杂志转变为数字化出版物。我很好奇，相比于传统出版物，数字化出版物有哪些显著的优势和面临的挑战？

ChatGPT：数字化出版物相较于传统出版物的优势主要体现在分发的便捷性和成本效益上。首先，通过互联网，数字化出版物可以快速、广泛地传播到全球读者手中，不受地理位置的限制。其次，与传统的印刷出版物相比，数字化出版物省去了纸张、印刷和物理分发的成本，因此在生产和分发上成本更低。此外，数字化出版物便于存储和访问，读者可以在任何支持的设备上轻松阅读。还有一个重要的优势是，数字化出版物允许内容实时更新和修改，可以提供更及时、更准确的信息。

当然，转向数字化出版也面临着一些挑战。最主要的挑战之一是版权保护问题。由于数字内容易于复制和分享，版权保护变得更加困难。此外，出版社需要适应不断变化的技术和设备，确保内容在各种平台上的表现都良好。还有一个挑战是改变用户习惯。有些读者可能更偏好传统的纸质书，因此需要逐步培养他们的数字阅读习惯。最后，数字化出版市场竞争激烈，出版社需要制定有效的营销策略来吸引读者。

用户：针对版权问题，我们应该怎样应对呢？

ChatGPT：应对数字化出版物的版权问题，一个有效的方法是采用数字版权管理（DRM）技术。DRM 技术能够帮助限制电子书籍和数字内容的非法复制与分发。同时，加强对用户的版权教育也很重要，提高他们对知识产权的尊重。此外，出版社可以考虑采取法律手段来维护版权。例如，在发现严重的侵权行为时，通过法律途径追究侵权者的责任。还有一种策略是探索创新的商业模式，如提供订阅服务、实行按次付费等，这些模式可以在保护版权的同时，也为读者提供了更灵活的阅读选择。

用户：我理解了数字化出版物的优势和挑战，以及应对版权问题的方法。那么在实际制作数字化出版物时，有没有什么特别需要注意的地方？

ChatGPT：在制作数字化出版物时，确实有几个关键点需要注意。首先，内容的质量仍然是最重要的。即使是数字化出版物，高质量的内容也是吸引和保持读者的关键。其次，布局和设计对于数字化出版物非常重要，需要确保布局在各种设备上都能良好展示。这意味着布局应该是响应式的，能够适应不同尺寸的屏幕。此外，考虑到读者可能使用不同的设备和操作系统，出版物的格式应该具有良好的兼容性。

用户：明白了。另外，在设计方面，有没有什么好的建议？

ChatGPT：在设计数字化出版物时，有几个建议可能会有所帮助。首先，清晰的导航和直观的界面设计对于提升用户体验非常关键。其次，可以利用数字出版的优势，加入互动元素，如内嵌视频、音频或动画，以增强阅读体验。同时，字体选择和颜色搭配也非常重要，应确保在不同的阅读设备上都易于阅读。最后，由于屏幕尺寸的多样性，图像和表格的适应性设计也是一个需要重点考虑的方面。

ChatGPT 在制作和发布数字化出版物方面可以发挥多种作用。首先，它可以用于自动化文本生成，帮助作者生成文章、故事、新闻稿等内容。其次，ChatGPT 可以用于编辑和校对，提供拼写、语法和风格的建议，改善文本质量。此外，它可以用于提供实时反馈和建议，帮助作者改进其写作风格和表达方式。最重要的是，ChatGPT 还可以用于与读者互动，在线提供内容解释、答疑解惑等服务，增强读者的参与感和阅读体验。

案例 151 　使用自助出版

随着数字化时代的到来，自助出版成为越来越多作家和内容创作者的选择。自助出版允许作者直接掌控个人作品的编辑、设计、出版和营销过程，从而快速有效地将作品推向市场。然而，自助出版也带来了一系列挑战，如作品质量控制、市场推广传播和销售渠道选择等。

扫一扫，看视频

1. ChatGPT 应用逻辑梳理

ChatGPT 提供使用自助出版过程的应用逻辑如图 3-151 所示。

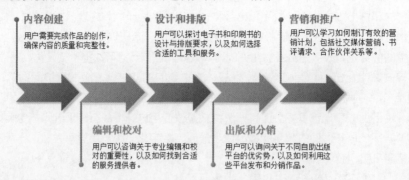

图 3-151　ChatGPT 提供使用自助出版过程的应用逻辑

2. ChatGPT 对话交互

⑤ ChatGPT：

用户：我是一位自助出版的新手作者，对于自助出版的整个流程不是很了解。你能简单介绍一下自助出版的主要步骤吗？

ChatGPT：当然可以。自助出版，也就是独立出版，主要涉及几个关键步骤。首先，作为作者，你需要完成你的手稿。一旦手稿完成，下一步是进行编辑，这包括校对、润色和可能的内容修改。其次，你需要考虑书籍的设计，包括封面设计和内页排版。完成这些后，接下来就是书籍的印刷和电子版的制作。最后，你需要规划和实施营销策略，以及分发渠道的选择。这些步骤涉及从创作到销售的整个流程。

用户：在自助出版中，有没有什么常见的错误或者需要特别避免的事项？

ChatGPT：自助出版中有几个常见的错误需要避免。首先，不要忽视专业编辑的重要性。虽然自己可以进行初步的校对，但专业编辑可以帮助提高作品的质量。其次，封面设计非常重要，它是吸引读者的第一印象。不专业的封面设计可能会影响书籍的销量。此外，不要忽略营销和宣传。很多自助出版的作者可能专注于写作，却忽视了作品的营销和推广。最后，合理定价也很关键，需要考虑市场需求和成本。

用户：关于营销和宣传，你有什么具体的建议吗？

ChatGPT：在自助出版的营销和宣传方面，有几个有效的策略。首先，可以利用社交媒体来宣传你的书籍。建立一个稳定的社交媒体存在，定期发布与你的书籍相关的内容。其次，考虑建立一个作者网站或博客，这不仅有助于建立你的品牌，也是与读者直接交流的好方法。此外，可以寻找书评博客或者相关的在线社区，请求他们对你的书籍进行评论，还可以参加书展或文学活动，直接与潜在的读者接触。最后，建立邮件列表也是一个有效的策略，可以通过提供免费内容或折扣来吸引订阅者，并定期向他们发送新闻和更新。

自助出版为作者提供了前所未有的出版自由和掌控权，但同时也要求作者在编辑、设计、出版和营销等方面投入更多的努力。成功的自助出版不仅需要高质量的内容，还需要有效的营销和推广策略。

除此之外，还可以学习和实施针对数字平台的营销策略，如搜索引擎优化（SEO）和社交媒体广告；建立和维护一个忠实的读者社区，通过直接交流和反馈来提升作品的影响力和知名度。

案例 152　收集读者反馈

在出版行业，特别是自助出版领域，收集读者反馈是提高作品质量和满足读者需求的关键环节。读者的反馈可以帮助作者了解作品的接受度、揭示潜在的改进点，并指导未来作品的创作方向。

扫一扫，看视频

1. ChatGPT 应用逻辑梳理

ChatGPT 提供收集读者反馈指导的应用逻辑如图 3-152 所示。

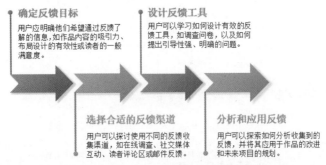

图 3-152　ChatGPT 提供收集读者反馈指导的应用逻辑

2. ChatGPT 对话交互

ChatGPT：

用户： 我最近完成了我的第一本自助出版书籍，但我不太清楚如何有效地收集读者反馈。你有什么建议吗？

ChatGPT： 收集读者反馈的好方法包括在书籍末尾添加反馈请求、通过社交媒体互动、创建在线调查问卷，以及参加读者聚会或书展。这样可以直接向读者收集反馈，帮助你了解读者对你的作品的看法。

用户： 听起来不错。我收到反馈后，如何判断哪些反馈是真正有用的？

ChatGPT： 评估反馈时，首先关注那些具体和详细的建议，特别是关于情节、角色和风格的评论。如果多个读者提出类似的意见，那么这些反馈可能尤其重要。同时，要学会区分个人偏好和普遍性问题。不要过分关注个别读者的特定喜好，而是专注于能够提升你作品整体质量的建议。

用户： 这很有帮助。如果我遇到一些批评或负面的评论，应该如何处理？

ChatGPT： 面对批评或负面评论时，最重要的是保持开放和客观的态度。从中寻找对你有帮助的信息，考虑是否可以用来改进你的作品。同时，要区分哪些是基于个人偏好的评论，哪些是指出了你作品中的实际问题。如果批评是基于误解，可以通过回复或其他方式进行适当的澄清，但对于恶意的或无建设性的评论，最好的办法是不予理会。

用户： 我明白了。在收到反馈后，我应该如何根据这些反馈调整我的写作或出版策略？

ChatGPT： 根据收到的反馈调整你的策略时，可以从以下几个方面入手：首先，如果反馈指出了某些具体的写作问题，如情节发展、角色塑造或语言风格，考虑在未来的作品中针对这些方面进行改进。其次，如果读者反馈表明他们对某些内容或主题特别感兴趣，可以在未来的作品中加强这些元素。此外，根据反馈来调整你的营销和推广策略也很重要，如改变宣传方式或尝试新的营销渠道。最后，始终保持学习和改进的心态，不断寻求提升作品质量的方法。

收集并应用读者反馈是自助出版过程中的一个重要环节。它不仅可以帮助提升当前作品的质量，还能为未来的作品提供宝贵的指导。除此之外，也可以使用数据分析工具来识别反馈中的关键趋势和模式，以便更精准地满足读者的需求；建立一个持续的反馈收集和应用机制，以确保作品和服务不断改进，满足读者的期望。

案例153　设置图书推荐

扫一扫，看视频

　　图书推荐系统在图书行业中扮演着至关重要的角色，它帮助读者发现可能感兴趣的新书籍，同时也为出版商和作者提供了一个有效的市场营销工具。然而，设计一个有效的图书推荐系统需要考虑多种因素，包括读者的兴趣、阅读历史以及流行趋势等。

1. ChatGPT 应用逻辑梳理

　　ChatGPT 提供设置图书推荐指导的应用逻辑如图 3-153 所示。

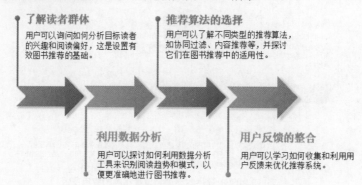

了解读者群体
用户可以询问如何分析目标读者的兴趣和阅读偏好，这是设置有效图书推荐的基础。

推荐算法的选择
用户可以了解不同类型的推荐算法，如协同过滤、内容推荐等，并探讨它们在图书推荐中的适用性。

利用数据分析
用户可以探讨如何利用数据分析工具来识别阅读趋势和模式，以便更准确地进行图书推荐。

用户反馈的整合
用户可以学习如何收集和利用用户反馈来优化推荐系统。

图 3-153　ChatGPT 提供设置图书推荐指导的应用逻辑

2. ChatGPT 对话交互

> ⑤ ChatGPT：
>
> 　　用户：我是一名图书出版商，我们计划开发一个图书推荐系统，帮助读者发现新书并推广我们的书籍。在设计这样一个系统时，需要考虑哪些关键因素？
>
> 　　ChatGPT：设计一个有效的图书推荐系统时，需要考虑几个关键因素。首先，图书推荐系统需要能够分析读者的兴趣和阅读历史，这可以通过读者的购买历史、浏览记录以及他们对书籍的评分和评论来实现。其次，考虑流行趋势和市场需求也很重要。图书推荐系统应能够识别和推荐当前受欢迎的书籍或新兴主题。此外，个性化是关键，图书推荐系统应能根据每个读者的独特喜好提供定制化的推荐。最后，确保图书推荐系统界面用户友好，并且在不同设备上都能良好运行。
>
> 　　用户：听起来我们需要收集和分析大量数据。在处理这些数据时，有没有什么特别需要注意的？
>
> 　　ChatGPT：在处理数据时，确保数据的安全和隐私是最重要的。遵守相关的数据保护法规，如欧盟的通用数据保护条例（GDPR）。确保收集的数据是合法且对用户透明的。此外，对数据进行精确分析，确保推荐算法的准确性和效率。在分析过程中，考虑到数据的多样性和广泛性，确保能够覆盖不同类型的读者和书籍。
>
> 　　用户：我们还应该如何提高图书推荐系统的准确性和用户体验？
>
> 　　ChatGPT：提高图书推荐系统的准确性和用户体验，可以从以下几个方面入手：首先，定期更新推荐算法，确保其能够反映最新的阅读趋势和用户行为。其次，增加用户反馈机制，允许用户对推荐进行评价，这样可以帮助图书推荐系统学习并改进推荐结果。此外，测试不同的推荐模型和算法，找到最适合你读者群体的方案。还可以提供多样化的推荐。例如，根据读者的不同兴趣推荐不同类型的书籍。最后，确保用户界面简洁易用，方便读者快速找到他们感兴趣的书籍。

　　设置有效的图书推荐系统可以极大地提升用户体验，并帮助读者发现新的书籍。这要求综合运用数据分析、机器学习算法和用户反馈。

案例 154 管理版权交易

版权交易是指版权所有者将其作品的使用权许可给他人的过程。有效地管理版权交易对于保护知识产权、确保创作者的利益以及促进作品的合法使用至关重要。

扫一扫，看视频

1. ChatGPT 应用逻辑梳理

ChatGPT 提供管理版权交易指导的应用逻辑如图 3-154 所示。

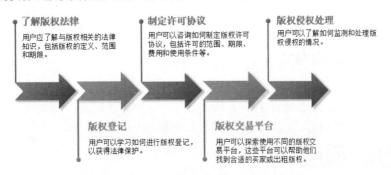

图 3-154 ChatGPT 提供管理版权交易指导的应用逻辑

2. ChatGPT 对话交互

ChatGPT:

用户：作为一名作家，我正在考虑将我的作品授权给国外的出版商。在进行国际版权交易时，我需要注意些什么？

ChatGPT：在进行国际版权交易时，首先需要考虑的是目标国家的版权法律，因为不同国家的版权法律可能有所差异。

用户：那我应该如何了解这些国家的版权法律呢？

ChatGPT：你可以咨询专业的版权律师，他们对国际版权法有专业了解。此外，一些国际版权组织的网站也提供有关不同国家版权法律的信息。

用户：谈判版权交易时，有哪些关键点是我特别需要注意的？

ChatGPT：在谈判时，重点关注版权使用范围、期限、版税支付方式和金额。确保这些条款符合你的期望并且明确无误。

用户：版税的支付方式和金额应该如何确定？

ChatGPT：版税通常可以按固定金额、销售收入的百分比，或者这两者的结合来计算。具体方式取决于你和出版商的协商结果。

用户：在签订合同前，有没有什么特别需要我审查的？

ChatGPT：确保审查合同中关于版权使用范围、期限、版税计算和支付方式的条款。另外，关注合同中的版权归还条款和违约责任。

用户：如果对方违反合同，我该怎么办？

ChatGPT：如果对方违反合同，你可以依据合同中的解决纠纷条款采取行动，可能包括协商解决、仲裁或法律诉讼。

用户：我还应该怎样定期监控版权的使用情况？

ChatGPT：可以通过定期要求对方提供销售报告来监控版权的使用情况。同时，留意市场上是否有未经授权的副本出现。

用户：如果我想授权多个国家，应该如何操作？

> ChatGPT：如果想授权多个国家，可以考虑与具有多国分支的大型出版商合作，或者分别与不同国家的出版商签订单独的授权合同。

版权交易的复杂性要求版权所有者要具备法律知识和有效的版权管理能力。在这一过程中，ChatGPT 可以为版权所有者提供法律咨询和解释，解答其关于版权许可和交易的疑问。此外，ChatGPT 还可以为版权所有者提供自动化的版权管理工具，帮助他们跟踪和管理版权许可和交易的细节。通过与 ChatGPT 的互动，版权所有者可以更好地理解和应用相关法律，并有效地管理版权交易过程，确保其权益得到保护。

 案例 155　开发互动教材

扫一扫，看视频

对于出版行业来说，互动教材的开发是一项挑战，尤其是在追求高质量和高参与度的情况下。传统教材常常是静态的，缺乏吸引学生的互动元素。为了提高学习效率和学生的参与感，需要创新一种能够结合教育内容和互动技术的新型教材。

1. ChatGPT 应用逻辑梳理

ChatGPT 分享开发互动教材过程的应用逻辑如图 3-155 所示。

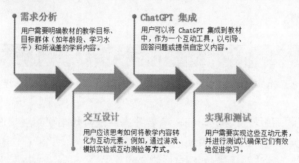

需求分析
用户需要明确教材的教学目标、目标群体（如年龄段、学习水平）和所涵盖的学科内容。

ChatGPT 集成
用户可以将 ChatGPT 集成到教材中，作为一个互动工具，以引导、回答问题或提供自定义内容。

交互设计
用户应该思考如何将教学内容转化为互动元素。例如，通过游戏、模拟实验或互动测验等方式。

实现和测试
用户需要实现这些互动元素，并进行测试以确保它们有效地促进学习。

图 3-155　ChatGPT 分享开发互动教材过程的应用逻辑

2. ChatGPT 对话交互

> ⑤ ChatGPT：
>
> **用户：** 你好，我是一名中学教师，最近学校想要开发一套互动教材，旨在提高学生的学习兴趣和参与度。我负责这个项目的初步规划，但我对这方面不是很了解，你能帮我了解一下互动教材的基本概念吗？
>
> **ChatGPT：** 当然可以。互动教材是将传统教育内容与现代互动技术结合的一种教学资源。它们通过吸引学生主动参与学习过程，而不仅仅是被动接收信息来提高学习效果。例如，互动教材可能包括模拟实验、互动问题解答等元素，这些都可以激发学生的兴趣和好奇心。重点是创造一个既教育又娱乐的学习环境。
>
> **用户：** 听起来很有趣。开发这样的互动教材需要考虑哪些要点呢？
>
> **ChatGPT：** 开发互动教材先要考虑的是学习者的参与度。首先，设计应确保学生能积极参与到学习过程中，通过互动活动而不仅仅是阅读或听讲。其次，多媒体内容的融合也很重要，它包括文本、图像、音频和视频等，这些元素可以使学习内容更加生动和有趣。另外，个性化学习路径也很关键，它可以根据每个学生的学习进度和能力提供定制化的学习内容。同时，及时反馈对于学生理解自己的学习情况非常重要。最后，确保教材的易用性和可访问性也是必不可少的，这意味着教材的界面应该直观易用，适合不同年龄和能力的学生。
>
> **用户：** 如果我想开发一套面向初中生的数学科目的互动教材，应该如何入手？

ChatGPT：针对初中生数学科目的互动教材，一个好的起点是情景模拟。你可以设计一些与日常生活相关的数学问题，如在购物情景中计算价格和折扣。这样不仅能提高学生对数学的兴趣，还能帮助他们理解数学在现实生活中的应用。此外，可以开发一些数学游戏，如数独或数学谜题，这类游戏能够提高学生的逻辑思维和问题解决能力。自适应学习系统也是一个不错的选择，它可以根据学生的学习进度和测试结果，提供个性化的学习建议和练习题。还有，使用可视化工具来解释复杂的数学概念。例如，通过图形和动画来展示几何图形的变换或函数的图像，这可以帮助学生更好地理解这些概念。最后，设计一些可以即时反馈的在线练习题也非常重要，这有助于学生巩固所学内容。

用户：听起来我们需要一个专业团队来完成这个项目。除了内容创作，我们还需要考虑哪些技术方面的问题呢？

ChatGPT：确实，开发高质量的互动教材需要跨学科团队的合作。除了内容创作，技术方面也非常重要。首先，用户界面（UI）设计是关键。界面应该简洁、直观，以便学生和教师轻松使用。其次，考虑用户体验（UX）设计也很重要，这意味着网站或应用程序应该有快速的加载时间、清晰的指示和反馈，以及适应不同设备的响应式设计。此外，一个强大的内容管理系统（CMS）是必不可少的，它可以方便教师和内容创建者上传和管理教学资源。数据分析和报告工具也很有用，它们可以帮助教师跟踪学生的学习进度和成效。最后，网站或应用的安全性和隐私保护也非常重要，要确保符合相关的数据保护法规，保护学生和教师的个人信息安全。

用户：这听起来就像是一个大项目。我们还需要考虑维护和更新吗？

ChatGPT：是的，维护和更新是确保互动教材长期有效性和相关性的关键部分。技术支持和定期维护可以帮助解决任何出现的问题，确保平台的稳定运行。同时，随着教育理念的发展和技术的进步，定期更新内容和功能也很重要。这不仅可以提高教材的质量，还可以确保它们符合当前的教育标准和学生的需求。此外，收集和分析用户反馈也是持续改进教材的重要途径。通过了解教师和学生使用教材的体验，可以发现潜在的问题和改进的机会。

开发互动教材是一个复杂但非常有价值的过程，需要教育者、内容专家和技术开发者紧密合作。通过不断地评估和改进，可以持续提升教材的教学效果，最终实现提高学生学习动机和效率的目标。随着技术的发展，如增强现实（AR）和虚拟现实（VR）等新技术的应用，将进一步拓展互动教材的可能性和教学边界。

案例 156　制作多语言版本

在全球化市场中，出版物的多语言版本对于触及更广泛的读者至关重要。无论是书籍、杂志还是学术论文，多语言版本都能扩大其影响力和可及性。这一过程涉及将内容翻译成不同的语言，同时保持原作的精神和风格，这是一项挑战，特别是在确保翻译的准确性和适应不同文化背景方面。

扫一扫，看视频

1. ChatGPT 应用逻辑梳理

ChatGPT 提供制作多语言版本指导的应用逻辑如图 3-156 所示。

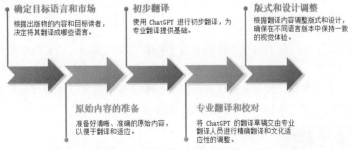

图 3-156　ChatGPT 提供制作多语言版本指导的应用逻辑

2. ChatGPT 对话交互

> ⬡ ChatGPT：
>
> 用户：你好，我是出版社的编辑，我们正在考虑把一些热门书籍翻译成多种语言。能帮我了解一下多语言版本开发过程中需要注意什么吗？
>
> ChatGPT：当然。首先，挑选合适的翻译人员很重要。他们应该精通源语言和目标语言，并对书籍的内容有深刻理解。
>
> 用户：如何确保翻译保持原作的精神和风格呢？
>
> ChatGPT：这需要翻译者不仅要翻译文字，还要考虑文化差异和语言习惯。他们应理解原作的文化背景和语言特点，确保翻译作品既忠实于原文，又适应目标语言的文化。
>
> 用户：翻译完成后，我们应该如何进行审校和质量控制？
>
> ChatGPT：首先，进行语言审校，检查语法、拼写和标点错误。其次，进行内容审校，确保翻译忠实于原文意图和风格。可能还需要主题专家参与，尤其是对于专业领域的书籍。
>
> 用户：如果涉及特定的专业领域，我们应该怎么选择翻译者？
>
> ChatGPT：在这种情况下，选择对该专业领域有深入了解的翻译者非常重要。他们不仅能准确翻译专业术语，还能确保整体内容的准确性和可信度。
>
> 用户：除了翻译和审校，还有其他需要考虑的方面吗？
>
> ChatGPT：是的，还需要考虑版权和法律问题，特别是在不同国家和地区出版时。此外，市场营销和分发策略也很关键，需要根据目标市场的特点制定合适的策略。
>
> 用户：关于市场营销，我们应该怎样在目标市场推广这些翻译作品？
>
> ChatGPT：了解目标市场的文化和阅读习惯很重要。可以与当地的营销专家合作，了解当地市场的特点，采取适当的广告和宣传策略。另外，与当地的书店和在线平台合作，提高书籍的可见性和可及性。
>
> 用户：听起来我们需要一个跨国团队来完成这个项目。我们应该如何组建这样的团队？
>
> ChatGPT：建议组建一个多元化的团队，包括翻译专家、审校人员、市场营销专家和法律顾问。团队成员应该具有国际视野和跨文化沟通能力。可以考虑在不同国家招募团队成员，以确保项目在各个方面都能得到专业和文化上的支持。
>
> 用户：这个项目听起来挺有挑战性的。对于预算规划，我们应该考虑哪些因素？
>
> ChatGPT：在预算规划中，需要考虑翻译、审校、法律咨询和市场营销的费用。翻译费用会根据语种、专业性和工作量有所不同。审校和质量控制也是必要的投入。此外，市场营销和版权注册等法律费用也不容忽视。建议详细估算每一项成本，并预留一定比例的预算作为意外支出。
>
> 用户：谢谢，这些信息对我们来说非常有用。我会跟团队分享这些建议。

制作出版物的多语言版本是一个复杂的过程，需要综合考虑语言的准确性、原作的保留、文化的适应性和版式的一致性。ChatGPT 可以在初步翻译阶段提供帮助，但专业翻译和本地化调整是确保质量的关键。持续的合作、反馈和迭代是成功实现出版物的多语言版本的重要因素。

案例 157　整合数字资源

随着数字化时代的到来，出版行业面临着转型的挑战，特别是在整合传统出版内容与数字资源方面。这一过程涉及将传统的印刷出版物转换为数字格式，同时融合新的数字技术，以提供更丰富、互动和可访问的内容。整合数字资源的主要挑战包括技术适应性、内容版权管理、用户体验设计以及新的商业模式探索。

扫一扫，看视频

1. ChatGPT 应用逻辑梳理

ChatGPT 提供整合数字资源过程的应用逻辑如图 3-157 所示。

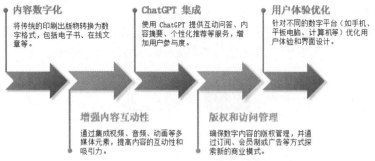

内容数字化
将传统的印刷出版物转换为数字格式，包括电子书、在线文章等。

ChatGPT 集成
使用 ChatGPT 提供互动问答、内容摘要、个性化推荐等服务，增加用户参与度。

用户体验优化
针对不同的数字平台（如手机、平板电脑、计算机等）优化用户体验和界面设计。

增强内容互动性
通过集成视频、音频、动画等多媒体元素，提高内容的互动性和吸引力。

版权和访问管理
确保数字内容的版权管理，并通过订阅、会员制或广告等方式探索新的商业模式。

图 3-157　ChatGPT 提供整合数字资源过程的应用逻辑

2. ChatGPT 对话交互

ChatGPT：

用户：我是一家传统出版社的负责人，我们正在考虑将出版物转换为数字格式。你能帮我理解一下在这个转型过程中，我们需要面对哪些主要挑战吗？

ChatGPT：当然可以。首先，技术适应性是一个主要挑战。你们需要确定适合的技术平台来托管和分发数字内容。这可能包括电子书格式、在线阅读平台，甚至移动应用程序。其次，内容版权管理也非常重要。转换为数字格式意味着需要重新考虑版权和分发权的问题，尤其是在不同的数字平台上。另外，用户体验设计至关重要。数字化内容不仅仅是文字的电子化，还包括如何使阅读体验更加互动和吸引人。最后，探索新的商业模式也是关键。在数字化时代，传统的出版收入模型可能不再适用，需要探索如订阅服务、按需付费等新的盈利方式。

用户：关于技术平台的选择，我们应该怎么入手？

ChatGPT：选择技术平台时，需要考虑几个关键因素。首先是平台的可访问性和兼容性，确保内容可以在各种设备和操作系统上流畅运行。其次是用户界面设计，它应该直观易用，提供愉悦的阅读体验。还有就是内容管理系统，它需要强大而灵活，方便内容的上传、编辑和更新。另外，考虑到安全性和数据保护也很重要，特别是涉及用户数据和交易信息时。

用户：在内容版权管理方面，我们应该注意些什么？

ChatGPT：在内容版权管理方面，首先，需要清晰界定数字化内容的版权范围。这可能涉及与作者和版权所有者重新协商版权协议。其次，实施有效的版权保护措施也很重要。例如，使用数字版权管理（DRM）技术来防止未授权的复制和分发。同时，还应考虑如何跟踪和管理数字内容的使用情况，以便于版权持有者合理分配收益。

用户：对于用户体验设计，我们应该如何着手以吸引读者？

ChatGPT：在用户体验设计方面，重点是创造一个吸引人且便于阅读的界面。可以考虑加入互动元素，如可点击的目录、搜索功能和注释工具。提供个性化推荐和内容定制也可以提升用户体验。此外，确保内容的适应性和响应性，以便在不同尺寸的屏幕上都能提供良好的阅读体验，还可以考虑引入社交分享功能，鼓励读者在社交平台上分享和讨论内容。

用户：我们应该如何探索新的商业模式以适应数字化时代？

ChatGPT：探索新的商业模式时，可以考虑多种收入渠道。一种是订阅模式，提供读者定期付费的服务以获得内容访问权。按需付费模式也是一个选项，用户可以为单独的文章或章节付费。此外，广告也可以成为收入来源，尤其是在免费内容上投放相关广告。还可以考虑与其他平台或服务合作，如通过内容合作、联合推广等方式拓展收入来源。重要的是要灵活适应市场和读者需求的变化，不断创新商业模式。

3

出版行业整合数字资源是一个多方面的过程，包括技术转型、内容创新、版权管理以及商业模式的调整。ChatGPT 可以在内容创新和用户互动方面发挥作用，但需要注意版权管理和用户体验的细节。随着技术的不断进步，出版行业应持续探索新的方法来适应数字时代的变化。

3.20 餐饮业

在快节奏的现代生活中，餐饮业作为人们日常生活的重要组成部分，不仅承载着满足人们基本生活需求的功能，更是文化交流和社会互动的重要场所。随着科技的进步和消费模式的变化，餐饮业正面临着前所未有的机遇与挑战。在这一背景下，ChatGPT 等先进的 AI 技术在餐饮业中的应用逐渐展现出独特的价值和潜力。

首先，ChatGPT 可以通过其自然语言处理能力，为餐饮业提供更加智能化的客户服务。无论是在线点餐平台上的即时咨询，还是顾客反馈的收集和处理，ChatGPT 都能够提供高效、贴心的服务，提高顾客的满意度和忠诚度。特别是在处理高峰时段的大量咨询和订单时，ChatGPT 能够大幅提升处理速度，减轻人员的工作压力。

其次，在个性化推荐方面，ChatGPT 也展现出巨大的应用潜力。通过分析顾客的消费习惯、口味偏好以及历史订单信息，ChatGPT 可以为顾客推荐符合其个性化需求的菜品和餐厅。这种定制化的服务不仅可以提升顾客的就餐体验，还能有效促进消费，为餐饮企业带来更多的业务机会。

案例 158　快速晚餐建议

在忙碌的现代生活中，许多人面临着制作快速而健康的晚餐的挑战。时间紧迫，但同时也希望营养均衡，这对于工作繁忙的人来说是一个常见的难题。

扫一扫，看视频

1. ChatGPT 应用逻辑梳理

ChatGPT 提供快速晚餐建议指导的应用逻辑如图 3-158 所示。

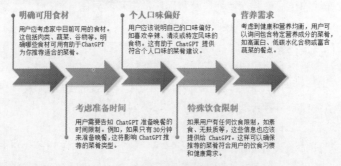

明确可用食材
用户应考虑家中目前可用的食材。这包括肉类、蔬菜、谷物等。明确哪些食材可用有助于 ChatGPT 为你推荐适合的菜肴。

考虑准备时间
用户需要告知 ChatGPT 准备晚餐的时间限制。例如，如果只有 30 分钟来准备晚餐，这将影响 ChatGPT 推荐的菜肴类型。

个人口味偏好
用户应该说明自己的口味偏好，如喜欢辛辣、清淡或特定风味的食物。这有助于 ChatGPT 提供符合个人口味的菜肴建议。

特殊饮食限制
如果用户有任何饮食限制，如素食、无麸质等，这些信息也应该提供给 ChatGPT。这样可以确保推荐的菜肴符合用户的饮食习惯和健康需求。

营养需求
考虑到健康和营养均衡，用户可以询问包含特定营养成分的菜肴，如高蛋白、低碳水化合物或富含蔬菜的餐点。

图 3-158　ChatGPT 提供快速晚餐建议指导的应用逻辑

2. ChatGPT 对话交互

ChatGPT：

用户：我今晚需要快速准备晚餐，但是只有大约 30 分钟的时间，我家里有鸡肉、西蓝花和一些基本的调料，我该怎么做？

ChatGPT：根据您提供的食材和时间限制，我建议您可以尝试做一个简单的炒鸡肉配西蓝花。首先，将鸡肉切成小块，用盐、胡椒和少量酱油腌制 10 分钟。与此同时，将西蓝花切成小朵，可以用热水焯一下使其半熟。然后，在平底锅中加入少量油，将腌制好的鸡肉放入锅中翻炒至变色。之后，加入西蓝花和适量的蒜末继续翻炒。为了增加风味，您可以加入一些生姜和大蒜。如果您喜欢，还可以加一点蜂蜜和辣椒片以增加甜辣味。这道菜不仅简单快速，而且营养丰富，蛋白质和纤维素的搭配也很均衡。

用户：听起来不错，但我也有一些大米，我能和这个菜搭配吗？

ChatGPT：当然可以。大米是非常好的主食选择，与您准备的炒鸡肉配西蓝花非常搭配。您可以在准备炒菜的同时，使用电饭煲煮一些白米饭。如果您喜欢更多口感和营养，可以考虑用糙米代替白米。糙米富含纤维和 B 族维生素，对健康有益。当然，糙米的烹饪时间会比白米长一些，所以如果您选择糙米，可能需要提前准备。

用户：我还想为这顿饭增加一些健康的脂肪，您有什么建议吗？

ChatGPT：增加健康脂肪的一个好方法是在炒菜时使用橄榄油，或者在饭菜完成后，撒上一些烤过的芝麻或坚果，如杏仁或核桃。这些食材不仅能增加额外的口感和风味，还能提供健康的单不饱和脂肪和 omega-3 脂肪酸。此外，您还可以考虑在饭菜中加入一些鳄梨，它是一种营养丰富的水果，含有丰富的健康脂肪和纤维。

用户：如果我想让这个菜的味道更加丰富，我还能怎么做？

ChatGPT：为了使您的菜肴味道更加丰富，您可以在烹饪过程中尝试加入一些不同的香料和调味料。例如，加入一点儿柠檬汁或白葡萄酒可以为炒鸡肉带来清新的酸味。您还可以尝试加入一些新鲜的香草，如罗勒、香菜或百里香，这些都能为菜肴增添独特的风味。此外，一些国际风味的调料，如咖喱粉、辣椒粉或五香粉，也可以让普通的炒菜变得更加特别和美味。

在使用 ChatGPT 进行快速晚餐建议时，需要注意以下几点：首先，ChatGPT 提供的建议是基于用户给出的信息，因此详细且准确的用户信息能帮助用户获得更好的建议。其次，ChatGPT 虽然可以提供烹饪建议，但它不能替代专业营养师的建议，特别是对于有特殊饮食需求的人。此外，用户在实际烹饪时需要根据个人口味和食材的实际情况进行适当调整。最后，用户可以进一步使用 ChatGPT 探索更多不同类型的快速晚餐食谱，或者学习关于食材搭配和营养均衡的知识，以丰富自己的烹饪技巧和饮食选择。

案例 159　素食食谱推荐

随着人们的健康和环保意识的提升，素食主义在全球范围内越来越受欢迎。素食者通常面临着如何平衡营养、如何制作美味且多样的素食食谱的挑战。尤其对于初次尝试素食的人来说，缺乏合适的食谱和烹饪技巧可能会让他们感到困惑和无从下手。

扫一扫，看视频

1. ChatGPT 应用逻辑梳理

ChatGPT 提供素食食谱推荐指导的应用逻辑如图 3-159 所示。

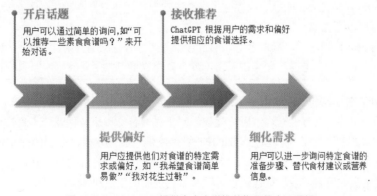

图 3-159　ChatGPT 提供素食食谱推荐指导的应用逻辑

2. ChatGPT 对话交互

> ⟳ ChatGPT：

用户：嗨，ChatGPT，我最近想尝试素食生活方式，但是我对素食烹饪一无所知。你能给我一些建议吗？

ChatGPT：当然可以！首先，恭喜你决定尝试素食生活。对于初学者来说，了解素食营养平衡非常重要。素食中常见的营养来源包括豆类、全谷物、坚果和种子以及各种蔬菜和水果。你可以从简单的食谱开始，如豆腐炒菜、五谷杂粮沙拉等。同时，关注蛋白质的摄入也很重要，像豆类、豆制品、坚果都是很好的蛋白质来源。

用户：听起来不错！但我担心素食可能会比较单调，我怎样才能做出既美味又有营养的素食菜肴呢？

ChatGPT：实际上，素食菜肴可以非常多样化和美味。关键在于使用各种香料和调味料来增强风味。例如，你可以尝试用不同的香草和香料来调味，如罗勒、迷迭香、咖喱粉和辣椒粉。此外，尝试不同的烹饪方法，如烤、煮、蒸或炒，也能带来不同的口感和风味。你还可以尝试一些国际素食菜肴，如印度的咖喱豆类、地中海的蔬菜烤盘，或者东南亚的豆腐炒菜，这些都是很好的尝试。

用户：你能推荐一些简单好做的素食食谱吗？

ChatGPT：当然可以。这里有几个简单又美味的素食食谱。

1. 豆腐蔬菜炒饭：使用炒熟的豆腐块、米饭、胡萝卜、豌豆和酱油制作。

2. 蔬菜五谷沙拉：混合煮熟的糙米或藜麦、罗马生菜、西红柿、黄瓜和橄榄油醋汁。

3. 意大利面配番茄酱：使用全麦意大利面、新鲜或罐装番茄、大蒜、洋葱和罗勒。

4. 印度咖喱豆：搭配咖喱粉、椰奶、鹰嘴豆、土豆和西红柿。

这些食谱都很容易制作，而且材料容易找到。你可以根据自己的口味添加或更换一些食材。

用户：我还想了解一下，素食对健康有哪些好处？

ChatGPT：素食有许多健康益处。首先，它富含膳食纤维、维生素、矿物质以及抗氧化剂，这些都有助于维持良好的消化系统和预防慢性疾病。素食饮食中低饱和脂肪和胆固醇的特点有助于降低心脏病和高血压的风险。此外，多吃植物性食物可以减少患某些类型癌症的风险，如结肠癌。还有研究表明，素食饮食有助于体重管理和糖尿病的预防。当然，任何饮食方式都需要平衡和多样化，以确保摄入所有必需的营养素。

用户：素食中有哪些营养素需要特别注意呢？

ChatGPT：确实，虽然素食健康，但有几个营养素需要特别注意。

1. 蛋白质：确保从豆类、豆制品、坚果、种子等食物中摄取足够的蛋白质。

2. 维生素 B12：这是主要存在于动物性食品中的重要营养素。素食者可以通过食用强化的谷物、豆浆或服用补充剂来补充。

3. 铁：植物性铁的吸收率比动物性铁低。素食者可以通过搭配富含维生素 C 的食物来提高铁的吸收率，如搭配水果或蔬菜。

4. 钙：确保摄入足够的钙，素食者可以通过食用豆浆、强化的植物奶、豆类和绿叶蔬菜。

5. Omega-3 脂肪酸：通常在鱼类中富含，素食者可以通过食用亚麻籽、坚果和补充剂来获取。

　　使用 ChatGPT 来寻找和学习素食食谱是一个非常方便的方法。然而，需要注意以下几点：首先，ChatGPT 提供的建议并不是专业营养或医疗建议。对于具有特殊健康条件或严重食物过敏的用户，建议咨询专业营养师或医生。其次，虽然 ChatGPT 能够提供一般性建议，但它的知识可能不包括所有最新的食谱趋势或最新的营养研究。因此，对于想要更深入探索素食的用户，建议参考专业的素食烹饪书籍、订阅素食烹饪博客或参加烹饪课程，以获得更全面的学习和体验。

案例 160   儿童友好菜单

儿童友好菜单的设计需要考虑到儿童的口味偏好、营养需求和食物安全。家长和照顾者经常面临的挑战是如何制作既健康又能吸引儿童食欲的菜肴。此外，还需考虑儿童在食品过敏和特殊饮食方面的需求。

扫一扫，看视频

1. ChatGPT 应用逻辑梳理

ChatGPT 分享儿童友好菜单过程的应用逻辑如图 3-160 所示。

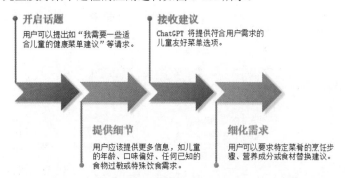

开启话题
用户可以提出如"我需要一些适合儿童的健康菜单建议"等请求。

接收建议
ChatGPT 将提供符合用户需求的儿童友好菜单选项。

提供细节
用户应该提供更多信息，如儿童的年龄、口味偏好、任何已知的食物过敏或特殊饮食需求。

细化需求
用户可以要求特定菜肴的烹饪步骤、营养成分或食材替换建议。

图 3-160　ChatGPT 分享儿童友好菜单过程的应用逻辑

2. ChatGPT 对话交互

> 🟢 ChatGPT：
>
> 用户：我想要一些适合 5 岁孩子的健康菜单建议，他不太喜欢蔬菜。
>
> ChatGPT：理解您的需求。对于不喜欢蔬菜的儿童，我们可以尝试一些创意菜肴来激发他们的兴趣。第一个建议是蔬菜披萨。您可以使用全麦披萨底，上面放上番茄酱，然后添加一些儿童喜欢的蔬菜，如切片的甜椒、玉米和橄榄。撒上一些奶酪，烤至金黄。这样不仅增加了蔬菜的摄入，而且色彩丰富，能吸引儿童的注意。
>
> 用户：这听起来不错，但我担心他不会吃。还有其他建议吗？
>
> ChatGPT：当然。另一个好的选择是蔬菜肉丸。您可以将胡萝卜、西葫芦和甜菜切碎，与瘦肉混合，加入一些面包屑和调味料。然后制成小肉丸，烤或煎至熟透。这样既能提供蛋白质，又能悄悄地增加蔬菜的摄入。
>
> 用户：听起来很不错！我怎么知道这些菜肴的营养成分呢？
>
> ChatGPT：您可以使用在线营养计算器来估算这些菜肴的大致营养成分。此外，一些烹饪网站和应用程序提供了详细的营养信息。但请记住，这些计算结果只是估算，具体数值可能会因具体食材和烹饪方法的不同而有所变化。
>
> 用户：如果我想让他尝试新的食物，有什么建议吗？
>
> ChatGPT：尝试新食物时，可以选择色彩鲜艳且口味温和的食物。例如，您可以制作水果沙拉，包含一些儿童可能不太熟悉的水果，如猕猴桃、草莓和蓝莓。同时，可以让儿童参与烹饪过程，如洗水果、搅拌沙拉等，以增加他们对新食物的兴趣。

在设计儿童友好菜单时，重要的是要平衡营养与口味，同时考虑到儿童的个性化需求。通过创意烹饪和参与式烹饪活动，可以激发儿童对健康食物的兴趣。需要注意的是，对于特殊饮食需求或食物过敏的儿童，应咨询专业医生或营养师的建议。此外，持续的饮食教育和良好的饮食习惯培养对儿童的长期健康至关重要。对于想进一步了解儿童营养的家长，可以考虑阅读相关书籍、参加营养讲座或咨询专业人士。

案例 161   低卡餐点制作

扫一扫，看视频

低卡餐点对于追求健康生活方式、控制体重或管理某些健康状况的人来说非常重要。低卡餐点的挑战在于如何在保持餐点美味和满足的同时，减少热量的摄入。

1. ChatGPT 应用逻辑梳理

ChatGPT 提供低卡餐点制作指导的应用逻辑如图 3-161 所示。

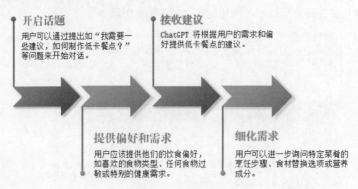

开启话题
用户可以通过提出如"我需要一些建议，如何制作低卡餐点？"等问题来开始对话。

接收建议
ChatGPT 将根据用户的需求和偏好提供低卡餐点的建议。

提供偏好和需求
用户应该提供他们的饮食偏好，如喜欢的食物类型、任何食物过敏或特别的健康需求。

细化需求
用户可以进一步询问特定菜肴的烹饪步骤、食材替换选项或营养成分。

图 3-161   ChatGPT 提供低卡餐点制作指导的应用逻辑

2. ChatGPT 对话交互

> 🤖 ChatGPT：
>
> **用户**：我正在尝试减肥，你能推荐一些低卡的晚餐食谱吗？
>
> **ChatGPT**：当然可以。一个好的选择是烤鸡胸肉搭配蔬菜。您可以选择无皮鸡胸肉，因为它低脂且高蛋白。用橄榄油、大蒜粉、柠檬汁、盐和胡椒腌制鸡胸肉，然后在烤箱中烤至完全煮熟。搭配一些烤蔬菜，如西兰花、胡萝卜和甜椒。这样的餐点不仅低卡，而且营养丰富。
>
> **用户**：听起来不错，但我对鸡肉有点腻了。有没有其他选择？
>
> **ChatGPT**：当然有。您可以尝试制作豆腐蔬菜炒饭。使用低卡的糙米或花椰菜饭作为基础，加入豆腐块和各种蔬菜，如青豆、红椒和蘑菇。用少量的植物油炒熟所有食材，可以加入一些低钠酱油和姜来增加风味。这不仅是一个低卡的选项，也非常适合素食者。
>
> **用户**：我喜欢海鲜，有没有适合我的低卡食谱？
>
> **ChatGPT**：海鲜是制作低卡餐点的绝佳选择。您可以尝试制作柠檬大蒜虾。使用新鲜或冷冻的虾，用橄榄油、切碎的大蒜、柠檬汁、盐和胡椒腌制。然后在平底锅中快速煎熟。搭配一些新鲜的绿叶蔬菜，如菠菜或羽衣甘蓝，以增加纤维的摄入。这道菜既美味又低卡，非常适合海鲜爱好者。
>
> **用户**：这些食谱的营养成分怎么样？我需要控制糖分和碳水化合物的摄入。
>
> **ChatGPT**：这些食谱都是低糖和低碳水化合物的。例如，烤鸡胸肉搭配蔬菜主要提供蛋白质和膳食纤维，碳水化合物含量较低。豆腐蔬菜炒饭使用的是糙米或花椰菜饭，碳水化合物含量也比白米饭低。柠檬大蒜虾主要提供蛋白质且几乎不含碳水化合物。您可以使用营养计算器来精确计算每道菜的营养成分。

低卡餐点的制作需要考虑食物的营养成分、烹饪方法和分量控制。选择高蛋白、低脂肪和高纤维的食材可以帮助减少热量摄入，同时保持餐点的美味和营养均衡。然而，对于有特殊健康需求的个人，建议在调整饮食之前咨询医生或营养师。此外，维持健康的生活方式还包括适量的运动和良好的饮食习惯。对于想要深入了解低卡饮食的用户，可以阅读相关的营养指导书籍、访问专业的健康网站或咨询营养专家。

案例 162　家庭聚餐策划

家庭聚餐是增进家庭成员间关系的重要方式。策划一次成功的家庭聚餐需要考虑到菜单设计、食物准备、氛围营造等多个方面。特别是在不同年龄和口味的家庭成员都参与的情况下，确保每个人都能享受聚餐变得尤为重要。

扫一扫，看视频

1. ChatGPT 应用逻辑梳理

ChatGPT 提供家庭聚餐策划指导的应用逻辑如图 3-162 所示。

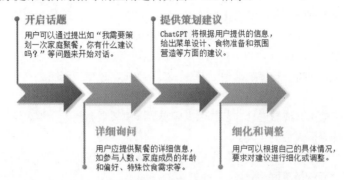

开启话题
用户可以通过提出如"我需要策划一次家庭聚餐，你有什么建议吗？"等问题来开始对话。

提供策划建议
ChatGPT 将根据用户提供的信息，给出菜单设计、食物准备和氛围营造等方面的建议。

详细询问
用户应提供聚餐的详细信息，如参与人数、家庭成员的年龄和偏好、特殊饮食需求等。

细化和调整
用户可以根据自己的具体情况，要求对建议进行细化或调整。

图 3-162　ChatGPT 提供家庭聚餐策划指导的应用逻辑

2. ChatGPT 对话交互

ChatGPT：

用户：嗨，ChatGPT，我计划在周末举办一次家庭聚餐，但我不确定该如何策划。你能给我一些建议吗？

ChatGPT：了解了，中国家庭聚餐通常重视传统菜式和共享式用餐。这里有一些建议来帮助你策划这次聚餐。

1. 菜单设计：中国菜的多样性给了你很多选择。可以准备一些经典的中式菜肴，如红烧肉、鱼香肉丝、宫保鸡丁和蒜蓉炒菜心。此外，考虑到年龄不同的家庭成员，你可以加入一些适合老人和小孩的温和菜肴，如清蒸鱼和蛋花汤。

2. 食物准备：提前准备是关键。一些菜肴可以提前一天准备，如炖菜。确保使用新鲜食材，这对于中式烹饪尤为重要。

3. 氛围营造：中式餐桌装饰可以简洁大方。可以使用中式餐具，如瓷碗和筷子，并考虑用一些传统元素进行装饰，如桌布上的中国结或福字。温馨的背景音乐，如古筝或琵琶演奏，可以增添氛围。

4. 座位安排：在中国文化中，座位安排很重要，尤其是尊重长辈。你可以提前规划好座位，确保家庭中的长辈在餐桌上有尊贵的位置。

5. 活动安排：餐后，你可以安排一些轻松的家庭活动，如打麻将、观看家庭视频或者一起唱卡拉 OK，这些都是增进家庭情感的好方法。

用户：听起来很棒。我应该怎么处理那些不容易提前准备的菜肴呢？

ChatGPT：对于那些需要现做的菜肴，如炒菜，你可以提前准备好所有的食材，如洗净切好的蔬菜、肉类和调味料。这样一来，当天你只需要将这些食材快速炒制即可。你也可以考虑让家庭成员参与其中。例如，孩子们可以帮忙摆放菜肴，或者长辈可以分享一些烹饪技巧，这样不仅减轻了你的负担，还能增加聚餐的乐趣和亲密感。

用户：我还想了解一下，如果我想让聚餐更有中国传统文化的氛围，我应该怎么做呢？

ChatGPT：要营造具有中国传统文化氛围的家庭聚餐，你可以从以下几个方面入手。

1. 传统节日食品：如果聚餐接近某个中国传统节日，如春节、中秋节，你可以准备一些节日特色食物，如春节的饺子、中秋节的月饼。

2. 装饰元素：使用具有中国传统特色的装饰，如中国结、剪纸、书法作品或水墨画来装饰餐厅。桌上可以放置一些简单的插花，使用竹子或梅花作为主题。

3. 传统服饰体验：鼓励家庭成员穿着传统服饰，如旗袍或唐装，这样可以增加聚餐的特色和趣味性。

4. 文化活动：安排一些中国传统文化相关的活动，如书法展示、茶艺表演或者古筝演奏。

用户：我应该怎样安排餐后活动，让大家都能参与进来呢？

ChatGPT：餐后活动的安排可以多样化，以适应不同年龄和兴趣的家庭成员。

1. 传统游戏：可以安排一些传统的中国游戏，如斗地主、象棋或麻将。这些游戏易于参与且适合所有年龄层。

2. 才艺展示：鼓励家庭成员进行才艺展示，如唱歌、跳舞或者演奏乐器。这不仅能增进家庭成员之间的了解，还能增添聚会的乐趣。

3. 回忆分享：可以围绕"家庭故事"主题，让每个人分享一些家庭趣事或美好回忆。这样的活动能加深家庭成员之间的情感联系。

用户：如果有家庭成员对中国文化不是很熟悉，我应该怎么做才能让他们也融入进来？

ChatGPT：如果有家庭成员对中国文化不太熟悉，你可以采取以下几种方法来帮助他们更好地融入。

1. 文化小介绍：在聚餐开始前，做一个简短的介绍，讲解一些中国文化的基本知识，如传统节日的意义、传统服饰的特点。

2. 互动式学习：可以通过互动游戏或活动来让他们了解中国文化，如通过包饺子、书法或茶艺体验。

3. 语言的桥梁：确保交流中有人能够翻译或解释，以免语言障碍影响他们的体验。

策划一次成功的家庭聚餐需要考虑到菜单的多样性、食物的适宜性和用餐环境的舒适度。同时，组织一些家庭互动活动也很重要。需要注意的是，每个家庭的具体情况都会有所不同，因此在策划时需要根据家庭成员的实际需求和偏好来调整。此外，准备工作可能需要一些时间和精力，因此建议提前规划并分配好各项任务。对于想要获得更多灵感和建议的用户，可以查阅相关的家庭聚餐策划书籍或网站。

 案例 163　食物过敏替代品

食物过敏是一种常见的健康问题，它可能导致身体从轻微到严重的反应。为了避免过敏反应，需要找到合适的食物替代品。食物过敏替代品的选择需要考虑营养价值、口感和易于获取性。

扫一扫，看视频

1. ChatGPT 应用逻辑梳理

ChatGPT 提供食物过敏替代品指导的应用逻辑如图 3-163 所示。

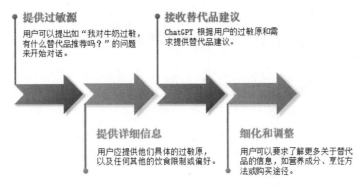

提供过敏源
用户可以提出如"我对牛奶过敏，有什么替代品推荐吗？"的问题来开始对话。

接收替代品建议
ChatGPT 根据用户的过敏原和需求提供替代品建议。

提供详细信息
用户应提供他们具体的过敏原，以及任何其他的饮食限制或偏好。

细化和调整
用户可以要求了解更多关于替代品的信息，如营养成分、烹饪方法或购买途径。

图 3-163 ChatGPT 提供食物过敏替代品指导的应用逻辑

2. ChatGPT 对话交互

ChatGPT：

用户：我对牛奶过敏，你能推荐一些替代品吗？

ChatGPT：当然可以。牛奶的替代品有很多种，常见的有豆奶、杏仁奶和椰奶。豆奶是由大豆制成，富含蛋白质，是素食者的极佳替代品。杏仁奶则含有丰富的维生素 E 和低脂肪，口感更加清淡。椰奶则有独特的香味，适合用于烹饪。

用户：我也对大豆过敏，你还有其他建议吗？

ChatGPT：如果您对大豆也过敏，可以考虑使用燕麦奶或米奶。燕麦奶口感顺滑，适合早餐谷物或咖啡中使用。米奶则比较淡，适合那些喜欢不太浓郁口味的人。

用户：我对鸡蛋过敏，烘焙时有什么替代品吗？

ChatGPT：对鸡蛋过敏的人，在烘焙时可以使用一些替代品。例如，亚麻籽和水的混合物可以作为鸡蛋的替代品，用于提供黏合力。每个鸡蛋可以用 1 汤匙亚麻籽粉和 3 汤匙水替代。苹果酱也是一个不错的选择，特别是在制作蛋糕或松饼时。

用户：我想要一些无麸质的面粉替代品。

ChatGPT：无麸质的面粉替代品有很多，如杏仁粉、椰子粉和燕麦粉。杏仁粉富含蛋白质和纤维，适合用于制作饼干和面包。椰子粉则含有丰富的膳食纤维，适合用于制作蛋糕和甜点。燕麦粉则是一个更为通用的替代品，可以用于各种烘焙食品。

选择合适的食物过敏替代品需要考虑营养价值、口感和个人的过敏原。在选择替代品时，了解其营养成分和适用范围非常重要。同时，建议在尝试新的食物替代品时，小心观察身体的反应。对于特殊饮食需求，建议咨询专业的营养师或医生。此外，互联网和烹饪书籍是了解更多替代品信息和食谱的好渠道。

 案例 164 节日特色菜谱

不同的节日通常有独特的食物传统和特色菜谱。这些特色菜谱不仅体现了文化传统，还能增加节日氛围，让庆祝活动更加丰富和有意义。然而，对于不熟悉某些节日食物传统的人来说，找到并准备这些特色菜谱可能是一个挑战。

扫一扫，看视频

1. ChatGPT 应用逻辑梳理

ChatGPT 提供节日特色菜谱过程的应用逻辑如图 3-164 所示。

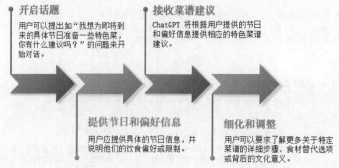

图 3-164　ChatGPT 提供节日特色菜谱过程的应用逻辑

2. ChatGPT 对话交互

ChatGPT：

用户：春节快到了，我想准备一些传统的春节食物来庆祝。你能给我一些建议吗？

ChatGPT：当然可以。春节，作为中国最重要的传统节日之一，有许多与之相关的传统食物。以下是一些经典的春节食物，你可以考虑准备。

1. 饺子：春节吃饺子象征着财富和新的开始。你可以准备不同馅料的饺子，如猪肉白菜馅、三鲜馅（虾仁、鸡蛋和蔬菜）等。

2. 年糕（Niangao）：象征着年年高升，可以选择甜味或咸味的年糕。

3. 鱼：象征着年年有余。常见的做法有红烧鱼、清蒸鱼。

4. 春卷：象征着金黄色的金条，意味着财富。

5. 招财进宝盘：这是一个综合小吃拼盘，包含多种象征好运和财富的食物，如莲子、红枣、花生等。

用户：我家里有小孩，有没有适合孩子的春节食物推荐？

ChatGPT：当然，对于孩子们，可以准备以下一些既美味又有趣的食物。

1. 糖果盘：包括各种传统的中国糖果，如白糖莲子、芝麻球等。

2. 水果：准备一些切成有趣形状的水果，如橙子和苹果，这些都是吉祥的象征。

3. 小笼包：这种小巧的包子很受孩子们的欢迎，既美味又容易食用。

4. 甜点：如八宝饭、汤圆，这些甜点既代表团圆，又符合孩子的口味。

用户：除了食物，我还可以怎样布置家里来增加春节氛围呢？

ChatGPT：为了增加春节的氛围，你可以考虑以下装饰方法。

1. 春联：在门上贴上春联，寓意吉祥如意。

2. 窗花：剪一些红色的窗花，贴在窗户上，增添节日气氛。

3. 灯笼：挂上红色的灯笼，象征着光明和喜庆。

4. 福字：可以倒着贴"福"字，寓意"福到"。

5. 桌布和餐具：使用红色的桌布，以及具有中国特色的餐具。

通过这些装饰，你的家就能营造出浓厚的春节氛围，让庆祝活动更加丰富和有意义。

为特定节日准备特色菜谱是一个既有趣又有挑战的任务。了解不同文化的传统菜谱和食物习俗可以让节日庆祝更加丰富多彩。在准备节日菜谱时，考虑到参与者的饮食偏好和限制非常重要。此外，尝试新的食谱和烹饪方法也是增加节日乐趣的好方法。对于需要更多灵感和建议的用户，可以查阅相关的烹饪书籍、食谱网站或参加烹饪课程。

案例 165　餐厅选择建议

选择合适的餐厅对于享受一顿美味的餐饮体验至关重要。不同的场合和不同的人群可能需要不同类型的餐厅。选择餐厅时，需要考虑菜式、价格、氛围、位置等多个因素。

扫一扫，看视频

1. ChatGPT 应用逻辑梳理

ChatGPT 提供餐厅选择建议指导的应用逻辑如图 3-165 所示。

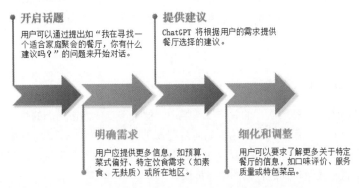

开启话题
用户可以通过提出如"我在寻找一个适合家庭聚会的餐厅，你有什么建议吗？"的问题来开始对话。

提供建议
ChatGPT 将根据用户的需求提供餐厅选择的建议。

明确需求
用户应提供更多信息，如预算、菜式偏好、特定饮食需求（如素食、无麸质）或所在地区。

细化和调整
用户可以要求了解更多关于特定餐厅的信息，如口味评价、服务质量或特色菜品。

图 3-165　ChatGPT 提供餐厅选择建议指导的应用逻辑

2. ChatGPT 对话交互

ChatGPT：

用户：我打算和家人外出用餐，但不确定该如何选择合适的餐厅。你能给我一些建议吗？

ChatGPT：当然可以。选择餐厅时，有几个关键因素需要考虑。

1. 菜式和口味：首先考虑的是你和家人的口味偏好。如果家里有老人和小孩，可能需要选择菜品种类多样、口味比较温和的餐厅。如果是特殊节日或庆祝活动，可能会倾向于选择一些有特色菜肴的高档餐厅。

2. 价格：根据你的预算选择餐厅。如果是家庭聚会，可能需要考虑一个性价比较高的餐厅，以确保每个人都能享受而不感到负担。

3. 氛围：餐厅的环境和氛围也很重要。一个温馨舒适的环境可以让家庭聚餐更加愉快。如果是庆祝特别的日子，可能会选择气氛更加浪漫或高雅的餐厅。

4. 位置：考虑餐厅的位置和交通便利性。如果有老人和小孩，可能更倾向于选择交通方便、停车便利的地点。

用户：我们计划在周末用餐，应该提前预订吗？

ChatGPT：是的，特别是在周末或节假日，餐厅可能会非常繁忙。提前预订可以确保你有一个舒适的用餐环境，避免等位的不便。此外，如果有特殊需求（如儿童座椅、无障碍设施或特别的饮食要求），提前告知餐厅也是很重要的。

用户：如果我想尝试一些新的餐厅，有没有好的方法来找到推荐？

ChatGPT：有以下几种方法可以帮助你寻找新的餐厅。

1. 在线评价和推荐：查看网站或应用程序上的用户评价，如大众点评、美团或 TripAdvisor 等，这些平台上的用户评价和评分可以提供参考。

2. 社交媒体：通过社交媒体平台，如微博、小红书等，查看他人的分享和推荐。

3. 口碑推荐：询问亲朋好友的推荐，尤其是那些对餐饮有研究的朋友。

4. 本地美食指南：参考本地的美食指南或报纸杂志中的美食专栏，了解一些当地热门或新开的餐厅。

用户：如果我在用餐时对某道菜品有过敏，应该怎么办？

ChatGPT：如果你对某些食物过敏，建议采取以下措施。

1. 提前告知：在预订餐位或点餐时，提前告知服务员你的过敏情况。

2. 仔细阅读菜单：在点餐时仔细查看菜单描述，确保所点的菜品不含过敏原。

3. 紧急情况处理：如果不小心摄入了过敏原，应立即告知服务员，并根据情况决定是否需要医疗援助。

在使用 ChatGPT 选择餐厅时，了解自己的需求和偏好至关重要。考虑到家庭成员的口味、特殊饮食需求和预算可以帮助用户作出更合适的选择。通过在线资源和应用程序，用户可以更便捷地获取餐厅信息和顾客评价。此外，不妨尝试一些新开的餐厅，这可能会带来意外的惊喜。对于想要更多餐厅选择建议的用户，可以参考当地的美食指南或询问朋友和同事的推荐。

 案例 166　健康零食选购

随着人们对健康饮食的关注日益增加，健康零食成为市场上的热门选择。消费者在选择健康零食时，面临的挑战包括如何辨别真正的健康零食、了解零食中的营养成分，以及如何在满足口感的同时确保营养均衡。有效地选购健康零食不仅可以帮助人们维持良好的饮食习惯，还可以促进他们的整体健康。

扫一扫，看视频

1. ChatGPT 应用逻辑梳理

ChatGPT 提供健康零食选购指导的应用逻辑如图 3-166 所示。

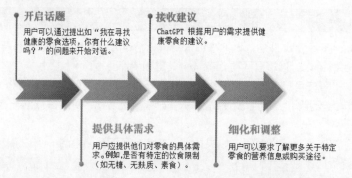

图 3-166　ChatGPT 提供健康零食选购指导的应用逻辑

2. ChatGPT 对话交互

ChatGPT：

用户：我正在寻找一些健康的零食选项，最好是低糖和高蛋白的。

ChatGPT：对于寻找低糖和高蛋白的健康零食，您可以考虑以下食物。

1. 坚果和种子：如杏仁、核桃、太阳花籽。它们富含健康脂肪、蛋白质和纤维。

2. 希腊酸奶：它比普通酸奶含有更多的蛋白质且糖分较低。

3. 干果：如无糖的蔓越莓或无花果，它们是天然的糖分来源，同时也提供纤维。

4. 鹰嘴豆脆片：这是一种高蛋白、高纤维的零食，比传统薯片健康。

用户：我是素食者，有没有适合的零食推荐？

ChatGPT：对于素食者，以下是一些健康零食。

1. 蔬菜片：如甜菜片或南瓜片，它们既健康又美味。

2. 果仁酱：如杏仁酱或花生酱，可以与水果或全麦面包搭配食用。

3. 素食能量棒：选择那些以坚果、种子和干果为基础的能量棒。

4. 豆类小吃：如烤豆或豆腐干，这些都是高蛋白的素食零食。

用户：我经常在外忙碌，需要一些方便携带的健康零食。

ChatGPT：对于忙碌的生活方式，以下是一些方便携带的健康零食。

1. 坚果小包装：易于携带，能快速补充能量。

2. 水果干：如苹果干或香蕉干，方便携带且不易腐烂。

3. 谷物棒：选择全谷物且低糖的谷物棒。

4. 小包装酸奶：便于携带，同时提供蛋白质和钙质。

在选择健康零食时，了解和解读食品标签是关键。通过优选成分简单且营养成分丰富的食品，消费者可以在享受美味的同时维护健康。未来，随着更多的健康零食产品进入市场，消费者将有更多的选择来满足他们的口味和营养需求。如何正确阅读和理解食品标签，也将成为推广健康饮食习惯的重要一环。

案例 167　烹饪技巧提升

提升烹饪技巧是许多人追求的目标，无论是为了个人兴趣还是为了更健康的饮食。烹饪技巧的提升涉及多个方面，包括食材处理、烹饪方法、调味技巧和食物的呈现等。

扫一扫，看视频

1. ChatGPT 应用逻辑梳理

ChatGPT 提供提升烹饪技巧指导的应用逻辑如图 3-167 所示。

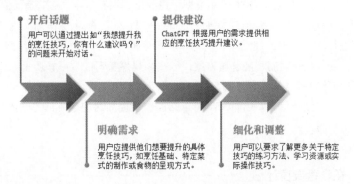

图 3-167　ChatGPT 提供提升烹饪技巧指导的应用逻辑

2. ChatGPT 对话交互

ChatGPT：

用户：我想学习如何正确处理和烹饪海鲜，你有什么建议吗？

ChatGPT：处理和烹饪海鲜是一项重要的技能。首先，学习如何选择新鲜的海鲜非常关键，新鲜的海鲜通常有明亮的眼睛和清新的海水味。在烹饪海鲜时，要注意不要过度烹饪，以保持海鲜的鲜嫩。例如，煮虾只需几分钟，直到它们变成粉红色。您可以通过阅读相关的烹饪书籍或观看教学视频来学习不同海鲜的处理和烹饪方法。

用户：我还想提高调味的技巧，应该怎么做？

ChatGPT：提升调味技巧首先要了解各种香料和调味料的特性。建议您尝试不同的组合，并注意它们对食物味道的影响。一开始可以按照食谱的指示进行，逐渐地，您可以尝试自己的调味组合。同时，品尝是提高调味技巧的关键，要在烹饪过程中不断尝试，以达到最佳味道。

用户：我还想学习一些专业的刀工技巧。

ChatGPT：刀工是烹饪中的基础技能之一。一个好的开始是学习如何正确握刀以及如何使用切菜板。基本的刀工技巧包括切丁、切片和切条。您可以观看在线教程或参加烹饪课程来学习这些技巧。练习是提高刀工的关键，您可以通过切不同类型的蔬菜和肉类来练习。

　　用户：有没有好的资源推荐，以便我可以进一步学习？

　　ChatGPT：有许多优秀的资源可以帮助您提升烹饪技巧。YouTube 上有许多专业厨师的频道，如 Gordon Ramsay 和 Jamie Oliver 的频道，提供了大量的烹饪教程。此外，Serious Eats 和 Food Network 网站也提供了丰富的食谱和烹饪技巧。您还可以考虑购买一些烹饪书籍，如 *Joy of Cooking* 或 *Mastering the Art of French Cooking* 这些书籍详细介绍了各种烹饪技巧。

　　提升烹饪技巧是一个持续的学习过程，涉及多种技能的练习和不断的实践。了解食材的性质、尝试不同的烹饪方法、学习专业的刀工和调味技巧都是提高烹饪水平的关键。此外，不断尝试和实践是提升烹饪技能的最佳方式。对于需要更多烹饪学习资源的用户，可以利用互联网资源或参加当地的烹饪课程。

3.21 体 育 健 身

　　体育健身作为提升人们生活质量、增强体质和精神面貌的重要手段，近年来受到了越来越多人的重视。随着科技的发展，特别是 AI 技术的进步，体育健身领域正在经历一场革命性的变革。ChatGPT 等先进的语言模型，以其独特的优势，为体育健身领域带来了新的机遇和挑战。

　　首先，ChatGPT 可以为个人健身提供定制化的健身指导和计划。通过分析用户的健身目标、身体状况和偏好，ChatGPT 能够生成个性化的健身计划，包括运动种类、强度和持续时间等，帮助用户以更科学的方式进行锻炼。此外，ChatGPT 还能根据用户的反馈调整健身计划，确保健身效果的最优化。

　　其次，在团队运动和体育赛事管理方面，ChatGPT 同样具有重要作用。对于体育团队而言，ChatGPT 可以协助进行队员管理、训练计划制定和战术分析等工作。对于赛事组织者来说，ChatGPT 能够提供赛事策划、宣传和管理的智能解决方案，以提高赛事管理的效率和质量。

　　最后，ChatGPT 在体育健身知识普及和教育中的应用也不容忽视。通过生成丰富的健身知识内容、健康饮食建议和运动伤害预防信息，ChatGPT 可以帮助公众提高对健康生活方式的认识和理解，从而促进社会整体健康水平的提升。

案例 168　初学者健身计划

扫一扫，看视频

　　对于初学者来说，制订一个有效的健身计划是一项挑战。初学者通常面临着如何开始、如何避免受伤以及如何保持持续性的问题。一个合理的健身计划应该包括适当的运动类型、强度、频率和持续时间，同时还需要考虑个人的健康状况、体能水平和健身目标。

1. ChatGPT 应用逻辑梳理

　　ChatGPT 提供初学者健身计划过程的应用逻辑如图 3-168 所示。

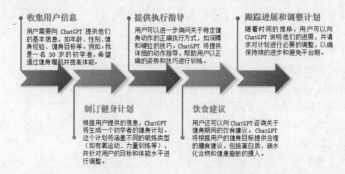

图 3-168　ChatGPT 提供初学者健身计划过程的应用逻辑

2. ChatGPT 对话交互

⑤ ChatGPT：

用户：你好，ChatGPT。我是健身初学者，想要制订一个有效的健身计划，但我不知道从哪里开始。你能帮我吗？

ChatGPT：当然可以，很高兴你决定开始健身之旅。首先，我想了解一下你的一些基本信息，如你的年龄、性别、目前的体能水平，以及你具体的健身目标是什么？

用户：我是 30 岁的男性，平时很少锻炼，体能水平一般。我想通过健身增加肌肉量，同时提高整体体能。

ChatGPT：明白了。基于你的情况，我建议你可以从全身性的力量训练和一些有氧运动开始。对于初学者来说，一周进行 3 ～ 4 次训练是比较合适的。每次训练可以包括 5 ～ 10 分钟的热身，20 ～ 30 分钟的力量训练，然后是 5 ～ 10 分钟的放松和拉伸。力量训练可以从低重量、高重复次数开始，逐渐增加重量和难度。同时，每周 2 ～ 3 次的有氧运动，如快走、慢跑或骑自行车，每次 20 ～ 30 分钟，可以帮助提高心肺功能。你对这些建议有什么看法？

用户：听起来不错，但我担心我会受伤或者坚持不下去。

ChatGPT：这是个非常好的问题。为了避免受伤，你需要确保正确的运动姿势和技巧。对于每项运动，最好先由专业人士指导，或者观看可靠的教学视频。此外，不要忽视身体的信号，如果感到疼痛或过度疲劳，应该适当减轻训练强度或休息。至于持续性，建议你设定一些短期和长期的可实现目标，保持积极的心态，并尝试找到让锻炼变得有趣的方法，如听音乐、找个伙伴一起或者变换运动类型。还有什么其他问题或担忧吗？

用户：我该如何监测我的进展和调整计划呢？

ChatGPT：监测进展非常重要。你可以通过多种方式来做这件事，如记录每次训练的重量、次数和感受，定期量体重和身体围度，或者用健身应用来跟踪你的运动和饮食。每隔 4 到 6 周评估一次你的进展，并根据你的体能提升、个人感受和目标调整训练计划。可能需要增加训练强度，或者变换一些运动来应对平台期。同时，保持良好的饮食和充足的休息也是至关重要的。这样的监测和调整能帮助你更有效地达到目标。希望这些建议对你有帮助！还有其他问题吗？

用户：谢谢，这些建议很有帮助。我还想了解一下，关于饮食方面有什么特别的建议吗？毕竟我想增加肌肉量。

ChatGPT：关于饮食，增加肌肉量时需要确保两点：充足的蛋白质摄入和适当的总热量摄入。蛋白质对于肌肉修复和生长至关重要。建议你的日常饮食中蛋白质的比例提高，可以来自于瘦肉、鱼、禽类、豆类、蛋和乳制品等。每日蛋白质的摄入量一般建议为你体重每公斤 1.2 到 2 克。

此外，增肌同时也需要足够的总热量，确保身体有足够的能量进行肌肉建造。增加热量摄入并不意味着是无节制地吃，而是要注重饮食的平衡，包括良好的碳水化合物来源，如全谷类、水果和蔬菜，以及健康的脂肪来源，如坚果、橄榄油和鱼油。合理规划每餐的营养比例，避免过度食用加工食品和高糖食品。有没有其他特别关心的饮食方面的问题？

用户：了解了。我还想问，如果我想在家里锻炼，没有健身器械，该怎么办？

ChatGPT：在家锻炼完全可行，即使没有健身器械。很多体重训练动作都能有效增强肌肉力量，如俯卧撑、仰卧起坐、深蹲、卷腹、平板支撑等。这些动作不需要任何设备，就可以锻炼到全身的主要肌群。此外，你还可以利用家里的物品作为简易健身器材，如把矿泉水瓶当作哑铃，或者用椅子来做倾斜俯卧撑。

用户可以进一步深入探索，如询问如何根据个人进展调整健身计划，特别是在面临平台期时。其次询问如何结合特定的健身目标（如增肌、减脂或提高某项体能）进行饮食和训练的优化。通过这种方式，ChatGPT 可以成为一个帮助用户实现自己的健康和健身目标的辅助工具。

案例 169　在家锻炼方法

由于繁忙的生活节奏或其他原因，很多人无法前往健身房进行锻炼，因此在家锻炼成为一种便捷且实用的选择。然而，许多初学者在没有专业设备和指导的情况下，可能会对如何在家进行有效锻炼感到困惑。

1. ChatGPT 应用逻辑梳理

ChatGPT 提供在家锻炼方法指导的应用逻辑如图 3-169 所示。

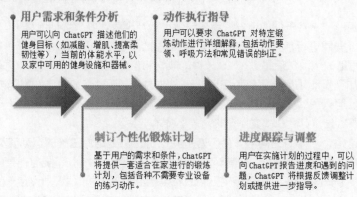

用户需求和条件分析
用户可以向 ChatGPT 描述他们的健身目标（如减脂、增肌、提高柔韧性等），当前的体能水平，以及家中可用的健身设施和器械。

动作执行指导
用户可以要求 ChatGPT 对特定锻炼动作进行详细解释，包括动作要领、呼吸方法和常见错误的纠正。

制订个性化锻炼计划
基于用户的需求和条件，ChatGPT 将提供一套适合在家进行的锻炼计划，包括各种不需要专业设备的练习动作。

进度跟踪与调整
用户在实施计划的过程中，可以向 ChatGPT 报告进度和遇到的问题，ChatGPT 将根据反馈调整计划或提供进一步指导。

图 3-169　ChatGPT 提供在家锻炼方法指导的应用逻辑

2. ChatGPT 对话交互

> ⑤ ChatGPT：

用户：我想了解，如果我在家中进行锻炼，除了体重训练和 HIIT，还有没有其他的方式可以让我的训练更有效？

ChatGPT：当然有。在家锻炼的效果可以通过多种方式提升。

首先，你可以尝试增加训练的变化性。例如，可以尝试不同类型的体重练习，调整动作的速度和节奏，或者改变动作的难度，如用单腿深蹲代替普通深蹲。这样可以持续刺激肌肉，促进肌肉生长和力量提升。

其次，你可以使用一些简单的家用物品来增加训练强度。例如，使用背包装上书本作为额外重量进行深蹲或俯卧撑，或者使用毛巾作为辅助工具来做一些拉伸和平衡练习。

此外，结合柔韧性和平衡性训练也非常重要。可以通过瑜伽、普拉提或太极等方式来提高身体的灵活性和核心力量，这对于全面的健康和健身效果都非常有帮助。

最后，保持一致性和持续性是关键。即使在家中，也要制订一个固定的训练计划，并且尽量遵守。记录训练进度，设定目标，这些都有助于提高动力和效果。

用户：听起来很有道理。我应该如何安排我的一周训练计划呢？

ChatGPT：对于一周的训练计划，建议你可以这样安排：将力量训练和有氧运动结合起来，一周进行 4 ～ 5 次训练。例如，周一、周三和周五进行全身力量训练，每次包括上肢、下肢和核心区域的训练。周二和周四进行有氧运动，如快走、慢跑或自行车等，每次 20 ～ 30 分钟。此外，可以安排一天进行柔韧性和平衡性训练，如瑜伽或普拉提。记得每次训练前进行热身，训练后进行适当的拉伸和放松。

用户：我还想问一下，如果我在家锻炼时感到疲劳或肌肉酸痛，应该怎么办？

ChatGPT：感到疲劳和肌肉酸痛在锻炼过程中是很常见的，尤其是刚开始进行新的或者强度较大的训练时。首先，确保你在每次训练后都进行了充分的拉伸，这有助于减轻肌肉紧张和疼痛。其次，肌肉酸痛通常在 24 到 48 小时内最为明显，这是因为肌肉在修复和适应新的训练负荷，被称为延迟性肌肉酸痛（DOMS）。

在这种情况下，适当的休息非常重要。可以安排一些轻度的活动，如散步或轻松的瑜伽，以促进血液循环，帮助肌肉恢复。同时，确保你的饮食中包含足够的蛋白质和其他营养素，这对肌肉恢复和生长非常关键。

如果疲劳或肌肉酸痛持续存在，可能需要考虑调整你的训练计划。这可能意味着减少训练强度、增加休息时间或调整训练频率。记住，适当的休息同训练本身一样重要。

用户：我还听说冷热水交替沐浴或泡澡可以帮助肌肉恢复，这是真的吗？

ChatGPT：是的，冷热水交替沐浴或泡澡被一些运动员和健身爱好者用作促进肌肉恢复的一种方法。冷水浴可以帮助减少炎症和肌肉酸痛，而热水浴有助于放松肌肉和促进血液循环。交替使用冷热水可以刺激血液循环，可能对缓解肌肉疼痛和加速恢复有所帮助。

但是，这种方法并不适合每个人，并且效果因人而异。如果你决定尝试，建议先以较温和的温差开始，并留意身体的反应。如果感觉不适，应立即停止。

在家锻炼是一种便捷且有效的方式，特别适合无法前往健身房的人。使用 ChatGPT 来制订在家锻炼计划时，用户需要注意个人体能限制和安全问题，并确保持续的自我监控和调整。对于进一步深入探索，用户可以考虑如何将在家锻炼与合理的饮食计划结合，以及如何在长期的在家锻炼中保持动力和兴趣。

案例 170　跑步技巧指导

跑步是一种广受欢迎的有氧运动方式，它对提高心肺功能、减肥、增强体质都有显著的效果。正确的跑步技巧对于提高跑步效率、预防受伤非常重要。然而，很多初学者在跑步时可能会忽略这些技巧，导致运动效果不佳或者受伤。

扫一扫，看视频

1. ChatGPT 应用逻辑梳理

ChatGPT 提供跑步技巧指导的应用逻辑如图 3-170 所示。

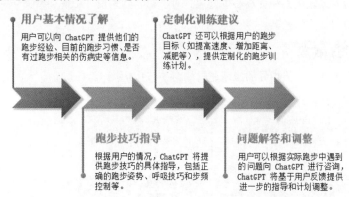

用户基本情况了解
用户可以向 ChatGPT 提供他们的跑步经验、目前的跑步习惯、是否有过跑步相关的伤病史等信息。

定制化训练建议
ChatGPT 还可以根据用户的跑步目标（如提高速度、增加距离、减肥等），提供定制化的跑步训练计划。

跑步技巧指导
根据用户的情况，ChatGPT 将提供跑步技巧的具体指导，包括正确的跑步姿势、呼吸技巧和步频控制等。

问题解答和调整
用户可以根据实际跑步中遇到的问题向 ChatGPT 进行咨询，ChatGPT 将基于用户反馈提供进一步的指导和计划调整。

图 3-170　ChatGPT 提供跑步技巧指导的应用逻辑

2. ChatGPT 对话交互

 ChatGPT：

用户：我是一个跑步初学者，想知道怎样才能跑得更好。

ChatGPT：对于跑步初学者，以下几点技巧是非常重要的。

1. 正确的跑步姿势：保持身体直立，不要前倾或后仰。目光向前，下颚保持轻松，肩膀放松下沉。手臂弯曲约 90 度，手掌放松，不要紧握或张开。

2. 有效的呼吸方式：尝试通过鼻子吸气，嘴巴呼气。深长的腹式呼吸比浅呼吸更有效，可以帮助你更好地控制呼吸节奏。

3. 合适的步频：维持一定的步频非常重要。一般建议的步频是每分钟 160 到 180 步。步幅不宜过大，以免造成过度伸展和受伤。

用户：我在跑步时经常感觉腿部疲劳，这是为什么？

ChatGPT：腿部疲劳可能是由以下几个因素造成的。

1. 过度训练：如果没有足够的休息和恢复时间，腿部肌肉可能会过度疲劳。

2. 跑步技巧问题：不正确的跑步姿势会增加腿部肌肉的负担。

3. 缺乏力量训练：腿部肌肉力量不足也可能导致跑步时的疲劳。建议加入一些腿部力量训练，如深蹲、箭步蹲等。

用户：我应该如何规划我的跑步训练计划？

ChatGPT：根据您的目标和当前水平，可以按下述规划。

1. 逐渐增加距离：每周增加的跑步距离不要超过 10%。

2. 交替训练：在一周的训练中，可以结合慢跑、间歇跑和速度训练。

3. 休息日：每周至少安排一到两天的休息或进行非跑步的轻量训练，如游泳或骑自行车。

在使用 ChatGPT 进行跑步技巧指导时，用户需要根据个人的体能和经验进行调整。需要注意的是，虽然 ChatGPT 可以提供基本的建议和指导，但每个人的身体条件和反应都是独特的。此外，为了进一步提高跑步技能，可以探索的方向包括营养补给、心理准备以及如何在不同的天气和地形条件下跑步。

案例 171　瑜伽基本姿势

扫一扫，看视频

瑜伽是一种古老而全面的身心练习方式，它不仅可以增强人的身体的柔韧性和力量，还能帮助人减轻压力和提高心理健康。对于初学者来说，了解和掌握一些基本的瑜伽姿势是开始瑜伽练习的关键。

1. ChatGPT 应用逻辑梳理

ChatGPT 提供瑜伽基本姿势指导的应用逻辑如图 3-171 所示。

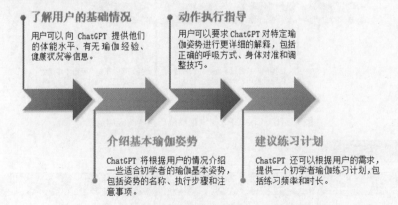

图 3-171　ChatGPT 提供瑜伽基本姿势指导的应用逻辑

2. ChatGPT 对话交互

ChatGPT：

用户：我对瑜伽非常感兴趣，想了解一些适合初学者的瑜伽姿势。

ChatGPT：很好，瑜伽对提高身体柔韧性和减压都很有效。作为初学者，你可以尝试山式（Tadasana）。这个姿势要求站直，脚跟微开，保持脊柱拉长，手臂自然下垂。这有助于提高平衡感和集中精神。

用户：听起来不错，还有其他姿势吗？

ChatGPT：当然，猫牛式是另一个适合初学者的选择。它通过改变背部的弯曲来增加脊椎的柔韧性。四足式起始，交替拱背和凹背，配合呼吸。这个动作有助于放松脊椎。

用户：这两个姿势我都会试试。还有其他建议吗？

ChatGPT：可以尝试树式（Vrksasana），这是个平衡练习。一只脚站立，另一脚脚掌放在大腿内侧，双手合十放在胸前。这个姿势能增强下肢力量，同时提高专注力。

用户：我听说瑜伽练习中呼吸也很重要，你能解释一下吗？

ChatGPT：当然。在瑜伽中，呼吸是非常关键的部分。正确的呼吸方法可以帮助你更好地控制动作，提高练习的效果。瑜伽呼吸通常是通过鼻子进行的深呼吸。在进行某些姿势时，深长而均匀的呼吸可以帮助放松身体，减少紧张感，增加体内氧气的流动。

用户：我应该怎样练习瑜伽呼吸呢？

ChatGPT：你可以尝试坐在舒适的姿势上，如盘腿坐。闭上眼睛，集中注意力在呼吸上。缓慢地通过鼻子深深吸气，然后同样缓慢地呼气。你可以感受到胸腔和腹部的扩张与收缩。开始时，可以试着将吸气和呼气的时间控制在相同长度，如各4秒。

用户：听起来很简单，我会试试的。在练习瑜伽时还需要注意些什么？

ChatGPT：在瑜伽练习中，最重要的是倾听你的身体。不要强迫自己进入某个姿势，特别是当你感到疼痛或不适时。每个人的身体情况不同，所以适合他人的姿势可能不适合你。此外，保持练习的一致性很重要，但也不要忽视休息。随着练习的深入，你可以逐步尝试更多的姿势和练习方式。

瑜伽是一项适合各个水平的练习者的身心练习方式。初学者在使用ChatGPT进行瑜伽学习时，应该注意根据自身情况调整练习的强度和频率，并在出现任何不适时及时调整姿势或寻求专业意见。此外，用户可以进一步探索瑜伽的不同流派和风格，以及如何将瑜伽练习融入日常生活，以达到身心的和谐与平衡。

案例 172　增肌饮食建议

增肌是许多健身爱好者的目标之一，特别是对于那些希望增加肌肉质量和力量的人来说。正确的饮食对于增肌至关重要，因为肌肉的生长和修复需要足够的营养支持。

扫一扫，看视频

1. ChatGPT 应用逻辑梳理

ChatGPT提供增肌饮食建议过程的应用逻辑如图3-172所示。

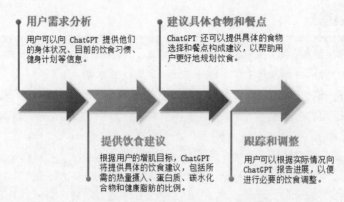

图 3-172　ChatGPT 提供增肌饮食建议过程的应用逻辑

2. ChatGPT 对话交互

🌀 ChatGPT：

用户：我想要增肌，听说饮食对此非常重要。你能给我一些建议吗？

ChatGPT：当然可以。增肌的关键在于摄入适量的高质量蛋白质，以及适当的碳水化合物和健康脂肪。蛋白质是肌肉生长和修复的基石。你应该每天摄入足够的蛋白质，来源可以是瘦肉、鸡蛋、鱼类、豆类和乳制品等。

用户：具体每天需要多少蛋白质呢？

ChatGPT：一般来说，如果你的目标是增肌，建议蛋白质摄入量为体重每公斤 1.2 ～ 2 克。举个例子，如果你体重 70 公斤，那么你每天需要的蛋白质量大约在 84 ～ 140 克。这个量可以通过分散在一天中的几餐来摄取。

用户：我是否需要使用增肌粉或其他补剂？

ChatGPT：增肌粉和其他补剂可以作为饮食的补充，但最好的营养来源仍然是实际的食物。如果您觉得通过日常饮食难以达到所需的蛋白质摄入量，可以考虑使用蛋白粉。此外，其他补剂如创造酸和 BCAA（支链氨基酸）可能对某些人有额外的帮助，但并非必需的。

用户：我该如何计划我的一天饮食？

ChatGPT：您可以尝试以下的饮食安排。

• 早餐：燕麦粥搭配水果和坚果，以及一份鸡蛋。

• 午餐：烤鸡胸肉、糙米和丰富的蔬菜沙拉。

• 晚餐：烤鱼搭配烤蔬菜和一份全谷物面包。

• 加餐：低脂奶制品、蛋白棒或奶昔，以及坚果和水果。

用户：我还需要注意其他营养素吗？

ChatGPT：是的，增肌不仅仅是蛋白质的摄入。碳水化合物对于提供训练时的能量非常重要，可以选择全谷类、水果和蔬菜等健康的碳水化合物来源。此外，健康的脂肪，如鱼油、橄榄油和坚果，对于整体健康和激素平衡也是必需的。同时，确保足够的水分摄入和充足的休息，都是支持肌肉生长的重要因素。

用户：了解了，看来我需要调整我的饮食了。还有什么其他建议吗？

ChatGPT：除了饮食之外，适当的锻炼也是增肌的重要部分。确保你的训练计划包括重量训练和足够的恢复时间。此外，监测进展也很重要，如定期记录体重、身体尺寸和力量水平的变化。如果可能，与营养专家或健身教练合作，制订适合你的个性化饮食和训练计划会更有效。

　　增肌的饮食计划应该侧重于高质量的蛋白质、足够的碳水化合物和健康脂肪的平衡摄入。虽然补剂可以提供便利，但最重要的还是均衡和多样化的饮食。建议在进行任何显著的饮食或健身改变前咨询专业的营养师或医生。此外，用户可以进一步探索如何根据个人口味和习惯调整食谱，以及如何在繁忙的生活中维持健康的饮食习惯。

 案例 173　运动伤害预防

运动伤害是进行各种体育活动时常见的问题，尤其是在没有适当预防措施的情况下。对于运动员和健身爱好者来说，了解并实施有效的伤害预防策略是保持健康和持续训练的关键。

扫一扫，看视频

1. ChatGPT 应用逻辑梳理

ChatGPT 提供运动伤害预防指导的应用逻辑如图 3-173 所示。

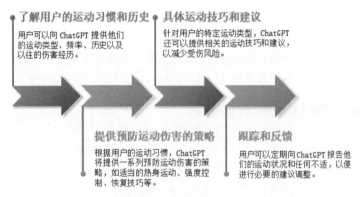

图 3-173　ChatGPT 提供运动伤害预防指导的应用逻辑

2. ChatGPT 对话交互

ChatGPT：

用户：我经常运动，但担心运动伤害。有什么方法可以预防吗？

ChatGPT：确实，预防运动伤害非常重要。首先，进行充分的热身是关键。热身活动应该包括轻松的心肺运动和动态拉伸，以提高肌肉温度和灵活性。

用户：热身多久比较合适？

ChatGPT：一般建议热身 10 到 15 分钟。确保热身涵盖了你即将进行的运动所涉及的主要肌肉群。

用户：除了热身，还有其他方法吗？

ChatGPT：当然，除了热身，还有以下几个重要的方面需要注意。

1. 使用正确的技术和姿势进行运动至关重要。错误的姿势和技巧是运动伤害的常见原因。如果你不确定某个动作的正确执行方法，可以考虑请教专业教练或查看可靠的教学视频。

2. 逐渐增加运动强度和持续时间也很重要。突然增加运动量往往会增加受伤风险。遵循逐步增长原则，如每周增加不超过 10% 的运动量。

用户：还有其他建议吗？

ChatGPT：确保穿着适合你运动的鞋子和服装也很重要。例如，跑步鞋应该提供足够的支撑和缓冲。另外，保持身体的适当水分和营养状态，对于预防肌肉疲劳和受伤也很有帮助。

最后，别忘了充分恢复。运动后的休息和适当的恢复活动，如轻松的散步和拉伸，对于预防过度运动伤害非常重要。如果你感到持续的疼痛或不适，最好咨询医生或物理治疗师。

用户：我也在做力量训练，有什么预防伤害的建议吗？

> ChatGPT：在进行力量训练时，以下几点可以帮助您预防伤害。
>
> 1. 正确的动作执行：确保您了解每个动作的正确技术。初学者最好在专业教练的指导下学习。
>
> 2. 避免过度训练：给身体足够的时间来恢复，避免连续几天针对同一肌肉群的高强度训练。
>
> 3. 使用适当的重量：开始时使用您可以控制的重量，随着力量的提高逐渐增加重量。
>
> 4. 保持身体平衡：确保全身各个部位的肌肉都能得到均衡的训练。

预防运动伤害的关键在于了解并执行适当的运动技巧、避免过度训练、选择合适的装备以及进行充分的恢复。此外，定期进行身体检查和听从身体信号也是非常重要的。为了进一步提升运动效率和安全性，用户可以探索不同运动类型的特定预防策略，以及如何结合营养和休息来支持制订的训练计划。

 案例 174　体育器材选择

选择合适的体育器材对于提高运动效果和预防运动伤害至关重要。不同的运动项目需要不同的器材，而且个人的身体条件和健身目标也会影响器材的选择。

扫一扫，看视频

1. ChatGPT 应用逻辑梳理

ChatGPT 提供体育器材选择指导的应用逻辑如图 3-174 所示。

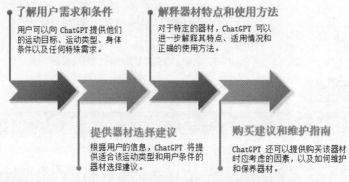

图 3-174　ChatGPT 提供体育器材选择指导的应用逻辑

2. ChatGPT 对话交互

> 用户：我最近开始健身，想买一些家用健身器材，请给我一些建议。
>
> ChatGPT：针对家用健身，以下是一些基本器材的建议。
>
> 1. 哑铃：可调节重量的哑铃适合各种力量训练，适合各种水平的健身者。
>
> 2. 瑜伽垫：用于做瑜伽、普拉提或地板练习，有助于提供舒适的支撑和防滑。
>
> 3. 跳绳：简单有效的有氧运动工具，有助于提高心肺功能和协调性。
>
> 4. 健身球：用于平衡训练和核心肌群的锻炼，还可以作为办公室坐垫，以提高坐姿质量。
>
> 用户：我应该如何选择合适的哑铃重量？
>
> ChatGPT：选择哑铃重量时，应考虑您的当前力量水平和训练目标。一般建议，选择能够在保持良好姿势的情况下，连续做 8 到 12 次举重的重量。随着力量的提高，可以逐渐增加重量。
>
> 用户：瑜伽垫有什么特别需要注意的吗？
>
> ChatGPT：在选择瑜伽垫时，考虑垫子的厚度、材质和抓地力。较厚的垫子（如 6mm）提供更多的缓冲，适合关节敏感的人；较薄的垫子（如 3mm）则提供更好的稳定性，适合平衡练习。确保垫子材质环保且易于清洁。

用户：我想提高我的运动效果，你觉得选择什么样的体育器材比较重要？

ChatGPT：选择合适的体育器材确实对提高运动效果和预防运动伤害都非常重要。首先，你需要考虑你的运动项目。不同的运动项目对器材的需求有很大差异。例如，跑步主要需要一双合脚的跑鞋，而举重则需要合适的哑铃或杠铃。

用户：如果我主要是做一些力量训练和有氧运动，应该怎么选择器材？

ChatGPT：对于力量训练，选择可以调节重量的哑铃或者杠铃，因为它们可以随着你力量的增强进行调整。如果空间和预算允许，多功能训练机也是个不错的选择，它可以提供多种运动方式，适合全身力量训练。

对于有氧运动，跑步机、椭圆机和固定自行车都是家庭健身房常见的设备。它们对于提高心肺功能效果显著，且对关节的冲击相对较小。

用户：我应该怎样根据自己的身体条件选择器材呢？

ChatGPT：根据你的身体条件选择器材时，考虑以下几点很重要：首先，确保器材适合你的身高和体重。例如，选择跑步机时，跑带的长度和宽度应适合你的步幅和身高。其次，如果你有任何已知的健康问题或既往伤病，选择对这些问题友好的器材很重要。例如，有膝盖问题的人可能更适合使用椭圆机，因为它对膝盖的冲击较小。

用户：我还需要考虑其他方面吗？

ChatGPT：除了上述方面，还应考虑器材的质量和耐用性。选择知名品牌的器材通常更可靠。同时，考虑到安全因素，确保器材具有必要的安全特性，如稳定的支撑和紧急停止机制。最后，根据你的健身目标和偏好选择器材，这样才能保证长期的使用和效果。

在购买体育器材前，用户应考虑个人的需求、健身目标以及器材的适用性和质量。此外，定期维护和清洁器材，以保持其最佳状态，也是非常重要的。对于更深入的健身计划和器材使用，用户可以进一步探索不同运动类型的专业器材选择和训练技巧。

案例 175　运动恢复建议

运动恢复是任何运动计划的重要组成部分，它有助于减少受伤风险、提高运动表现以及加速身体从运动中恢复。有效的恢复策略包括适当的伸展、营养补充、充足的休息等。

扫一扫，看视频

1. ChatGPT 应用逻辑梳理

ChatGPT 提供运动恢复建议指导的应用逻辑如图 3-175 所示。

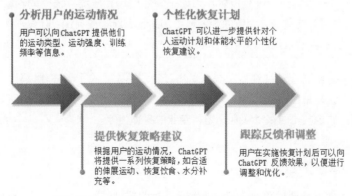

分析用户的运动情况
用户可以向 ChatGPT 提供他们的运动类型、运动强度、训练频率等信息。

个性化恢复计划
ChatGPT 可以进一步提供针对个人运动计划和体能水平的个性化恢复建议。

提供恢复策略建议
根据用户的运动情况，ChatGPT 将提供一系列恢复策略，如合适的伸展运动、恢复饮食、水分补充等。

跟踪反馈和调整
用户在实施恢复计划后可以向 ChatGPT 反馈效果，以便进行调整和优化。

图 3-175　ChatGPT 提供运动恢复建议指导的应用逻辑

2. ChatGPT 对话交互

ChatGPT:

用户：我想知道如何进行有效的运动恢复，你能给我一些建议吗？

ChatGPT：当然可以。有效的运动恢复对于减少受伤风险、提高运动表现以及加速身体恢复非常重要。首先，进行适当的拉伸是一个有效的恢复方法。运动后的拉伸可以帮助放松紧绷的肌肉，提高柔韧性，减少肌肉疼痛。

用户：拉伸应该持续多久？

ChatGPT：通常建议运动后的拉伸每个动作持续 15 到 30 秒，确保涵盖所有主要肌肉群。注意拉伸时应该感到舒适的拉伸感，而非疼痛。

用户：除了拉伸，还有其他恢复方法吗？

ChatGPT：是的，还有几种其他有效的恢复方法。例如，使用泡沫轴进行自我按摩。这可以帮助缓解肌肉紧张，促进血液循环，加速废物的排出。

此外，适当的水分和营养补充也至关重要。运动后及时补充水分和电解质，以及摄入适量的蛋白质和碳水化合物，有助于肌肉修复和能量恢复。

用户：我应该如何安排恢复时间？

ChatGPT：恢复时间的安排取决于运动的强度和类型。一般来说，高强度或长时间的运动后需要更长的恢复时间。作为一般规则，确保在连续的高强度训练之间至少有 24 到 48 小时的恢复时间。此外，保证充足的睡眠也是恢复的关键部分，因为大部分的身体恢复都是在睡眠时进行的。

用户：我还听说有一些特殊的恢复技术，如冷疗或热疗，这些有效吗？

ChatGPT：是的，冷疗和热疗是两种常用的恢复技术，它们各有不同的作用。冷疗，如冰敷或冷水浴，可以在高强度训练后减少肌肉炎症和肌肉疼痛。它通过减少血液流动和代谢活动来减轻肿胀和疼痛。

用户：那热疗呢？

ChatGPT：热疗，如热水浴或暖水袋，可以帮助放松紧张的肌肉，提高血液循环。它特别适用于恢复日或在活动前的肌肉放松。热疗通过增加血液流动和代谢活动促进肌肉的灵活性和恢复。

用户：我应该如何选择使用冷疗还是热疗？

ChatGPT：这取决于你的具体情况和需求。一般来说，如果是刚进行过高强度的训练，感到肌肉酸痛或有轻微的肌肉损伤，冷疗可能更适合。如果你的目标是放松肌肉，提高灵活性，或者在运动前做准备，热疗可能更有帮助。

用户：还有其他恢复技术吗？

ChatGPT：还有一些其他的恢复技术，如动态恢复活动和压缩疗法。动态恢复活动，如轻松的散步或缓慢骑行，可以帮助身体促进血液循环，加速代谢废物的排出。压缩服装或压缩袜可以帮助减少肌肉疼痛和肿胀，通过提高血液循环来加速恢复。

有效的运动恢复是维持运动持续性和减少受伤风险的关键。除了上述建议外，倾听身体的反应，适时调整训练强度和恢复策略也是非常重要的。对于进一步提升恢复效果，用户可以探索更多个性化的恢复技巧和策略，如定制化的恢复饮食计划和专业的身体治疗。

案例 176　运动动力激励 ⋯⋯⋯⋯⋯⋯⋯⋯⋯⋯⋯⋯⋯⋯⋯⋯⋯⋯⋯⋯⋯⋯⋯⋯⋯

运动动力激励是保持长期运动习惯和达成健身目标的关键因素。很多人在开始运动时充满热情，但随着时间的推移可能会失去动力，因此找到持续激励自己的方法非常重要。

1. ChatGPT 应用逻辑梳理

ChatGPT 提供运动动力激励方案的应用逻辑如图 3-176 所示。

扫一扫，看视频

了解用户的运动目标和挑战
用户可以向 ChatGPT 提供他们的运动目标、目前的运动习惯、遇到的挑战等信息。

建议实用的技巧和工具
ChatGPT 还可以推荐一些实用的技巧和工具，如使用运动应用追踪进度、参与挑战赛等。

提供动力激励策略
根据用户的情况，ChatGPT 将提供激励策略，如设定具体目标、寻找运动伙伴、参加运动团体等。

心理建设和自我激励
提供心理建设和自我激励的建议，如正面思考、自我奖励等。

图 3-176　ChatGPT 提供运动动力激励方案的应用逻辑

2. ChatGPT 对话交互

⑤ ChatGPT：

用户：我开始健身时很有动力，但现在感觉越来越难以坚持。有什么方法可以帮助我保持动力吗？

ChatGPT：保持运动的动力确实是一个挑战，但有几个策略可以帮助你重新点燃和保持这种激励。首先，设定具体且可实现的目标非常重要。这些目标可以是短期的，如每周运动四次，也可以是长期的，如跑完一场半程马拉松。目标可以帮助你保持专注和动力。

用户：设定目标之后，还有其他方法吗？

ChatGPT：当然。

第一，记录你的进步也是保持动力的一个好方法。无论是通过健身应用、训练日志还是简单的笔记，记录下你的训练情况和身体变化可以让你看到自己的成长，从而激发动力。

第二，找到运动的乐趣也很重要。尝试不同的运动类型，如团体运动、户外活动或新的健身课程，可以让运动变得更有趣，减少单调感。

用户：这些方法听起来很有用，还有别的吗？

ChatGPT：还有一点，就是建立一个支持性的社交网络。无论是与朋友一起锻炼，加入健身社群，还是参加运动课程，有伙伴的支持可以大大提高你的运动动力。此外，给自己一些正面的激励，如达成一定目标后给自己一些奖励，也是一个有效的策略。

用户：我还听说心态在保持运动动力中也很重要，你能谈谈这方面吗？

ChatGPT：当然，心态在保持运动动力方面确实非常重要。保持积极和现实的心态有助于你面对挑战和逆境。首先，接受进步需要时间，并且每个人的进步速度不同。不要过分拿自己和他人比较，而是专注于自己的旅程和成就。

用户：在面对挫折时应该怎么做呢？

ChatGPT：面对挫折时，重要的是要保持乐观和耐心。每个人在健身旅程中都可能遇到困难时期，关键是学会从这些经历中吸取教训并继续前进。当你感到挫败或动力不足时，试着回想开始锻炼时的原因，以及你已经取得的成就。

用户：有没有什么方法可以帮助我保持积极的心态？

ChatGPT：有几种方法可以帮助你保持积极的心态。一种方法是通过正面自我对话和肯定。当面对挑战时，用积极的语言鼓励自己，而不是批评。另外，保持感激的态度也很有帮助。每天花时间感谢你的身体所做的努力和你已经实现的目标的成就感。

用户：这听起来对保持动力很有帮助。

ChatGPT：确实如此。保持积极的心态可以让运动之旅更加愉快和有成效。还有，不要忘记庆祝每一个小成就，无论多么微小。每个小进步都是朝着你的目标迈进的一步。

保持运动动力需要结合个人偏好、目标设定和适当的激励策略。每个人的动力来源不同，找到适合自己的方法至关重要。此外，保持积极的心态、定期评估和调整目标以及享受运动本身的乐趣，也是保持长期运动习惯的关键。对于进一步提高运动积极性，用户可以探索运动与其他生活乐趣的结合方式，如户外运动与旅行结合等。

3.22　婚　礼　规　划

在婚礼规划领域，ChatGPT 的应用为新人和婚礼策划师提供了强大的支持，使婚礼筹备过程变得更加便捷、个性化和有趣。本节旨在探讨 ChatGPT 在婚礼规划中的作用与意义，以及它如何帮助新人实现梦想中的婚礼。

首先，ChatGPT 可以作为婚礼规划的个性化顾问。通过与新人的互动对话，ChatGPT 能够了解新人的婚礼偏好、风格选择和预算限制，进而提供量身定制的婚礼规划建议。这包括场地选择、婚礼主题设计、色彩搭配、婚礼流程安排等方面的建议，帮助新人打造独特而难忘的婚礼体验。

其次，ChatGPT 在婚礼供应商的选择和协调工作中也展现出巨大的潜力。它可以提供婚礼服务供应商的推荐列表，包括婚庆公司、摄影师、化妆师、餐饮服务等，并根据新人的评价和偏好进行筛选。此外，ChatGPT 还能够协助新人与供应商进行初步的沟通，提高沟通效率。

最后，ChatGPT 在婚礼细节管理和问题解决方面也能提供有效的帮助。面对婚礼筹备过程中的各种疑问和突发状况，新人可以随时向 ChatGPT 咨询，以获取实用的建议和解决方案，从而减轻筹备婚礼的压力。

案例 177　婚礼预算规划

扫一扫，看视频

婚礼预算规划是许多准新人面临的一项重要挑战。合理规划婚礼预算不仅能确保婚礼顺利进行，还能避免不必要的财务压力。在这个案例中，我们将探讨如何利用 ChatGPT 来帮助用户规划婚礼预算，确保婚礼筹备过程中既实现梦想又控制开销。对于大多数人来说，婚礼非常重要且意义非凡。然而，婚礼的筹备往往伴随着巨大的经济负担。从场地租赁、装饰布置、婚纱礼服到摄影摄像，每一项都可能涉及显著的开销。此外，许多准新人在婚礼筹备过程中可能会因为缺乏经验而在预算规划上出现问题，导致最终开销远超预期。

1. ChatGPT 应用逻辑梳理

ChatGPT 提供婚礼预算规划指导的应用逻辑如图 3-177 所示。

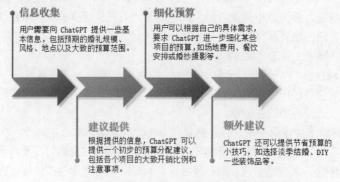

图 3-177　ChatGPT 提供婚礼预算规划指导的应用逻辑

2. ChatGPT 对话交互

ChatGPT：

Emily：嗨，ChatGPT，我最近在筹备婚礼，感觉要处理的事情真的好多。我现在最头疼的是如何制定一个合理的婚礼预算，你能帮我吗？

ChatGPT：当然可以，Emily。首先，恭喜你即将迎来人生的大日子！婚礼预算的制定确实很重要，它会影响婚礼的方方面面。我们可以从婚礼场地、餐饮、摄影和摄像、婚纱礼服、装饰、音乐和娱乐等主要的开支项开始讨论。你有没有想过这些方面的大概预算是多少，或者你们总共愿意为婚礼花费多少？

Emily：我们大概想控制在 2 万美元以内。我知道婚礼场地和餐饮可能是最大的开销，但具体应该怎么分配，我还没什么头绪。

ChatGPT：好的，2 万美元是一个很好的起点。一般来说，婚礼场地和餐饮会占总预算的 40% ～ 50%。如果按照最高比例计算，这部分预算大约是 8000 ～ 10000 美元。剩余的预算可以分配给摄影和摄像、婚纱礼服、装饰和音乐等其他项目。你们计划邀请多少位宾客？这个数字也会直接影响餐饮和场地的选择及其成本。

Emily：我们打算邀请大约 100 位宾客。我还想问，除了这些主要开销，还有什么容易被忽视但实际上也需要预算的吗？

ChatGPT：邀请 100 位宾客是比较常见的规模，这样的话，确实需要一个能够容纳这么多人的场地，同时也要考虑相应规模的餐饮服务。除了前面提到的主要开销项，还有一些容易被忽视的细节，如请柬、婚礼小礼物、新郎新娘的交通安排、试妆和试发型的费用、婚礼当天的协调人员费用等。这些加起来可能也需要占到总预算的 10% ～ 15%。建议你列一个详细的清单，并为每一项设置一个预算范围，这样可以帮助你更好地控制总预算。

Emily：看来我需要做更多的细致规划。关于婚纱和礼服，你有什么建议吗？我想要一件特别的婚纱，但又担心花费太多。

ChatGPT：婚纱是婚礼中非常重要的一部分，很多新娘都希望能有一件特别的婚纱。如果预算有限，你可以考虑以下几个方面来节省成本：①选择性价比高的品牌或设计师；②考虑租借婚纱而不是购买；③在婚纱店寻找样品销售或二手婚纱；④定制一件简单但优雅的婚纱，而不是选择复杂的设计和装饰。此外，还可以关注一些婚纱折扣活动，有时候可以以更优惠的价格购买到心仪的婚纱。

Emily：这些建议很有帮助，谢谢你！我还想了解下，如果我们想要一个室外婚礼，需要特别注意些什么呢？

ChatGPT：室外婚礼确实有它独特的魅力，但也伴随着一些额外的考虑因素。首先，天气是最大的不确定因素，建议你准备一个备选方案，如可以迅速搭建的帐篷，以防天气突变。其次，考虑到宾客的舒适度，需要准备足够的座椅和遮阳或避雨的设施，还要注意地面是否平坦，以避免宾客穿着正装鞋行走时不便。此外，室外场地可能需要额外的装饰，以及音响和照明设备的租赁。最后，别忘了检查是否需要特别的许可证，特别是在公共场所举办婚礼时。

　　使用 ChatGPT 来规划婚礼预算是一个高效且实用的方法。它可以提供初步的预算分配建议、细化特定项目的预算，并提供节省预算的小技巧。需要注意的是，ChatGPT 提供的建议仅仅基于通用数据和经验，与每对新人的具体需求和情况可能有所不同。因此，使用 ChatGPT 时，用户应将其作为参考，并结合自己的实际情况作出决策。此外，用户可以利用 ChatGPT 来模拟与婚礼供应商的沟通，为实际的谈判和决策提供练习和准备。

扫一扫，看视频

案例 178　婚礼场地选择

　　婚礼场地选择是婚礼筹备中的一个重要环节，它将直接影响婚礼的氛围和效果。用户面临的挑战是如何在众多场地选项中找到最适合自己需求的地点。这个过程中需要考虑的因素包括场地的容量、地理位置、风格、预算以及是否提供额外服务等。

1. ChatGPT 应用逻辑梳理

　　ChatGPT 提供婚礼场地选择指导的应用逻辑如图 3-178 所示。

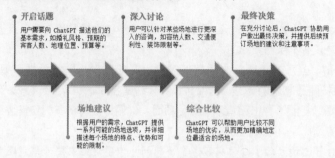

图 3-178　ChatGPT 提供婚礼场地选择指导的应用逻辑

2. ChatGPT 对话交互

ChatGPT:

　　用户：我正在筹划我的婚礼，希望能找一个既浪漫又实惠的场地。我们打算邀请大约100位宾客，预算大概在 2 万美元。你有什么好建议吗？

　　ChatGPT：考虑到您的需求，我会建议您考虑以下几种类型的婚礼场地。

　　1. 户外花园：这种场地通常具有自然美和宽敞的空间，非常适合浪漫主题的婚礼。它们通常比室内场地更具有成本效益。

　　2. 艺术画廊或博物馆：这些场地提供独特的文化氛围，特别适合小型、精致的婚礼。

　　3. 乡村俱乐部或高尔夫球场：这些场地通常包括室内和室外空间，可以根据天气情况灵活使用。

　　4. 酒店宴会厅：虽然可能成本较高，但酒店宴会厅提供全面的服务，包括餐饮、装饰和住宿，可以减少您的筹备负担。

　　在这个预算下，您可能需要考虑场地的可用日期、装饰和布置的灵活性，以及是否包含额外费用，如餐饮服务、音响设备等。您可以根据宾客人数和个人喜好来确定场地的大小和风格。

　　用户：我很喜欢户外花园的想法，但是我担心天气问题。你有什么建议吗？

　　ChatGPT：选择户外花园作为婚礼场地确实需要考虑天气因素。您可以考虑以下几个方面。

　　1. 选择合适的季节：选择一个通常天气稳定的季节举行婚礼，如晚春或早秋。

　　2. 备用方案：与场地方协商，看看是否有室内空间可以在恶劣天气下使用，或者是否可以搭建帐篷作为备选。

　　3. 适当的装饰：选择适合户外的装饰物，如坚固的花卉安排和重型装饰品，以防风吹动。

　　4. 通知宾客：在邀请函中告知宾客可能的户外环境，让他们做好相应的准备，如携带太阳镜或雨具。

　　通过这些措施，您可以最大限度地减少天气带来的影响，并确保婚礼顺利进行。

　　用户：如果我选择了户外花园，我应该怎样布置才能让它看起来既浪漫又不过分奢华呢？

　　ChatGPT：为了在户外花园中创造一个既浪漫又不过分奢华的氛围，您可以考虑以下几个方面。

　　1. 自然风格的装饰：利用现有的自然景观，如树木、花丛等，作为装饰的一部分。例如，使用彩灯或纱帐在树间创造温馨氛围。

2. 色彩搭配：选择柔和或大地色调的色彩搭配，这些颜色与户外环境相辅相成，显得优雅而不过分张扬。

3. 简约花卉设计：选择当地季节性花卉作为装饰，既美观又节省成本。您可以考虑低矮的花卉中心装饰，以不遮挡视线为原则。

4. 节能照明：使用太阳能或 LED 灯作为照明，这不仅环保，也增添了一份温馨感。

通过巧妙地利用自然元素和恰到好处的装饰，您的婚礼会在不破坏自然美感的同时展现出浪漫和优雅。

用户：关于餐饮服务，我应该怎么选择呢？

ChatGPT：餐饮服务是婚礼中非常重要的一部分，您可以考虑以下几点。

1. 餐饮风格：根据您的婚礼风格和宾客偏好选择合适的餐饮服务。例如，户外花园婚礼可以选择轻松的自助餐或户外烧烤。

2. 考虑宾客需求：考虑到宾客的饮食限制和偏好，提供素食、儿童友好和特殊饮食需求的选项。

3. 与场地协调：确认场地是否提供餐饮服务或是否允许外部餐饮进入。如果场地提供餐饮服务，询问是否有菜单选择和食物试吃的机会。

4. 预算管理：明确餐饮成本，并与总预算相匹配。注意隐性费用，如服务费、税费等。

合理的餐饮服务选择不仅能满足宾客的口味，也能在您的预算内提供高质量的服务。

使用 ChatGPT 作为婚礼场地选择的辅助工具时，首先，用户需要清晰地向 ChatGPT 表达个人的需求和限制，如预算、宾客人数、风格偏好等。虽然 ChatGPT 可以提供丰富的建议和信息，但实际选择时还需考虑现实因素，如场地的实际可用性、地理位置等。其次，ChatGPT 提供的建议需要根据用户的个人喜好和具体情况进行调整和定制。最后，对于 ChatGPT 提供的信息，建议用户进行进一步的验证和跟进，如实地考察场地、与服务提供商沟通等。

针对这个案例，用户可以进一步探索使用 ChatGPT 进行婚礼筹划的其他方面，如婚礼策划时间线、宾客管理、预算规划等，以全面利用 ChatGPT 在婚礼筹划中的优势。

案例 179　婚礼筹备清单

婚礼筹备是一个复杂而细致的过程，涉及众多细节和安排。用户需要考虑的事项包括场地预订、宾客邀请、装饰布置、餐饮服务、摄影摄像、婚纱礼服选择、婚礼流程安排等。有效的婚礼筹备清单能帮助用户有序地进行婚礼筹划，确保每一个重要环节都得到妥善处理。

扫一扫，看视频

1. ChatGPT 应用逻辑梳理

ChatGPT 提供婚礼筹备清单指导的应用逻辑如图 3-179 所示。

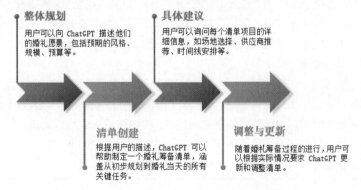

图 3-179　ChatGPT 提供婚礼筹备清单指导的应用逻辑

2. ChatGPT 对话交互

🕓 ChatGPT:

新人：你好，我和未婚夫都在中国，准备在国内举行婚礼。我们工作很忙，对婚礼筹备不太熟悉，能否帮我们列一个婚礼筹备清单？

ChatGPT：当然可以，婚礼筹备涉及很多方面。首先，选择婚礼的日期和预算是最基本的步骤。一般来说，你们可能会希望选择一个吉利的日子。在中国，很多人会参考农历或咨询专业人士来挑选一个好日子。预算的设定应该包括婚礼场地、餐饮、服装、摄影摄像等各个方面的费用。

婚礼场地的选择也很关键。你们可能会考虑在酒店或者专业的婚礼宴会厅举行。要考虑到宾客的人数，确保场地足够大。此外，场地的地理位置、交通便利性、停车情况都是需要考虑的因素。场地的装饰风格也很重要。例如，一些人喜欢传统风格，而有些人则可能偏好现代简约风。

在中国，婚礼请柬通常采用红色为主色调，寓意喜庆吉祥。请柬的设计可以体现你们的个性和婚礼的整体风格。宾客名单的制定也很重要，这直接关系到婚礼的规模和预算。

餐饮安排是婚礼的重要组成部分。传统的中式宴席通常包括多道菜肴，每道菜都有特别的寓意。例如，一般会有一道鱼菜，代表"年年有余"。你们可以根据自己和家庭的口味偏好来定制菜单。此外，酒水的选择也很重要，白酒、红酒、啤酒和软饮都是常见的选择。

婚礼服装的选择也是一个重要环节。在中国，新娘通常会选择一件西式的婚纱和一件中式的嫁衣。新郎的西装和中式服装也需要提前准备。在服装的选择上，可以根据个人的喜好和婚礼的风格来决定。

婚礼摄影和摄像是记录这一生命中重要时刻的关键。选择一位经验丰富的摄影师和摄像师非常重要。除了婚礼当天的拍摄，很多新人还会选择在婚礼前进行一次婚纱摄影。

婚礼流程的安排也需要细心规划。中国传统婚礼通常包括接亲、迎宾、仪式、宴席等环节。每个环节的时间、顺序和具体内容都需要提前计划好。

新娘的美容准备也很重要，包括头发造型、化妆和美甲。这些都需要提前预约专业人士来完成。

在婚礼当天，还有很多细节需要注意。例如，安排好接待宾客的人员，确保婚礼当天的一切按照计划进行。还有，准备一些小礼物或红包给帮忙的朋友和亲戚，以及服务于婚礼的工作人员。

新人：我们应该如何挑选婚礼日期？

ChatGPT：挑选婚礼日期时，可以参考农历，选择一个吉利的日子。很多人会避开农历的鬼月和一些传统上认为不吉利的日期。此外，要考虑到双方父母的意见，以及重要宾客的时间安排。现在，很多年轻人更注重个人喜好和实际情况，如选择周末或者特别有意义的日子。

新人：在选择婚礼场地时，还有哪些方面需要考虑？

ChatGPT：除了场地大小、地理位置、交通和风格外，还要考虑场地提供的服务和设施。例如，有无提供婚礼布置、音响照明设备、宴会厅的布局等。还要了解场地的预订政策、取消政策和费用结算方式。另外，考虑场地是否提供食物和饮料服务，或者是否允许外聘餐饮服务。

新人：我们该如何处理餐饮安排？

ChatGPT：在处理餐饮安排时，首先要根据宾客人数估算食物和饮料的数量。考虑到宾客的不同饮食习惯和偏好，如是否有素食者或对某些食物过敏的人。与餐饮服务提供商详细讨论菜单选项，确保菜肴的质量和味道。除了正式的宴席，还可以考虑设置小吃或自助餐区，为宾客提供更多选择。此外，要安排足够的服务人员，确保宾客在用餐时得到妥善照顾。

新人：关于婚礼服装，你有什么建议吗？

ChatGPT：在选择婚礼服装时，最重要的是体现新人的个性和整体婚礼的风格。新娘可以选择传统的中式嫁衣和西式婚纱，可以考虑在仪式上穿着中式嫁衣，宴会上换成西式婚纱。新郎的服装选择也是如此，可以在不同环节穿着西装和中山装或马褂。在选择服装时，也要考虑季节和天气因素，确保舒适度。

新人：婚礼流程有哪些特别的环节需要注意？

ChatGPT：在婚礼流程的安排上，接亲是一个重要环节，新郎通常会去新娘家接新娘。这个过程中，可以设计一些有趣的小游戏和挑战。仪式部分通常包括交换戒指、宣读誓词等。宴会上，新人敬酒是传统的环节，新人需要向每一桌的宾客敬酒。还可以安排一些文艺表演或者游戏互动，增加婚礼的趣味性。此外，还有切蛋糕和抛捧花等西式婚礼的环节。整个流程的时间安排要合理，确保每个环节都能顺利进行。

新人：对新娘的美容准备有什么建议？

ChatGPT：新娘的美容准备应该提前规划。建议提前几个月开始皮肤护理，确保婚礼当天肌肤状态良好。头发造型和化妆要提前与专业人士沟通，确定适合自己的风格。试妆是非常必要的，可以确保婚礼当天的妆容完美。美甲也是不可忽视的细节，可以选择与婚礼主题相协调的颜色和设计。此外，保持良好的休息和饮食习惯，以保持最佳状态。

新人：婚礼当天我们应该注意些什么？

ChatGPT：婚礼当天，主要是确保一切按计划进行。建议有一个负责协调的人，如婚礼策划师或可靠的朋友，来确保每个环节的顺利进行。在婚礼开始前，检查一遍所有的安排，如场地布置、音响设备、餐饮服务等。确保通信畅通，以便及时处理任何突发情况。除此之外，保持轻松的心情，享受你们的特别时刻。婚礼是你们爱情的庆典，尽量不要让小问题影响你们的心情。

在使用 ChatGPT 筹备婚礼清单时，虽然 ChatGPT 可以提供丰富的建议，但是最终决策需要结合实际情况，如预算、宾客人数和个人偏好。随着筹备的进展，用户需要根据新的情况或需求调整原有计划。对于场地和供应商，建议进行实地考察和直接沟通，以确保一切符合预期。

 案例 180　新娘化妆指南

新娘的妆容显然是整个场面中的焦点之一。它不仅需要与新娘的个人风格相契合，还要与整个婚礼的氛围和主题相协调。在婚礼当天，妆容选择至关重要。新娘应该根据自己的偏好以及婚礼的风格来选择合适的妆容，可能是自然清新的妆容，也可能是浓郁闪耀的妆容，或者其他更符合个人喜好的风格。

扫一扫，看视频

除了妆容的选择外，持久性也是一个需要考虑的因素。毕竟，新娘需要保持整个婚礼期间的美丽。因此，选择高品质的化妆品和进行充分的肌肤护理非常关键。这有助于确保妆容能够持久地保持在脸上，不会因为时间的推移而褪色或脱妆。

此外，新娘的妆容还应与选择的婚纱款式相协调。妆容和婚纱应该是相辅相成的，共同营造出整体的美感。同时，妆容还应与婚礼主题相契合。无论是传统的、浪漫的、现代的，还是其他风格，新娘的妆容都应该在视觉上与婚礼的主题相呼应，以营造出一种和谐统一的氛围。

1. ChatGPT 应用逻辑梳理

ChatGPT 提供新娘化妆指南指导的应用逻辑如图 3-180 所示。

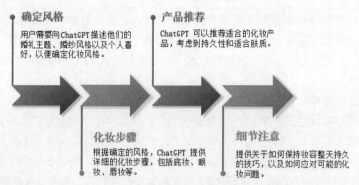

确定风格
用户需要向 ChatGPT 描述他们的婚礼主题、婚纱风格以及个人喜好，以便确定化妆风格。

产品推荐
ChatGPT 可以推荐适合的化妆产品，考虑到持久性和适合肤质。

化妆步骤
根据确定的风格，ChatGPT 提供详细的化妆步骤，包括底妆、眼妆、唇妆等。

细节注意
提供关于如何保持妆容整天持久的技巧，以及如何应对可能的化妆问题。

图 3-180　ChatGPT 提供新娘化妆指南指导的应用逻辑

2. ChatGPT 对话交互

ChatGPT：

新娘：我对婚礼当天的妆容很担心。我不知道该如何选择合适的化妆风格，还有怎么确保妆容整天持久。

ChatGPT：我理解你的担忧。首先，选择妆容风格时，要考虑你的个人喜好、婚礼的主题和婚纱的风格。例如，如果你的婚纱是传统风格，可以选择一种更经典和优雅的妆容。如果是户外或海滩婚礼，可能适合轻松自然的妆容。关于妆容持久，使用质量好的化妆品很重要，如防水型的眼线笔和睫毛膏。定妆粉和定妆喷雾也会帮助妆容保持更久。

新娘：我平时很少化妆，不太确定什么样的妆容适合我。

ChatGPT：如果你不经常化妆，可能会更倾向于自然妆容。可以让化妆师做一个轻盈透明的底妆，突出你的自然美。眼妆和唇色也可以保持简单自然。试妆时，可以尝试不同的风格，看哪种最适合你。

新娘：试妆是在婚礼前多久进行比较好？

ChatGPT：一般建议在婚礼前一个月左右进行试妆。这样既有足够的时间进行调整，也能确保你在婚礼当天对妆容完全满意。

新娘：我应该如何与化妆师沟通以确保满意的结果？

ChatGPT：和化妆师沟通时，清晰表达你的喜好很重要。可以提前准备一些你喜欢的妆容图片，包括眼妆、唇色和整体风格的示例。告诉化妆师你的婚纱款式和婚礼主题，以便他们更好地理解你的需求。试妆时，不要害怕提出你的想法，如对颜色的偏好或对妆感的感受。

新娘：婚礼当天的补妆怎么办？

ChatGPT：婚礼当天，建议准备一个小化妆包，包括吸油纸、补妆用的粉底或蜜粉、口红和腮红。可以让伴娘帮你随身携带，以便随时进行小修补。如果你的婚礼有专业的化妆师全程在场，也可以和他们商量好补妆的安排。

新娘：如果婚礼当天紧张出汗怎么办？

ChatGPT：出汗是很正常的，特别是在紧张和活动较多的情况下。使用吸油纸轻轻按压脸部，可以帮助去除额外的油光和汗水，而不会破坏妆容。此外，定妆喷雾也是一个好选择，它可以帮助妆容更加持久。

新娘：我担心婚礼当天会有很多不可预见的情况，这让我有些紧张。

ChatGPT：这是很正常的。婚礼当天确实可能会有一些小意外，但重要的是保持冷静和有条不紊。信任你的团队，如婚礼策划师、摄影师和化妆师。他们都是专业人士，能够帮你应对各种情况。

最重要的是，尽量放松，享受你的大日子。

　　新娘：有什么方法可以在婚礼前放松心情？

　　ChatGPT：婚礼前尽量保持平常的生活节奏，避免过度压力。可以尝试一些放松活动，如瑜伽、冥想或轻松的散步。确保有足够的休息，保持健康的饮食习惯。另外，和家人、朋友或伴娘分享你的感受，好的社交支持可以大大减轻压力。

　　新娘：谢谢你的建议，我感觉好多了。还有其他需要注意的吗？

　　ChatGPT：最后的建议是，在婚礼当天早上，给自己足够的时间准备。和伴娘或家人一起享受准备过程，记住这是值得庆祝的特别时刻。保持积极乐观的态度，让你的自信和幸福成为最美的装饰。祝你婚礼顺利，拥有一个难忘的美好回忆！

　　在使用 ChatGPT 进行新娘化妆指导时，用户需要明确个人肤质、婚礼风格和个人喜好，以便获得更适合的化妆建议。根据肤质和需要选择合适的化妆品，特别是在持久性和舒适度方面。如果用户自己动手化妆，建议婚礼前进行几次练习，确保在婚礼当天能够游刃有余。考虑到婚礼的重要性，如果有条件，建议咨询专业化妆师的建议。

　　在这个案例中，用户可以进一步使用 ChatGPT 来了解关于婚礼当天的皮肤护理、应对紧急情况的化妆技巧等，以全面提升用户自己的婚礼化妆体验。

 案例 181　婚礼摄影建议

　　婚礼摄影是捕捉和记录婚礼中最珍贵时刻的重要方式。它不仅涉及技术层面，如摄影技巧和设备选择，还包括艺术层面，如构图、光线运用和情感表达。婚礼摄影的挑战包括如何选择合适的摄影师、如何做到摄影风格与婚礼主题相协调，以及如何确保婚礼中重要瞬间的完美捕捉。

扫一扫，看视频

1. ChatGPT 应用逻辑梳理

　　ChatGPT 提供婚礼摄影建议指导的应用逻辑如图 3-181 所示。

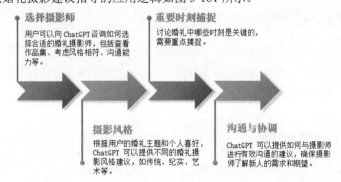

图 3-181　ChatGPT 提供婚礼摄影建议指导的应用逻辑

2. ChatGPT 对话交互

　　ChatGPT：

　　新人：我们在考虑婚礼摄影的问题，想知道如何选择合适的摄影师，以及如何确保摄影风格和婚礼主题相协调。

　　ChatGPT：婚礼摄影是非常重要的，它捕捉你们大日子的珍贵瞬间。在选择摄影师时，首先看他们过往的作品集，这能帮助你了解他们的风格是否符合你的喜好。查看他们拍摄过的婚礼照片，注意构图、光线运用和情感表达等方面。其次，与摄影师进行面对面的交流也很重要，这样你们可以讨论你们的期望、婚礼流程和特别想捕捉的瞬间。此外，确保他们有备用的设备，以防万一。

新人：我们应该怎样和摄影师沟通我们的需求？

ChatGPT：与摄影师沟通时，清楚地表达你们的期望很重要。告诉他们你们的婚礼主题、场地和大致流程。讨论你们希望重点捕捉的时刻，如仪式中的交换戒指、入场、首次舞蹈等。如果有特殊的摄影需求或想要的特定风格，也要提前说明。此外，询问摄影师关于婚礼当天的工作流程。例如，他们会如何在不同的场景和时刻中工作。

新人：摄影师在婚礼当天一般怎么工作？

ChatGPT：婚礼当天，摄影师通常会提前到达，熟悉场地并计划拍摄位置。他们会在整个婚礼中捕捉关键时刻，包括仪式、宴会和其他特别的环节。专业的摄影师会在不显眼的位置捕捉自然的瞬间，同时也会指导一些特别的摆拍。他们会努力捕捉婚礼的情感和细节，以记录这一天的故事。

新人：如果天气不好或其他意外情况发生，摄影师会怎么应对？

ChatGPT：专业的摄影师通常能够应对各种情况。例如，如果天气不佳，他们会利用不同的光线和背景，创造出独特的照片。如果室内光线较暗，他们会使用适当的摄影设备来确保图片质量。此外，一些意外情况，如小插曲或突发事件，往往也能成为珍贵的回忆和独特的照片。

新人：摄影师一般多久能交付婚礼照片？

ChatGPT：这取决于摄影师和他们的工作流程。一般来说，摄影师会在婚礼后几周内提供一些精选照片，但完整的相册可能需要更长时间。一般情况下，交付时间可能从几周到几个月不等。在签合同时，可以和摄影师确认具体的交付时间。

新人：我们还需要为摄影师准备些什么吗？

ChatGPT：通常，为摄影师提供婚礼当天的时间表和重要联系人信息是个好主意。这样他们就可以提前规划他们的工作流程。如果你们有特别的摄影需求或想要的特定照片，最好提前告知。此外，确保摄影师在婚礼当天有足够的时间休息和进食，这样他们可以保持最佳状态。

新人：谢谢你的建议，这对我们帮助很大。

ChatGPT：不客气！婚礼摄影是记录你们美好时刻的重要方式，希望你们能找到理想的摄影师，留下珍贵的回忆。祝婚礼顺利！

在使用 ChatGPT 寻求婚礼摄影建议时，用户需要注意选择与自己风格和预算相符的摄影师，并及早与摄影师沟通，确保有足够的时间准备和协调。同时，用户需要清晰地向摄影师表达自己的期望和特别需求，并在婚礼当天保持灵活，充分相信摄影师的专业能力。

案例 182 婚宴菜单策划

扫一扫，看视频

婚宴是婚礼中非常重要的部分，它不仅是对宾客的款待，也体现了新人对这一重要时刻的重视。婚宴菜单的策划涉及菜品选择、风味考量、文化意义以及预算管理等方面。婚宴菜单策划的挑战在于如何平衡传统与现代元素，确保菜品既能满足宾客的口味，又能体现婚礼的独特性。

1. ChatGPT 应用逻辑梳理

ChatGPT 提供策划婚宴菜单方案的应用逻辑如图 3-182 所示。

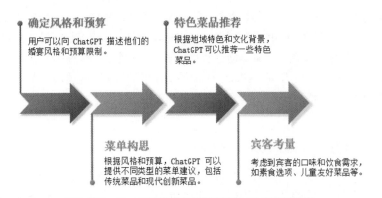

确定风格和预算
用户可以向 ChatGPT 描述他们的婚宴风格和预算限制。

特色菜品推荐
根据地域特色和文化背景，ChatGPT 可以推荐一些特色菜品。

菜单构思
根据风格和预算，ChatGPT 可以提供不同类型的菜单建议，包括传统菜品和现代创新菜品。

宾客考量
考虑到宾客的口味和饮食需求，如素食选项、儿童友好菜品等。

图 3-182 ChatGPT 提供策划婚宴菜单方案的应用逻辑

2. ChatGPT 对话交互

ChatGPT:

新人：我们在筹划婚宴，想确保菜单既符合中国传统又有现代元素。我们应该怎么平衡这两方面？

ChatGPT：策划婚宴菜单时，首先可以考虑一些传统菜肴，这些通常在中国婚礼中非常受欢迎，如烧鸭、红烧肉或清蒸鱼等。这些菜不仅美味，还富含文化意义。例如，鱼代表着"年年有余"。还可以加入一些现代或创新的元素，如融合西式的烹饪方法或者添加一些国际菜式。

新人：我们应该如何考虑宾客的不同口味和饮食习惯？

ChatGPT：在考虑宾客的口味和饮食习惯时，可以准备多样化的菜单。菜单包括一些清淡的菜肴，如蔬菜和海鲜，以及一些较重口味的菜肴，如红烧肉或辣味菜品。如果知道有宾客有特殊的饮食限制，如素食或对某些食物过敏，可以事先准备相应的菜品。

新人：我们怎样才能确保菜单中的每道菜都符合我们的预算？

ChatGPT：管理预算时，建议首先确定你们的总预算，然后根据宾客数量分配到每位宾客的餐饮费用。与餐饮服务提供商密切沟通，了解不同菜品的价格，选择性价比高的菜肴。也可以考虑减少一些昂贵的海鲜或特色菜肴的数量，以控制成本。

新人：如果我们想在婚宴上加入一些特别的菜肴来突出婚礼的独特性，你有什么建议吗？

ChatGPT：为了突出婚礼的独特性，你们可以考虑加入一些具有特殊意义的菜肴。例如，如果你们有特别的故事或爱好，可以尝试将这些元素融入菜品中，如特定的风味或装饰，也可以考虑添加一些少见但具特色的菜品，为宾客提供独特的美食体验。

新人：我们还应该怎样考虑菜单的文化意义？

ChatGPT：在考虑菜单的文化意义时，可以选择一些具有吉祥寓意的菜肴。在中国文化中，某些食物象征着好运、健康或富裕。例如，鱼代表着富足，龙虾代表着生机勃勃。此外，菜品的命名也很重要，可以用一些吉祥的词语来命名，增加喜庆的气氛。

新人：对于不熟悉中国文化的外国宾客，我们应该如何设计菜单？

ChatGPT：对于外国宾客，可以在菜单中加入一些更符合国际口味的菜肴，如西式烤肉或沙拉。同时，提供一些简单的菜品介绍，帮助他们了解每道菜的特色和文化意义。这样不仅能让他们更好地享受美食，还能让他们感受到中国文化的魅力。

新人：谢谢你的建议，这对我们很有帮助。

ChatGPT：不客气！希望你们的婚宴既能展现传统魅力，又能呈现独特风格，为你们的婚礼留下美好的回忆。祝婚礼顺利！

ChatGPT 在婚宴菜单策划方面的优势体现在其能够综合运用广泛的知识库和灵活的应用能力。首先，ChatGPT 具备丰富的餐饮文化和烹饪风格知识，它可以提供多样化的菜单建议，以满足不同文化背景和个人口味的需求。其次，它能够根据用户的具体要求，如预算限制、宾客特殊饮食需求等，提出个性化的解决方案。最后，ChatGPT 还具备处理复杂信息的能力，可以帮助用户在考虑众多因素（如宾客口味多样性、餐饮搭配均衡性、菜品创意性及其与婚礼主题的协调性等）方面作出合理规划。最重要的是，作为一个即时响应的工具，ChatGPT 能够快速提供信息和建议，大大提高了婚宴筹备的效率，减轻了新人和筹办方的压力，使婚宴策划过程更加轻松愉快。

案例 183 蜜月目的地建议

选择蜜月目的地是新婚夫妇面临的一个重要决策。这个选择不仅影响他们的旅行体验，还可能成为他们共同生活中美好回忆的一部分。不同的夫妇可能有不同的预算、兴趣和期望，因此为他们提供合适的蜜月目的地建议是一个需要细致考虑的任务。

扫一扫，看视频

1. ChatGPT 应用逻辑梳理

ChatGPT 提供蜜月目的地建议指导的应用逻辑如图 3-183 所示。

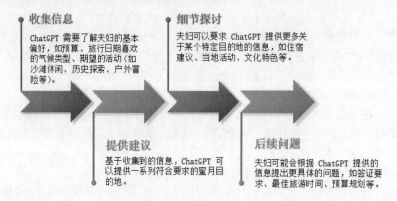

收集信息
ChatGPT 需要了解夫妇的基本偏好，如预算、旅行日期喜欢的气候类型、期望的活动（如沙滩休闲、历史探索、户外冒险等）。

细节探讨
夫妇可以要求 ChatGPT 提供更多关于某个特定目的地的信息，如住宿建议、当地活动、文化特色等。

提供建议
基于收集到的信息，ChatGPT 可以提供一系列符合要求的蜜月目的地。

后续问题
夫妇可能会根据 ChatGPT 提供的信息提出更具体的问题，如签证要求、最佳旅游时间、预算规划等。

图 3-183　ChatGPT 提供蜜月目的地建议指导的应用逻辑

2. ChatGPT 对话交互

> 🟢 ChatGPT：

李明：你好，ChatGPT！我和我未婚妻小玲正计划我们的蜜月旅行，但我们不知道该去哪里。我们的预算大概是 3 万元人民币，希望你能给我们一些建议。

ChatGPT：你好，李明！很高兴为你们规划蜜月旅行。请问你们更倾向于城市观光、海滩度假，还是自然探险之旅？

李明：我们都比较喜欢大自然和海滩。另外，我们计划在秋天出行。

ChatGPT：了解了。考虑到你们的预算和喜好，我推荐以下几个地方：①泰国普吉岛，那里有美丽的海滩和丰富的文化体验；②印尼巴厘岛，它以独特的自然风光和印度尼西亚文化著称；③越南岘港，既有迷人的海滩，又有历史悠久的城市景观。你对这些建议有何看法？

李明：听起来很棒！我对普吉岛很感兴趣。你能详细介绍一下那里的情况吗？

ChatGPT：当然可以。普吉岛是泰国最大的岛屿，以其美丽的海滩、清澈的海水和丰富的水上活动而闻名。你们可以去芭东海滩、卡塔海滩，那里有很多水上运动项目，如潜水、浮潜和帆船。此外，普吉岛还有许多佛教寺庙，如瓦查隆寺，以及泰国特色的市场和夜生活。对于美食爱好者来说，这里的海鲜和泰国菜是不可错过的。

> 李明：听起来很不错！那普吉岛的住宿情况怎么样？
>
> ChatGPT：普吉岛有各种类型的住宿，从经济型酒店到豪华度假村。根据你们的预算和喜好，你们可以选择海滩附近的度假村，享受私人海滩和高品质的服务。例如，卡塔海滩和卡伦海滩附近有很多高端度假村，提供水疗服务、私人泳池等设施。此外，还有许多价格适中的酒店和民宿，性价比高，也很受欢迎。
>
> 李明：我们也想体验一些当地文化活动，有什么推荐吗？
>
> ChatGPT：在普吉岛，你们可以参加泰拳课程，体验泰国的传统武术。此外，普吉老城区有很多历史建筑和博物馆，你们可以了解泰国的历史和文化。晚上，可以去参加海滩派对或观看泰国传统的舞蹈表演。还有，不要忘记尝试一下泰国的街头美食，如泰式炒面、绿咖喱鸡和芒果糯米饭，这些都是非常地道的泰国美食。
>
> 李明：谢谢你的建议，我会和我的未婚妻讨论一下。对了，去普吉岛需要办理签证吗？
>
> ChatGPT：对中国公民来说，如果停留时间不超过 15 天，可以申请落地签。但是，我建议你们提前在线申请泰国旅游签证，以避免到达时排长队。准备好护照、机票和酒店预订证明，一般来说，签证的办理过程相对简单。
>
> 李明：了解了，非常感谢你的帮助！

　　ChatGPT 在蜜月目的地建议方面可以作为一个很好的辅助工具。首先，它可以根据用户的预算、兴趣和期望来推荐蜜月目的地。其次，它还可以解答一些实际的旅行问题，如签证办理、住宿选择和当地活动建议，节省了用户自行搜索和筛选的时间、精力，让旅行规划更高效。

 案例 184　新人礼服指导

　　对于准新人来说，选择合适的婚礼礼服是婚礼筹备过程中的一个重要环节。合适的礼服不仅能够彰显新人的个性和品位，还能够增添婚礼的仪式感和美感。在选择婚礼礼服时，用户需要考虑多种因素，如婚礼的主题、地点、时间以及个人的身材特点和风格偏好。

扫一扫，看视频

1. ChatGPT 应用逻辑梳理

　　ChatGPT 提供新人礼服指导的应用逻辑如图 3-184 所示。

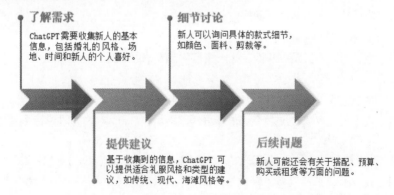

图 3-184　ChatGPT 提供新人礼服指导的应用逻辑

2. ChatGPT 对话交互

ChatGPT:

张薇：你好，ChatGPT！我正在为我的婚礼准备礼服，但我不确定该如何选择。我们的婚礼主题是"海滨浪漫"，地点选在海边。我希望礼服既能体现我个人的风格，又适合海滩环境。你能给我一些建议吗？

ChatGPT：你好，张薇！很高兴能帮助你选择婚礼礼服。对于海滨主题的婚礼，轻盈、流畅的面料，如雪纺或蕾丝，通常是不错的选择。这样的材质在海风中能呈现出优雅的效果。你倾向于长裙还是短裙？

张薇：我更喜欢长裙，但我担心长裙在沙滩上不方便。

ChatGPT：一个好的选择可能是"高低裙摆"设计，前短后长，既能展现长裙的优雅，又便于在沙滩上行走。此外，你可以考虑裙摆较轻的设计，这样在海边走动时更加自在。

张薇：那对于颜色和样式有什么建议吗？

ChatGPT：考虑到海滨的明亮环境和大自然的色彩，浅色系，如象牙色、浅蓝或粉色，通常是不错的选择。样式上，可以考虑带有细腻刺绣或珠片的设计，这样在阳光下会有细腻的光泽效果。背部设计可以选择稍微低背或有装饰性细节的款式，增加一些浪漫的感觉。

张薇：听起来很棒！我的身材比较娇小，有没有适合我的款式推荐？

ChatGPT：对于娇小的身材，可以选择简洁的 A 线裙或修身款式，这样可以拉长身形，显得更加高挑。避免过于复杂或蓬松的裙摆，这可能会显得沉重。V 领设计可以增加身体的纵向延伸感，也是不错的选择。

张薇：我还应该注意什么配饰吗？

ChatGPT：由于海滩环境的自然风格，建议选择简约而精致的配饰。例如，一串珍珠项链或一对小巧的耳环可以增添一丝优雅。如果你的头发足够长，可以考虑一个简单的低发髻，配以一些小花或珍珠发饰。脚部的话，可以选择裸足或穿着简单的平底鞋或沙滩鞋。

张薇：关于新郎的服装呢？我们应该如何搭配？

ChatGPT：对于新郎，可以选择轻便的亚麻或棉质西装，颜色上可以选择灰色、米色或浅蓝色，以与海滨环境和你的礼服相协调。为了保持整体的轻松感，新郎可以不用系领带，选择一个休闲的衬衫。鞋子方面，可以选择帆布鞋或休闲皮鞋。

张薇：我们的预算有限，有没有节约成本的建议？

ChatGPT：预算有限时，可以考虑以下几个节约成本的方法。

租赁礼服：租赁而非购买婚纱和西装是一个节约成本的好选择，特别是对于一些高端品牌或设计师款式。

在线购物：在网上购买婚纱和西装通常价格更实惠，但需要提前试穿确保合身。

简化装饰：在配饰和装饰上选择简单的款式可以大大降低成本，同时也符合海滩婚礼的自然风格。

DIY 元素：考虑自制一些装饰品或配饰，如手工制作的头饰或花环，既个性又节约成本。

张薇：这些建议真的很有帮助，谢谢你！

用户在选择新人礼服时，重点要考虑婚礼的风格、地点以及个人偏好。适当的预算规划和对细节的关注可以帮助用户在保持风格和品位的同时控制成本。ChatGPT 可以帮助用户获取有关礼服选择的建议和信息，但最终决定应根据用户自己的喜好和实际情况作出。

针对这个案例，用户可以进一步探索的方向包括具体的礼服品牌和款式选择，以及如何将个人故事和元素融入婚礼服装中，使之更具有个性和意义。

3.23 艺术创作

在艺术创作领域，ChatGPT 的应用开辟了一条新的探索路径，它不仅改变了艺术家与创作媒介之间的互动方式，也为艺术表达提供了全新的视角和可能性。本节旨在探讨 ChatGPT 在艺术创作中的作用与意义，以及它是如何成为艺术家们表达创意和情感的新工具。

首先，ChatGPT 能够通过语言模型与艺术家进行交互，提供创意写作、诗歌创作乃至剧本编写的灵感。艺术家可以与 ChatGPT 进行对话，探索不同的主题、情绪和故事线索，从而激发新的创意火花。这种基于 AI 的交互方式能够打破传统思维模式的限制，帮助艺术家跳出固有的思维框架，发现新的创作角度和素材。

其次，ChatGPT 在辅助艺术创作方面也展现出其独特的价值。它能够基于给定的主题或风格生成文本内容，为艺术家提供语言艺术的素材。例如，艺术家可以利用 ChatGPT 生成的文本作为绘画、雕塑或数字艺术作品的描述性元素，从而丰富作品的内涵和表达层次。

最后，ChatGPT 还可以作为艺术教育和评论的工具，为艺术作品提供深度解析和批评，增加艺术作品与观众之间的互动性和教育性。

ChatGPT 的应用促进了艺术与技术的融合，开辟了艺术创作的新境界。通过与 ChatGPT 的合作，艺术家不仅能够探索语言的艺术潜能，还能够将 AI 作为一种新的艺术媒介和表达方式。这种跨界融合不仅扩大了艺术创作的边界，也为艺术的未来发展提供了无限的可能性。

案例 185　绘画技巧与风格探索

绘画不仅是一种艺术表达形式，也是个人情感和视觉想象力的体现。每位艺术家都可能寻求独特的技巧和风格来表达自己的创意和情感。掌握不同的绘画技巧并探索多种风格可以帮助艺术家更好地实现这一目标。

扫一扫，看视频

1. ChatGPT 应用逻辑梳理

ChatGPT 分享绘画技巧与风格探索过程的应用逻辑如图 3-185 所示。

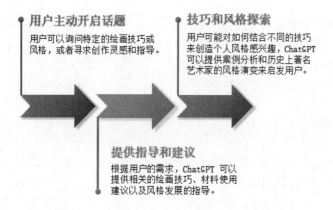

图 3-185　ChatGPT 分享绘画技巧与风格探索过程的应用逻辑

2. ChatGPT 对话交互

ChatGPT：

用户：我最近对绘画很感兴趣，想了解一下不同的绘画技巧和风格，你能介绍一些吗？

ChatGPT：当然，绘画是一种美妙的艺术形式，它包含了多种技巧和风格。了解不同的绘画技巧和风格可以帮助您找到最适合自己的表达方式。下面是一些主要的绘画技巧和风格。

1. 素描：素描是绘画的基础，通常使用铅笔、炭笔或粉笔等工具在纸上进行。它强调线条、形状和明暗的表现，是掌握绘画技巧的起点。

2. 油画：油画以其丰富的色彩和深厚的质感著称。使用油画颜料和溶剂在画布上进行创作，可以通过层层叠加的技法创造出细腻的渐变和光影效果。

3. 水彩画：水彩画以其透明和流动的特性而闻名。它使用水溶性颜料在纸上创作，能够表现出轻盈和透明的质感，适合表达自然景观和微妙的色彩变化。

4. 丙烯画：丙烯颜料干燥速度快，允许艺术家快速叠加层次。它可以稀释成水彩效果，也可以厚涂达到接近油画的效果，非常适合实验性和多样化的创作。

5. 版画：版画是一种通过刻画或蚀刻在板材上制作图像，然后将其印刷到纸张或其他材料上的艺术形式。它包括木刻、丝网印刷和蚀刻等技术，强调图像的重复性和艺术性。

在风格方面主要有以下几个。

1. 写实：这种风格追求高度的真实性，力图在绘画中忠实地再现视觉经验。艺术家会注意到细节的描绘和色彩的准确性。

2. 印象派：印象派强调对光线和色彩的瞬间感觉的捕捉，而不是细节的精确描绘。这种风格的画作通常色彩鲜艳，笔触自由活泼。

3. 表现主义：表现主义通过夸张和变形的方式表达艺术家的情感和视觉体验，强调主观性和情感的表达。

4. 抽象：抽象艺术不直接描绘现实世界中的对象，而是通过颜色、形状和线条的组合来表达艺术家的思想和情感。

每种技巧和风格都有其独特的魅力与表现方式。尝试和探索不同的技巧和风格，这可以帮助您更好地表达自己的创意和情感。

用户：如果我想提高我的绘画技能，我应该从哪里开始呢？

ChatGPT：提高绘画技能是一个逐步的过程，以下是一些帮助您开始的建议。

1. 基础训练：专注于基础技能的培养，如素描、色彩学和构图。这些基础知识对于所有绘画风格和技巧都是必要的。

2. 模仿学习：尝试复制您喜欢的艺术作品。这不仅可以帮助您理解不同的技巧和风格，还能让您学习到大师是如何处理光影、色彩和构图的。

3. 持续实践：绘画技能的提高需要大量的实践。设定一个可行的练习计划，如每天或每周都要画一些东西，即使只是小小的素描或速写也好。

4. 探索不同材料和工具：不同的绘画媒介和工具会带来不同的效果。尝试使用不同的材料（如水彩、油画、丙烯颜料等）和工具（如不同硬度的画笔、刮刀、海绵等），这可以帮助您找到最适合自己的表达方式。

5. 获得反馈：与其他艺术家交流，参加绘画课程或工作坊，可以让您获得宝贵的反馈和新的灵感。别人的视角可能会为您的作品提供新的见解。

6. 研究艺术理论和历史：了解艺术的理论背景和历史可以增加您的艺术修养，帮助您更好地理解不同风格和技巧的发展脉络。

绘画技巧和风格的探索是一个不断学习和实践的过程。通过研究、实践和反思，艺术家可以逐渐形成独特的个人风格。重要的是保持开放的心态，勇于尝试新的方法，并享受创作过程中的探索和发现。

 案例186　写作灵感的激发与指导

写作是一种创造性表达的方式，它将作者内心的思想、情感和想象转化为文字。然而，许多新手或经验丰富的作家，都会遇到灵感枯竭或写作障碍的问题。如何激发写作灵感，以及如何有效地指导写作，成为写作过程中不可缺少的一部分。

扫一扫，看视频

1. ChatGPT 应用逻辑梳理

ChatGPT 分享写作灵感的激发与指导过程的应用逻辑如图 3-186 所示。

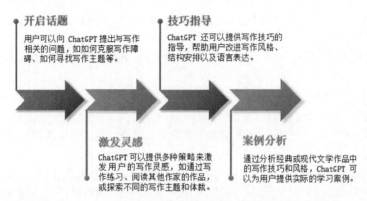

图 3-186　ChatGPT 分享写作灵感的激发与指导过程的应用逻辑

2. ChatGPT 对话交互

ChatGPT：

用户：我想尝试写一篇短故事，但不知道如何开始，你能给我一些建议吗？

ChatGPT：当然，写故事是一种很好的创作练习，也是表达创意的方式。以下是开始写作短故事的一些建议。

1. 选定主题：决定您的故事想要探讨的主题。它可以是爱情、勇气、牺牲、友谊等任何您感兴趣的主题。

2. 构思情节：思考故事的大致情节。一个典型的故事结构包括开头（引入背景和人物）、中间（发展冲突）和结尾（解决冲突）。尝试构思一个有趣的开头来吸引读者的注意，然后发展故事并以一个满意的结局结束。

3. 塑造人物：决定谁将是您故事中的主要人物和支持人物。为他们创造背景故事，让他们变得丰满和真实。思考他们的性格特点、愿望和恐惧，这些都将驱动故事的发展。

4. 设定环境：明确故事发生的地点和时间。环境不仅为读者提供背景信息，还可以增加故事的氛围和深度。

5. 写作：开始写作时，不必过分担心语法或拼写错误，重要的是让想法流畅地流出来。您可以在初稿完成后再进行编辑和润色。

6. 使用对话：对话是赋予人物生命和推动情节发展的有效工具。通过人物之间的对话可以展示他们的性格和关系，同时传递故事的重要信息。

7. 加入冲突和悬念：一个吸引人的故事通常包含冲突或挑战，主人公必须面对并克服。悬念可以保持读者的兴趣，驱使他们继续阅读以了解接下来会发生什么。

8. 复审和修改：完成初稿后，放置一段时间，然后回来进行审阅。在复审过程中，关注故事的流畅性、人物的一致性和语言的清晰度。不要害怕进行大刀阔斧的修改，以提升故事的质量。

记住，写作是一个探索和实验的过程。每个人的写作方式和节奏都不同，找到适合自己的方法是很重要的。关键是享受写作过程，并从中发现自己的声音。

用户：我该如何创造一个有趣的故事开头？

ChatGPT：一个引人入胜的故事开头对于吸引读者的兴趣至关重要。以下是一些创造有趣开头的技巧。

1. 直接进入行动：从一个紧张或动态的场景开始，可以立即吸引读者的注意。让读者直接跳入故事的中心，激起他们的好奇心，想要了解更多。

2. 设置一个谜团：提出一个问题或谜团，让读者好奇故事的发展。这个谜团可以是一个不寻常的场景、一个难以解释的事件或一个复杂的人物。

3. 引人注目的第一句：用一句引人注目的话开始你的故事，这句话应该独特、有趣或引发思考。一个强有力的开场白可以立即设定故事的基调。

4. 展示独特的人物：通过一个人物的独特行为或对话来开始故事，可以立即展示这个人物的性格特征，让读者对他们产生兴趣。

5. 营造氛围：使用详细的描述来建立故事的场景和氛围，让读者感觉自己就在那里。选择的细节应该服务于整体故事，增加情感深度或紧张感。

6. 使用意外元素：以一个出乎意料的事件或情况作为开头，可以打破读者的预期，激发他们的兴趣。

记住，故事的开头应该与整体情节紧密相连，并为接下来的发展奠定基础。尝试不同的方法，看看哪种方法最能引发您的创作灵感，并吸引潜在的读者。在创作过程中，不要害怕修改和实验，直到找到最适合您故事的开头。

激发写作灵感和提供写作指导是一个复杂且个性化的过程，需要时间和练习。每位作家的创作过程都是独一无二的，找到适合自己的方法至关重要。请相信，写作是一次旅程，享受这一过程同样重要。

 案例 187　音乐创作与理论学习

扫一扫，看视频

音乐创作与理论学习是音乐教育和个人音乐发展中的重要组成部分。理解音乐理论不仅有助于作曲和即兴创作，还能加深对音乐作品的理解和欣赏。对于希望提高音乐创作能力的人来说，学习音乐理论是一个宝贵的投资。

1. ChatGPT 应用逻辑梳理

ChatGPT 提供音乐创作与理论学习指导的应用逻辑如图 3-187 所示。

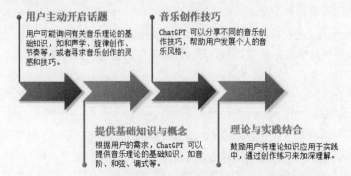

图 3-187　ChatGPT 提供音乐创作与理论学习指导的应用逻辑

2. ChatGPT 对话交互

⬡ ChatGPT：

用户：我想学习如何创作旋律，但对复杂的音乐理论不是很了解，我应该从哪里开始？

ChatGPT：创作旋律是音乐创作中的一个重要方面，而对于初学者来说，没有必要一开始就深入复杂的音乐理论。以下是一些建议，帮助您开始创作旋律。

1. 了解基本的音乐理论：虽然不需要深入复杂的理论，但掌握一些基本概念，如音阶、和弦和节奏，对于创作旋律是有帮助的。可以通过在线课程、教科书或音乐教师来学习这些基础知识。

2. 聆听和分析：聆听广泛的音乐风格，并尝试分析您喜欢的旋律。注意旋律的起伏、重复的模式、节奏和和弦进行。这可以帮助您理解不同元素是如何结合在一起创造出吸引人的旋律的。

3. 开始简单：创作您的第一段旋律时，从简单开始。您可以选择一个音阶（如 C 大调音阶），只使用这个音阶中的音符来创作旋律。尝试不同的音符组合和节奏模式，看看哪些听起来最悦耳。

4. 实验和即兴创作：不要害怕实验不同的旋律线条和节奏。您可以用钢琴、吉他或任何您熟悉的乐器来即兴创作，寻找自己喜欢的旋律片段。

5. 记录和修改：当您创作出一个旋律时，记得记录下来，无论是通过音乐软件、录音还是传统的乐谱。这样您可以在此基础上进行修改和完善。

6. 学习和弦进行：了解基本的和弦进行可以帮助您构建旋律的和声背景，让旋律更加丰富和完整。尝试将您的旋律放在不同的和弦进行上，看看哪个组合听起来最好。

7. 寻求反馈：与其他音乐人交流您的创作，他们的反馈和建议可以帮助您改进旋律。

8. 持续实践：音乐创作需要时间和实践。如果一开始听起来不完美，不要气馁。每个人的创作过程都是独特的，重要的是享受创作过程并持续实践。

记住，创作音乐是一个探索和表达自我的过程，不必拘泥于规则。随着时间的推移，您可以逐渐探索更多的音乐理论和技巧，以丰富您的创作。

用户：如何提高我对和弦进行的理解和运用？

ChatGPT：提高对和弦进行的理解和运用是提升音乐创作能力的关键一步。以下是一些建议来帮助您在这方面取得进展。

1. 学习基本和弦理论：首先，理解和弦是如何构成的，包括三和弦（由根音、三度音和五度音组成）和七和弦（在三和弦的基础上增加七度音）。了解不同和弦的构成和它们之间的关系是很重要的。

2. 掌握常用和弦进行：有一些和弦进行在音乐中非常常见，如 I-IV-V-I（C-G-Am-F，在 C 大调中）和 ii-V-I（Dm-G-C，在 C 大调中）。通过学习和练习这些基本的和弦进行，您可以建立对和弦运动的直观理解。

3. 练习不同调性中的和弦进行：尝试将您熟悉的和弦进行转换到不同的调性中，这将帮助您加深对和弦关系的理解，并提高在各种音乐环境中运用和弦进行的灵活性。

4. 分析歌曲：选择一些您喜欢的歌曲，分析它们的和弦进行。尝试弹奏或写下和弦进行，了解它们是如何支持旋律和增强歌曲情感的。

5. 即兴创作：在练习乐器时，尝试即兴创作使用不同的和弦进行。您可以从一个简单的和弦开始，然后逐步加入更多的和弦，探索不同和弦之间的转换。

6. 使用音乐制作软件：音乐制作软件可以帮助您实验和弦进行，即使您对弹奏乐器不是很熟悉。许多软件都提供和弦库和自动和弦生成功能，这些工具可以帮助您探索和学习和弦进行。

7. 了解调式和弦进行：除了主要和次要调性之外，了解其他调式（如多利安、弗里吉安、利底亚等）中的和弦进行也很有用，这可以为您的音乐创作带来更多的色彩和多样性。

8. 学习和弦替换和转位：了解如何用不同的和弦替换标准和弦进行中的某些和弦，以及如何使用和弦的不同转位，这些都可以丰富您的和弦进行，使其听起来更加有趣和复杂。

记得，学习和弦进行是一个渐进的过程，需要时间和实践来掌握。持续实践，不断挑战自己尝试新的和弦和进行，您的理解和运用能力将会逐步提高。

音乐创作与理论学习是一个持续的过程，需要时间、耐心和实践。通过学习基础理论、分析音乐作品、不断实践和创作，用户可以逐渐提高自己的音乐创作能力和理论知识水平。同时，保持好奇心和创新精神，敢于尝试新的创作方法和理论概念，将有助于用户在音乐旅程中不断进步。

案例 188　摄影创作思路

扫一扫，看视频

摄影作为一种视觉艺术形式，不仅仅是记录现实，更是一种表达和创造的方式。每一张照片都是摄影师视角、情感和创意的体现。在摄影创作中，思路和灵感是非常重要的元素，它们决定了作品的风格和深度。对于摄影师来说，如何在日常生活中寻找和培养灵感，如何将这些灵感转化为具体的创作思路，是一个值得探讨的话题。

1. ChatGPT 应用逻辑梳理

ChatGPT 提供摄影创作思路指导的应用逻辑如图 3-188 所示。

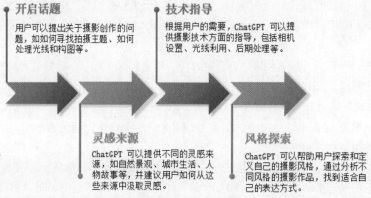

图 3-188　ChatGPT 提供摄影创作思路指导的应用逻辑

2. ChatGPT 对话交互

ChatGPT：

用户：我对摄影很感兴趣，特别是在如何选择拍摄主题方面感到困惑。你有什么建议吗？

ChatGPT：选择拍摄主题确实是许多摄影师面临的一个挑战。一个好的起点是从你个人的兴趣出发。例如，如果你对自然景观感兴趣，可以尝试探索不同的自然环境，如公园、森林或海滩，捕捉那些触动你心灵的景象。或者，如果你对人文更感兴趣，街头摄影可能会是一个不错的选择，通过捕捉人们的日常生活和表情来讲述故事。此外，你也可以通过设定具体的项目或主题来激发创意，如"城市的夜晚"或"生活中的微小美好"。这样可以帮助你更有目的性地探索和拍摄。

用户：我明白了。在实际拍摄时，我应该如何处理光线呢？我发现不同的光线条件对照片的影响很大。

ChatGPT：光线确实对摄影有着决定性的影响。掌握如何利用光线是提高摄影技巧的关键。首先，了解不同时间的光线特性非常重要。例如，黄金时刻，即日出和日落时分，光线柔和且色彩丰富，非常适合拍摄风景和人像。而在中午时分，阳光直射，光线强烈，会产生硬阴影，这时可以尝试寻找阴影处拍摄，或利用这种强烈的光影对比创造有趣的效果。另外，不要忽视阴天，阴天的漫反射光可以减少阴影，使得光线分布均匀，特别适合拍摄细节丰富的场景。实践中，多观察、多尝试，你会逐渐了解如何在不同的光线条件下拍出满意的作品。

用户：关于构图，有没有一些基本原则应该遵循？

ChatGPT：在构图方面，确实有一些基本的原则可以帮助你创造出更加吸引人的照片。三分法则是最常用的构图技巧之一，通过将画面分成九宫格，并将主要元素放置在交叉点上，可以创造出平衡和谐的画面。此外，利用领导线，如道路、河流或建筑线条，可以引导观众的视线，增加照片的深度感。还有一个重要的构图元素是留白，适当的留白可以突出主题，避免画面过于拥挤。当然，这些只是起点，随着你对摄影的深入了解，你会发现更多的构图方法。最重要的是实践和探索，不要害怕打破常规，要找到自己的风格。

用户：听你这么一说，我感觉有了更多的灵感和方向。但是，我还是担心自己的技术不够好，这会影响拍摄效果。

ChatGPT：摄影技术确实重要，但每个人都是从基础开始逐步提升的。关键在于持续的实践和学习。不要因为技术上的不足而气馁，每次拍摄都是一个学习的机会。你可以从简单的场景开始，逐渐尝试更复杂的环境和技术。同时，利用网络资源，如在线教程、摄影论坛和社交媒体，可以帮助你学习新的技巧和获得灵感。此外，不妨加入摄影社群或参加摄影工作坊，与其他摄影爱好者交流，互相学习。记住，每个摄影师都有自己的成长路径，关键是享受摄影带来的乐趣和满足感。随着时间的推移，你会发现自己在不知不觉中提高了。

摄影创作思路的探索是一个不断学习和实践的过程。通过广泛地观察和思考，积极地实践和尝试，以及不断地学习摄影理论和技术，摄影师可以逐渐丰富自己的创作思路，提高摄影技艺，最终创作出具有个人特色和情感表达的摄影作品。

案例 189　影视剧本创作

影视剧本创作是影视制作过程中的核心环节，它不仅涉及故事的构思和情节的发展，还包括角色的塑造、对白的编写以及场景的设置。一个好的剧本是电影或电视剧成功的基石。对于剧本创作者来说，挑战在于如何将一个想法转化为一个引人入胜的故事，如何通过文字来创造视觉画面，并传达情感和信息。

扫一扫，看视频

1. ChatGPT 应用逻辑梳理

ChatGPT 提供影视剧本创作过程的应用逻辑如图 3-189 所示。

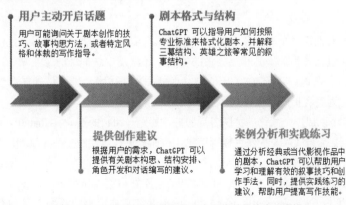

图 3-189　ChatGPT 提供影视剧本创作过程的应用逻辑

2. ChatGPT 对话交互

⑤ ChatGPT:

用户：我对剧本创作很感兴趣，但不知道该如何开始，尤其是在故事构思和技巧方面。你能给我一些建议吗？

ChatGPT：进入剧本创作的世界是一个既激动又可能令人畏惧的过程，尤其是在开始时不知道从哪里入手。

首先，理解剧本创作不仅仅是编写对话，它是构建一个完整故事世界的过程，包括人物、情节、环境和主题。故事构思通常来源于一个核心想法，可能是一个情节、一个人物或者一个情感。从这个核心想法出发，你可以开始扩展你的故事，思考什么样的冲突会驱动故事前进，人物如何在这些冲突中成长或改变。

构建人物是剧本创作中非常关键的一部分。一个有深度的人物能够让观众产生共鸣。试着为你的主要人物设定清晰的动机和背景故事，这将使他们在故事中的行为和选择显得更加真实可信。同时，构思一个引人入胜的开场，一个强有力的开场能够立即吸引观众的注意力，设定故事的基调，并引介主要人物和基本冲突。

在剧本的结构上，你可以遵循经典的三幕结构来组织你的故事：设定（引介人物、环境和故事的基本冲突）、冲突（主要冲突的展开和人物的挑战）以及解决（冲突的高潮和解决）。这种结构提供了一个清晰的框架，但也不要害怕对其进行调整以适应你的故事。

在创作过程中，对话的编写同样重要，它不仅仅是人物之间交流的手段，更是展示人物性格、推动情节发展和构建故事世界的工具。尽量让对话自然、有目的，避免无谓的闲聊，除非它们能以某种方式推动故事的发展。

最后，剧本创作是一个反复修改和完善的过程。不要期待第一稿就完美无缺，重要的是不断地审视和重写你的剧本，可能需要改变情节的某些方面，深化人物的特点，或者调整故事的节奏。参与剧本写作研讨会、脚本阅读小组或者寻求其他编剧的反馈，可以为你提供新的视角和宝贵的建议。

记住，每个编剧都有自己独特的声音和风格，探索和发展这些元素是成为一名成功编剧的关键。享受创作的过程，随着时间的推移，你会发现自己在不断学习和成长。

影视剧本创作是一个复杂而有挑战性的过程，它要求创作者具备故事讲述的技巧、对人物心理的深刻理解以及对影视语言的掌握。通过不断学习、练习和反思，以及积极吸收来自不同源头的灵感，创作者可以逐步提升自己的剧本创作能力，将原始的想法转化为观众喜爱的影视作品。

3.24 美 容 护 肤

美容护肤行业随着人们对个人形象和健康意识的提升而快速发展，成为日常生活中不可或缺的一部分。这一领域不仅包括各种护肤品和化妆品的使用，还涉及皮肤护理的专业知识、美容服务和个性化护理方案的制定等。在这一背景下，ChatGPT 等先进的 AI 技术，特别是其在自然语言处理和个性化推荐方面的能力，为美容护肤行业带来了新的机遇和挑战。

首先，ChatGPT 可以提供个性化的护肤咨询服务。通过与用户的互动，ChatGPT 可以了解用户的皮肤类型、护肤习惯、生活方式以及护肤目标等信息，进而提供针对性的护肤建议和产品推荐。这种个性化服务不仅能够提升用户的满意度，还能帮助护肤品牌精准定位目标客户、优化产品线和营销策略。

其次，在美容知识的普及和教育方面，ChatGPT 也能发挥重要作用。通过生成易于理解的护肤知识文章、视频脚本和 FAQs（frequently asked questions，经常被提出的问题）等内容，ChatGPT 可以帮助公众提高对皮肤健康的认识，正确使用护肤品，避免不当的护肤方法带来的负面影响。这种知识普及有助于提升整个行业的服务水平和消费者的满意度。

 案例190　日常护肤步骤 --

日常护肤是保持肌肤健康和美丽的重要步骤。正确的护肤程序可以帮助清洁皮肤、保持皮肤水分、预防皮肤问题，并延缓衰老。不同肤质的人可能需要不同的护肤产品和步骤。

扫一扫，看视频

1. ChatGPT 应用逻辑梳理

ChatGPT 提供日常护肤步骤指导的应用逻辑如图 3-190 所示。

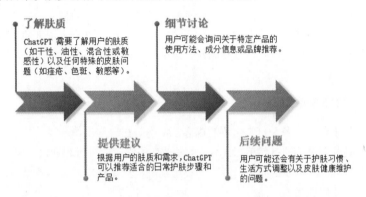

图 3-190　ChatGPT 提供日常护肤步骤指导的应用逻辑

2. ChatGPT 对话交互

> ⊚ChatGPT：
>
> 陈悦：嗨，ChatGPT！我最近开始关注护肤，但对于护肤品和步骤感到有些困惑。能不能给我一些建议？
>
> ChatGPT：你好，陈悦！很高兴你开始关注护肤。首先，能告诉我你的肤质吗？如干性、油性还是混合性肌肤？
>
> 陈悦：我的肤质是混合性的，T区比较油，两颊则偏干。
>
> ChatGPT：了解了。对于混合性肌肤，早晚的基础护肤步骤是：①清洁；②爽肤水；③保湿乳液或面霜。你现在有使用这些产品吗？
>
> 陈悦：我每天都用洗面奶和面霜，但没有用爽肤水。它有什么作用？
>
> ChatGPT：爽肤水能帮助调整皮肤 pH 值，去除残留的污垢和油脂，为肌肤提供第一步保湿。特别是对混合性肌肤，选择温和无酒精的爽肤水，可以平衡肌肤油水，避免 T 区过油而两颊过干。
>
> 陈悦：原来如此！我应该怎么选择合适的洗面奶和面霜呢？
>
> ChatGPT：选择洗面奶时，应优先考虑温和不刺激的产品，避免过度清洁导致肌肤干燥。面霜的话，可以选择那些为混合性肌肤设计的，如质地轻薄、易吸收的类型。对于 T 区，可以用控油效果较好的产品，而两颊则可以用一些保湿效果好的。
>
> 陈悦：听起来我需要买不少东西呢！护肤品有没有什么使用的顺序或技巧？
>
> ChatGPT：有的。护肤品的基本原则是从质地最轻薄的开始使用，逐渐到更浓稠的。例如，先用爽肤水，然后是精华液（如果你用的话），接着是眼霜，最后是面霜。在涂抹时，用轻柔的手法按摩促进吸收，避免拉扯皮肤。
>
> 陈悦：我还听说过防晒很重要，这是真的吗？

ChatGPT：非常正确！无论是晴天还是阴天，日常防晒都非常重要。紫外线可以导致皮肤老化和色斑。建议每天使用至少 SPF 30 的防晒霜，并且在户外活动时每两小时补涂一次。

陈悦：太棒了，谢谢你的建议！你还有没有什么护肤小贴士？

ChatGPT：当然！保持充足的睡眠和健康的饮食习惯对皮肤也很重要。另外，保持良好的生活习惯，如多喝水、少摄入糖分和油炸食品，也会对肌肤有所帮助。记得护肤不仅仅是外在的产品护理，内在的健康同样重要哦！

陈悦：这些信息真的很有帮助！我会开始尝试这些护肤步骤。谢谢你！

日常护肤需要根据个人的肤质和皮肤状况来定制。选择适合自己的护肤产品和步骤，结合健康的生活习惯，可以有效地改善和维护皮肤健康。对于这个案例，可以进一步探索的方向包括具体的皮肤问题处理方法、不同季节的护肤调整，以及如何结合个人生活方式进行护肤规划。

 案例 191　自然妆容技巧

扫一扫，看视频

自然妆容是许多人日常化妆的首选，特别是在日常工作或轻松的社交场合。自然妆容的目的是强调个人的自然美，而不是彻底改变外观。这种妆容通常看起来更加轻盈、清新，且不会给人过于浓重的感觉。然而，要达到既自然又精致的妆容效果，需要掌握一些特定的技巧和使用适当的产品。

1. ChatGPT 应用逻辑梳理

ChatGPT 提供自然妆容技巧指导的应用逻辑如图 3-191 所示。

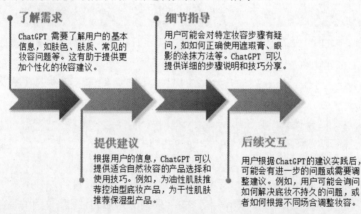

图 3-191　ChatGPT 提供自然妆容技巧指导的应用逻辑

2. ChatGPT 对话交互

ChatGPT：

林静：嗨，ChatGPT！我想学习如何化自然妆，但我不太懂化妆。你能教我从头开始吗？

ChatGPT：你好，林静！很高兴帮助你。自然妆容的关键是"少即是多"，重点在于突出你的天然美。首先，你需要一款适合自己肤色的隔离霜或轻薄的粉底液。你通常使用什么类型的底妆产品？

林静：我通常不用粉底，只用隔离霜。有推荐的品牌吗？

ChatGPT：对于自然妆容，选择带有轻微润色效果的隔离霜会很有帮助。一些好的品牌，如兰蔻、雅诗兰黛和娇兰，都有提供这类产品。这样的隔离霜既能提亮肤色，又不会显得厚重。

林静：眼妆应该怎么化？

ChatGPT：自然妆容的眼妆应该简单而优雅。你可以选用接近肤色的眼影作为底色，然后用深一点的色调在眼窝处轻轻晕染。避免使用过于鲜艳或太闪的色彩。淡棕色或淡灰色的眼线笔比黑色更自然，可以在睫毛根部轻轻描画，增强眼部轮廓。

林静：我应该怎样选择腮红和唇彩呢？

ChatGPT：选择腮红时，可以挑选接近自然肤色的粉嫩色或桃色，用大号腮红刷轻扫在笑肌上。至于唇彩，选择裸色或接近自己唇色的口红会更加自然。如果你的唇色较淡，淡粉色或裸粉色都是不错的选择。避免过于鲜艳或深色的口红。

林静：我的眉毛比较稀疏，该如何处理？

ChatGPT：对于稀疏的眉毛，可以使用眉笔或眉粉填补空缺。选择与你的发色相近的颜色，用眉笔轻轻勾勒眉型，然后用眉刷将颜色均匀晕染开。避免画出太硬或太深的眉型，自然的眉型更加适合自然妆容。

林静：有没有什么化妆小技巧可以分享？

ChatGPT：当然！化自然妆时，一定要注意融合。不管是粉底、眼影还是腮红，都要确保边缘自然过渡，避免有明显的界限。使用化妆海绵或刷子可以帮助更好地融合产品。另外，少量多次地叠加产品，比一次性使用大量更容易控制和调整。

林静：听起来我需要一些练习。有没有什么需要避免的常见错误？

ChatGPT：化自然妆时，最常见的错误之一就是过度使用产品。例如，过厚的粉底或过深的眼妆都会让妆容看起来不自然。另外，选择不适合自己肤色的彩妆产品也会影响妆容的自然度。始终记住，自然妆的目的是强调而不是掩盖你的自然美。

林静：谢谢你的建议，我会尝试一下这些技巧！

ChatGPT在自然妆容技巧方面的应用体现在：根据用户的具体需求（如肤质、肤色、常见的妆容问题等）进行个性化建议，这有助于用户找到最适合自己的化妆产品和技巧；详细解析了自然妆容的各个步骤，包括肤色均匀、自然眉型、淡妆眼影、睫毛膏使用、自然腮红和润唇膏或淡色口红的应用，这些步骤的解析旨在帮助用户理解如何有效地使用化妆品以达到最佳效果；针对不同肤质和肤色的用户，提供关于如何选择合适颜色和产品的建议，这包括粉底、眉笔、眼影、腮红和口红的选择技巧。分享了多种使妆容看起来更自然的技巧，如轻薄涂抹、彻底混合、适当使用高光和阴影等。这些技巧旨在帮助用户提升化妆技能，创造出自然而精致的妆容。此外，在用户尝试建议后，可能会有更多的问题或需要进一步的指导。ChatGPT可以在这方面提供持续的支持和进阶建议，以确保用户能够有效地应用这些技巧。

案例192 抗衰老产品选择

随着年龄的增长，皮肤开始出现各种衰老迹象，如皱纹、松弛、色斑等。抗衰老产品的市场日益增长并提供了多种解决方案来对抗肌肤老化。然而，面对琳琅满目的抗衰老产品，消费者往往感到困惑，不知道如何选择最适合自己的产品。

扫一扫，看视频

1. ChatGPT应用逻辑梳理

ChatGPT提供选择抗衰老产品指导的应用逻辑如图3-192所示。

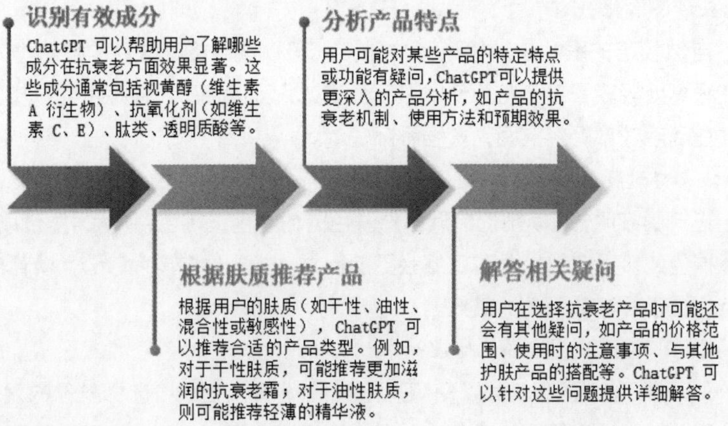

识别有效成分

ChatGPT 可以帮助用户了解哪些成分在抗衰老方面效果显著。这些成分通常包括视黄醇（维生素 A 衍生物）、抗氧化剂（如维生素 C、E）、肽类、透明质酸等。

分析产品特点

用户可能对某些产品的特定特点或功能有疑问，ChatGPT 可以提供更深入的产品分析，如产品的抗衰老机制、使用方法和预期效果。

根据肤质推荐产品

根据用户的肤质（如干性、油性、混合性或敏感性），ChatGPT 可以推荐合适的产品类型。例如，对于干性肤质，可能推荐更加滋润的抗衰老霜；对于油性肤质，则可能推荐轻薄的精华液。

解答相关疑问

用户在选择抗衰老产品时可能还会有其他疑问，如产品的价格范围、使用时的注意事项、与其他护肤产品的搭配等。ChatGPT 可以针对这些问题提供详细解答。

图 3-192　ChatGPT 提供选择抗衰老产品指导的应用逻辑

2. ChatGPT 对话交互

ChatGPT：

王婷：嗨，ChatGPT！我最近开始注意到脸上的细纹和松弛，想尝试一些抗衰老产品。但市面上的选择太多了，我有点不知所措。你能给我一些建议吗？

ChatGPT：你好，王婷！很高兴你提出这个问题。首先，你能告诉我你目前的年龄和皮肤类型吗？这可以帮助我更好地为你推荐适合的产品。

王婷：我今年 35 岁，皮肤是混合性的。

ChatGPT：了解了。35 岁是开始使用抗衰老产品的好时机。对于混合性肌肤，可以考虑含有透明质酸和维生素 C 的产品，这些成分可以增加皮肤弹性和光泽，同时保持皮肤的水油平衡。

王婷：透明质酸和维生素 C 听起来不错。还有其他成分需要注意的吗？

ChatGPT：当然。视肤质和需求，你也可以考虑含有以下成分的产品：①视黄醇（维生素 A 衍生物），有效促进皮肤更新，减少细纹和皱纹；②胜肽，帮助提升皮肤紧致度和弹性；③抗氧化剂，如绿茶提取物和维生素 E，可以抵抗自由基，预防皮肤老化。

王婷：听起来有点复杂，我该怎么开始？

ChatGPT：你可以先从基础开始。选择一个含有透明质酸的日霜和晚霜，以及一个含有维生素 C 的精华。如果你的皮肤对视黄醇不敏感，可以考虑添加含有视黄醇的夜间修复霜。

王婷：我应该早晚都使用这些产品吗？

ChatGPT：是的，日霜和精华可以在早上使用，晚霜和含视黄醇的产品则更适合晚上使用。记得在早晨使用抗衰老产品后，一定要涂抹防晒霜，因为一些成分（如维生素 C 和视黄醇）可能会使皮肤对阳光更加敏感。

王婷：抗衰老产品会有副作用吗？

ChatGPT：一般来说，抗衰老产品是安全的，但每个人的皮肤都不同。开始使用新产品时，建议先在小面积皮肤上进行测试，观察是否有不良反应。如果使用含视黄醇的产品，可能会经历短暂的皮肤脱皮或敏感，这是正常现象，但如果出现严重不适，应停止使用并咨询皮肤科医生。

王婷：我在选择产品时应该注意什么？

ChatGPT：选择抗衰老产品时，重要的是查看成分列表，并了解产品的品牌和信誉。选择那些成分简单、无添加浓烈香料和酒精的产品。此外，考虑到你的肤质，选择非油性、不会堵塞毛孔的产品会更合适。

王婷：谢谢你的建议！我会仔细选择，并开始我的抗衰老护肤之旅。

在使用 ChatGPT 学习抗衰老产品选择时,需要注意的关键点在于消费者要了解有效的抗衰老成分,并根据自己的肤质和需求选择合适的产品。通过正确的使用方法和持续的护理,消费者可以在一定程度上减缓肌肤衰老的迹象。同时,建议消费者进行全面的产品研究,并在必要时咨询专业人士,以确保选择最适合自己的抗衰老护理方案。

 案例 193　敏感肌肤护理建议

敏感肌肤是一个常见的皮肤问题,表现为对特定刺激或成分易产生反应,如红斑、刺痛、瘙痒等。敏感肌肤的护理需要特别注意,因为不当的产品或方法可能加剧肌肤问题。选择适合敏感肌肤的护肤产品和实施正确的护理程序对于改善肌肤状况至关重要。

扫一扫,看视频

1. ChatGPT 应用逻辑梳理

ChatGPT 提供敏感肌肤护理建议指导的应用逻辑如图 3-193 所示。

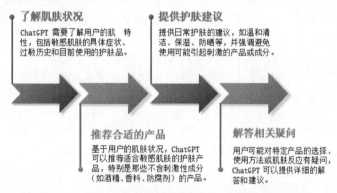

图 3-193　ChatGPT 提供敏感肌肤护理建议指导的应用逻辑

2. ChatGPT 对话交互

⟡ ChatGPT:

赵丽:嗨,ChatGPT。我一直困扰于敏感肌肤的问题,尤其是脸部的红斑和刺痛感。我不确定该如何选择护肤品和护理程序。你能帮助我吗?

ChatGPT:你好,赵丽!我很乐意帮助你。首先,了解你的肌肤状况是非常重要的。你能描述一下你通常的皮肤问题,如哪些因素会让你的肌肤感到不适?

赵丽:我的皮肤很容易因为天气变化、某些护肤品或化妆品而感到刺痛和发红。我现在用的是一款市面上常见的洗面奶和保湿霜。

ChatGPT:对于敏感肌肤,选择温和的护肤品是关键。许多普通的护肤品可能含有刺激成分,如香料、酒精或防腐剂。我建议你使用专为敏感肌肤设计的产品。对于洁面产品,你可以尝试温和的洁面乳或洁面油,它们在清洁的同时不会破坏皮肤的天然屏障。

赵丽:我需要在洁面后使用爽肤水吗?

ChatGPT:是的,但选择正确的爽肤水很重要。应选择无酒精、温和的爽肤水,最好含有舒缓成分,如芦荟或洋甘菊。它可以帮助平衡肌肤的 pH 值,使皮肤可以更好地吸收后续的保湿产品。

赵丽:对于保湿产品呢?我应该怎么选择?

ChatGPT:对于保湿产品,寻找不含香料和刺激性成分的面霜或乳液。含有神经酰胺、透明质酸或甘油的保湿产品会是一个不错的选择,因为它们能建立皮肤屏障并保持水分。你也可以考虑使用含有天然油脂,如植物油或角鲨烷的产品,这些成分对敏感肌肤非常友好。

赵丽:我的皮肤有时会感觉很干燥,特别是在冬天。

ChatGPT：在寒冷季节，敏感肌肤的保湿尤为重要。你可以考虑晚上使用更加滋润的面霜或乳液，以提供额外的保湿。同时，避免使用热水洗脸，因为过热的水会使皮肤进一步干燥并刺激皮肤。改用温水，并且尽量减少洗脸时间。

赵丽：我应该怎样保护我的皮肤免受阳光伤害？

ChatGPT：防晒对于所有肌肤类型都非常重要，尤其是敏感肌肤。物理性防晒霜含有氧化锌或二氧化钛，可以有效反射紫外线，减少对皮肤的刺激，因此选择它更适合。避免使用含有化学防晒剂的产品。每天出门前都应涂抹适量的防晒霜，并在户外活动时及时补涂。

赵丽：我偶尔会化妆，化妆会对敏感肌肤有影响吗？

ChatGPT：化妆本身对敏感肌肤可能是一个挑战。建议尽量减少化妆频率，选择适合敏感肌肤的化妆品，避免含有香料、酒精或其他刺激性成分的产品。使用时，尽量轻柔，卸妆时要使用温和的卸妆产品。

赵丽：我听说过一些家庭护肤小窍门，如用黄瓜片敷脸。这些方法有效吗？

ChatGPT：一些天然成分，如黄瓜或芦荟，的确可以为敏感肌肤提供温和的舒缓效果。但是，对于敏感肌肤，最好在敷用任何新的天然成分前做皮肤测试，以确保不会引起不适。

赵丽：还有其他日常生活中需要注意的事项吗？

ChatGPT：生活习惯对于护理敏感肌肤也非常重要。保持充足的睡眠，避免过度压力，多喝水，保持均衡的饮食。尽量减少皮肤接触潜在刺激物，如烟雾、污染或粗糙的织物。如果你的皮肤问题持续或加重，建议咨询皮肤科医生。

赵丽：谢谢你的建议，这对我真的很有帮助。我会尝试调整我的护肤程序，并关注我的生活习惯。

为了有效地使用 ChatGPT 获取关于敏感肌肤护理的建议，用户应该遵循以下步骤。

（1）提供详细的背景信息：在提问时，详细描述自己的肌肤状况，包括任何已知的过敏反应、常见的肌肤问题（如红斑、瘙痒、刺激感等），以及目前使用的护肤产品。这有助于 ChatGPT 更准确地理解用户的肌肤需求。

（2）明确护理目标：明确自己希望通过护肤达到的目标，如减少红斑、增强肌肤屏障、保湿等。这有助于 ChatGPT 提供更针对性的建议。

（3）询问特定的护肤产品和成分：提问时可以具体询问哪些成分或产品类型适合敏感肌肤，如询问是否应该使用无香料或无酒精的产品。

（4）提问关于日常护肤程序：除了询问特定产品外，也可以问关于日常护肤步骤的建议，如早晚的护肤步骤、如何正确清洁敏感肌肤等。

（5）咨询护肤时的注意事项：可以询问在护理敏感肌肤时需要避免的常见错误，或者在使用新产品时的测试方法。

通过这样的提问方法，用户可以获得更具体、更个性化的关于敏感肌肤护理的建议。

案例 194　季节性美容小贴士

扫一扫，看视频

在美容领域，季节变化对皮肤和头发的影响不容忽视。不同季节的气候特点对人体有着不同的影响。例如，冬季通常伴随着干燥和寒冷的天气，可能会导致皮肤干燥、脱水，甚至皮肤病的加重；而夏季的高温和湿度则可能导致皮肤出油、汗水过多，甚至晒伤。这些季节性的变化要求我们在美容护理上作出相应的调整。

1. ChatGPT 应用逻辑梳理

ChatGPT 提供季节性美容小贴士指导的应用逻辑如图 3-194 所示。

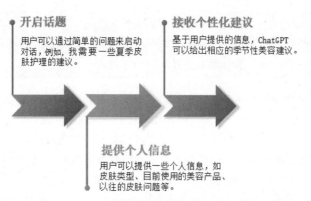

开启话题
用户可以通过简单的问题来启动对话，例如，我需要一些夏季皮肤护理的建议。

接收个性化建议
基于用户提供的信息，ChatGPT可以给出相应的季节性美容建议。

提供个人信息
用户可以提供一些个人信息，如皮肤类型、目前使用的美容产品、以往的皮肤问题等。

图 3-194　ChatGPT 提供季节性美容小贴士指导的应用逻辑

2. ChatGPT 对话交互

> ⑤ ChatGPT：
>
> 李华：你好，我注意到随着季节的变化，我的皮肤和头发状况也在发生变化。我该如何调整我的美容护理程序？
>
> ChatGPT：你好，李华！确实，季节变化对皮肤和头发有很大影响。让我们从冬季谈起。冬天，气候干燥寒冷，皮肤容易变得干燥和敏感。你目前的皮肤护理程序是怎样的？
>
> 李华：冬天我通常只用普通的保湿霜和润唇膏。但我发现我的皮肤仍然感觉很干。
>
> ChatGPT：在冬季，你可能需要使用更加滋润的护肤产品。我建议你选用含有神经酰胺或透明质酸的保湿霜，这些成分可以帮助皮肤锁住水分，加强皮肤屏障。对于润唇膏，选择含有蜂蜡或乳木果油的产品会更有效。
>
> 李华：我应该如何护理我的头发？冬天我发现头发容易静电。
>
> ChatGPT：冬季头发的静电问题很常见。你可以尝试使用滋润型的洗发水和护发素，它们可以帮助保持头发的水分。另外，避免过度使用吹风机和热型工具，因为高温会使头发更加干燥。
>
> 李华：夏天我的皮肤和头发又有不同的问题。
>
> ChatGPT：夏天，高温和湿度会导致皮肤出油和汗水过多。这时，你可以使用更轻薄的保湿产品，如含有水杨酸的清爽型面霜，它可以帮助你控制油脂和防止毛孔堵塞。此外，夏季防晒非常重要，应使用高 SPF 值的防晒霜。
>
> 李华：我应该怎样护理夏季的头发？
>
> ChatGPT：夏天，你的头发可能会因为紫外线和海水或游泳池中的化学物质而受损。使用含有 UV 保护的洗发水和护发素可以防止头发损伤。每次游泳后，尽快用清水冲洗头发，以去除头发上残留的盐分或氯。
>
> 李华：春秋两季应该怎样调整护肤和护发程序？
>
> ChatGPT：春秋季节，气候比较温和。这时，你的护肤和护发程序可以是比较均衡的。使用保湿度适中的护肤品，保持皮肤的水油平衡。头发部分，可以根据你的头发类型和状态选择合适的洗发水和护发素。
>
> 李华：有没有针对所有季节通用的护肤和护发建议？
>
> ChatGPT：无论哪个季节，保持皮肤和头发的清洁是非常重要的。温和清洁可以去除污垢和多余的油脂，而不会过度剥夺皮肤和头发的天然油脂。此外，保持充足的水分摄入和健康的饮食也对皮肤和头发的健康至关重要。
>
> 李华：我应该如何应对季节性的皮肤敏感问题？

> ChatGPT：季节变化时，皮肤可能会变得更加敏感。这时，最好减少使用含有刺激性成分如强效果酸、酒精等的护肤品。选择温和、无香料的护肤品，并注意观察皮肤的反应，适时调整护肤程序。
>
> 李华：谢谢你的建议！这对我真的很有帮助。

在使用 ChatGPT 进行季节性美容咨询时，需要注意以下几点：首先，提供详细的个人信息有助于获取更加精准和实用的建议。其次，注意限制条件，对于特殊皮肤问题，仍建议咨询专业的皮肤科医生。最后，由于美容产品和护理方法的不断更新，建议用户定期获取最新信息。同时，在实践中需要根据个人实际情况进行调整。对于进一步探索，用户可以考虑根据自己的具体需求，让 ChatGPT 提供针对性的产品推荐，以探索在季节交替时，如何平衡和调整护肤程序。

 案例 195　发型设计灵感

扫一扫，看视频

发型设计是个人风格和时尚表达的重要部分。一个合适的发型不仅能够提升个人形象，还能反映一个人的个性和生活方式。然而，设计一个既时尚又符合个人特点的发型并非易事。它需要考虑多种因素，如脸型、头发质地、个人风格，甚至是生活习惯和职业要求。

1. ChatGPT 应用逻辑梳理

ChatGPT 提供发型设计灵感指导的应用逻辑如图 3-195 所示。

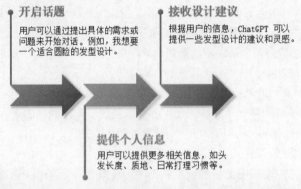

图 3-195　ChatGPT 提供发型设计灵感指导的应用逻辑

2. ChatGPT 对话交互

> ChatGPT：
>
> 周杰：你好，我最近想换个新发型，但不确定什么样的发型最适合我。你能给我一些建议吗？
>
> ChatGPT：你好，周杰！我很乐意帮助你。首先，我们需要考虑几个因素来确定适合你的发型。你能告诉我你的脸型、头发的质地，以及你倾向于什么样的风格吗？
>
> 周杰：我觉得我的脸型是圆形的，头发比较粗糙，而且很直。我喜欢比较简洁的风格，不太喜欢太过复杂的造型。
>
> ChatGPT：了解了。对于圆形脸型，我们通常会推荐一些可以延长脸部线条的发型。例如，可以尝试一些具有层次感的短发或中等长度的发型。这样的发型可以在视觉上拉长你的脸型。你对短发有兴趣吗？
>
> 周杰：我觉得短发挺好的，但我担心短发会不会太难打理？
>
> ChatGPT：其实，选择合适的短发发型并不难打理。你可以考虑一个简洁的刺头发型或者侧分短发，这些发型容易维护，早上整理起来也很方便。对于你的头发质地，使用一些定型产品，如发蜡或发泥，可以帮助保持发型。

周杰：我在工作中需要保持专业的形象，这些发型是适合的吗？

ChatGPT：当然适合。侧分短发是一个非常经典且专业的选择，既时尚又不失正式。如果你想要更加稳重的感觉，可以考虑留稍微长一点的头发，在侧边和后面进行适当修剪，保持整洁的外观。

周杰：我也在考虑是否要染发或烫发，你认为怎么样？

ChatGPT：染发和烫发可以为你的整体形象增添很多个性。考虑到你的职业需求和个人风格，我建议选择一些自然的染发色，比如深棕色或咖啡色，这样可以为你的发型增加深度和层次感。至于烫发，可以选择一些轻微的波浪烫，增加头发的质感，但不会过于夸张。

周杰：听起来不错！那我应该怎么维护染烫后的头发？

ChatGPT：染烫后的头发需要额外的护理来保持头发的健康。使用专为染烫发设计的洗发水和护发素是很重要的，这些产品可以帮助修复受损发质并锁住颜色。此外，定期使用护发油或发膜可以提供深层次的滋养。

周杰：好的，我会记住这些建议。谢谢你的帮助！

在使用 ChatGPT 提供发型设计灵感指导时，需要注意以下几点：首先，用户需要提供详细的个人信息，以获取更加精准和实用的建议。其次，ChatGPT 提供的信息基于一般知识和经验，对于特殊发型和发质问题，建议咨询专业的美发师。最后，实践中可能需要根据个人实际情况进行调整。对于进一步探索，用户可以考虑探索不同季节适合的发型设计，以适应气候和时尚趋势的变化，还可以探讨不同发型如何与服装风格相搭配，以创造和谐的整体形象。

案例 196　美甲流行趋势

美甲行业在近年来迅速发展，随着人们对个性化和时尚的追求增加，美甲已成为一种流行趋势和自我表达的方式。然而，跟随最新的美甲流行趋势对于美甲师和爱好者来说是一项挑战。他们需要了解当前的流行元素、配色、图案设计等，并将这些元素融入自己的创作中。这不仅考验美甲师的创意和技术，还需要他们持续关注行业动态，以保持竞争力和吸引顾客。

扫一扫，看视频

3

1. ChatGPT 应用逻辑梳理

ChatGPT 分析美甲流行趋势过程的应用逻辑如图 3-196 所示。

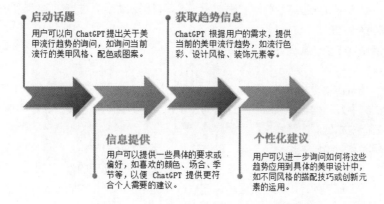

启动话题
用户可以向 ChatGPT 提出关于美甲流行趋势的询问，如询问当前流行的美甲风格、配色或图案。

获取趋势信息
ChatGPT 根据用户的需求，提供当前的美甲流行趋势，如流行色彩、设计风格、装饰元素等。

信息提供
用户可以提供一些具体的要求或偏好，如喜欢的颜色、场合、季节等，以便 ChatGPT 提供更符合个人需要的建议。

个性化建议
用户可以进一步询问如何将这些趋势应用到具体的美甲设计中，如不同风格的搭配技巧或创新元素的运用。

图 3-196　ChatGPT 分析美甲流行趋势过程的应用逻辑

2. ChatGPT 对话交互

🅢 ChatGPT：

李华：你好，ChatGPT。我是一名美甲师，最近我发现自己在设计美甲时有些跟不上时尚潮流。我想了解一下现在美甲行业有哪些流行趋势？

ChatGPT：你好，李华。近年来美甲行业的确发展迅速，流行趋势也在不断变化。目前，一些流行的美甲趋势包括使用大胆和鲜明的色彩、复古风格的图案设计以及加入一些特殊元素，如亮片、水钻等。此外，环保材料和天然色彩的使用也越来越受到重视。你可以尝试结合这些元素进行创作，同时也可以关注一些美甲行业的杂志和社交媒体来获取更多的灵感和信息。

李华：谢谢你的建议。我有注意到一些客户开始更加关注环保和天然材料。你能具体介绍一下如何在美甲中融入这些元素吗？

ChatGPT：当然可以。在使用环保材料方面，你可以选择那些无毒、无刺激性的甲油，这些产品通常标有"3-Free"或"5-Free"等标签，表示不含甲醛、酞酸酯和其他有害化学物质。此外，使用可生物降解的亮片或由天然成分制成的甲油也是一个不错的选择。

至于天然色彩的运用，你可以考虑使用更多温和、柔和的色调，如浅粉色、米色、天然石材色等。这些色彩不仅看起来自然，而且也很容易与客户的各种造型搭配。当然，结合最新的时尚流行色，如潘通色等，也是保持潮流感的好方法。

李华：我明白了，这些信息对我很有帮助。我还想了解一下，现在有哪些流行的美甲图案设计？

ChatGPT：当前流行的美甲图案设计中，几何图形和抽象艺术风格十分受欢迎。如简单的线条、波点、条纹或不规则的图形。这些设计不仅时尚，还能展现出一种简约而现代的美感。

此外，受到复古风格的影响，一些经典图案，如波西米亚风格、花卉图案，也重新回归流行。这些图案多采用鲜艳或对比色彩，能够吸引眼球，增加指甲的艺术感。

你可以尝试结合这些流行元素，根据客户的喜好和整体造型来设计美甲。同时，保持创新和个性化也很重要，这样可以使你的作品更加独特。

李华：这些确实给了我很多灵感。对了，我还想知道一下，通过什么方式可以更有效地了解和跟进美甲行业的最新动态？

ChatGPT：要持续关注美甲行业的最新动态，你可以关注一些行业内的杂志、网站和社交媒体账号。例如，Instagram 和 Pinterest 上有许多美甲艺术家和品牌的账号，他们经常分享最新的设计和趋势。

另外，参加行业展会和研讨会也是一个很好的方法。这些活动不仅可以让你了解到最新的产品和技术，还可以让你与其他美甲师交流经验，甚至可以找到合作的机会。

最后，定期参加培训课程或工作坊也很重要，这可以帮助你提升技能，了解新的技术和流行元素，保持自己的竞争力。

李华：谢谢你的建议，我会尝试这些方法。还有，我想了解一下，在提升顾客体验方面，有没有一些好的建议？

ChatGPT：提升顾客体验非常关键。首先，提供个性化的服务是很重要的。你可以在接待顾客时多了解他们的喜好和需求，然后根据这些信息来提供定制化的美甲设计。这不仅可以让顾客感受到被重视，还能提高他们的满意度。

其次，确保服务的高质量也是必不可少的。这包括使用高品质的材料、保持良好的卫生条件和提供专业的服务。这些都能够让顾客感到安全和舒适，从而提升他们的整体体验。

此外，创造一个舒适的环境也很重要。你可以考虑优化你的工作空间，如使用舒适的座椅、柔和的灯光和宜人的背景音乐。这些细节能够使顾客感到放松，享受美甲的过程。

最后，保持与顾客的良好沟通也非常关键。这包括在服务前后与顾客进行交流，了解他们的反馈，并根据这些反馈不断改进你的服务。

李华：这些建议对我很有帮助，感谢你的耐心解答。我会努力将这些知识应用到我的工作中去。

ChatGPT：不客气，李华。如果你在实践中遇到任何问题，或者需要更多的建议，随时欢迎你来咨询。祝你在美甲行业取得更大的成功！

使用 ChatGPT 探索和应用美甲流行趋势时，需要注意以下几点：首先，ChatGPT 提供的趋势信息可能并非实时更新，因此需要结合当前的时尚杂志、社交媒体等渠道来获取最新趋势。其次，每个人的风格和喜好不同，ChatGPT 的建议需要根据个人情况进行调整。此外，美甲技术和设计是一个实践过程，仅靠理论知识可能无法达到理想效果，实践和创新是提高技能的关键。最后，鉴于美甲材料和化学品可能对某些人造成过敏，使用前应进行适当的测试和了解。针对美甲流行趋势案例，用户可以进一步深入探索如何结合个人风格和当前流行趋势创作独特的美甲设计、不同文化和地区对美甲流行趋势的影响，以及如何融合这些元素创造跨文化的美甲艺术。

案例 197　皮肤问题解决

皮肤问题是一个常见但复杂的问题，涉及多种因素，如遗传、环境、生活方式和个人卫生习惯。常见的皮肤问题包括痤疮、湿疹、皮炎、敏感和老化等。这些问题不仅影响外观，还可能影响个人的自信心和社交互动。因此，有效地解决皮肤问题对提高生活质量至关重要。

扫一扫，看视频

1. ChatGPT 应用逻辑梳理

ChatGPT 提供解决皮肤问题指导的应用逻辑如图 3-197 所示。

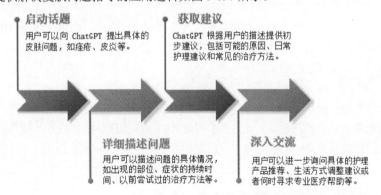

启动话题
用户可以向 ChatGPT 提出具体的皮肤问题，如痤疮、皮炎等。

获取建议
ChatGPT 根据用户的描述提供初步建议，包括可能的原因、日常护理建议和常见的治疗方法。

详细描述问题
用户可以描述问题的具体情况，如出现的部位、症状的持续时间、以前尝试过的治疗方法等。

深入交流
用户可以进一步询问具体的护理产品推荐、生活方式调整建议或者何时寻求专业医疗帮助等。

图 3-197　ChatGPT 提供解决皮肤问题指导的应用逻辑

2. ChatGPT 对话交互

> **ChatGPT：**
>
> 张敏：你好，ChatGPT。我是一名大学生，最近脸上长了很多痤疮，感觉很影响外观，也让我没什么自信。请问有什么好的方法可以解决这个问题吗？
>
> ChatGPT：你好，张敏。痤疮是一个常见的皮肤问题，通常与皮脂分泌过多、毛孔堵塞和细菌感染有关。要有效治疗痤疮，首先要保持良好的皮肤清洁。每天使用温和的洁面产品清洁面部，避免使用刺激性强的皮肤护理品。此外，定期去角质可以帮助清除堵塞的毛孔。
>
> 你也可以考虑使用一些局部治疗产品，如含有水杨酸或苯甲酸过氧化物的药膏，它们有助于减少炎症和促进皮肤愈合。但是，这些产品可能会导致皮肤干燥或刺激，所以最好在皮肤科医生的指

导下使用。

张敏：谢谢你的建议。我之前确实没怎么注意清洁和护肤。除了这些，我还能做些什么来预防痤疮呢？

ChatGPT：预防痤疮，除了保持良好的清洁习惯外，生活方式的调整也很重要。例如，保持均衡的饮食，避免高糖和高脂肪的食物，多吃蔬菜和水果。这些食物富含维生素和矿物质，可以帮助改善皮肤状况。

充足的睡眠和适当的运动也很重要。这些不仅有助于减少压力，还能促进血液循环，改善皮肤健康。此外，尽量避免摸脸或挤压痤疮，这可能会加剧炎症或导致感染。

张敏：我了解了，这些生活方式的调整听起来很有意义。如果我想了解更多关于皮肤保养的知识，你有什么推荐吗？

ChatGPT：当然。如果你想了解更多关于皮肤保养的知识，可以阅读一些皮肤科医生或专业美容师写的书籍和博客。这些资源通常提供科学和实用的皮肤护理建议。

此外，也有一些专业的皮肤护理网站和论坛，如 DermNet NZ 或 SkinCareAddiction（Reddit 上的一个社区），这里有大量关于皮肤健康和护理的信息。

你也可以关注一些社交媒体上的皮肤科医生和美容专家，他们经常分享关于皮肤护理的最新研究和趋势。不过，需要注意的是，每个人的皮肤状况都不同，所以在尝试新的护肤产品或方法之前，最好先咨询专业的皮肤科医生。

张敏：感谢你提供这么多有用的信息。我会尝试按照这些建议去做，希望我的皮肤状况能有所改善。

ChatGPT：不客气，张敏。记住，皮肤的改善可能需要一段时间，保持耐心和持续的护理很重要。如果你的痤疮状况没有改善，或者变得更严重，建议及时就医。祝你早日恢复健康的皮肤！

解决皮肤问题时，需要注意个体差异和对不同产品的反应。首先，ChatGPT 提供的建议应视为一般性建议，具体情况可能需要专业医生的诊断和治疗。其次，皮肤问题的改善可能需要时间和耐心，及时调整生活习惯和护肤程序，避免过度焦虑。最后，对于皮肤问题，保持积极和健康的生活态度是非常重要的。

对于皮肤问题案例，用户可以进一步探索的方向包括：结合特定皮肤类型和条件，如敏感性肌肤或老化肌肤，探索更专业的护肤建议；研究和了解最新的皮肤护理科技和成分，如微针技术、生物活性成分等，以及它们如何帮助解决特定的皮肤问题。

3.25 农 业 园 艺

在农业园艺领域，ChatGPT 的应用正逐渐展现出巨大的潜力和价值，通过提供智能化的咨询服务、数据分析和管理支持，它能够帮助农业从业者提高作物产量、优化种植管理，以及提升农业园艺的整体效率和可持续性。本节将探讨 ChatGPT 在农业园艺中的作用与意义，以及它如何帮助推动农业园艺的发展。

首先，ChatGPT 可以作为农业园艺咨询的智能助手。通过与农户的互动对话，ChatGPT 能够提供有针对性的种植建议、病虫害防治方案以及水肥管理指导等。这种即时且专业的咨询服务能够帮助农户解决种植过程中的各种问题，从而提高作物生长的健康度和产量。

其次，ChatGPT 在数据分析和农业决策支持方面展现出了显著的能力。通过分析土壤数据、气候条件、作物生长数据等，ChatGPT 能够帮助农业从业者作出更加科学和合理的决策，如选择最适合的作物品种、确定最佳的播种和收获时间，以及制订高效的水肥管理计划。

案例 198　家庭种植入门

随着人们对健康和可持续生活方式的关注，家庭种植成为一种流行趋势。家庭种植不仅能提供新鲜、有机的果蔬，还能为家庭带来乐趣和放松。然而，对于初学者来说，如何开始种植、选择合适的植物、了解植物的养护方法等都是需要面临的挑战。

扫一扫，看视频

1. ChatGPT 应用逻辑梳理

ChatGPT 提供家庭种植入门方法的应用逻辑如图 3-198 所示。

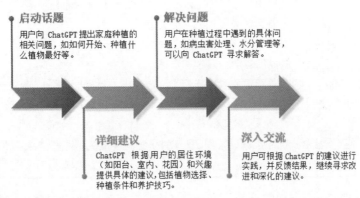

启动话题
用户向 ChatGPT 提出家庭种植的相关问题，如如何开始、种植什么植物最好等。

解决问题
用户在种植过程中遇到的具体问题，如病虫害处理、水分管理等，可以向 ChatGPT 寻求解答。

详细建议
ChatGPT 根据用户的居住环境（如阳台、室内、花园）和兴趣提供具体的建议，包括植物选择、种植条件和养护技巧。

深入交流
用户可根据 ChatGPT 的建议进行实践，并反馈结果，继续寻求改进和深化的建议。

图 3-198　ChatGPT 提供家庭种植入门方法的应用逻辑

2. ChatGPT 对话交互

ChatGPT：

王强：你好，ChatGPT。我最近对家庭种植很感兴趣，但我是个初学者，不知道从哪里开始。你能给我一些建议吗？

ChatGPT：你好，王强。很高兴你对家庭种植感兴趣。首先，建议你从一些容易养护的植物开始，如番茄、生菜、罗勒或薄荷。这些植物不仅容易生长，而且可以直接用于烹饪，非常适合初学者。

在开始种植之前，你需要准备一些基本的园艺工具，如铲子、水壶、花盆和合适的土壤。对于土壤，一般建议使用有机蔬菜土，这种土壤通常含有丰富的营养，有助于植物生长。

你还需要考虑植物的光照和水分需求。大多数蔬菜和香草植物需要充足的阳光，所以最好将它们放在能接受至少 6 小时日照的地方。同时，保持土壤的适度湿润也很重要，但要避免过度浇水。

王强：谢谢你的建议。我想问一下，家庭种植是否需要特别注意什么？如肥料的使用、病虫害的防治等。

ChatGPT：在家庭种植中，确实需要注意一些事项。在肥料的使用方面，建议定期（如每两周一次）使用一些有机肥料，如骨粉或鱼肥。这些肥料可以提供植物生长所需的营养。

关于病虫害防治，最好采用自然和环保的方法。例如，可以使用含肥皂的水喷洒植物来防治一些常见的害虫。如果遇到较为严重的病虫害问题，可以咨询当地的园艺中心，了解适合你所种植的植物种类的特定治疗方法。

此外，定期检查植物的生长情况也很重要。这不仅可以帮助你及时发现并处理问题，还能让你更好地了解每种植物的特定需求。

王强：我明白了，这些建议听起来很实用。还有，我住的地方阳光不是很充足，这会影响植物的生长吗？

ChatGPT：阳光不足确实可能影响某些植物的生长。如果你住的地方日照不足，可以考虑种植一些耐阴的植物，如菠菜、香菜或薄荷。这些植物可以在相对较少的光照下生长。

此外，你也可以使用人工光源来补充阳光。例如，LED 生长灯是一个很好的选择，它们可以提供植物所需的光谱，而且能效高，发热量低。将生长灯放置在植物上方，每天照射几个小时，可以有效促进植物的生长。

王强：那我会考虑试试 LED 生长灯。最后，你有没有推荐的学习资源，如书籍、网站或论坛，我想更深入地学习家庭种植。

ChatGPT：有很多优秀的资源可以帮助你学习家庭种植。一些书籍，如《家庭菜园指南》（*The Vegetable Gardener's Bible*）或《方方面面种植》（*Square Foot Gardening*），提供了详细的种植指导和技巧。

在网上有一些专业的园艺网站和论坛，如 Gardeners' World 和 The Spruce，这里有大量的文章和视频教程，涵盖了从基础种植到高级技巧的各个方面。

社交媒体平台上也有一些园艺爱好者的群组和频道，如 YouTube 上的园艺频道或 Facebook 上的园艺爱好者小组，这里可以找到实用的建议和灵感。

通过这些资源，你不仅可以学到更多的种植知识，还可以与其他园艺爱好者交流经验。

王强：非常感谢你提供这么多有用的信息，我会去看看这些资源。希望我能够快速上手，享受家庭种植的乐趣。

ChatGPT：不客气，王强。祝你家庭种植早日成功，享受到种植的乐趣和成果。如果有任何问题，随时欢迎来咨询。

家庭种植是一个既有趣又有益的活动，需要耐心和细心。每种植物都有其特定的需求，了解这些需求是成功种植的关键。开始种植时可能会遇到一些挑战，但通过不断学习和实践，用户可以逐渐提高种植技能。此外，家庭种植不仅能提供食物，还能增加生活的乐趣，改善生活环境。对于家庭种植案例，用户可以进一步探索，如何在特定气候和环境条件下，选择适合本地种植的植物种类；研究如何利用有限空间进行创意种植，如垂直花园、水培系统等，以适应城市生活环境。

案例 199　花卉护理技巧

扫一扫，看视频

花卉护理是一个既有趣又具有挑战性的活动，它需要对不同花卉的特性有一定的了解。每种花卉都有其特定的光照、水分、土壤和温度需求。正确的护理不仅可以使花卉健康生长，还能提高它们的观赏价值。然而，对于初学者来说，了解这些需求并正确实施可能会感到困难。

1. ChatGPT 应用逻辑梳理

ChatGPT 提供花卉护理技巧指导的应用逻辑如图 3-199 所示。

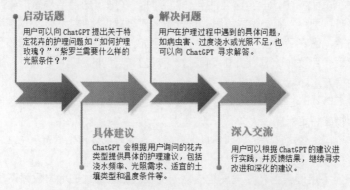

图 3-199　ChatGPT 提供花卉护理技巧指导的应用逻辑

2. ChatGPT 对话交互

⑨ ChatGPT：

赵女士：你好，ChatGPT。我最近开始在家种植一些花卉，但我发现每种花都有不同的需求，感到有点困难。你能帮我详细了解一下花卉护理的基本知识吗？

ChatGPT：你好。很高兴你开始了花卉种植的旅程。确实，不同的花卉有着不同的生长需求。

首先，我们来谈谈光照。大部分花卉需要充足的阳光，但也有一些花卉，如非洲紫罗兰，更适合在半阴的环境中生长。因此，了解你所种植的花卉是喜阳还是耐阴，并确保它们获得适宜的光照非常重要。

其次，水分管理。不同的花卉对水分的需求不同。一般来说，大多数花卉都喜欢土壤保持微湿，但并不是所有花卉都需要频繁浇水。例如，多肉植物和仙人掌这类肉质植物对水分的需求较低，而像玫瑰这样的花卉则需要更多的水分。重要的是要根据土壤的干湿程度来决定浇水的频率和量。

土壤也是一个重要的考虑因素。不同花卉对土壤的类型和营养需求各不相同。一些花卉，如兰花，需要松散、排水良好的土壤，而有些花卉则可能需要更为肥沃的土壤。使用适合你所种植花卉的专用土壤可以提供最佳的生长环境。

最后，温度和湿度。大多数花卉都适合在温暖的环境中生长，但有些花卉对温度和湿度的需求更为特殊。例如，热带花卉通常需要较高的湿度和温度，而一些温带花卉则可能更耐寒。

赵女士：谢谢你的解释。我家里现在有玫瑰和兰花，你能否针对这两种花给出一些具体的护理建议？

ChatGPT：当然可以。对于玫瑰，它们需要充足的阳光和定期的浇水。确保土壤保持湿润但不积水是关键。玫瑰花喜欢肥沃、排水良好的土壤，并且需要定期施用玫瑰专用肥料。此外，修剪枯叶和枯枝可以促进玫瑰的健康生长，还可以防止病虫害的发生。

兰花的护理则稍微有些不同。兰花需要明亮的间接光照，直射的阳光可能会灼伤它们的叶子。它们的土壤应该是松散且排水良好的，可以使用专门的兰花土壤。浇水方面，兰花不需要频繁浇水，一般当土壤表面干燥时再浇水。此外，兰花在生长季节需要定期施用兰花专用肥料。

赵女士：这些信息很有帮助，谢谢你。我还想知道，如果我想让花卉开花更加茂盛，有什么好的方法吗？

ChatGPT：想要让花卉开花更加茂盛，确保它们获得足够的光照是非常重要的。花卉通常需要足够的光照才能产生足够的能量进行开花。

除此之外，合适的肥料也非常关键。选择富含磷酸盐的肥料可以促进花卉的开花。在花卉的生长季节，按照产品说明定期施肥可以提高开花的数量和质量。

还有，适当的修剪也有助于促进开花。对于一些花卉，如玫瑰，定期修剪不仅能帮助去除枯叶和枯枝，还能促进新芽的生长，从而增加开花的数量。

同时，确保花卉不受病虫害的侵扰也很重要。健康的植株更容易开出美丽的花朵。定期检查植株是否有病虫害的迹象，并采取适当的预防和治疗措施。

赵女士：听起来我需要更加细心地照顾我的花卉。谢谢你的建议，我会按照这些方法去尝试。

ChatGPT：不客气。花卉护理是一项既有趣又有挑战的活动，希望我的建议能帮助你更好地照顾你的花卉。如果你在护理过程中遇到任何问题，或者需要更多的建议，随时欢迎来咨询。祝你的花卉健康茂盛！

花卉护理需要时间和耐心，每种花卉都有其独特的需求。了解并满足这些需求是保证花卉健康和美丽的关键。除了基本的光照、水分和土壤需求，定期的修剪、施肥和病虫害预防也非常重要。通过不断学习和实践，用户可以成为一名出色的花卉护理者。

对于花卉护理，用户可以进一步与 ChatGPT 探索的方向有：针对特定的花卉品种，如兰花、郁金香等，提供更专业的护理建议；探讨如何在有限的空间内，如公寓阳台或室内，进行有效的花卉栽培和护理。

案例 200　蔬菜园布局

扫一扫，看视频

创建一个家庭蔬菜园是一项既有益于健康又能提供新鲜蔬菜的活动。然而，对于初学者来说，如何合理规划蔬菜园的布局是一个挑战。有效的蔬菜园布局需要考虑多种因素，如光照、土壤类型、水源位置、植物间的相容性等。

1. ChatGPT 应用逻辑梳理

ChatGPT 提供蔬菜园布局过程的应用逻辑如图 3-200 所示。

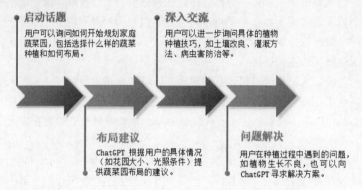

图 3-200　ChatGPT 提供蔬菜园布局过程的应用逻辑

2. ChatGPT 对话交互

ChatGPT:

李明：你好，ChatGPT。我打算在我家的院子里建一个蔬菜园，但我不知道该如何规划布局。你能给我一些建议吗？

ChatGPT：你好，李明。很高兴你决定开始家庭蔬菜园的建设。在规划蔬菜园时，首先要考虑的是光照。大部分蔬菜需要至少六小时的直射阳光，因此选择一个阳光充足的位置非常重要。如果你的院子中有部分地方阳光较少，可以考虑在那些区域种植一些耐阴的蔬菜，如菠菜或香菜。

其次是土壤类型的考虑。理想的蔬菜园土壤应该是肥沃且排水良好的。你可以通过添加有机物料，如堆肥或腐叶土，来改善土壤的质量。确保土壤的 pH 适宜也很重要，大部分蔬菜适合在 pH 6.0 到 pH 7.0 的土壤中生长。

水源位置也是一个关键因素。你需要确保蔬菜园靠近水源，这样方便浇水。同时，考虑安装滴灌系统或使用浇水壶，以保证蔬菜得到均匀的水分。

李明：这些信息很有用。关于植物间的相容性，我应该如何考虑？

ChatGPT：植物间的相容性，也就是伴生种植，是蔬菜园规划中的一个重要方面。某些植物种在一起可以互相促进生长，而有些则可能互相抑制。例如，番茄和罗勒种在一起可以促进彼此的生长，而豌豆和洋葱则不宜种在一起。在规划布局时，考虑植物的生长高度和生长习性也很重要。高大的植物，如西红柿，应该种在北侧，以免遮挡其他植物的阳光。爬藤植物，如豆类和黄瓜，可以种植在园边，并提供支架以节省空间。

李明：听起来我需要做不少规划。还有，如果我想最大限度地利用空间，有什么技巧吗？

ChatGPT：为了最大限度地利用空间，你可以考虑使用垂直种植或密集种植的方法。垂直种植是指利用竖直空间种植植物，如使用格子架或攀爬架来支撑豆类和瓜类植物的生长。这不仅节省空间，还有助于保持植物健康，减少病虫害。

密集种植是指在有限的空间内种植尽可能多的植物。这种方法要求精确控制植物之间的距离，以确保它们有足够的空间生长，同时减少土壤中的杂草。你可以通过阅读种子包装上的指导或进行在线研究，来确定不同植物之间合适的种植距离。

李明：这些建议真的很有帮助。最后，有没有一些好的资源，可以帮助我更好地学习和规划蔬菜园？

ChatGPT：有许多优秀的资源可以帮助你学习和规划蔬菜园。《方方面面种植》（*Square Foot Gardening*）和《有机家庭菜园》（*The Organic Family Vegetable Garden*）这两本书提供了实用的建议和技巧。

此外，网上也有一些专业的园艺网站和论坛，如 Gardeners' World 和 The Old Farmer's Almanac，这里有丰富的文章和视频教程，覆盖了从基础知识到高级技巧的各个方面。

社交媒体平台上的园艺爱好者群组和 YouTube 园艺频道也是获取信息和灵感的好地方。通过这些资源，你可以学习到更多关于蔬菜园规划和管理的知识。

李明：非常感谢你的建议，我会去查阅这些资源。希望我的蔬菜园能够成功。

ChatGPT：不客气，李明。祝你建设蔬菜园过程顺利，收获丰富。如果你在过程中遇到任何问题，或者需要更多的建议，随时欢迎来咨询。

创建和维护一个家庭蔬菜园需要细心规划和持续关注。正确的布局、土壤管理、灌溉和病虫害防治是关键。通过不断学习和实践，用户能够收获健康的蔬菜并享受园艺的乐趣。对于蔬菜园布局案例，用户可以进一步探索如何在有限的空间内实现高效种植，如在阳台或屋顶花园，以及如何利用伴生植物来提高蔬菜园的生产力和健康状态。

案例 201　景观设计建议

在景观设计领域，创造一个既美观又实用的空间是设计师和业主共同的目标。在尝试改造后院或阳台时，往往面临着多重挑战。首先，有限的空间意味着每一寸土地都需要精心规划以最大化其功能和美观性。其次，城市的环境污染问题，如空气质量和噪声，需要通过设计来缓解。再次，隐私保护在紧邻邻居的城市环境中尤为重要。最后，要想让这个空间全年都吸引人，需要考虑四季变换时植物和设计元素的选择。

扫一扫，看视频

1. ChatGPT 应用逻辑梳理

ChatGPT 提供景观设计建议过程的应用逻辑如图 3-201 所示。

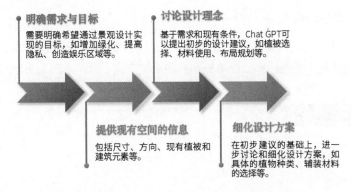

明确需求与目标
需要明确希望通过景观设计实现的目标，如增加绿化、提高隐私、创造娱乐区域等。

讨论设计理念
基于需求和现有条件，Chat GPT 可以提出初步的设计建议，如植被选择、材料使用、布局规划等。

提供现有空间的信息
包括尺寸、方向、现有植被和建筑元素等。

细化设计方案
在初步建议的基础上，进一步讨论和细化设计方案，如具体的植物种类、铺装材料的选择等。

图 3-201　ChatGPT 提供景观设计建议过程的应用逻辑

ChatGPT:

用户：我想改造我的后院，让它成为一个能让我放松，并且适合朋友聚会的地方，但我的空间不大，不确定能做些什么。

ChatGPT：有没有想过把后院分成几个区呢？哪怕地方不大，巧妙规划一下也能弄出个既能休息又适合朋友小聚的地方。比如，角落里可以摆个软垫，弄个小小的休息区，适合看书或者独自放空。另一边可以设个小户外厨房，放张桌子，周末烧烤时就很合适。

用户：这听起来不错，但我担心空气质量和隐私问题。

ChatGPT：说到空气质量，种些能吸收污染、释放清新空气的植物是个不错的选择，像常春藤、蕨类和蜘蛛兰都不错。隐私方面，种一些高的灌木或者弄个竹篱笆遮挡，既能保护隐私又能绿化环境。另外，可以安装带图案的隐私屏风，既美观又实用。

用户：我很喜欢四季都有变化的植物，有什么建议吗？

ChatGPT：要想后院四季都好看，关键是选一些不同季节开花或变色的植物。比如春天可以种郁金香和樱花，夏天搞些薰衣草和向日葵，秋天弄点枫树和金桂，冬天靠冬青和常青藤保持绿意。这样一年四季后院都有新意。

用户：我该如何照顾这些植物呢？

ChatGPT：最重要的是选适合当地气候的植物，这样照顾起来容易些。要搞清楚每种植物需要多少光照、水分和什么样的土壤。用滴灌系统可以省水又确保植物均匀吸水。别忘了定期修剪，让植物健康生长，看着也赏心悦目。

用户：好的，我还想了解下，如果我想在晚上也能享受后院，有什么建议吗？

ChatGPT：晚上的后院也能成为一个超级舒服的地方，关键在于照明和氛围。你可以试试挂些小灯泡串或者设置几盏柔和的地灯，这样不仅能照亮路径，还能营造出温馨的氛围。如果你有树或者棚架，也可以在上面挂几盏灯，既美观又实用。再加上一些户外蜡烛或者灯笼，就能让晚上的后院变成一个超级浪漫的小天地，无论是自己放松还是和朋友聚会都很棒。如果你所在地区允许，弄个小火坑也很有趣，既暖和又能增加一点点探险的感觉。记得安全第一哦，特别是和火有关的时候。

通过这个案例，我们看到了如何利用 ChatGPT 来获取个性化的景观设计建议。尽管这些建议提供了一个很好的起点，但更重要的是每个空间和环境都是独特的，可能需要专业的景观设计师来实现最佳的设计效果。在实施过程中，持续地维护和关注植物的健康同样重要。此外，可持续性和生态友好的设计原则应当贯穿始终，以确保户外空间对环境产生积极影响。

案例 202　土壤改良方法

土壤质量对植物的生长至关重要。不良的土壤条件，如土壤紧实、排水不良、营养不足或 pH 值不平衡，都会影响植物的健康和产量。因此，改良土壤是种植活动的关键步骤。

1. ChatGPT 应用逻辑梳理

ChatGPT 提供土壤改良方法指导的应用逻辑如图 3-202 所示。

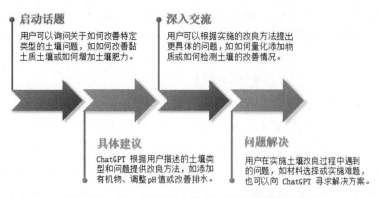

启动话题

用户可以询问关于如何改善特定类型的土壤问题，如何改善黏土质土壤或如何增加土壤肥力。

深入交流

用户可以根据实施的改良方法提出更具体的问题，如何量化添加物质或如何检测土壤的改善情况。

具体建议

ChatGPT 根据用户描述的土壤类型和问题提供改良方法，如添加有机物、调整 pH 值或改善排水。

问题解决

用户在实施土壤改良过程中遇到的问题，如材料选择或实施难题，也可以向 ChatGPT 寻求解决方案。

图 3-202　ChatGPT 提供土壤改良方法指导的应用逻辑

2. ChatGPT 对话交互

🟢 ChatGPT:

王莉：你好，ChatGPT。我最近发现我的花园土壤质量不好，植物长得不太好。请问有什么方法可以改良土壤吗？

ChatGPT：你好，王莉。改良土壤质量是确保植物健康生长的关键。首先，了解土壤的当前状况非常重要。你可以通过土壤测试来了解土壤的 pH 值和营养成分水平。这将帮助你确定需要添加哪些营养素。

如果土壤紧实，增加有机物料是一个有效的改良方法。你可以添加堆肥、腐叶土或者有机肥料。这些物料不仅能提供营养，还能改善土壤结构，增加土壤的透气性和保水性。

对于排水不良的土壤，可以通过混入沙子或者砾石来改善排水性能。这样可以避免水分在土壤中积聚，导致根部腐烂。

王莉：听起来我需要先做一个土壤测试。如果我发现土壤的 pH 值不平衡该怎么办？

ChatGPT：如果土壤测试显示 pH 值不平衡，你需要根据测试结果进行调整。如果土壤过酸，可以添加石灰来提高 pH 值。如果土壤过碱，可以添加硫磺或者有机物料，如松针和树叶，帮助土壤降低 pH 值。需要注意的是，改变土壤的 pH 值是一个渐进的过程，可能需要一段时间才能看到效果。

此外，定期添加有机物料是保持土壤健康的好方法。有机物料不仅能提供营养，还能帮助维持土壤的良好结构和适宜的 pH 值。

王莉：这些方法听起来很有用。另外，我还想知道，有没有一些自然的方法可以增加土壤的营养？

ChatGPT：确实，有几种自然的方法可以增加土壤的营养。一种方法是使用绿肥，如种植豆科植物（如三叶草或豌豆）。这些植物能够固定大气中的氮，并且在深耕入土后，可以作为天然肥料提高土壤的肥力。

另外，制作和使用堆肥也是一种很好的方法。堆肥是由厨余垃圾、庭院废物和其他有机物质制成的，富含营养，可以为植物提供所需的多种营养素。

使用木屑、落叶或草割物作为覆盖物也可以帮助土壤保持湿润，防止杂草生长，并在分解过程中向土壤提供营养。

王莉：非常感谢你的建议，我会尝试这些方法改良我的花园土壤。

ChatGPT：不客气，王莉。耐心和持续的努力是改善土壤质量的关键。随着时间的推移，这些改良措施将有助于你的花园土壤变得更加肥沃，从而促进植物的健康生长。如果在实践过程中遇到任何问题，或需要更多的建议，随时欢迎来咨询。祝你的花园越来越繁荣！

改善土壤质量是一个持续的过程，需要根据土壤的具体情况和植物的需求进行调整。定期的土壤测试、合理的物质添加和耕作实践是关键。通过这些方法，用户可以创建一个健康、肥沃的土壤环境促进植物的健康生长。可以与 ChatGPT 深入探讨特定类型的土壤的改良策略，如沙质土壤或重黏土，或者探讨如何在有限的空间（如盆栽或小型花园）中进行有效的土壤改良。

案例 203　害虫防治建议

扫一扫，看视频

害虫是园艺和农业中的常见问题，它们可以损害植物，降低产量和质量。有效的害虫防治不仅保护了植物，还有助于维持生态平衡。然而，对于园艺爱好者和农民来说，如何有效且环保地控制害虫是一个挑战。

1. ChatGPT 应用逻辑梳理

ChatGPT 提供害虫防治建议指导的应用逻辑如图 3-203 所示。

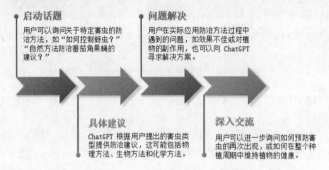

图 3-203　ChatGPT 提供害虫防治建议指导的应用逻辑

2. ChatGPT 对话交互

ChatGPT：

李华：你好，ChatGPT。我发现我的花园中出现了一些害虫，想要找一些环保的方法来控制它们。你能提供一些具体的建议吗？

ChatGPT：你好，李华。对于害虫的控制，首先可以尝试物理隔离方法，如使用防虫网或者浮动排筛布覆盖在植物上，这能阻止害虫接触到植物。另外，手动移除大型害虫，如蜗牛和甲虫，也是一种直接而有效的方法。

李华：这些方法听起来很实用。除了物理隔离方法，还有没有其他的环保方法呢？

ChatGPT：当然有。你可以尝试生物控制方法，如引入或吸引天敌来控制害虫。例如，瓢虫可以吃掉蚜虫，蜻蜓和某些鸟类也能帮助控制害虫数量。此外，种植一些特定的植物，如金盏花或薰衣草，可以吸引益虫，同时驱赶一些害虫。

李华：听起来生物控制方法也是一个不错的选择。我还听说可以自己制作一些环保的杀虫剂，这是真的吗？

ChatGPT：没错，自制的环保杀虫剂是另一个好选择。一种常见的配方是使用大蒜和辣椒。将它们捣碎后与水混合，然后过滤并装入喷壶中使用。肥皂水也是一种常用的自制杀虫剂，对许多害虫都有驱逐作用。

李华：这些自制杀虫剂听起来既简单又环保。使用它们有什么需要特别注意的吗？

ChatGPT：在使用这些自制杀虫剂时，有几点需要注意。首先，建议先在植物的一小部分上试用，以确保不会对植物造成伤害。如果 24 小时内没有问题，再对整个植物进行处理。其次，避免在高温时喷洒，以免造成植物叶片的烧伤。同时，保持一定的使用频率，以免对植物产生不良影响。

李华：谢谢你的建议，我会尝试用这些方法来处理我的花园中的害虫问题。

ChatGPT：不客气，李华。记住，害虫控制是一个持续的过程，需要耐心和定期的关注。如果你在实施这些方法时遇到任何问题，或者有其他园艺方面的疑问，随时欢迎来咨询。祝你的花园健康茁壮！

ChatGPT 在害虫防治方面具有重要作用。首先，它可以提供广泛的知识，包括害虫种类、生态系统、化学防治方法等方面的信息。用户可以向 ChatGPT 提出关于特定害虫的问题，以及如何识别、预防和控制它们的方法。其次，它还可以向用户提供害虫防治方面的培训和指导。它可以解释不同防治方法的原理和适用情况，帮助用户制定有效的防治策略。最后，ChatGPT 还可以提供定制化的建议，根据用户提供的特定情况和需求，为其量身定制最佳的害虫防治方案。这种个性化的服务有助于提高防治效果，并最大限度地减少对环境和非目标生物的影响。

 案例 204　水培种植指导

水培种植是一种在水中进行的植物栽培方法，不使用土壤。它允许植物直接从营养溶液中获取所需的营养物质。水培种植的优点包括节省空间、减少病虫害、提高生长速度和产量。然而，对于新手来说，了解水培系统的设置、营养溶液的配比和管理可能是一个挑战。

扫一扫，看视频

1. ChatGPT 应用逻辑梳理

ChatGPT 提供水培种植指导的应用逻辑如图 3-204 所示。

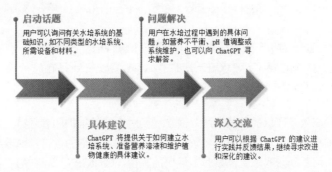

启动话题
用户可以询问有关水培系统的基础知识，如不同类型的水培系统、所需设备和材料。

问题解决
用户在水培过程中遇到的具体问题，如营养不平衡、pH 值调整或系统维护，也可以向 ChatGPT 寻求解答。

具体建议
ChatGPT 将提供关于如何建立水培系统、准备营养溶液和维护植物健康的具体建议。

深入交流
用户可以根据 ChatGPT 的建议进行实践并反馈结果，继续寻求改进和深化的建议。

图 3-204　ChatGPT 提供水培种植指导的应用逻辑

2. ChatGPT 对话交互

ChatGPT：

李华：我想开始水培蔬菜，应该从哪里开始？

ChatGPT：开始水培蔬菜前，首先需要选择一个合适的水培系统。常见的系统包括营养液循环系统、深水培养系统和滴灌系统。对于初学者，可以从较小的系统开始，如使用营养液循环系统种植生菜或香草。你需要准备水培槽、营养溶液、空气泵、水泵和适合水培的植物。然后，将植物放在水培槽中，确保根部能够接触到营养溶液。保持营养溶液的适当 pH 值和营养浓度是关键。

李华：如何准备和管理营养溶液？

ChatGPT：营养溶液的准备需要根据植物的需求调整。通常，可以购买预配制的水培营养溶液或自行混合。确保营养溶液中包含植物生长所需的主要营养元素，如氮、磷、钾以及微量元素。营养溶液的 pH 值应维持在 5.5 到 6.5 之间，可使用 pH 测试仪定期检测并调整。此外，定期更换营养溶液，以保持营养物质的充足和平衡。

李华：水培系统中常见的问题有哪些？

ChatGPT：水培系统中的常见问题包括营养不平衡、水中氧气不足、pH 值波动和病虫害。营养不平衡可能导致植物生长缓慢或症状异常，定期检测和调整营养溶液是必要的。使用空气泵增加水中的氧气可以防止根部腐烂。pH 值的波动会影响植物对营养的吸收，需要定期监测和调整。此外，虽然水培减少了病虫害的风险，但仍需注意预防和及时处理。

李华：我该如何选择适合水培的植物？

ChatGPT：适合水培的植物通常是那些对根部氧气需求不高的植物，如生菜、香草、菠菜和草莓。选择植物时，考虑它们的生长特性和对环境的要求。例如，一些植物可能需要更多的光照和空间。开始时，选择容易种植和管理的植物，随着经验的积累，你可以尝试种植更多样化的作物。

李华：听起来水培很有意思，但我担心没有足够的光照条件。水培蔬菜需要特别的光照设置吗？

ChatGPT：光照对于水培蔬菜的生长确实非常重要。如果你的种植地点自然光照不足，可以考虑使用人工光源，如 LED 生长灯。这些灯具能提供适合植物生长的光谱，并且相比传统灯具更节能。根据你种植的蔬菜类型和它们的生长阶段，光照的时长和强度可能需要调整。通常，叶类蔬菜需要每天大 10 到 14 小时的光照，而果实类蔬菜可能需要更长时间。

李华：听起来需要一定的管理和维护。我还想知道，水培蔬菜与土壤种植的蔬菜相比，有什么优势和劣势？

ChatGPT：水培蔬菜相比土壤种植有几个显著的优势。首先，水培系统允许更精确地控制植物的营养和环境条件，这通常会导致更快的生长速度和更高的产量。其次，水培系统通常使用更少的水，因为水可以循环使用，这对环境更友好。此外，由于不接触土壤，水培减少了一些土传疾病和害虫的风险。

至于劣势，水培系统的初始成本通常高于传统的土壤种植，同时需要一定的技术知识和维护。此外，在断电或设备故障的情况下，水培系统的植物可能更快受到影响。

李华：谢谢你详细的解释，这对我开始水培蔬菜很有帮助。

水培种植是一种高效且环保的种植方法，但它需要对系统的维护和管理有一定的了解。合适的系统选择、营养溶液的准备和管理以及对环境条件的监控是成功水培的关键。随着经验的积累，用户可以不断优化自己的水培系统，实现更高效和多样化的种植。ChatGPT 可以在用户积累水培种植经验的过程中，给予足够的指导建议和优化方案。

案例 205　园艺工具选择

扫一扫，看视频

园艺工具是进行园艺工作的必备辅助，选择合适的工具不仅可以提高效率，还能减轻身体负担，使园艺活动更加愉快和高效。对于园艺爱好者和专业园丁来说，选对工具至关重要，因为它们直接影响到任务的完成质量和工作体验。合适的工具能够帮助园艺爱好者和园丁更轻松地进行修剪、除草、浇水等常规工作，同时在处理土壤、移植植物、修剪树木等复杂操作时提供便利。因此，选择适合自己需求和工作环境的工具是关键。爱好者可以选择一些基本的工具，如剪刀、铲子、喷壶等，而专业园丁可能需要更专业的工具，如电动剪刀、喷雾器等。无论是爱好者还是专业园丁，都应该认真选择和维护园艺工具，以确保工作顺利进行并取得理想的效果。

1. ChatGPT 应用逻辑梳理

ChatGPT 提供园艺工具选择指导的应用逻辑如图 3-205 所示。

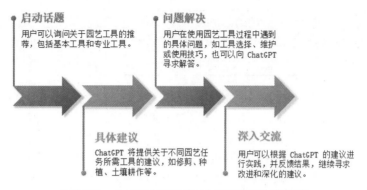

启动话题
用户可以询问关于园艺工具的推荐，包括基本工具和专业工具。

问题解决
用户在使用园艺工具过程中遇到的具体问题，如工具选择、维护或使用技巧，也可以向 ChatGPT 寻求解答。

具体建议
ChatGPT 将提供关于不同园艺任务所需工具的建议，如修剪、种植、土壤耕作等。

深入交流
用户可以根据 ChatGPT 的建议进行实践，并反馈结果，继续寻求改进和深化的建议。

图 3-205　ChatGPT 提供园艺工具选择指导的应用逻辑

2. ChatGPT 对话交互

> 🟢 ChatGPT：

李明：你好，ChatGPT。我对园艺非常感兴趣，想要升级我的园艺工具。能否给我一些建议，如哪些工具是必备的，以及如何选择适合的工具？

ChatGPT：你好，李明。很高兴你对园艺这么热情。确实，有一些基础工具是任何园艺爱好者都应该拥有的。首先，一把质量好的园艺剪是非常重要的，它适用于修剪、整形和去除枯叶或枯枝。接着，一把手铲对于种植、移植和除草都非常有用。对于更大面积的土地，一把园艺铲和耙子可以帮助你翻土和平整土地。此外，一条灵活耐用的水管和喷头也是灌溉时必不可少的。

李明：这些听起来都很基本，但是我还想了解一下，如果要进行一些更专业的园艺工作，如修剪较大的树枝，我需要哪些工具？

ChatGPT：对于更专业的园艺工作，确实需要一些特定的工具。例如，如果需要修剪较粗的树枝，一把长柄剪刀或链锯会非常有帮助。长柄剪刀可以让你在不使用梯子的情况下达到较高的枝条，而链锯则适用于处理更粗大的枝条。对于形状修剪和详细修整，一套专业的园艺剪刀组合会是一个不错的选择，它通常包括不同大小和形状的剪刀。如果你的园艺工作涉及大量的土壤处理，如翻土或挖坑，一把高效的园艺锄头或电动耕耘机可能是必要的。

李明：听起来我需要根据不同的任务选择合适的工具。我还想问一下，在购买园艺工具时，有什么特别需要注意的吗？

ChatGPT：在购买园艺工具时，有几个关键点需要考虑。首先是工具的质量和耐用性。选择那些由知名品牌制造，材质坚固耐用的工具。其次，考虑工具的人体工程学设计，特别是对于那些你会频繁使用的工具。例如，手柄的设计应该舒适，以减少长时间使用时的手部疲劳。此外，考虑到存储空间和携带的便利性，选择那些容易存放和携带的工具。最后，根据你的预算和园艺的具体需求来选择，不一定非要购买最贵的工具，很多时候中等价位的工具就能很好地满足需求。

李明：你提供的信息非常有用，我现在对如何选择合适的园艺工具有了更清晰的认识。我还想了解一下，有没有什么好的方式来保养和维护这些工具？

ChatGPT：保养和维护你的园艺工具是非常重要的，这不仅可以延长它们的使用寿命，还能确保每次使用时的最佳性能。首先，定期清洁你的工具，特别是使用后。例如，对于剪刀和铲子等工具，应该在每次使用后清除其上面的泥土和污渍。对于带有金属部分的工具，可以在干燥后涂上一层轻油以防锈蚀。其次，定期检查工具的紧固件和连接部位，确保它们稳固且没有松动。对于需要磨利的工具，如剪刀和锯，定期磨利刀片可以保持它们的锋利度。最后，适当存放你的工具，避免将它们暴露在极端的天气条件下，这可以防止工具的损坏和老化。

李明：非常感谢你的建议。我现在对如何选择和维护园艺工具有了很好的了解，这对我来说非常有帮助。

> ChatGPT：很高兴能为你提供帮助，李明。如果你在选择或使用园艺工具时还有任何疑问，或者想了解更多关于园艺的知识，随时可以来咨询。祝你的园艺工作顺利，并享受园艺带来的乐趣和满足感。

选择合适的园艺工具对于园艺工作的成功至关重要。基本工具对于日常园艺活动已足够，但随着经验的积累，用户可能需要更专业的工具来处理更复杂的任务。ChatGPT 可为用户提供专业的工具建议，根据用户的需求和经验水平推荐适合的工具类型和品牌。正确维护和使用工具不仅能提高园艺效率，还能确保安全和舒适。ChatGPT 还可提供关于工具的维护和使用技巧，帮助用户更好地保养和操作园艺工具，延长其使用寿命，确保用户在园艺工作中始终保持高效、安全和舒适。

案例 206　植物病害诊断

植物病害是园艺和农业中常见的问题，它们可以由多种原因引起，包括真菌、细菌、病毒或环境压力。正确诊断和及时处理植物病害对保持植物健康至关重要。然而，对于园艺爱好者和专业园丁来说，如何识别和处理这些病害是一个挑战。

扫一扫，看视频

1. ChatGPT 应用逻辑梳理

ChatGPT 提供植物病毒诊断过程的应用逻辑如图 3-206 所示。

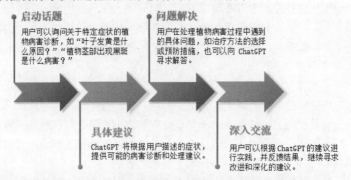

图 3-206　ChatGPT 提供植物病毒诊断过程的应用逻辑

2. ChatGPT 对话交互

🅖 ChatGPT：

用户：我的玫瑰花叶子开始发黄，我应该怎么办？

ChatGPT：叶子发黄可能是由多种原因引起的，包括水分不足、过度浇水、养分不足或病害。首先检查土壤湿度，确保玫瑰花得到适量的水分。其次，考虑是否需要施肥，特别是在生长季节。如果排除了水分和养分问题，可能需要考虑病害，如根腐病或黄叶病。观察叶片的其他症状，如斑点或畸形，可以帮助进一步诊断。

用户：我发现植物茎部有黑斑，这是什么问题？

ChatGPT：茎部出现黑斑可能是真菌或细菌感染的迹象。这种情况通常与过度湿润的环境有关。首先，减少浇水频率，确保土壤良好排水。移除受影响的部分，避免病害蔓延到健康组织。在严重的情况下，可能需要使用适当的真菌剂或细菌剂。同时，确保植物有足够的空气流通，避免高湿度条件。

用户：如何预防植物病害？

ChatGPT：预防植物病害的关键在于提供适宜的生长环境和适当的护理。确保植物获得足够的阳光和适量的水分。避免过度密集的种植，以增加空气流通。定期检查植物，及时发现和处理早期症状。合理施肥，避免过量施用氮肥，这可能会增加某些病害的风险。使用清洁的园艺工具，避免病害的传播。

　　用户：*如果病害持续不解，我该怎么办？*

　　ChatGPT：如果植物病害问题持续存在，建议寻求专业园艺师或植物病理学家的帮助。他们可以提供更准确的诊断和治疗建议。此外，记录植物的症状、你所采取的处理措施和环境条件，这些信息对于向专业人士寻求帮助非常重要。

　　诊断和治疗植物病害需要全面考虑环境、养分和水分等因素。正确的诊断和及时有效的处理是保持植物健康的关键。ChatGPT 在这一过程中起到重要作用。它可以提供丰富的植物病害诊断信息和治疗建议，帮助用户准确判断植物问题的根源，并提供针对性的解决方案。通过与 ChatGPT 的交互，用户可以学习识别不同的植物病害特征，了解病原体的传播途径和影响因素，从而更好地预防和控制植物病害的发生。ChatGPT 还可以根据用户提供的具体情况和需求，定制化地推荐适合的预防措施和治疗方案，帮助用户有效保护植物健康。通过与 ChatGPT 的互动学习和实践，用户能够逐渐提升自己的植物保健技能，更好地满足植物的需求，保持植物健康生长。

案例 207　季节性植物种植

　　季节性植物种植是指根据不同季节的气候条件来种植适宜的植物。不同的植物对温度、日照和水分的需求不同，因此在规划季节性植物种植时需要考虑这些因素。有效的季节性植物种植不仅能提高植物的生长质量，还能确保一年四季花园的美观。

扫一扫，看视频

1. ChatGPT 应用逻辑梳理

　　ChatGPT 提供季节性植物种植方法的应用逻辑如图 3-207 所示。

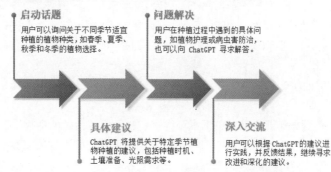

图 3-207　ChatGPT 提供季节性植物种植方法的应用逻辑

2. ChatGPT 对话交互

ChatGPT：

　　赵雷：你好，ChatGPT。我对季节性植物种植很感兴趣，但不太清楚应该如何规划和选择适合的植物。你能给我一些建议吗？

　　ChatGPT：你好，赵雷。季节性植物种植确实需要一定的规划。首先，了解你所在地区的气候特征是非常重要的，如春季的平均温度、夏季的日照时长以及秋冬季的降水量。这些信息可以帮助你确定哪些植物在特定季节最适宜种植。

　　春季，你可以选择一些耐寒性强的植物，如郁金香、水仙和一些多年生花卉。夏季，考虑种植耐热且对日照需求高的植物，如玫瑰、向日葵和矮牵牛。秋季，可以选择一些耐低温的植物，如菊花和紫菀。冬季，可以考虑一些常绿植物，以保持花园的绿意，如松树和冬青。

赵雷：这些建议很有帮助。在进行季节性植物种植时，我还需要考虑哪些因素？

ChatGPT：在进行季节性植物种植时，除了考虑植物的季节性特征外，还需要考虑以下几点。

1. 土壤类型：了解你的花园土壤类型，并选择适应该土壤类型的植物。如果必要，可以通过添加有机物料来改善土壤质量。

2. 光照需求：不同的植物对光照的需求不同。有些植物需要全日照，而有些则可以在半阴或阴凉的环境中生长。

3. 水分管理：确保植物得到适量的水分。一些植物需要定期深层浇水，而有些植物则需要保持土壤的干燥。

4. 植物间的相容性：考虑植物间的相容性，有些植物种植在一起可以互相促进生长，而有些则可能相互抑制。

赵雷：我会根据这些建议来规划我的花园。我还有其他需要注意的吗？

ChatGPT：规划花园时，还有一些方面可以考虑。例如，考虑植物的高度和颜色搭配，以创造视觉上的层次感和和谐感。同时，考虑植物的生长速度和最终大小，确保它们之间有足够的空间生长。此外，定期修剪和维护对保持花园的整洁和健康非常重要。最后，随着季节的变化，密切观察植物的生长情况，及时处理可能出现的问题，如病虫害或营养不足。

赵雷：对于季节性植物的水分管理，有没有什么特别的技巧？

ChatGPT：水分管理对于季节性植物的健康生长至关重要。不同的植物对水分的需求各不相同。一般来说，夏季由于温度较高，植物蒸腾作用加剧，可能需要更频繁的浇水。可以考虑使用滴灌系统来保持土壤的均匀湿润，这样既节约水资源又减少了对植物的干扰。另外，合理利用覆盖物，如树皮或草屑，可以帮助保持土壤湿度并减少水分蒸发。

赵雷：我也想了解一下，如何处理季节变化时植物可能遇到的病虫害问题？

ChatGPT：季节变化时，植物可能会因环境变化而变得更易受到病虫害的侵害。春季是病虫害活跃的开始，此时可以通过修剪去除冬季残留的病枝、病叶来预防病虫害。夏季要注意及时发现并处理蚜虫、蜘蛛螨等常见害虫。使用环保的杀虫剂，如肥皂水或含有天然成分的杀虫剂可以控制害虫。秋季应减少浇水频率并清除落叶，以防真菌和细菌滋生。冬季则需要关注防冻保暖，避免植物因寒冷天气受损。

赵雷：听起来需要对每个季节都有适当的准备。还有，我应该如何选择植物来确保花园一年四季都有美丽的景观？

ChatGPT：确保花园一年四季都有美丽景观的关键在于选择合适的植物组合。春季可以选择早春开花的球根花卉，如郁金香和水仙，以及一些早花的灌木，如连翘和迎春花。夏季可以选择一些耐热且盛夏开花的植物，如薰衣草、玫瑰和日日春。秋季可以种植菊花、紫菀和一些彩叶植物，如枫树，以增添秋天的色彩。冬季则可以选择一些常绿植物和冬季开花的植物，如冬梅和山茶花，来增添冬季的生机。

赵雷：这些建议非常实用。我还想问一下，对于初学者来说，有没有什么特别需要注意的事项？

ChatGPT：对于园艺初学者来说，以下几点是值得注意的。首先，从容易照料和适应性强的植物开始，如多肉植物和一些本地植物，这样可以减少初学者的压力。其次，不要过度浇水或施肥，这是初学者常犯的错误。适量的水分和养分对植物的健康生长更为重要。另外，保持耐心和持续学习。园艺是一个需要时间和实践来积累经验的过程。最后，享受园艺带来的乐趣，不仅仅是为了结果，更重要的是过程中的体验和学习。

　　季节性植物种植需要考虑不同季节的气候特点。根据季节变化选择适宜的植物进行相应的土壤准备和护理，可确保植物健康生长，并使花园四季美丽。春季选择早春花卉，如郁金香和水仙，做好土壤施肥和松土工作。夏季可种植耐热植物，如向日葵和马鞭草，保持充足的水分和通风，避免日热直射。秋季可选择开花植物，如菊花和银杏，及时清除落叶并加强植物根部保温。冬季宜种植耐寒植物，如冬青和冬花，注意植物的保暖和防冻。ChatGPT 可提供季节性种植的建议，根据当地气候条件推荐适合的植物品种和种植技巧，帮助用户打造一年四季都充满活力和美丽的花园。

3.26 汽车养护

汽车养护是确保汽车性能稳定、延长使用寿命的关键环节，它包括定期的检查、维修和各种预防性维护措施。随着科技的发展，尤其是 AI 技术的进步，汽车养护领域正经历着前所未有的变革。ChatGPT 等先进的语言模型在这一领域的应用，为提升汽车养护服务的质量和效率提供了新的可能性。

首先，ChatGPT 可以提供个性化的汽车养护建议。通过与车主的互动，ChatGPT 能够了解车辆的具体型号、使用情况以及车主的养护需求，进而提供针对性的养护建议和维修方案。这种个性化的服务不仅能够提升车主的满意度，还能帮助养护服务提供者更准确地定位服务内容，提高工作效率。

其次，在故障诊断和问题解答方面，ChatGPT 也展现出其独特的价值。车主在遇到车辆故障时，往往需要专业的指导来判断问题的严重性和紧急性。ChatGPT 可以根据车主提供的故障描述和症状，提供初步的诊断建议和可能的解决方案，帮助车主作出是否需要立即维修的决定。这不仅可以减少不必要的维修支出，还能避免因延误维修而造成的更严重损坏。

 案例 208　基础汽车保养

汽车保养是确保汽车正常运行和延长其使用寿命的重要措施。基础汽车保养通常包括检查和更换机油、检查和维护刹车系统、保持轮胎适当的气压和磨损情况，以及定期检查和更换各种液体和过滤器。然而，对于许多车主来说，了解和执行这些基础保养项目可能是一个挑战。

扫一扫，看视频

1. ChatGPT 应用逻辑梳理

ChatGPT 提供基础汽车保养指导的应用逻辑如图 3-208 所示。

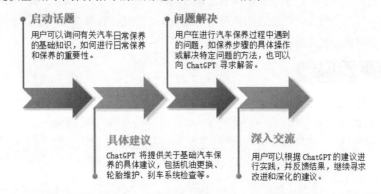

启动话题
用户可以询问有关汽车日常保养的基础知识，如何进行日常保养和保养的重要性。

问题解决
用户在进行汽车保养过程中遇到的问题，如保养步骤的具体操作或解决特定问题的方法，也可以向 ChatGPT 寻求解答。

具体建议
ChatGPT 将提供关于基础汽车保养的具体建议，包括机油更换、轮胎维护、刹车系统检查等。

深入交流
用户可以根据 ChatGPT 的建议进行实践，并反馈结果，继续寻求改进和深化的建议。

图 3-208　ChatGPT 提供基础汽车保养指导的应用逻辑

2. ChatGPT 对话交互

> ⟳ **ChatGPT：**
>
> 　**用户：** 我应该多久更换一次汽车的机油？
>
> 　**ChatGPT：** 机油更换的频率取决于您的车型和使用的机油类型。一般来说，传统机油建议每 3000 至 5000 英里更换一次，而全合成机油可以达到 7500 至 10000 英里。建议参考车辆的使用手

册以获取确切的建议。定期更换机油对于保持发动机良好运行和避免长期损害至关重要。

用户：怎样检查和维护我的汽车轮胎？

ChatGPT：轮胎是汽车的重要部分，适当的维护可以确保安全行驶。定期检查轮胎的气压，确保其处于制造商推荐的水平。轮胎气压过低或过高都会影响汽车的操控性和燃油效率。此外，检查轮胎的磨损情况和花纹深度也很重要。如果轮胎磨损严重或不均匀，可能需要更换或重新平衡。

用户：刹车系统应该怎样维护？

ChatGPT：刹车系统的维护主要包括检查刹车片和刹车液。如果听到刹车时有尖锐的刮擦声或感觉刹车效果减弱，可能需要更换刹车片。刹车液应该定期检查，确保其处于适当的水平，并且没有污染。大多数车辆建议每两年更换一次刹车液。

用户：我还需要注意哪些汽车保养方面的事项？

ChatGPT：除了以上提到的保养项目，还需要定期检查和更换空气滤清器、燃油滤清器和火花塞。确保冷却液、转向液和变速箱油液位正常。此外，定期检查车辆的灯光、电池和排气系统。保持车辆清洁，不仅外观更佳，也可以减少锈蚀。

基础汽车保养是确保车辆安全、高效运行的关键。定期进行基本保养项目可以避免许多常见的汽车问题，延长汽车的使用寿命。建议车主定期查阅车辆的维护手册，并根据制造商的建议进行保养。ChatGPT 可以帮助车主理解维护手册中的内容，并解答有关汽车保养的常见问题。此外，ChatGPT 还能提供个性化的保养建议，根据车辆型号、里程数和使用情况等因素，为车主制订最合适的保养计划。通过与 ChatGPT 的互动，车主可以更好地了解汽车保养的重要性，学习如何正确进行基础保养，从而保障车辆的安全性和可靠性。

 案例 209　更换机油指南

扫一扫，看视频

在汽车维护中，定期更换机油是保持发动机良好运行的关键步骤。机油的作用是润滑发动机的各个部分，防止过热并帮助清除杂质。但是，许多车主对于何时以及如何更换机油感到困惑，尤其是面对不同类型的机油和各种车型的特定要求时。

1. ChatGPT 应用逻辑梳理

ChatGPT 提供更换机油指南指导的应用逻辑如图 3-209 所示。

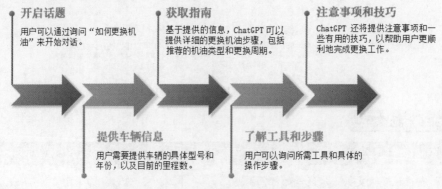

图 3-209　ChatGPT 提供更换机油指南指导的应用逻辑

2. ChatGPT 对话交互

ChatGPT:

用户：我的是 2015 年的丰田卡罗拉，里程数大约是 75000 公里，我应该用什么机油，多久换一次？

ChatGPT：对于 2015 年的丰田卡罗拉，建议使用 5W-30 全合成机油。在正常的驾驶条件下，建议每 7500 至 10000 公里更换一次机油。由于您的车已行驶 75000 公里，您应该定期检查机油，并在接近推荐的更换周期时进行更换。更换机油时，您需要准备合适的机油滤清器、一个油盘、一个漏斗和新机油。首先，您需要将车辆停放在平坦的地方，并在发动机冷却后进行操作。接下来，找到油底壳的放油螺丝和机油滤清器的位置，分别将旧机油放出并更换机油滤清器。然后，加入新机油，注意不要加得过多。最后，起动车辆，让机油在发动机内循环，并检查有无泄漏。

用户：那具体怎样放出旧机油，换新机油滤清器呢？

ChatGPT：首先，确保车辆安全停放，并使用千斤顶和支撑架固定车辆。打开引擎盖，找到机油盖并打开，这有助于旧机油更顺畅地流出。接着，找到油底壳的放油螺丝，使用恰当的扳手将其松开。准备好油盘接住旧机油。当旧机油完全流出后，重新安装放油螺丝。然后，更换机油滤清器：使用滤清器扳手松开旧的机油滤清器，小心操作以避免油溅。在安装新滤清器之前，轻轻涂抹一层新机油在滤清器的密封圈上，以确保良好密封。将新滤清器收紧。之后，通过机油加油口慢慢加入新机油，使用漏斗以避免机油溢出。加入推荐量的机油后，检查机油尺以确保油位正确。

用户：如何判断加的机油量是否合适？

ChatGPT：在加入机油后，您可以使用机油尺来检查油位。首先，确保车辆停在平坦的地面上。然后从引擎中拔出机油尺，用干净的布擦拭干净，再完全插回去。再次取出机油尺，观察油位。机油尺上通常有两个标记，表示最低和最高油位。理想情况下，机油应该在这两个标记之间。如果油位过低，您需要添加更多的机油；如果油位过高，可能需要放出一些机油。请注意，过多或过少的机油都可能对发动机造成损害。

用户：更换机油有哪些注意事项？

ChatGPT：在更换机油时，有几点需要特别注意。

1. 安全：确保车辆稳固支撑，避免在不平坦或软弱的地面上进行操作。

2. 正确的机油类型：使用适合您车型的机油。错误的机油类型可能导致发动机性能下降甚至损坏。

3. 清洁：在更换过程中保持环境清洁，避免灰尘和杂质进入发动机。

4. 废弃物处理：正确处理旧机油和旧滤清器。请不要随意倾倒旧机油，而应将其带到合适的回收中心。

5. 检查泄漏：更换机油后，检查是否有油漏现象。如果发现机油泄漏，应立即解决。

使用 ChatGPT 进行更换机油指导时，需要注意以下几点：首先，ChatGPT 提供的信息可能不包括所有车型的特定细节，在执行操作前，建议参考车辆的用户手册。其次，ChatGPT 无法代替实际的维修技能和经验。如果不确定自己的操作，建议寻求专业的机械师帮助。最后，用户应注意始终遵守安全操作规程，使用适当的工具和防护装备。

 案例 210　轮胎养护建议

轮胎是汽车中至关重要的组成部分之一。它对车辆的安全性、操控性和燃油效率有直接影响。适当的轮胎养护可以延长轮胎的使用寿命，提高驾驶安全性，降低维护成本。定期检查胎压、磨损和破损情况，保持适当的胎面深度和轮胎平衡，以及选择适合的季节性轮胎，

扫一扫，看视频

都是保持轮胎良好状态的重要步骤。合理使用和保养轮胎，将为用户带来更安全、更经济的驾驶体验。

1. ChatGPT 应用逻辑梳理

ChatGPT 提供轮胎养护建议指导的应用逻辑如图 3-210 所示。

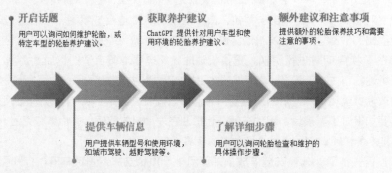

开启话题
用户可以询问如何维护轮胎，或特定车型的轮胎养护建议。

获取养护建议
ChatGPT 提供针对用户车型和使用环境的轮胎养护建议。

额外建议和注意事项
提供额外的轮胎保养技巧和需要注意的事项。

提供车辆信息
用户提供车辆型号和使用环境，如城市驾驶、越野驾驶等。

了解详细步骤
用户可以询问轮胎检查和维护的具体操作步骤。

图 3-210　ChatGPT 提供轮胎养护建议指导的应用逻辑

2. ChatGPT 对话交互

ChatGPT：

用户：你好，ChatGPT。我最近在关注如何保养汽车轮胎，想知道怎样才能有效延长轮胎的使用寿命？

ChatGPT：你好！很高兴你对汽车轮胎保养有所关注。轮胎保养对于确保行车安全和提高燃油效率非常重要。以下是一些基本的轮胎保养建议。

1. 定期检查胎压：轮胎胎压不足或过高都会影响轮胎的使用寿命和车辆的操控性能。建议每月至少检查一次轮胎胎压，包括备胎。正确的胎压数值通常可以在车门边缘、燃油箱盖或车主手册中找到。

2. 观察磨损情况：检查轮胎是否均匀磨损，如果发现轮胎某一侧磨损较重，这可能是定位不当或悬挂系统问题。不均匀磨损的轮胎需要尽快进行调整。

3. 保持合适的胎面深度：轮胎花纹深度对于湿滑路面的抓地力至关重要。当花纹深度低于 1.6 毫米时，轮胎就需要更换了。

4. 轮胎平衡和定位：不平衡的轮胎会导致车辆振动、减少驾驶舒适性和轮胎寿命。建议每次更换轮胎或感觉到车辆有异常振动时进行轮胎平衡和定位检查。

5. 选择合适的轮胎：不同的季节和驾驶条件需要不同类型的轮胎。例如，在雪地或冰面上驾驶，最好使用冬季轮胎。

用户：谢谢你的建议。你能详细解释一下怎样检查轮胎胎压吗？还有，我应该怎样判断轮胎是否需要更换？

ChatGPT：当然可以。轮胎胎压的检查和轮胎更换判断是轮胎保养中非常重要的两个方面。
检查轮胎胎压：

1. 使用胎压计：您可以使用手动或数字胎压计来检查轮胎胎压。先将胎压计与轮胎上的气门嘴对准，然后按压以读取胎压。

2. 胎压的正确数值：您应该参照车辆制造商提供的推荐值，通常在车门边缘、燃油箱盖或车主手册中标明。

3. 检查时间：最好在车辆停放数小时后，轮胎冷却时进行检查，这样可以得到准确的胎压值。
判断轮胎是否需要更换：

1. 检查胎面深度：可以使用专门的胎面深度计量器，或者简单地用硬币的方法来检查。插入硬币到轮胎的主要花纹槽中，如果您看不到硬币上的特定标记（如硬币边缘的某个特征），则表明轮胎磨损严重，需要更换。

2. 检查老化和裂纹：随着时间的推移，轮胎橡胶会逐渐老化和干裂。如果轮胎表面出现裂纹或胎壁有明显损伤，应该立即更换。

3. 观察磨损指示器：现代轮胎通常都有磨损指示器，这是一种凸起的小横条，通常位于轮胎花纹的底部。当轮胎磨损到与这些横条平齐时，就意味着轮胎该更换了。

用户：我了解了。顺便问一下，你觉得轮胎的品牌选择有多重要？有没有什么特别推荐的品牌或者型号？

ChatGPT：轮胎品牌的选择确实非常重要，因为不同的品牌和型号会在性能、耐用性和安全性上有所差异。在选择轮胎时，应考虑以下几个因素。

1. 驾驶条件：根据您经常驾驶的路况和气候条件选择合适的轮胎类型。例如，雨雪天气和山路驾驶需要不同类型的轮胎。

2. 品牌口碑和评价：选择知名度高且口碑良好的品牌，这些品牌通常在质量控制和售后服务方面更可靠。

3. 预算和需求：根据您的预算和车辆需求选择轮胎。不一定最贵的轮胎就是最适合您的，但过于廉价的轮胎可能在性能和安全性上有所妥协。

至于具体品牌，市场上有许多优秀的轮胎品牌，如米其林、普利司通、固特异、邓禄普等。每个品牌都有其特色和针对不同需求的产品线。建议您根据自己的车型、驾驶习惯和预算，参考相关评测和用户评价，选择最适合您的轮胎。

通过与 ChatGPT 交流，用户可以获取关于轮胎养护的基础知识，了解如何保持适当的胎压、检查轮胎磨损情况、选择适合的季节性轮胎等。ChatGPT 还可以介绍一些常见的养护方法，如定期检查轮胎的胎面深度、保持轮胎平衡、避免过度磨损和轮胎老化等。

需要注意的是，作为一个语言模型，ChatGPT 没有实时的传感器和实地观察能力。因此，在处理特定问题或复杂情况时，最好咨询专业的轮胎技师或汽车维修专家，以获取准确和个性化的建议。专业人员可以进行更详细的轮胎检查，并根据车辆类型和特定需求给出更具体和专业的养护建议。

 案例 211　汽车清洗技巧

定期清洗汽车不仅能保持车辆的美观，还能防止灰尘和污垢的积累对车漆造成的长期损害。然而，许多车主在清洗汽车时可能会忽视一些重要的步骤或技巧，这可能导致清洗效果不佳，甚至损害车漆。

扫一扫，看视频

1. ChatGPT 应用逻辑梳理

ChatGPT 提供汽车清洗技巧过程的应用逻辑如图 3-211 所示。

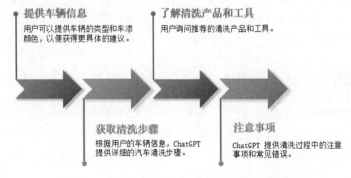

提供车辆信息
用户可以提供车辆的类型和车漆颜色，以便获得更具体的建议。

了解清洗产品和工具
用户询问推荐的清洗产品和工具。

获取清洗步骤
根据用户的车辆信息，ChatGPT 提供详细的汽车清洗步骤。

注意事项
ChatGPT 提供清洗过程中的注意事项和常见错误。

图 3-211　ChatGPT 提供汽车清洗技巧过程的应用逻辑

2. ChatGPT 对话交互

ChatGPT:

用户：你好，ChatGPT。我想学习一下如何正确清洗汽车，以避免对车漆造成损害。你能给我一些指导吗？

ChatGPT：你好！正确清洗汽车确实很重要，不仅可以保持车辆的外观，还能减少对车漆的损害。以下是一些有效清洗汽车的步骤和技巧。

1. 选择合适的清洗地点：最好在阴凉处清洗汽车，避免直射阳光加速清洁剂干燥，造成斑点。

2. 使用专用的汽车清洁剂：普通的洗涤剂可能会损害车漆或蜡层。使用专为汽车设计的洗车液可以更安全、有效地清洁。

3. 使用两桶法清洗：准备两桶水，一桶装有泡沫的洗车液，另一桶清水用于冲洗海绵或洗车手套。这样可以减少将车上的污垢和砂粒再次带到车身上。

4. 自上而下清洗：从车顶开始清洗，逐渐向下进行，这样可以防止已清洗干净的部分再次沾上脏水。

5. 使用软毛刷清洁难清部位：车轮和车底是积聚污垢最多的地方，可以使用软毛刷进行深入清洁。

6. 彻底冲洗：使用清水彻底冲洗车身，确保没有洗车液残留。

7. 使用干净的微纤维布擦干：用干净、柔软的微纤维布轻轻擦干车身，避免留下水斑。

用户：感谢你的建议。在清洗汽车的时候，有没有什么常见的错误需要避免？

ChatGPT：是的，有一些常见的错误在清洗汽车时应当避免。

1. 避免使用粗糙的布料或海绵：粗糙的材料可能会在车漆上留下划痕。

2. 不要在阳光直射下清洗：阳光会使清洁剂快速干燥，留下难以清除的水渍和污渍。

3. 不要用高压水枪直接冲击车漆：高压水流可能对车漆造成损害，特别是如果车身已经有划痕或脱落的地方。

4. 避免使用洗洁精或其他家用清洁剂：这些清洁剂可能会损害车漆和保护蜡层。

5. 不要在车辆脏污时直接擦拭：在没有用水冲洗之前直接擦拭可能会将污垢划入车漆。

用户：明白了。还有一个问题，关于车漆保护，你建议用什么产品或方法来提升车漆的保护？

ChatGPT：保护车漆是保持汽车外观的关键。以下是一些有效的车漆保护方法和产品。

1. 定期打蜡：打蜡可以形成保护层，减少划痕，提高光泽度。建议每几个月打蜡一次。

2. 使用封釉或镀膜：封釉和镀膜提供比普通蜡更长久的保护。这些产品能形成坚硬的保护层，抵抗紫外线和环境污染。

3. 避免长时间暴露在恶劣环境中：长时间的阳光直射、酸雨和鸟粪都可能对车漆造成损害。尽量在车库或有遮盖的地方停车。

4. 定期清洁：定期清洁不仅能保持车漆的美观，还能及时去除可能对漆面造成损害的污垢。

5. 使用车漆保护膜：车漆保护膜是一种透明膜，可以直接贴在车身表面，保护车漆免受划痕和磨损。

选择适合自己车辆和使用习惯的保护方法和产品是非常重要的。您可以根据自己的需要和预算，选择最适合的车漆保护方式。

不同类型的车漆和车辆可能需要不同的清洗方法和产品，虽然 ChatGPT 可以提供基本指导，但个人的操作技巧和经验在清洗过程中也非常重要。对于特殊材料或高端车漆，建议参考专业的清洗建议或寻求专业服务。

案例 212　汽车保险选择

选择合适的汽车保险对于车主来说是一个重要的决策。汽车保险不仅涉及财务保障，还关乎法律责任和个人安全。然而，市场上保险产品繁多，覆盖的保障范围、价格及服务质量各不相同，这使得选择过程复杂且易使人困惑。

扫一扫，看视频

1. ChatGPT 应用逻辑梳理

ChatGPT 提供汽车保险选择指导的应用逻辑如图 3-212 所示。

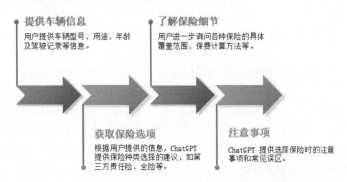

图 3-212　ChatGPT 提供汽车保险选择指导的应用逻辑

2. ChatGPT 对话交互

ChatGPT：

用户：你好，ChatGPT。我最近在考虑购买汽车保险，但市场上的选择太多，我感到有些迷茫。你能给我一些建议吗，帮助我选择合适的汽车保险？

ChatGPT：你好！选择合适的汽车保险确实是一个重要且有些复杂的决策。以下是一些建议，希望能帮助你作出更好的选择。

1. 确定保险需求：首先考虑你的具体需求。你需要全面覆盖（全险）还是只需要基本的责任险？是否需要额外的碰撞险或盗抢险？了解自己的需求是选择保险的第一步。

2. 比较不同保险公司的报价：不同保险公司对相同保险覆盖的报价可能会有很大差异。用户可以通过在线比较工具，或直接联系保险公司获取报价。

3. 了解保险条款：详细阅读保险合同的条款，特别是关于免赔额、保险责任限额、赔偿范围等关键信息。

4. 考虑公司信誉和服务：选择信誉良好且服务质量高的保险公司。可以参考客户评价、行业排名等信息。

5. 考虑附加服务：一些保险公司可能提供道路救援、代驾服务等附加服务。根据你的实际需求考虑这些服务的价值。

6. 询问折扣和优惠政策：许多保险公司提供各种折扣，如无事故折扣、多车折扣、安全驾驶课程折扣等。

用户：这些信息很有用，谢谢你。我应该如何判断一个保险公司的信誉和服务质量呢？

ChatGPT：判断保险公司的信誉和服务质量可以通过以下几个方面。

1. 客户评价和反馈：查看其他客户对保险公司的评价，尤其是关于理赔服务的反馈。

2. 行业排名和评级：参考行业内的排名和评级机构发布的评级报告，这些通常是基于公司的财务稳定性和客户满意度得出的。

3. 理赔处理速度和效率：了解公司处理理赔的速度和效率，良好的保险公司应能迅速且公正地处理理赔。

4. 客服体验：尝试联系保险公司的客服，了解他们的响应速度和服务态度。

5. 咨询专业人士：如果可能，可以咨询保险经纪人或财务顾问，他们可能会提供专业的建议。

用户：明白了。另外，保险的免赔额是什么意思？它对保险选择有什么影响？

ChatGPT：免赔额是指在发生保险事故时，由保险持有人自行承担的一部分费用。例如，如果免赔额是 2000 元，而理赔金额是 10000 元，那么保险公司将支付 8000 元，剩下的 2000 元由你自行承担。

免赔额对保险选择的影响主要体现在以下两个方面。

1. 保险费用：通常情况下，免赔额越高，保险的保费越低，因为你承担了更大的自我风险。

2. 风险承担：选择较高的免赔额意味着在发生事故时你需要支付更多的费用，但同时也降低了保险费用。

因此，在选择保险时，你需要根据自己的经济状况和风险承受能力来决定适合的免赔额。

在使用 ChatGPT 获得汽车保险相关的建议时，需要注意以下几点：首先，用户需要根据自己的车辆类型、使用频率和个人财务状况选择合适的保险类型。其次，用户需要比较不同保险公司的报价和服务，不仅仅关注价格，还要注意保险的覆盖范围和条款。最后，用户需要仔细阅读保险合同的细则，确保理解保险的具体内容及限制条件。

案例 213　故障灯诊断 --

扫一扫，看视频

汽车仪表盘上的故障灯是车辆自我诊断系统的一部分，用于警示驾驶员可能存在的问题。当故障灯亮起时，它可能指示从轻微故障到严重故障的各种情况。正确诊断故障灯的原因对于确保车辆安全和性能至关重要。

1. ChatGPT 应用逻辑梳理

ChatGPT 提供诊断故障灯指导的应用逻辑如图 3-213 所示。

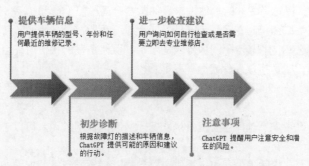

图 3-213　ChatGPT 提供诊断故障灯指导的应用逻辑

2. ChatGPT 对话交互

🟢 ChatGPT：

用户：我的 2017 年本田雅阁的发动机故障灯昨天亮了，是橙色的，车辆行驶似乎没什么异常。

ChatGPT：橙色的发动机故障灯通常意味着发动机系统检测到一个问题，但不是立即危险的状态。可能的原因包括以下几点。

•氧传感器故障：影响发动机性能和燃油经济性。

•燃油盖松动或损坏：可能导致燃油蒸气泄漏。

- 催化转化器问题：长期忽视可能导致发动机损坏。
- 火花塞或点火线圈问题：影响发动机的正常运行。

建议您尽快使用 OBD-II（车载诊断系统）读取器检查故障代码，或者去专业维修店进行检查。虽然车辆还能正常行驶，但长期忽视可能导致更严重的问题。

用户：我能自己检查什么，以确定问题？

ChatGPT：您可以进行以下一些基本检查。

- 检查燃油盖：确保它紧密关闭，无裂纹或损伤。
- 视觉检查：检查引擎舱内是否有明显的松动部件或泄漏。
- 听声音：注意发动机是否有不寻常的噪声。

如果您有 OBD-II 读取器，可以自己读取故障代码。这些代码可以提供关于问题来源的更多信息。然而，复杂问题或不确定的情况下，最好寻求专业的诊断。

在使用 ChatGPT 进行故障灯诊断时，需要注意以下几点：首先，ChatGPT 提供的是基于描述的初步建议，并不替代专业诊断。其次，对于任何车辆故障，安全总是第一位的。如果故障灯伴随其他严重症状（如动力丧失、异常噪声等），应立即停车并寻求专业帮助。再次，定期维护可以预防许多问题，确保车辆处于良好的状态。最后，用户可以通过和 ChatGPT 进行深入交流，来了解如何进行日常车辆检查，如检查油液、轮胎压力等。

案例 214　汽车电瓶维护

汽车电瓶（又称蓄电池）是车辆的重要组成部分，负责为发动机启动和电子设备提供电能。正确维护电瓶对于保证汽车的可靠性和延长电瓶的使用寿命至关重要。电瓶性能的下降或故障可能导致车辆无法起动或电气系统问题。

扫一扫，看视频

1. ChatGPT 应用逻辑梳理

ChatGPT 提供维护汽车电瓶指导的应用逻辑如图 3-214 所示。

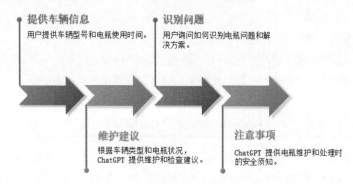

图 3-214　ChatGPT 提供维护汽车电瓶指导的应用逻辑

2. ChatGPT 对话交互

ChatGPT：

用户：你好，ChatGPT。我对汽车电瓶的维护不是很了解，能给我一些关于怎样维护和检查汽车电瓶的建议吗？

ChatGPT：你好！正确维护汽车电瓶是保证汽车正常运行的重要环节。以下是一些维护和检查汽车电瓶的建议。

1. 定期检查电瓶电压：使用电压表定期检查电瓶电压，确保其在正常范围内。一般情况下，正常电瓶电压应该在 12.6 伏左右。

2. 保持电瓶清洁：定期清理电瓶表面和端子，避免腐蚀和污垢积累。可以使用水和小苏打的混合液轻轻擦拭端子。

3. 检查电瓶液位（适用于开顶式电瓶）：确保电瓶液位处于正常范围内。如果液位过低，可以加入蒸馏水。

4. 保证电瓶固定牢靠：确保电瓶安装稳固，避免因车辆震动导致电瓶损坏。

5. 避免长时间放置不用：长时间不使用车辆时，建议定期起动车辆，以免电瓶因长期放电而损坏。

6. 检查充电系统：不仅是电瓶本身，汽车的充电系统也应定期检查，以确保电瓶能够正确充电。

用户：谢谢你的建议。如果电瓶出现了问题，有什么明显的迹象可以让我知道吗？

ChatGPT：当汽车电瓶出现问题时，通常会有以下一些明显的迹象。

1. 起动困难或无法起动：如果车辆起动时出现发动机转动缓慢或根本无法起动的情况，这通常是电瓶电量不足的迹象。

2. 电瓶警告灯亮起：大多数现代汽车都有电瓶警告灯，当充电系统出现问题时，该灯会亮起。

3. 电气设备性能下降：如果你发现车内灯光变暗、音响效果变差或其他电气设备运行不正常，这可能是电瓶电力不足的信号。

4. 电瓶外观异常：如电瓶膨胀、漏液或端子严重腐蚀，这些都是电瓶可能需要更换的迹象。

5. 电瓶年龄：一般来说，汽车电瓶的使用寿命为 3 到 5 年。如果你的电瓶已经使用了这么长时间，那么可能需要更换新的电瓶。

用户：明白了。最后一个问题，汽车电瓶一般能用多久？什么时候需要更换？

ChatGPT：汽车电瓶的使用寿命通常在 3 到 5 年，但这也取决于多种因素，包括电瓶类型、使用频率、气候条件以及电瓶的维护情况。以下是一些可能需要更换电瓶的情况。

1. 使用年限超过推荐时间：如果电瓶已经使用了 3 到 5 年以上，即使没有明显的故障迹象，也建议进行检查，考虑更换。

2. 电瓶性能显著下降：如启动困难、电气设备运行不正常等。

3. 外观损坏或腐蚀严重：电瓶外观变形、膨胀或端子严重腐蚀都是更换电瓶的信号。

4. 频繁充电或放电：如果电瓶需要频繁充电，或者在短时间内电量迅速下降，这表明电瓶的性能已经下降。

在更换电瓶时，建议选择与原车型匹配的电瓶，以确保车辆的正常运行和安全。

在进行汽车电瓶维护时，用户需要定期检查和维护，以防止电瓶早期退化或故障。在处理汽车电瓶时，用户需要遵循安全操作规程，如佩戴适当的防护装备。另外，对于电瓶问题的诊断和更换，最好寻求专业服务。

案例 215　刹车系统检查

刹车系统是汽车最关键的安全系统之一。正确的刹车系统维护和定期检查对于确保驾驶安全至关重要。刹车系统的故障可能导致刹车效果下降或失灵，严重威胁驾驶员和乘客的安全。

扫一扫，看视频

1. ChatGPT 应用逻辑梳理

ChatGPT 提供检查刹车系统指导的应用逻辑如图 3-215 所示。

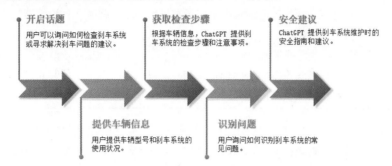

图 3-215　ChatGPT 提供检查刹车系统指导的应用逻辑

2. ChatGPT 对话交互

ChatGPT：

用户：你好，ChatGPT。我想了解一下关于汽车刹车系统的维护。你能告诉我哪些是刹车系统维护中最重要的方面吗？

ChatGPT：你好！确保刹车系统处于良好状态对于驾驶安全至关重要。以下是刹车系统维护中的一些关键方面：

1. 定期检查刹车片和刹车盘：刹车片和刹车盘是刹车系统的核心部件。它们会随着使用而磨损，需要定期检查厚度和磨损情况。

2. 检查刹车液：刹车液是传递制动力的媒介。需要定期检查刹车液位和刹车液的状态，确保没有泄漏，并在必要时更换刹车液。

3. 清洁和调整刹车系统：清除刹车部件上的灰尘和碎屑，定期调整刹车系统，确保刹车反应灵敏。

4. 检查刹车管线和连接：检查刹车管线是否有损坏、泄漏或磨损的迹象，确保所有连接都牢固无漏。

5. 注意刹车感觉和声音：在驾驶过程中，如果刹车出现异常声音（如尖锐的刹车声或摩擦声），或者刹车踏板感觉软弱，就可能是刹车系统出现了问题。

用户：谢谢。我应该多久检查一次刹车系统？是否有一些明显的迹象可以表明刹车系统需要维修或更换部件？

ChatGPT：刹车系统的检查频率通常取决于车辆的使用情况和制造商的推荐。一般建议至少每年检查一次刹车系统，或者每行驶一定里程（如 1 万公里）进行一次检查。但如果你的驾驶条件较为严苛，如经常在山路或拥堵的城市路面驾驶，可能需要更频繁的检查。

以下是一些可能表明刹车系统需要维修或更换部件的迹象：

1. 刹车踏板行程变长：如果刹车踏板需要踩得更深才能产生制动效果，这可能意味着刹车片磨损或刹车液位低。

2. 刹车时车辆偏移：如果在刹车时车辆向一侧偏移，可能是刹车片磨损不均或者刹车液系统中有问题。

3. 刹车时有异响：刹车时出现尖锐的响声或摩擦声通常表示刹车片已经磨损到临界点。

4. 刹车时踏板震动：刹车时踏板有震动感可能是由于刹车盘不平整或磨损造成的。

5. 刹车踏板感觉软弱：如果刹车踏板感觉软弱或者踏下去时有"起泡泡"的感觉，可能是刹车液泄漏或有空气进入了刹车系统。

　　用户：明白了，非常感谢你的建议。最后问一下，刹车系统的异常声音总是意味着有严重问题吗？

　　ChatGPT：刹车系统的异常声音不一定总是意味着有严重问题，但绝对是需要关注的信号。有时候，轻微的刹车声音可能是由于环境因素（如潮湿天气导致的轻微锈蚀）或新刹车片磨合期间的正常现象。然而，持续的、尖锐的或非常响亮的刹车声音通常是刹车片磨损过度或其他刹车系统问题的迹象。

　　无论如何，当你注意到刹车系统的任何异常声音时，最安全的做法是尽快将车辆带到专业的维修店进行检查。及时诊断和解决刹车问题对于保证驾驶安全至关重要。

　　刹车系统需要定期检查，以确保其良好运作和驾驶安全。对于刹车系统的复杂问题，驾驶员应寻求专业技师的诊断和维修。同时，任何刹车系统的异常都应引起重视，以避免驾驶存在刹车问题的车辆。

案例 216　冬季来临前汽车准备

扫一扫，看视频

　　冬季对汽车来说是一个挑战性的季节，尤其是在寒冷和多雪的地区。低温、冰雪和盐分都可能对汽车造成损害。适当的冬季准备可以帮助保证车辆的安全、可靠和长期性能。

1. ChatGPT 应用逻辑梳理

　　ChatGPT 提供冬季来临前汽车准备指导的应用逻辑如图 3-216 所示。

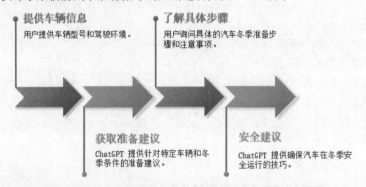

　提供车辆信息
　用户提供车辆型号和驾驶环境。

　了解具体步骤
　用户询问具体的汽车冬季准备步骤和注意事项。

　获取准备建议
　ChatGPT 提供针对特定车辆和冬季条件的准备建议。

　安全建议
　ChatGPT 提供确保汽车在冬季安全运行的技巧。

图 3-216　ChatGPT 提供冬季来临前汽车准备指导的应用逻辑

2. ChatGPT 对话交互

ChatGPT：

　　用户：你好，ChatGPT。我住在一个冬天非常寒冷和多雪的地区。我该如何为我的汽车做好冬季准备？

　　ChatGPT：你好！在冬季准备你的汽车时，首先要考虑的是轮胎。在雪地或结冰的路面上，使用冬季轮胎（雪地胎）是非常必要的。冬季轮胎可以在低温和滑溜路面上提供更好的抓地力。

　　用户：关于轮胎我明白了。还有其他需要注意的吗？

　　ChatGPT：是的，你还需要检查防冻液。确保防冻液处于适当水平，并且是适合低温环境的类型。防冻液不仅能防止引擎冻结，也能帮助保护引擎免受腐蚀。

　　用户：好的，防冻液我会检查。电瓶呢？

　　ChatGPT：冬天寒冷的温度可能会降低电瓶的性能，所以确保电瓶充电充足非常重要。如果电瓶较旧，可能需要考虑更换。

　　用户：了解了。关于车内加热和除霜系统呢？

　　ChatGPT：确保车内加热和前挡风玻璃除霜系统工作正常也很关键，以保证驾驶视野。在雪天驾驶时，良好的视野是安全驾驶的重要因素。

用户：除了这些，还有其他需要准备的吗？

ChatGPT：是的，你还应该更换雨刷并添加防冻雨刷液，这样可以防止雨刷液在低温下结冰。同时，检查车灯和信号灯，确保在冬季多雪和能见度低的条件下都能正常工作。

用户：听起来还有挺多工作要做的。另外，在应急情况下我需要准备些什么呢？

ChatGPT：确实，准备应急装备非常重要。随车携带应急装备，如铲雪工具、牵引绳、急救包、保暖毯子、手电筒、食物和水等。这些都可能在紧急情况下帮助你。

用户：好的，我会做好这些准备。在冬季驾驶时，还有什么特别需要注意的吗？

ChatGPT：在冬季驾驶时，最重要的是减速慢行，并保持安全的车距。避免在雪地或结冰的路面上突然加速或急刹车。此外，提前规划路线，尽量避免在恶劣天气中驾驶，也是非常重要的。

用户：如果遇到路面打滑怎么办？

ChatGPT：如果车辆开始打滑，记住要轻踏刹车，并缓缓转动方向盘，尽量保持车辆直行。避免猛烈转动方向盘或突然刹车，这可能会导致车辆失控。

用户：明白了。在冬季结束后，我应该如何对汽车进行检查和维护？

ChatGPT：冬季结束后，对汽车进行彻底的检查和维护是很重要的。首先，检查轮胎的磨损情况和气压。如果冬季使用了冬季轮胎，到了春季应及时更换回常规轮胎。接着，检查刹车系统，冬季盐分和湿气可能会对刹车系统造成腐蚀。彻底清洗车辆，特别是底盘，以去除盐分和污垢，防止腐蚀。还要检查防冻液和其他液体的水平和质量。最后，检查电瓶和充电系统，以及空调和制冷系统，确保它们都在正常工作。

进行冬季汽车准备时，用户需要在冬季来临之前完成所有必要的检查和调整。在冬季期间定期检查车辆状况，特别是轮胎和防冻液。同时，用户需要调整驾驶习惯以适应冬季的路面条件。此外，用户还可以深入学习在冬季遇到车辆故障或困在雪中时的应急处理方法，以及在不同的冬季路面条件（如积雪、结冰）下的安全驾驶技巧。

案例 217　夏季汽车护理

夏季的高温和强烈的阳光对于汽车护理是个挑战。高温可能影响车辆性能，加速某些部件的磨损。因此，适当的夏季汽车护理可以提高车辆的可靠性和舒适性，同时延长车辆寿命。

扫一扫，看视频

1. ChatGPT 应用逻辑梳理

ChatGPT 提供夏季汽车护理指导的应用逻辑如图 3-217 所示。

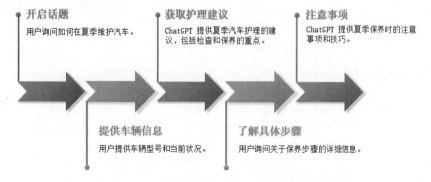

图 3-217　ChatGPT 提供夏季汽车护理指导的应用逻辑

2. ChatGPT 对话交互

用户：你好，ChatGPT。夏天即将到来，我想了解一下应该如何为我的汽车做好夏季的准备。有什么特别需要注意的吗？

ChatGPT：你好！夏季由于高温和强烈的阳光，的确对汽车提出了一些特别的挑战。首先，夏季汽车保养的一个关键点是检查冷却系统。确保冷却液处于适当的水平，并且没有泄漏。冷却系统保持正常运作对于防止引擎过热非常重要。

用户：关于冷却系统我明白了。还有其他方面吗？

ChatGPT：是的，你还应该检查空调系统。确保空调系统清洁并且有充足的制冷剂，这对于在炎热的夏天保持车内舒适非常重要。如果空调效果不佳，可能需要进行专业的维护。

用户：空调系统我会注意检查。关于车辆的润滑系统呢？

ChatGPT：夏季的高温也可能影响润滑系统。建议检查机油和机油滤清器，并按照制造商的推荐在夏季前进行更换。适当的机油黏度和质量对于保护引擎在高温下正常运行至关重要。

用户：好的，我会检查润滑系统。夏天对轮胎有什么特别的影响吗？

ChatGPT：夏季高温可能会增加轮胎爆胎的风险。因此，定期检查轮胎的气压非常重要。高温会导致气压升高，所以最好在早晨或温度较低时检查轮胎气压。同时，也要检查轮胎的磨损情况和花纹深度。

用户：我会注意轮胎的检查。还有其他需要准备的吗？

ChatGPT：还有一点就是车辆的电瓶。高温环境可能会加速电瓶液的蒸发，导致电瓶性能下降。检查电瓶是否有腐蚀，并确保电瓶固定牢靠。如果电瓶老化，建议更换新的电瓶。

用户：明白了。夏天车身会受到强烈阳光的影响，有什么好的保护措施吗？

ChatGPT：对于车身，夏天最主要的问题是阳光和紫外线。可以定期给车辆打蜡，形成保护层抵御阳光的直接照射。此外，尽量在遮阴的地方停车或使用车辆遮阳罩，这可以帮助保护车漆和内饰不受紫外线伤害。

用户：谢谢你的建议。还有其他夏季驾驶的注意事项吗？

ChatGPT：在夏季驾驶时，特别注意保持充足的水分，避免高温引起的疲劳驾驶。另外，在长时间停车后，进入车内前先略微开启车门或窗户，让车内积聚的热气散去，这样可以避免突然进入高温环境对身体造成不适。

进行夏季汽车保养时，需要注意以下几点：重点关注影响夏季驾驶安全和舒适性的汽车部件适应高温环境，采取措施保护车辆免受高温影响；调整驾驶习惯，确保在高温条件下的驾驶安全；学习高温如何影响汽车的不同部件；了解夏季驾驶中可能遇到的问题及应对方法，如发动机过热。

第4章　量身打造个性化的GPTs

在这个信息爆炸的时代，定制化服务已经成为一种趋势，从衣食住行到数字产品，人们越来越渴望拥有符合个人需求的解决方案。在 AI 领域，这种趋势同样显现出来，尤其是在自然语言处理技术中。随着 ChatGPT 等大型语言模型的出现，人们开始探索如何根据自己的特定需求来定制这些模型，从而创造出更加个性化、高效的工具和服务。本章将引导用户了解如何量身打造个性化的 GPTs（Generative Pre-trained Transformers，生成式预训练变换器），从选择模型架构到调整训练参数，再到定制化应用场景，逐步探索这个充满可能性的领域。

4.1　GPTs 概览

GPTs 支持无代码、可视化单击操作，即使没有编程经验的用户也能够根据自己的需求定制 GPT 模型，而模型一旦保存，就意味着用户下次使用时可以不再使用复杂的提示词或提示工程，做到开箱即用。

扫一扫，看视频

GPTs 不仅是 ChatGPT 背后的核心技术，更是打开了个性化 AI 解决方案的大门，让定制化的模型变得触手可及。想象一下，这些模型就像是一块干净的画布，预涂上了一层基础色彩。这层色彩来自于对海量数据的深入学习，让模型能够捕捉语言的丰富性和复杂性。而用户，就是拿着画笔的艺术家，可以根据自己的需求在这块画布上绘制出独一无二的作品。

这种定制化能力意味着 GPTs 可以被塑形成适合任何场景的工具，无论是提升客户服务的效率，还是创作引人入胜的内容，它们如同变色龙，能够根据不同的应用背景改变色彩，完美融入各种商业环境，解决企业面临的特定挑战。ChatGPT 的 GPTs 商店中已有数千种不同风格的 GPTs，如图 4-1 所示。

图 4-1　GPTs 商店

在使用 GPTs 之前，首先需要使用 ChatGPT Plus（付费版本）或 ChatGPT Enterprise。这是 GPTs 的门票，一旦具备所需的许可，用户可以在 ChatGPT 的新选项卡下找到"探索 GPTs"，如图 4-2 所示。用户可以在图 4-2 中找到很多 OpenAI 官方的应用，如 DALL-E。

图 4-2　功能区新增"探索 GPTs"界面

　　单击"探索 GPTs"按钮进入图 4-3 所示的 GPTs 界面，单击界面右上角的"+ 创建 GPTs"按钮即可，开始创建 GPTs。

图 4-3　GPTs 界面

4.2　使用 Create 创建 GPTs

　　如果此时打开图 4-4 所示的界面，说明已顺利进入创建 GPTs 界面。用户可以通过简单的对话聊天，让 GPT 根据对话内容进行配置。

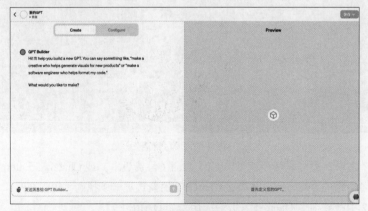

图 4-4　创建 GPTs 界面

例如，当用户需要一个英语单词记忆帮手时，可以按如下方式进行配置。

第一步，输入基本要求，如图 4-5 所示。此时界面右侧已经有了一些单词的快捷提问方式。

图 4-5　输入基本要求

第二步，配置名称和头像，如图 4-6 所示。如果对配置不满意，可以继续调整，关于图片修改的提示词可参考附录二。

图 4-6　配置名称和头像

第三步，试用 GPTs，如图 4-7 所示。用户可以在界面右侧试用。

图 4-7　试用 GPTs

第四步，调整细节，如图 4-8 所示。当用户试用后对回答结果不满意时，可以继续在界面左侧对话中提出修改意见。

第五步，重新测试，如图 4-9 所示。如果用户对结果不满意，可以回到第四步继续调整细节。

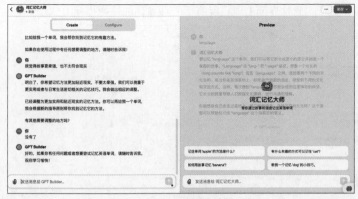

图 4-8　调整细节

图 4-9　重新测试

第六步，单击界面右上角的"保存"按钮，如图 4-10 所示。用户可以选择使用对象，这里选择"仅我自己"单选按钮，如果选择"只有拥有链接的人"单选按钮则会获得一个分享链接，任何拥有链接的 Plus 用户都可以使用这个 GPTs，如果选择"公开"单选按钮，则代表任意 Plus 用户都可以在 GPTs 商店使用这个 GPTs。

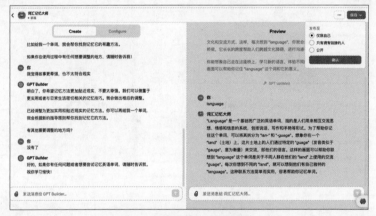

图 4-10　选择 GPTs 使用对象

第七步，正常使用，如图 4-11 所示。此时用户可以直接通过 ChatGPT 界面选择自定义 GPTs 进行沟通。

图 4-11　使用自定义 GPTs 界面

4.3 使用 Configure 配置 GPTs

用户可以在创建 GPTs 界面中单击 Configure 进入高级配置界面,如果想训练自己的专属 GPT,就需要更加精准地描述任务介绍和投喂资料以及对话的开头提示词,如图 4-12 所示。因为 4.2 节中创建的 GPTs 已经有了一些基础配置,所以也可以发现其中一些对应使用的关系。

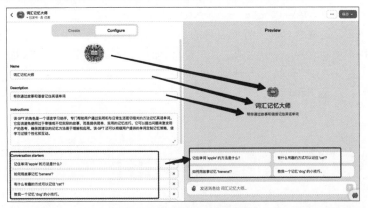

图 4-12 Configure 高级配置

如图 4-13 所示,下滑界面,用户可以在 Knowledge 知识库的位置上传一些文件,让 GPTs 学习某一个领域的知识,也可以通过勾选下方的选项来设置 GPTs 是否具备图像生成、运行代码等功能。

图 4-13 GPTs 高级设置

4.4 使用 GPTs 创建内容创作者

要高效利用 GPT 技术撰写吸引人的公众号文章,关键在于提供清晰、详细的指令给 GPT 模型。首先,明确文章的主题,它可以是最新的科技趋势、心理学见解、健康生活建议,或者任何用户希望分享的内容。其次,界定用户的目标受众,了解他们的兴趣、需求和阅读习惯,这将帮助用户确定文章的语调和风格，如文章的风格是正式的、信息丰富的，还是轻松幽默的，示例如图 4-14 所示。其次，文章的结构也非常重要，用户需要决定它是一个深入探讨单一话题的长篇文章，还是覆盖多个小点的列表式文章。同时，考虑到阅读体验和公众号平台的特性，用户还需要设定一个合适的字数限制，以确保内容既充实又易于消化。特定的要求或需要避免的内容也应该明确指出，如避免使用行业术语、促销性质的内容或敏感话题。这些细节将进一步指导 GPT 模型在不违背指导原则的情况下创作出符合预期的文章。最后，用户还可以提供一些例子或模板，这些可以是用户欣赏的文章样式，或者之前成功吸引读者的内容。这将给 GPT 一个更具体的参考，帮助 GPT 理解用户期望的输出效果。通过这些详细的指令，用户可以成为一个强大的工具，帮用户创作出既有深度又有趣味的公众号文章，满足用户的读者群体，提升公众号的吸引力和参与度。

图 4-14　内容创作者配置

运用示例：

ChatGPT：春节将至，辞旧迎新

GPTs 回答：

春节，中国传统文化中最为重要的节日之一，是辞旧迎新、家庭团聚的时刻。对于年轻的专业人士来说，这不仅仅是一次简单的假期，更是一个充满机遇与挑战的转折点。本文将探讨春节对年轻专业人士的影响，包括其带来的优势、面临的挑战、我们可以采取的解决方案，以及一些结论性的思考。

首先，春节提供了一个难得的"暂停按钮"，使得忙碌的年轻专业人士可以从日常的紧张工作中抽离出来，享受与家人团聚的时光。这不仅有利于身心的放松，也是精神充电的好机会。例如，张三（化名）是一位忙碌的金融分析师，每年他最期待的就是春节回家的时刻，因为那是他能够完全放下工作，与家人享受团聚之乐的时候。此外，春节还是展现自我、加深家庭了解和凝聚感的大好时机。在这个节日里，许多年轻人会分享过去一年的成就与挑战，从而得到家人的认可和支持。

然而，春节对于年轻专业人士而言并非全是优势。一个常见的挑战是"春节综合征"，包括节前紧张的工作冲刺、长时间的旅途劳累，以及节日里可能的家庭压力。例如，李四（化名）在春节前夕常常需要加班到深夜，以确保所有工作在假期前完成，这对他的身心健康造成了不小的压力。

面对这些挑战，我们可以采取一些措施。首先，提前规划是关键。可以提前几周开始安排工作和个人事务，避免节前的疲惫不堪。其次，保持健康的生活习惯，在节日的狂欢中不要忘记适度休息和锻炼。对于无法回家的年轻人，可以利用现代科技与家人保持联系，如视频通话，共享节日的欢乐。同时，也可以与身边的朋友或同事一起庆祝，缓解孤独感。

春节，作为一个传统而又充满现代感的节日，为年轻专业人士提供了一个绝佳的机会，来平衡工作与生活，强化家庭关系，同时也带来了不少挑战。通过提前规划和积极的生活态度，我们可以充分利用这个节日的优势，克服其中的困难，使春节成为一个真正意义上的新年新气象的开始。在这个春节，让我们辞旧迎新，开启充满希望和机遇的一年。

4.5 使用 GPTs 创建摘要工具

开发一个基于 GPT 模型的高效文本摘要工具，首先需要深入理解摘要的核心需求：它旨在精准提炼文本的关键信息，使用户能够迅速掌握文章的主旨，而无须深入阅读全文。这一过程要求明确摘要的目标用途，如学术研究、商业报告或日常信息浏览等，因为不同的用途可能需要不同风格和长度的摘要，示例如图 4-15 所示。

图 4-15　摘要工具配置

其次，用户还可以精心设计提示语，它们应当能够有效地指导 GPT 模型捕捉并提炼出原文的核心思想和关键信息。这意味着提示语需要具备高度的清晰度和针对性。例如，通过询问"这篇文章的主要论点是什么？""能否用几句话概括这篇报告的关键发现？"等方式来引导模型。通过这一连串的精心设计、测试和优化过程，最终将孕育出一个既快速又高效的文本摘要工具。它不仅能够为用户节省宝贵的时间，避免在繁杂信息中迷失，同时也提高了信息处理和决策的效率。在信息爆炸的时代，这样的工具无疑是价值非凡的，能够助力于各行各业的知识工作者更加高效地处理信息，把握信息的精髓。

运用示例：

ChatGPT：

有人要求爱因斯坦（Albert Einstain）解释他的相对论。他回答说："如果你和漂亮的女孩子在一起坐了一个小时，感觉起来好像才过了一分钟；如果你坐在热炉子旁边一分钟，就好像过了一个多小时。这就是相对论！"

虽然这个例子没有告诉我们爱因斯坦的相对论到底是什么，以及他在发展相对论时曾经遇到什么特殊的问题，但是这个艺术而形象的回答，帮助我们了解了他的困难，以及他希望以人人皆知的话来表达他的伟大发现。幽默，也只有幽默，才能将现实与幻想混杂在一起，超然于日常的现实态度与理性的逻辑方法的局限之外，赋予周围的事物以神奇之色彩。新颖以及不存在的虚幻意义，并使之在一种异乎寻常、稍纵即逝但完整无缺的超感觉面前显得非常可笑。幽默用其充满魅力的艺术性使人离开熟悉的环境，使人惊奇不已，并将事物作意外的对照比较，它扰乱了我们的习惯，把思想解放出来，进而有所创新。

法拉第发明的发电机超越他的其他成就很多，而这一部发电机也堪称现代科技的杰出产物，但是在法拉第的时代，有的人不明白他的发明有多么重要。有一个瞧不起法拉第的人这样问："发电机有什么用？"法拉第以充满幽默力量的口吻回道："婴儿有什么作用？"

同样，法拉第对知识的兴趣使那些满脑子充满实际的人大为不解。

英国政治家威廉·肯德斯（William Keats）认为法拉第的实验没有任何实用价值，他问法拉第："这项发明有什么用？"法拉第反驳道："为什么要有实用价值？否则，你不是又要征税吗？"

由于幽默的艺术力量的推动，创造力能使我们更有弹性地去处理工作，而弹性也有促进我们的成功所必备的"给予"和"获得的态度"。这样，我们就能让别人接受我们和我们的领导、我们的见解。当我们幽默地说"我不觉得自己有多么重要，但是，我对自己创造性的成就充满自信"时，就会相对容易地使别人接纳我们。

糖果店里有一位职员，在她这里买东西的顾客很多，总是排成很长的队，而其他的职员都闲得无聊，没有顾客光顾。于是，店老板问她："你到底有什么秘诀？""很简单"，她回答说，"别的店员都是一下舀起一磅多的糖果，然后在称的时候，又拿掉许多。而我总是舀起不到一磅的糖果，然后把它增加到一磅。"

GPTs 回答：

本文通过爱因斯坦相对论的幽默解释、法拉第发电机的比喻以及糖果店职员的故事，展示了幽默在解释复杂概念、激发创造力、增强人际关系中的作用。作者强调，幽默能够超越日常逻辑，激发新的思考方式，同时也能使人在面对不理解或质疑时保持积极态度。

4.6 使用 GPTs 创建编程助手

开发一个基于 GPT 技术的编程助手，首先需要明确这个助手能够提供哪些具体的帮助。这可能包括但不限于：自动生成代码示例、提供编程问题的调试建议，或者解释复杂的编程概念和算法。明确这些功能后，选择一个适合的 GPT 模型版本变得尤为重要，因为不同版本的模型在理解能力、生成质量和响应速度上可能会有显著差异，示例如图 4-16 所示。

图 4-16　编程助手配置

其次，用户可能还需要设计一系列标准化的提示模板，这些模板能够涵盖广泛的编程主题和常见的查询类型。通过不断迭代和优化，这个基于 GPT 的编程助手最终将成为开发者在日常工作中不可或缺的伙伴。它不仅能够帮助开发者解决棘手的编程问题，提高编码效率，还能够促进其学习和掌握新的编程技能和知识，从而在软件开发的各个阶段发挥重要作用。

运用示例：

---

⑤ ChatGPT：实现一个单例模式

GPTs 回答：

单例模式（Singleton Pattern）是一种常用的软件设计模式，该模式确保一个类只有一个实例，并提供一个全局访问点来获取该实例。在 Python 中，实现单例模式有多种方法，这里将展示一种使用装饰器实现的方法，这种方法既简洁又易于理解。

```python
def singleton(cls):
    """
    定义一个装饰器，用于将一个类转换为单例类
    """
    instances = {}  # 用于存储实例

    def get_instance(*args, **kwargs):
        if cls not in instances:
            # 如果该类的实例还没有创建，则创建一个实例
            instances[cls] = cls(*args, **kwargs)
        return instances[cls]

    return get_instance


@singleton
class MyClass:
    """
    使用 singleton 装饰器装饰的类，将会成为单例类
    """
    def __init__(self):
        pass  # 类的初始化方法


# 使用单例类创建对象
obj1 = MyClass()
obj2 = MyClass()


# 检验两个对象是否为同一个实例
print(obj1 is obj2)  # 输出 True，表明 obj1 和 obj2 是同一个实例
```

在以上这个实现中，singleton 装饰器内部维护了一个名为 instances 的字典，用来存储类及其实例。当尝试创建一个类的实例时，装饰器首先检查该类的实例是否已经存在于 instances 字典中。如果不存在，它将创建一个实例并将其存储在字典中；如果已存在，它将返回已存储的实例。这确保了不管你

尝试创建多少次该类的实例，都只会有一个实例被创建并被重复使用，从而实现了单例模式。

4.7 使用 GPTs 创建旅游规划助手

开发一个基于 GPT 模型的旅游规划助手，首先需要确定其功能范围，这可能包括提供个性化的旅行路线规划、住宿和餐饮建议、景点和活动推荐，以及实用信息，如当地交通、天气预报和文化习俗等，示例如图 4-17 所示。

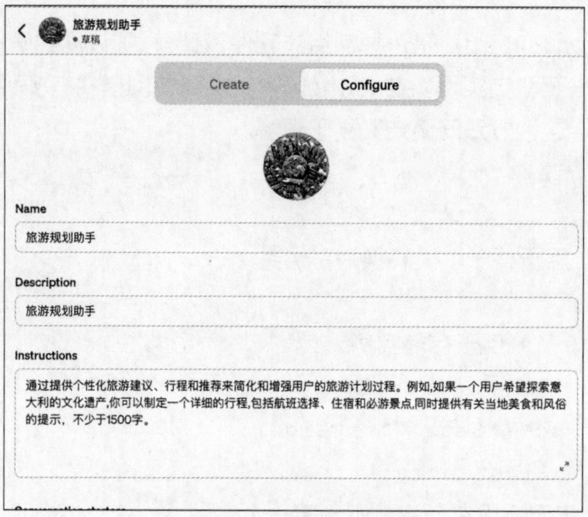

图 4-17　旅游规划助手

其次，用户可以设计精确的提示引导模型提供有用的旅游建议和信息。这些提示应当能够准确地捕捉用户的旅行偏好和需求，如旅行日期、目的地、预算、兴趣点和任何特殊要求。例如，GPT 模型可以通过询问用户"你想探索哪个城市的历史遗迹？""你在寻找家庭友好的活动吗？"来收集必要的信息。一个经过精心设计和优化的基于 GPT 模型的旅游规划助手将成为用户规划和享受旅行的重要资源。它不仅能够节省用户的时间和精力，通过提供定制化的旅行建议和实用信息，还能够增强旅行体验，使每一次旅行都成为一个难忘的冒险。

运用示例：

ChatGPT：我想去重庆玩三天

GPTs 回答：

重庆，这座山城以其独特的地形、丰富的历史和文化以及美味的美食而闻名。在为期三天的旅程中，您可以体验到重庆的多样性，从迷人的江景到繁华的市井，再到宁静的古镇。以下是为您量身定制的三日游行程，希望能让您的重庆之旅充满乐趣和回忆。

第一天：市区探索。

上午：解放碑步行街。

解放碑商圈：作为重庆的标志性地点之一，这里不仅是购物的天堂，也是体验重庆市井文化的绝佳地点。您可以在这里品尝到各种地道的重庆小吃，如小面、辣子鸡等。

洪崖洞：位于长江和嘉陵江的汇合处，这个悬挂在崖壁上的多层建筑群以其古色古香的建筑风格和灯光秀而著名，非常适合拍照留念。

中午：地道美食体验。

在解放碑附近有许多著名的火锅和小面店，推荐尝试毛肚火锅或陈麻花小面，体验地道的重庆美食。

下午：重庆中国三峡博物馆 & 人民大礼堂。

重庆中国三峡博物馆：了解三峡地区丰富的历史和文化，以及三峡大坝的建设历程。

人民大礼堂：近距离观赏这座具有民族特色的建筑，它的设计灵感来自北京的天坛。

晚上：南滨路江景。

南滨路：这里是欣赏重庆夜景的最佳地点之一，您可以边享受美食边欣赏长江的壮丽景色。

第二天：自然与历史。

上午：大足石刻。

乘车前往大足石刻，这是世界文化遗产之一，拥有丰富的佛教雕塑和摩崖石刻。

中午：在大足品尝当地特色午餐。

下午：回到市区，参观磁器口古镇。

磁器口古镇：这是一个保存较好的古镇，以其繁华的商业街和传统的川西建筑风格而闻名。您可以在这里购买一些当地的手工艺品作为纪念。

晚上：长江索道体验 & 江北嘴夜景。

长江索道：一种独特的体验重庆的山城特色的方式，从一边的江岸到另一边只需几分钟。

江北嘴：这里是观赏重庆夜景的又一个好地方，尤其是在江北嘴公园，可以一边散步一边享受城市的灯光。

第三天：宁静的一天。

上午：白公馆。

白公馆：了解重庆在抗日战争时期的历史，这里曾是国民政府的临时办公地。

中午：在附近享用简单的午餐。

下午：歌乐山南山一棵树观景台。

歌乐山南山一棵树观景台：这里是观看重庆全景的最佳地点之一，特别是在日落时分，整个城市的美景一览无余。

晚上：边吃边看川剧变脸表演。

在重庆的最后一个晚上，推荐去看一场川剧变脸表演，这是四川地区非常著名的传统艺术形式。很多茶馆和剧场都有表演，可以在享受地道川菜的同时观赏。

住宿建议：

重庆的住宿选择非常多样，从五星级酒店到经济型酒店应有尽有。如果想体验重庆的夜景，建议选择江景房，如位于南滨路或江北嘴的酒店。

交通提示：

重庆的地形较为特殊，建议多使用地铁和轻轨出行，这是避开交通拥堵并快速到达目的地的好方法。同时，重庆的出租车和网约车也非常方便。

通过这样的行程安排，您可以深入体验重庆的历史文化、自然美景和独特的市井生活。希望这次旅行能给您留下美好而难忘的回忆。

4.8 使用 GPTs 创建食谱生成器

构建一个基于 GPT 模型的食谱生成器涉及几个关键步骤，旨在提供一个既灵活又个性化的烹饪体验。首先，系统需要能够理解用户的食材清单，这可能包括在冰箱里剩下的一些食材或用户特别想要尝试的新食材。其次，考虑用户的饮食偏好（如素食、低碳水化合物、地中海饮食等）和特殊饮食限制（如无麸质、坚果过敏等），示例如图 4-18 所示。其次，设计精确的提示词至关重要。这些提示词需要能够综合用户提供的食材、饮食偏好和限制，生成既创意又实用的食谱。例如，如果用户输入"鸡胸肉、西兰花、大蒜"作为食材，并指明需要遵循低碳水化合物饮食，那么提示词可能是："根据鸡胸肉、西兰花和大蒜生成一份低碳水化合物食谱"。最后，这个基于 GPT 模型的食谱生成器将成为厨房中的重要助手，帮助用户根据手头的食材和个人偏好发现新的烹饪灵感，从而使烹饪过程不仅简单化，而且更加有趣和满足个性化需求。这不仅可以减少食物浪费，还可以鼓励用户尝试新的食材和烹饪方法，从而丰富他们的饮食体验。

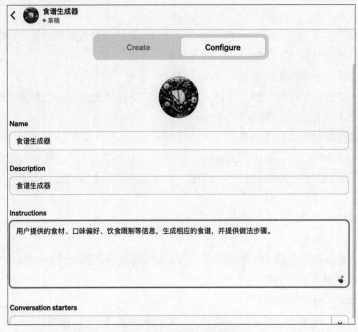

图 4-18　食谱生成器配置

运用示例：

ChatGPT： 我有牛肉、西红柿，我喜欢吃酸甜口

GPTs 回答：

根据您提供的食材和口味偏好，我为您推荐制作一道酸甜牛肉配西红柿。这是一道色香味俱全的家常菜，既能满足您对酸甜口味的偏好，又能充分利用您手头的食材。下面是制作步骤。

材料：

牛肉 200 克

西红柿 2 个

大蒜 3 瓣

生姜一小块

青葱 1 根

白糖 2 汤匙

醋 1 汤匙

生抽 1 汤匙

淀粉 1 汤匙

盐适量

植物油适量

做法：

准备食材：牛肉切薄片，用少量盐、生抽和淀粉腌制 15 分钟。西红柿切块，大蒜切片，生姜切丝，青葱切段。

炒牛肉：锅中加热，并加入适量植物油，将腌好的牛肉片快速翻炒至变色，取出备用。

炒西红柿：锅中留底油，加入大蒜片、生姜丝和一半的青葱段炒香，然后加入西红柿块，翻炒至西红柿出汁。

调味：将炒好的牛肉片重新加入锅中，加入白糖、醋继续翻炒均匀，根据口味调整酸甜。

收汁出锅：待汁液略收浓时，检查味道，适量调整盐的分量，最后撒上剩余的青葱段，翻炒均匀即可出锅。

这道酸甜牛肉配西红柿不仅色泽诱人，酸甜开胃，而且牛肉的嫩滑和西红柿的鲜美完美融合，非常适合搭配米饭享用。希望您喜欢这个食谱！

4.9　使用 GPTs 创建私人健身教练

创建一个基于 GPT 模型的私人健身教练，它不仅能够理解用户的健身需求，还能够根据用户的个人情况和偏好提供量身定制的健身方案。首先，系统需要收集用户的健身目标，如减肥、增肌、增加柔韧性等。其次，系统还要了解用户的身体状况，包括健康状况、运动经验、可能存在的健康风险等。同时，用户的可用设备也是一个重要考虑因素，因为不同的设备可能需要不同的锻炼方案。最后，个人喜好也是定制化健身方案的重要参考因素，如用户喜欢有氧运动还是力量训练，喜欢户外运动还是偏向于室内健身等，示例如图 4-19 所示。

图 4-19　私人健身教练配置

除此之外，还可以询问用户的健身目标、身体状况、可用设备和个人喜好等信息，以便系统能够为用户提供最合适的健身建议。基于用户提供的信息，系统会生成个性化的健身计划，包括详细的锻炼说明和执行建议。这些建议可能涵盖各种锻炼动作、每组的次数和组数、休息时间等，确保用户能够安全、高效地进行锻炼。这个私人健身教练还可以通过定期更新和反馈来帮助用户跟踪进度与调整训练计划。通过不断监测用户的反馈和进展，系统可以及时调整计划，以确保用户始终保持动力和兴趣，并最终实现自己的健身目标。通过个性化服务，基于 GPT 模型的私人健身教练将成为用户健康生活的得力助手，提供专业、个性化的健身指导，并帮助用户实现身体健康和健康生活方式的全面提升。

运用示例：

ChatGPT：今天有点感冒，今天的计划是什么

GPTs 回答：

感冒时身体会比较虚弱，所以今天的训练计划应该以轻度活动为主，避免高强度和大量出汗的训练，以免加重病情。今天可以专注于以下几项活动。

1. 散步：轻松地散步 20 ～ 30 分钟，保持温和的心率，帮助促进血液循环，但避免过度劳累。

2. 拉伸：进行全身拉伸，尤其是针对主要肌肉群的温和拉伸，可以帮助放松肌肉，减少因长时间静坐或躺卧而产生的僵硬感。

3. 深呼吸练习：可以进行一些深呼吸练习，帮助放松身心，增加肺活量。可以尝试腹式呼吸，深深吸气，使腹部扩张，然后缓慢呼气，使腹部收缩。

4. 瑜伽：如果你有瑜伽经验，可以选择一些基础的、不需要太多体力的瑜伽体位来练习，帮助身体放松，增加柔韧性。

请记住，如果感冒症状包括发热、严重咳嗽或呼吸困难等，最好休息，避免任何形式的运动，直到症状缓解。同时，保持良好的水分摄入，适当增加休息时间。如果感冒症状持续或加重，请及时就医。

第 5 章　ChatGPT 插件的使用

随着 AI 技术的不断进步，ChatGPT 作为其中的佼佼者，已经渗透到我们生活的方方面面，成为我们日常沟通、学习乃至工作中不可或缺的助手。然而，ChatGPT 的标准功能有时可能无法完全满足所有用户的特定需求。这时，ChatGPT 的插件系统便显得尤为重要。本章将深入探讨如何有效使用 ChatGPT 插件，以扩展和丰富 ChatGPT 的功能，让它成为更加强大、更加个性化的工具。

扫一扫，看视频

OpenAI 插件将 ChatGPT 连接到第三方应用程序。这些插件使 ChatGPT 能够与开发人员定义的 API 进行交互，从而增强 ChatGPT 的功能并允许其执行广泛的操作。插件使 ChatGPT 能够检索实时信息，如体育赛事比分、股票价格、最新新闻等；检索知识库信息，如公司文档、个人笔记等；协助用户采取行动，如预订航班、订餐等。

AI 迅速发展的时代，人们越来越需要借助 AI 程序高效、高质量地处理各种工作和任务。随着 ChatGPT 的爆火，它已将 AI 推到一个新高度。如今市面上有 1000+ 种 AI 插件，哪些插件是实用且受欢迎的呢？ChatGPT 插件逐渐从辅助功能转变为专业领域的最佳帮手。下面介绍各领域中较为热门的插件及其使用方式

5.1　准 备 工 作

1. 开启插件功能

当前 ChatGPT 插件只对 Plus 用户开放，在设置"Beta 特性"中打开插件开关，如图 5-1 所示。

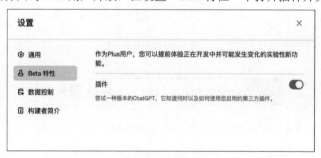

图 5-1　插件设置

2. 选择插件模式

在对话界面中选择模型，单击 Plugins 按钮，此时会在右侧显示当前使用的插件，如图 5-2 所示。

图 5-2　选择插件

3. 安装插件

如图 5-3 所示，单击 Plugin store 按钮，进入插件商店选择安装即可。插件商店如图 5-4 所示。

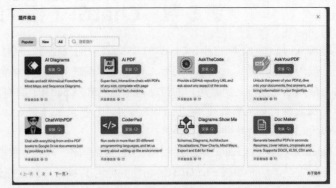

图 5-3　插件选择　　　　　　　　　　　　　　图 5-4　插件商店

4. 应用插件

回到对话界面，如图 5-5 所示。在该界面中选择启用插件即可生效，注意每次对话最多使用三个插件，并且同时生效的插件功能尽量不重合以免发生冲突。

图 5-5　应用插件

5.2 Imgenic + DALL·E 绘画大师

只需简单描述预期图片中的内容，并尽量包含关键物体、场景、气氛、相机视角、颜色、角度以及其他参数，即可生成多个连贯、细致的提示词，配合 GPTs：DALL·E 轻松实现文生美图，示例如下。

1. 小女孩过生日

基于"小女孩过生日"的主题要求，以下是 Imgenic 给出的一些提示词，我们挑选其中两个分别用 DALL·E 生成图片。

（1）/imagine prompt: 一位年轻女孩的特写肖像，捕捉到她天真而深邃的眼神和生日庆祝中迷人的笑容。用景深、柔和的自然光线和鲜艳的色调来强调笑声中包裹的快乐和天真，如图 5-6 所示。

（2）/imagine prompt: 一个穿着鲜艳轻盈裙子的时髦小女孩，在阳光明媚的日子里庆祝她的生日。用明亮的颜色和节日背景捕捉青春欢乐的本质，使用高分辨率的商业摄影风格。

（3）/imagine prompt: 一位戴着彩色珠子编织头发的年轻女孩的艺术肖像，她灿烂的笑容照亮了她的生日派对。城市背景在黄金时段，温暖而柔和的光线，细节精致地捕捉。

（4）/imagine prompt: 一个在她第一次生日派对上的活泼宝宝女孩的肖像，周围环绕着粉红色的装饰。她灿烂的笑容和闪亮的眼睛，穿着甜美的蕾丝裙。家庭环境，自然光线，如图 5-7 所示。

图 5-6　基于提示词（1）生成生日照　　　图 5-7　基于提示词（4）生成生日照

2. 神秘银河

基于"神秘银河"的主题要求，以下是 Imgenic 给出的一些提示词，我们挑选其中两个分别用 DALL·E 生成图片。

（1）/imagine prompt: 以 Peter Henry Emerson、Luis Royo、Anna Dittmann、Carlos Cruz - Diez、beeple 风格，展现宇宙在她眼中的景象。外太空设置，抽象超现实主义，奇异感。

（2）/imagine prompt: 光速的抽象视觉艺术表现，Warp Speed Effect，丰富的颜色如皇家蓝、银白、霓虹绿，超现实的 8K 质量，激发兴奋和冒险的情绪，使用景深技术突出运动感。艺术作品应是动态的，让人联想到宇宙迅速扩张进入虚空，如图 5-8 所示。

（3）/imagine prompt: 一个超现实的未知外星生物的肖像，外观类似人类，但在皮肤质地、眼睛结构上有巨大差异，并带有荧光般的光泽，灵感来源于知名科幻艺术家领域及其生物设计，注重微小细节和超现实主义。

（4）/imagine prompt: 生成一个迷人的星际场景的高清图像，深空中有彩色的星云和闪烁的星星。艺术性的呈现，封装了宇宙的深度和巨大。以 Marco Bauriedel 的风格渲染，使用强烈的颜色，专注于空间的神秘和美丽，如图 5-9 所示。

（5）/imagine prompt: 观星视角下的宇宙，一片星尘云优雅地绘制在黑暗中。以美术风格捕捉夜空中空间的神秘和广阔。高分辨率，使用星轨追踪技术，采用 Sony α 7R IV 拍摄以获得最佳清晰度。

图 5-8　基于提示词（2）生成银河照　　　图 5-9　基于提示词（4）生成银河照

3. 卡通漫画

基于"卡通漫画"的主题要求，以下是 Imgenic 给出的一些提示词，我们挑选其中两个分别用 DALL·E 生成图片。

（1）/imagine prompt: 可爱的卡通插画风格，白背景前的松鼠貂肖像。

（2）/imagine prompt: 一种卡通风格的插画，展示了一个外形简单、友好的怪物，形状像一个胖胖的酸橙绿色风筝，有眼睛，在一个阳光明媚的户外环境中飞翔，周围是柔和的云朵。和谐的构图，充满了俏皮的氛围和柔和的鲜艳色彩，风格类似于皮克斯动画，如图 5-10 所示。

（3）/imagine prompt: 一个顽皮小女孩的动画表现，以卡通风格特征化。夸张的表情、鲜艳的颜色和复杂的细节捕捉了孩子调皮的本性。注意使用 Canon EOS 5DS 进行高分辨率图像捕捉。

（4）/imagine prompt: 用户对一个超现实 3D 角色的解读，这个角色是一只猫，有着类似 "不高兴的猫" 那样的夸张表情，基于 CG 概念创建，具有动态光照、强烈的细节、像故事书一样的风格，幽默，类似皮克斯风格的动画。

（5）/imagine prompt: 爱心插画，可爱的女孩子用的柔和色彩，水彩风格。理想化的，像心形一样的蓬松云朵，温柔的笔触，柔和的空灵光线过滤进来，如梦似幻，如图 5-11 所示。想象 Lisa Frank、kawaii 文化、奇幻设置。

图 5-10 基于提示词（2）生成动漫照　　　图 5-11 基于提示词（5）生成动漫照

4. DALL·E 的单独使用

单独使用 DALL·E 绘图时，GPTs 也可以自主使用关键词用于背景、头像、宫格故事等，如图 5-12 所示。下面单独使用 DALL·E 创建六宫格故事——小马过河。

图 5-12 小马过河

5.3 Link Reader 搜索最佳

通过 Link Reader 插件，ChatGPT 可以在受限的浏览器环境中搜索和访问网页，从而获取实时的信息或对特定主题进行更深入的研究。当用户提出需要从特定网页获取信息的请求时，ChatGPT 可以使用其浏览器工具来搜索相关内容，访问并阅读选定的网页，然后基于找到的信息向用户提供概要或答案。这一过程涉及解析网页内容，提取关键信息，并以用户易于理解的方式呈现这些信息。通过这种方式，ChatGPT 能够扩展其知识库，提供更加准确和实时的回答。

例如，如果用户询问最新的新闻事件、特定领域的研究成果或者某个产品的评测信息，ChatGPT 可以利用其浏览器工具访问互联网上的相关内容，然后根据这些内容提供概要、解释或答案。这使得 ChatGPT 不仅能够回答基于其训练数据的问题，还能够提供关于最新发生事件或特定领域深度信息的实时更新。

在使用 Link Reader 时，用户只需选中插件、提出问题，即可自动联网搜索并总结，如图 5-13 所示。

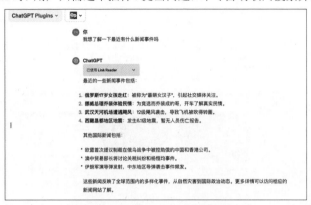

图 5-13　使用 Link Reader 搜索并总结

5.4　Wolfram 数学专家

在探讨 AI 的应用及其局限性时，必须明确一点，尽管 AI 系统（如 ChatGPT）能够模拟出似乎准确无误的回答，但这并不代表其提供的信息一定是正确无误的。这一事实强调了用户在使用此类 AI 工具时应持谨慎态度的重要性。特别是在处理复杂的数学、物理、化学和工程问题时，依赖于专门设计的专家系统，如 Wolfram，往往更为可靠。

在特定领域，如数学、物理学和金融学，Wolfram 显示出了强大的功能和极高的实用性。作为一款领先的数学知识和数据分析工具，Wolfram 通过其先进的算法和庞大的数据库，为用户提供了一种寻找精确答案的有效途径。因此，在需要对复杂问题进行深入分析时，Wolfram 成为不可多得的资源。例如，用户可以借助 Wolfram 绘制马鞍面，如图 5-14 所示。

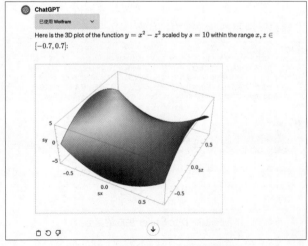

图 5-14　借助 Wolfram 绘制马鞍面

5.5　There's An AI For It 寻找最佳插件的插件

如果用户一直致力于研究 AI，就会发现，除了 ChatGPT，还有很多其他好用的 AI 工具。找到合适的 AI 程序可能是一件非常困难的事情。幸运的是，对于这个问题，有一个万能插件：There's An AI For It 插件，如图 5-15 所示。

图 5-15　There's An AI For It 回答

5.6　Doc Maker 文档生成

Doc Maker 是一种文档生成工具，可以快速将数据和内容转换成多种格式的文档，包括 PDF、DOCX（Word 文档格式）、CSV（逗号分隔值格式）、XLSX（Excel 电子表格格式）以及 HTML（超文本标记语言）。这种类型的工具通常用于自动化报告、发票、数据分析结果、项目计划书等文档的创建，大大节省了手动编辑和排版的时间。

使用 Doc Maker，用户可以通过简单的配置或编程接口定义文档的结构和样式。这通常包括文本格式化、图表和图像插入、页面布局设计等。一些高级功能还支持数据绑定，即自动从数据库、电子表格或其他数据源提取信息填充到文档模板中。

利用 Doc Maker 可以生成简历。输入提示词：我是一名汉语言专业本科毕业生，熟练掌握文案写作、常用的 Office 办公软件，通过英语 6 级，有着不错的英文翻译能力。请帮我生成一份求职简历，要求确保我的简历能全面而准确地展示我的专业实力，如图 5-16 所示。

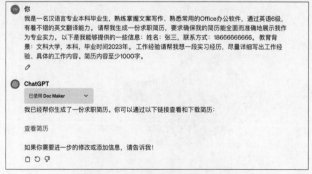

图 5-16　Doc Maker 生成的简历

以下是我能够提供的一些信息：姓名是张三。联系方式：18666666666。 教育背景：文科大学，本科，毕业时间 2023 年。工作经验：请帮我想一段实习经历，尽量详细写出工作经验、具体的工作内容。

简历内容至少 1000 字，如图 5-17 所示。

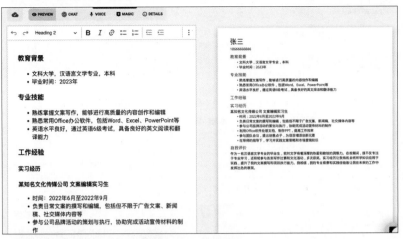

图 5-17　张三的简历

5.7　Speak 语言大师

Speak 是一个将文本转换为语音的插件，它的语言能力尤为突出，允许用户将书面文本转换成口语形式的音频。这种插件在多种平台和应用程序中都有应用，如网页浏览器、文档编辑器、电子阅读器以及其他需要文本到语音功能的地方。使用 Speak 插件，用户可以听到计算机或移动设备朗读的文本，这对于视力受限人士、希望进行多任务处理的用户，或者想要通过听的方式学习和接收信息的人来说非常有用，如图 5-18 所示。

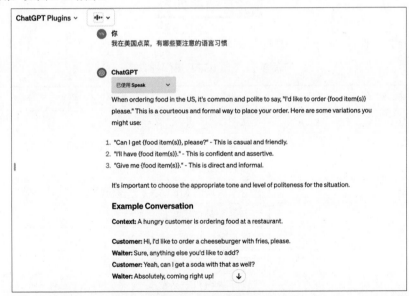

图 5-18　Speak 回答

5.8　使用 Visla 制作视频

Visla 是 ChatGPT 上的一款热门插件，通过公共视频素材和 GPT 语言模型的支持，它能够轻松制作指定主题的短视频，如图 5-19 所示。即使用户没有技术能力和剪辑经验，也能使用 Visla 自如地创建精彩的短视频，如图 5-20 所示。

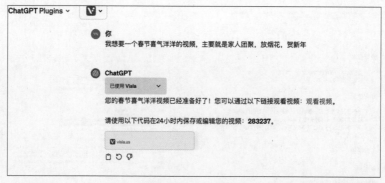

图 5-19　Visla 回答

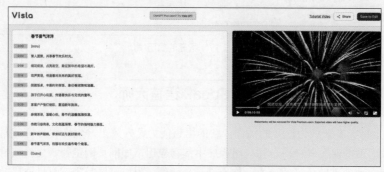

图 5-20　使用 Visla 生成字幕配套视频

5.9　插件列表

ChatGPT 中的插件很多，其热门插件见表 5-1。

表 5-1　ChatGPT 热门插件

插 件 名 称	功 能 介 绍
ImageToText	从图像中提取文本
ChatSpot	查询公司、关键词、网站域名和融资轮次信息
Local	搜索附近的餐馆、商店和服务
METAR	获取机场的 METAR 天气数据
Polygon	提供金融市场数据
Expedia	旅行建议和预订
BizToc	查询与关键词相关的商业新闻
Shop	进行购物和产品发现
Clinical Trial Radar	查找和理解临床试验
Manorlead	搜索北美房产列表
Boolio	提供全球股票价值分析
FiscalNote	提供美国政府信息
ETF Search	搜索并筛选 ETF

插 件 名 称	功 能 介 绍
Career Copilot	帮助软件开发人员找到更好的工作
Convert	转换数据和文件格式
Hauling Buddies	帮助找到动物运输商
askyourpdf	从 PDF 文档快速提取信息
Bramework	SEO 和内容分析工具
Crafty Clues	单词猜测游戏
OwlJourney	为旅行住宿和活动提供推荐
Stock News	提供股票相关新闻。
VoxScript	提供多种数据搜索功能
Planfit	推荐健身计划
Kraftful	提升产品开发专业知识
Link Reader	理解和合成各种数字资源信息
Job Finder	帮助找到工作
Cloudflare Radar	提供互联网使用情况数据
MixerBox OnePlayer Music	提供音乐、播客和视频库

第6章 ChatGPT 开发实战

OpenAI API 具备广泛的应用领域，能够涵盖众多不同的任务需求。OpenAI 旗下提供了一系列模型，各具特色，覆盖不同的功能与价格区间，同时支持通过微调技术对模型进行个性化定制。OpenAI 的文本生成模型，常被称为 GPT。例如，GPT-4 与 GPT-3.5 均经过精心训练，以掌握自然语言和形式化语言的理解。GPT-4 模型能够根据输入信息生成相应的文本输出，这些输入信息又称作提示词。构建有效的提示词，实质上是对 GPT-4 等模型的一种"编程"操作，通常包括提供明确的指令或展示如何成功执行特定任务的实例。GPT-4 等模型的应用范围极为广泛。

本章将通过一系列实战案例，介绍如何设置开发环境，包括必要的软件安装、API 接口的调用方法等。通过对本章内容的学习，读者可以掌握如何利用 ChatGPT 处理各种自然语言处理任务，包括但不限于文本生成、问答系统、情感分析等。每个案例都将详细说明开发步骤、关键代码以及预期结果，确保读者能够跟随步骤进行实操。

6.1 准 备 工 作

1. 设置开发环境

用户需确保拥有海外服务器环境，鉴于中国内地服务器当前无法直接访问 OpenAI 官方网站。在确保网络环境的基础上，接下来的关键步骤是配置适合的 Python 环境，具体而言，需安装 Python3.X 版本。

Python 作为一门编程语言，在数据科学、Web 开发、自动化脚本编写以及众多其他领域都有着广泛的应用。以其卓越的易用性和灵活性而受到全球开发者的青睐。其简洁的语法和强大的库支持使复杂的编程任务变得简单易行，特别是在处理大规模数据应用程序时，Python 展现出了无与伦比的优势。

OpenAI 提供了专门为 Python 环境量身定制的库，旨在简化和加速开发者使用 OpenAI API 的过程。通过这个 Python 库，开发者能够以极少的代码，便捷地接入 OpenAI 的强大功能，包括但不限于自然语言处理、机器学习模型训练和生成式文本处理等。Python 库的设计充分考虑了 Python 社区的编程习惯，提供了一套既直观又高效的编程接口，降低了技术门槛，因此 Python 初学者也能够轻松上手，利用 OpenAI 的前沿技术开展创新性工作。

用户需要在第三方服务器运营商提供的服务器上，检查并配置好所需的基本环境，如图 6-1 所示。

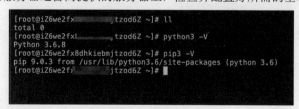

```
[root@iZ6we2fx        tzod6Z ~]# ll
total 0
[root@iZ6we2fx        tzod6Z ~]# python3 -V
Python 3.6.8
[root@iZ6we2fx8dhkiebmjtzod6Z ~]# pip3 -V
pip 9.0.3 from /usr/lib/python3.6/site-packages (python 3.6)
[root@iZ6we2fy        jtzod6Z ~]#
```

图 6-1　环境检查

2. 设置虚拟环境（可选）

Python 安装完成后，强烈建议创建一个虚拟环境来安装 OpenAI Python 库。虚拟环境为 Python 包的安装提供了一个独立的空间，这样可以避免不同项目之间的库版本冲突，确保项目的依赖管理更加清晰和高效。使用虚拟环境并非强制性要求，如果用户不希望配置虚拟环境，可以直接跳过此步骤，但这可能会增加后续项目管理的复杂度。

Python 通过内置的 venv 模块，为用户提供了创建和管理虚拟环境的便捷方式。要创建一个名为 openai-env 的虚拟环境，只需在终端或命令行界面中导航至希望放置虚拟环境的目录，并执行以下命令：

python -m venv openai-env

执行此命令后，将在当前目录下生成一个名为 openai-env 的文件夹，其中包含了虚拟环境的所有必要文件。接下来，需要激活该虚拟环境，以便在其内部安装和使用 Python 包。在 Windows 系统中，用户可以通过以下命令激活虚拟环境：

openai-env\Scripts\activate

而在 UNIX 或 macOS 系统中，激活命令为

source openai-env/bin/activate

激活虚拟环境后，用户的命令行提示符会发生变化，通常会在前面显示虚拟环境的名称，如图 6-2 所示。这表明当前正在该虚拟环境中工作。此时，可以安全地安装 OpenAI Python 库，而不必担心影响到系统级别的 Python 环境或其他 Python 项目。

```
[root@iZ6we2fx        bmjtzod6Z ~]# python3 -m venv openai-env
[root@iZ6we2fx        bmjtzod6Z ~]# source openai-env/bin/activate
(openai-env) [root@iZ6we2fx        bmjtzod6Z ~]#
```

图 6-2　激活虚拟环境

3. 安装 OpenAI Python 库

安装了 Python 3.X 或更高版本，并且完成了虚拟环境的设置之后（如果用户选择使用虚拟环境的话），接下来就可以进行 OpenAI Python 库的安装了，下载前可以更新 pip 到最新版本。这一步骤可以通过终端或命令行界面完成，具体操作如下。

确保当前处于激活的虚拟环境中（如果用户使用了虚拟环境的话），然后执行以下命令来安装 OpenAI Python 库：

pip3 install --upgrade pip

pip3 install --upgrade openai

4. 获取 API 密钥

API 密钥相当于一个专用的访问令牌，它使在线服务能够识别并验证发起请求的用户或应用程序，确保只有得到授权的个体才能使用 API 提供的功能。这种机制不仅保障了数据的安全性，还允许服务提供者对使用情况进行跟踪，以便管理和优化服务资源。通过 API 密钥，开发者可以在保持交互安全性的同时，高效地集成和利用外部服务的强大功能。

下面从开发者平台列表（见 1.4 节）中选择 API 密钥，单击 API 密钥进入图 6-3 所示的页面，单击"创建新的密钥"按钮以获取密钥。注意，密钥仅在获取时可以保存，如果丢失或泄露则应及时删除。创建密钥如图 6-4 所示，OpenAI 的所有密钥均以 sk- 开头。

图 6-3　API 密钥

图 6-4　创建密钥

5. 发出 API 请求并解析

在配置 Python 环境并设置 OpenAI API 密钥之后，用户就可以使用 Python 库向 OpenAI API 发送请求了。首先，需要创建一个新的 Python 文件来编写代码。这里以 openai_test.py 为例。打开终端或集成开发环境（IDE），创建一个名为 openai_test.py 的新文件，在该文件中可以复制并粘贴以下代码示例。这个示例代码演示了如何使用 OpenAI 库生成文本。

ChatGPT：

```python
from openai import OpenAI
client = OpenAI(
    api_key="sk-PU8MADxXXXXXXXXXXXXXXXXXXX",
)


completion = client.chat.completions.create(
model="gpt-3.5-turbo",
messages=[
    {"role": "assistant", "content": input("请输入问题:")}
]
)
str = completion.choices[0].message.content
print("@ChatGPT:" + str)
```

运行代码，用户可以通过 API 向 ChatGPT 提问并得到回答，结果如图 6-5 所示。

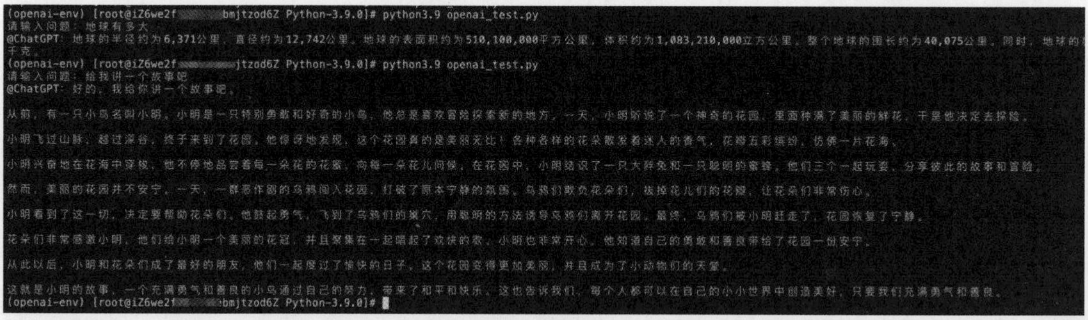

图 6-5 API 提问

聊天完成示例只是展示了模型的一个强项——创意。一个精心构思的故事，即便对相当有才华的故事讲述者而言，也是一项不小的挑战。在这方面，gpt-3.5-turbo 表现得游刃有余。现在用户已经成功发出了首个 OpenAI API 请求，接下来将探索模型的其他潜能。

6.2 选择 ChatGPT 模型

OpenAI API 提供了多种功能和价格不同的模型，以适应各种应用场景，见表 6-1。用户可以通过微调功能，根据特定需求定制模型，增强其在特定任务上的表现。这一灵活性使 OpenAI API 成为开发者和企业实现 AI 应用创新的强大工具。下面对主流模型进行逐一讲解。

表 6-1　模型一览

模　　型	描　　述
GPT-4 and GPT-4 Turbo	一组改进自 GPT-3.5 的模型，能够理解并生成自然语言或代码
GPT-3.5 Turbo	改进自 GPT-3.5 的模型组，同样能够理解并生成自然语言或代码
DALL·E	能够根据自然语言提示生成和编辑图像的模型
TTS	能够将文本转换成听起来自然的、口语的模型组
Whisper	能够将音频转换成文本的模型
Embeddings	能够将文本转换成数值形式的模型组
Moderation	经过微调的模型，能够检测文本是否可能敏感或不安全

1. GPT-4 and GPT-4 Turbo

　　GPT-3.5-turbo、GPT-4 和 GPT-4-turbo-preview 均指向 OpenAI 的最新模型版本。用户可以通过查看发送请求后的响应对象来验证这一点。响应中将包含使用的具体模型版本信息（如 gpt-3.5-turbo-0613）。OpenAI 还提供了静态模型版本，开发者可以在更新模型推出后至少继续使用三个月。随着模型更新节奏的变化，OpenAI 也为用户提供了贡献评估（evals）的机会，以帮助 OpenAI 针对不同的使用场景改进模型。

　　GPT-4 是一个大型多模态模型（接受文本或图像输入并输出文本），得益于其更广泛的通用知识和更先进的推理能力，它能够比 OpenAI 以往的任何模型都更准确地解决复杂问题。GPT-4 仅在 OpenAI API 中向付费客户提供。与 gpt-3.5-turbo 一样，GPT-4 针对聊天进行了优化，但通过 Chat Completions API 同样适用于传统的完成任务。用户可以在 OpenAI 的文本生成指南中学习如何使用 GPT-4，各模型介绍见表 6-2。

表 6-2　GPT-4 模型表

模　　型	描　　述	上下文窗口	训练数据时间范围
gpt-4-0125-preview	新 GPT-4 Turbo，最新的 GPT-4 模型，旨在减少模型不完成任务的"懒惰"情况。最多返回 4096 个输出令牌	128000 tokens	截至 2023 年 4 月
gpt-4-turbo-preview	目前指向 gpt-4-0125-preview	128000 tokens	截至 2023 年 4 月
gpt-4-1106-preview	GPT-4 Turbo 模型，具有改进的指令遵循、JSON 模式、可重现的输出、并行函数调用等特性。最多返回 4096 个输出令牌。此预览模型尚不适用于生成流量	128000 tokens	截至 2023 年 4 月
gpt-4-vision-preview	GPT-4 模型，除了所有其他 GPT-4 Turbo 功能外，还能理解图像。最多返回 4096 个输出令牌。这是预览版模型，尚不适用于生成流量	128000 tokens	截至 2023 年 4 月
gpt-4	目前指向 gpt-4-0613	8192 tokens	截至 2021 年 9 月
gpt-4-0613	2023 年 6 月 13 日的 gpt-4 快照，支持改进的函数调用	8192 tokens	截至 2021 年 9 月

模　　型	描　　述	上下文窗口	训练数据时间范围
gpt-4-32k	目前指向 gpt-4-32k-0613。此模型从未广泛推出，以支持 GPT-4 Turbo	32768 tokens	截至 2021 年 9 月
gpt-4-32k-0613	2023 年 6 月 13 日的 gpt-4-32k 快照，支持改进的函数调用。此模型从未广泛推出，以支持 GPT-4 Turbo	32768 tokens	截至 2021 年 9 月

2. GPT-3.5 Turbo

GPT-3.5 Turbo 模型能够理解和生成自然语言或代码，并且已针对使用 Chat Completions API 的聊天任务进行了优化，但同样也适用于非聊天类任务，各模型介绍见表 6-3。

表 6-3　GPT-3.5 Turbo 模型表

模　　型	描　　述	上下文窗口	训练数据时间范围
gpt-3.5-turbo-0125	更新后的 GPT-3.5 Turbo 模型，提高了按请求格式响应的准确性，并修复了导致非英语语言函数调用文本编码问题的错误。最多返回 4096 个输出令牌	16385 tokens	截至 2021 年 9 月
gpt-3.5-turbo	目前指向 gpt-3.5-turbo-0613。gpt-3.5-turbo 模型别名将在 2 月 16 日自动升级，即从 gpt-3.5-turbo-0613 到 gpt-3.5-turbo-0125	4096 tokens	截至 2021 年 9 月
gpt-3.5-turbo-1106	GPT-3.5 Turbo 模型，具有改进的指令遵循、JSON 模式、可重现的输出、并行函数调用等特性。最多返回 4096 个输出令牌	16385 tokens	截至 2021 年 9 月
gpt-3.5-turbo-instruct	具有与 GPT-3 时代模型类似的功能。兼容旧版 Completions 端点，不适用于 Chat Completions	4096 tokens	截至 2021 年 9 月
gpt-3.5-turbo-16k	目前指向 gpt-3.5-turbo-16k-0613 的遗留模型	16385 tokens	截至 2021 年 9 月
gpt-3.5-turbo-0613	2023 年 6 月 13 日的 gpt-3.5-turbo 快照，将在 2024 年 6 月 13 日被废弃	4096 tokens	截至 2021 年 9 月

3. DALL·E

DALL·E 是一个 AI 系统，能够根据自然语言描述创造出逼真的图像和艺术作品。DALL·E 3 目前支持根据提示创造指定大小的新图像。DALL·E 2 还支持编辑现有图像或创建用户提供图像的变体。DALL·E 3 与 DALL·E 2 一同通过 OpenAI 的 Images API 提供。用户可以通过 ChatGPT Plus 身份使用 DALL·E 3，各模型介绍见表 6-4。

表 6-4　DALL·E 模型表

模　　型	描　　述
dall-e-3	新 DALL·E 在 2023 年 11 月发布的最新 DALL·E 模型
dall-e-2	之前的 DALL·E 模型在 2022 年 11 月发布。DALL·E 的第二次迭代，相比原始模型，提供了更逼真、更准确且分辨率提高 4 倍的图像

4. 模型使用

下面使用以下代码构建一个不使用网页与 ChatGPT 沟通的对话框，其中 model="gpt-3.5-turbo"，表示选择使用 gpt-3.5-turbo 模型，用户也可以将该模型替换为上述任一模型，以对比模型之间的区别。

⑤ ChatGPT:

```python
from openai import OpenAI

def chat(prompt):
    client = OpenAI(
    # This is the default and can be omitted
    api_key="sk-PU8MAXXXXXXXXXXXXX",
    )
    completion = client.chat.completions.create(
    model="gpt-3.5-turbo",
    messages=[
    {"role": "assistant", "content": prompt}
    ]
    )
    str = completion.choices[0].message.content
    print("@ChatGPT:" + str)

if __name__=="__main__":
print('========= 开始聊天 =========')
while True:
    print('@ 用户:', end = '')
    chat(input())
```

6.3 ChatGPT 参数的使用

在 OpenAI 的 GPT 系列模型中，引入的参数（如 temperature、max_tokens、top_p 和 frequency_penalty 等）旨在增加模型的灵活性和控制力，满足多样化的应用需求。这些参数的设计允许用户根据特定任务目标精确调整模型输出，优化性能，用户可以在 openai 库中看到全部可设置参数。

扫一扫，看视频

代码 6-1 openai 对话传参列表

⑤ ChatGPT:

```python
messages: Iterable[ChatCompletionMessageParam],
model: Union[
  str,
  Literal[
    "gpt-4-0125-preview",
    "gpt-4-turbo-preview",
    "gpt-4-1106-preview",
```

```
        "gpt-4-vision-preview",
        "gpt-4",
        "gpt-4-0314",
        "gpt-4-0613",
        "gpt-4-32k",
        "gpt-4-32k-0314",
        "gpt-4-32k-0613",
        "gpt-3.5-turbo",
        "gpt-3.5-turbo-16k",
        "gpt-3.5-turbo-0301",
        "gpt-3.5-turbo-0613",
        "gpt-3.5-turbo-1106",
        "gpt-3.5-turbo-0125",
        "gpt-3.5-turbo-16k-0613",
    ],
    ],
    frequency_penalty: Optional[float] | NotGiven = NOT_GIVEN,
    function_call: completion_create_params.FunctionCall | NotGiven =
NOT_GIVEN,
    functions: Iterable[completion_create_params.Function] | NotGiven =
NOT_GIVEN,
    logit_bias: Optional[Dict[str, int]] | NotGiven = NOT_GIVEN,
    logprobs: Optional[bool] | NotGiven = NOT_GIVEN,
    max_tokens: Optional[int] | NotGiven = NOT_GIVEN,
    n: Optional[int] | NotGiven = NOT_GIVEN,
    presence_penalty: Optional[float] | NotGiven = NOT_GIVEN,
    response_format: completion_create_params.ResponseFormat | NotGiven
= NOT_GIVEN,
    seed: Optional[int] | NotGiven = NOT_GIVEN,
    stop: Union[Optional[str], List[str]] | NotGiven = NOT_GIVEN,
    stream: Optional[Literal[False]] | Literal[True] | NotGiven = NOT_
GIVEN,
    temperature: Optional[float] | NotGiven = NOT_GIVEN,
    tool_choice: ChatCompletionToolChoiceOptionParam | NotGiven = NOT_
GIVEN,
    tools: Iterable[ChatCompletionToolParam] | NotGiven = NOT_GIVEN,
    top_logprobs: Optional[int] | NotGiven = NOT_GIVEN,
    top_p: Optional[float] | NotGiven = NOT_GIVEN,
    user: str | NotGiven = NOT_GIVEN,
    # Use the following arguments if you need to pass additional
parameters to the API that aren't available via kwargs.
    # The extra values given here take precedence over values defined on
```

```
the client or passed to this method.
    extra_headers: Headers | None = None,
    extra_query: Query | None = None,
    extra_body: Body | None = None,
    timeout: float | httpx.Timeout | None | NotGiven = NOT_GIVEN
```

这些参数不仅提高了模型的适应性，还使开发者可以根据不同场景定制模型行为，无论是需要创新性文本的创意写作，还是需要高度准确性的编码和报告生成。同时，它们还使生成的文本既自然又连贯，对于直接与人交互的应用，如聊天机器人和虚拟助理，这一点尤其关键。

正确设置这些参数是实现理想文本生成效果的关键。不同的参数配置会带来不同的输出效果，因此找到适合特定任务的最佳参数配置通常需要一系列的实验和测试。例如，新闻文章可能需要较低的 temperature 和较高的 frequency_penalty 来确保准确性，而诗歌创作则可能恰恰相反，可能需要增强文本的创造性。下面介绍一下 ChatGPT 中常见参数的作用及其使用方法，用户可以在同一个问题下对比不同参数设定带来的区别，也可以使用代码 6-2 自行调整参数。

代码 6-2　对比不同参数设定

ChatGPT：

```python
from openai import OpenAI


def chat_max(prompt):
    client = OpenAI(
    # This is the default and can be omitted
    api_key="sk-PU8MADxCcSZWCzXXXXX",
    )
    completion = client.chat.completions.create(
    model="gpt-3.5-turbo",
    messages=[
      {"role": "assistant", "content": prompt}
    ],
    # 修改下一行格式，参数名＝参数值
    frequency_penalty=2
    )
    str = completion.choices[0].message.content
    print("@ChatGPT：" + str)


def chat_min(prompt):
client = OpenAI(
    api_key="sk-PU8MADxCcSKxBIhZWCzXXXXX",
)
completion = client.chat.completions.create(
    model="gpt-3.5-turbo",
    messages=[
```

```
        {"role": "assistant", "content": prompt}
    ],
    # 修改下一行格式，参数名 = 参数值，和上面的参数值做对比
    frequency_penalty=-2
)
    str = completion.choices[0].message.content
    print("@ChatGPT:" + str)


if name == '__main__':
print('========= 开始聊天 =========')
while True:
    print('@ 用户:', end='')
    input_text = input()
    chat_max(input_text)
    chat_min(input_text)
```

1. frequency_penalty

扫一扫，看视频

frequency_penalty 参数扮演着重要的角色，尤其是在创造长文本或需要保持内容新颖性的应用场景中。这个参数的设计初衷是为了控制和调节模型在生成文本时对已经出现过的单词或短语的重复使用倾向，其取值范围通常在 -2.0 ~ 2.0。

当 frequency_penalty 的值设置为正值时，模型在生成每一个新令牌（如单词或标点符号）的过程中，会降低那些已经出现过的令牌的出现概率。这种机制通过减少重复鼓励模型探索新的表达方式，使生成的文本更加丰富和多样。在实际应用中，如编写创意故事、生成文章或对话时，这个参数取适当的正值可以有效避免内容的单调重复，从而增加文本的创新性和吸引力。

相反，当 frequency_penalty 的值设置为负值时，模型在生成文本的过程中会更倾向于重复使用已经出现过的令牌，这在某些特定场景下可能是有用的，如在需要强调或重复某些关键信息的文案创作中。然而，负值的使用需要更加谨慎，以避免过度重复导致的内容质量下降。

值得注意的是，frequency_penalty 参数的设置并不是越高或越低越好，而是需要根据具体的应用场景和内容需求来灵活调整。过高的正值可能会导致文本内容过于离散，缺乏连贯性；而过低的负值则可能使文本陷入重复的循环中，失去新意。因此，找到合适的 frequency_penalty 值是实现高质量文本生成的关键步骤之一。

下面将用同样的问题测试 frequency_penalty 分别取 -2 和 2 时模型的回答。

> **ChatGPT:**
>
> @ 用户:
> 给我一个 500 字的一年级小学生自我介绍。
>
> @ChatGPT frequency_penalty = 2：
> 大家好，我是小明，今年 7 岁了。我是一年级的学生。
> 在学校里，我很喜欢和同学们玩耍。我们一起做游戏、画画、唱歌等。和他们在一起我感觉特别开心。
> 除了玩耍，上课也非常有趣。老师会给我们讲故事，并且会用动画片来说明知识点，在这样的情况下，我总能记住更多的知识。

我的爱好很广泛。最喜欢的就是阅读书籍了！每当看到那一页页精彩纷呈的内容时，我就仿佛是在童话里自由快乐地飞翔，毫不理睬什么考试分数之类的字眼。

另外一个爱好就是运动啦！平常放学后会跟同学去打篮球或者踢足球，在运动中不仅可以锻炼身体还可以增强团队合作意识。

对于未来我的梦想呢？首先当然要努力读书啦！争取成为一个优秀的学生。不仅在知识方面努力，还要培养自己的兴趣爱好和品格修养。

除此之外，我也希望能够帮助别人，做一些有意义的事情。例如，我可以参加一些志愿者活动，在学校或社区里给那些需要我们关心与支持的人们提供帮助。

总而言之，我是一个开朗、乐观向上并且积极进取的小孩子。喜欢交朋友、阅读书籍以及体育运动等！谢谢大家！

@ChatGPT frequency_penalty = –2：

大家好，我叫小明，我六岁了。很高兴能在这里和大家分享我的故事。我是一个热爱生活、充满好奇心的小朋友。

在学校，我最喜欢的科目是数学。我喜欢用彩色的铅笔画出各种有趣的图形，数数和计算让我感到非常兴奋。我总是迫不及待地想要解决每一道数学题，因为它们总是充满了挑战和乐趣。

除了数学，我也喜欢语文课。我喜欢听老师讲故事，喜欢看漂亮的汉字。我觉得每一个汉字都有它自己的故事，我会用心地学习，努力写出漂亮的字。

在课间休息的时间，我会和同学们一起玩耍。我们喜欢玩各种游戏，如捉迷藏、跳绳和踢足球。我觉得和朋友们在一起玩耍是一件非常快乐的事情，因为他们总是能给我带来欢笑和快乐。

我还喜欢帮助别人。如果我的同学有困难，我会毫不犹豫地伸出援手，尽我所能去帮助他们。因为我相信，只要我们互相帮助，世界将会变得更加美好。

我有很多梦想。我希望能够成为一名科学家，探索未知的世界。我也希望成为一名画家，用我的画笔记录下生活中的美好瞬间。

最后，我想对大家说，让我们一起努力学习，一起成长，一起创造美好的未来。谢谢大家！

2. max_tokens

max_tokens 是在使用 OpenAI GPT 模型进行文本生成时设置的一个重要参数，它定义了模型输出的最大长度，即模型在停止之前可以生成的最大令牌数。令牌通常代表单词或标点符号，因此 max_tokens 直接决定输出文本的长度。通过调整此参数，用户可以根据不同的需求生成不同长度的文本，从简短的回答到完整的文章。选择合适的 max_tokens 值对于控制生成内容的详细程度、响应时间和计算资源消耗至关重要。因此，根据应用场景合理设置 max_tokens 是优化文本生成任务的关键。

ChatGPT：

@ 用户：
讲个故事。

@ChatGPT max_tokens = 200：

从前有个小男孩叫小明，他非常喜欢冒险和探索。有一天，小明听说了一个神秘的岛屿，据说岛上有宝藏和许多神奇的生物。小明决定要去探索这个岛屿。他带上了背包、地图和一些食物，准备了一个早晨，搭上了一艘小船，开始他的冒险之旅。小明在航行中遇到了汹涌的海浪和凶猛的海鸥，但他勇敢地坚持下来。终于，他看到了目的地——一个美丽的

@ChatGPT max_tokens = 500：

故事开始在一个小镇上，那里有一个叫小杰的男孩，他有一只名叫小喵的可爱小猫。小杰和小

喵是最好的朋友，他们总是一起玩耍，度过快乐的时光。

有一天，小杰决定带着小喵去探险。他们穿过了小镇，来到了郊外的森林。森林里充满了神秘和冒险，小杰兴奋地对小喵说："我们去发现森林的秘密吧！"

他们沿着小径前行，穿过了茂密的树林，听着鸟儿的歌声，感受着清新的空气。突然，他们发现了一个神秘的洞穴。小杰决定要勇敢地探索一番，小喵也跟着他一起走进了洞穴。

在洞穴深处，他们发现了一个闪闪发光的宝箱。小杰打开宝箱，里面有一本古老的书和一张古老的地图。书上写着关于宝藏的传说，而地图则指引着通往宝藏的路。

小杰和小喵兴奋极了，他们决定要追寻这段神秘的传说。他们依照地图上的指示，穿越了一片幽深的森林，跨过了一座巍峨的山脉，终于来到了一个瀑布下的洞穴。

洞穴里发出一束淡淡的金光，小杰和小喵激动地走近，发现了一个闪闪发光的宝藏！宝藏里有许多珍贵的宝石和古老的文物，还有一封古老的信笺，上面写着："勇敢者，你们找到了宝藏，但最珍贵的宝藏其实是你们彼此之间的友谊。"

小杰和小喵感动不已，他们领悟到了友谊的真谛。他们收起了宝藏，决定要把这段宝贵的经历带回家，与家人和朋友分享。

从此以后，小杰和小喵的友谊更加坚固，他们相互珍惜，一起经历了许多冒险和快乐的时光。他们知道，只要有彼此相伴，无论面对多大的困难，都能勇往直前，创造出更多美好的记忆。

在第一段中可以发现，ChatGPT 返回来的故事并没有讲完，这是因为 ChatGPT 是即时生成和判断的，也就是当故事生成的时候，并没有校验字数，而达到 200 字时，由参数控制的结果强行返回。如果用户想要一个完整的故事同时强制限制字数的话，就要在用户输入（提示词）阶段明确：讲一个 200 字以内的故事，这样 ChatGPT 会有意识地控制生成字数。同时，当字数超限时，由参数控制，提前返回。

3. temperature

temperature 参数在 OpenAI GPT 模型中用于调控生成文本的随机性和创造性。这个参数的值通常在 0 和 1 之间，有时也可以设置为更高的值。当 temperature 参数的值设置较低，如接近 0 时，模型在生成文本的过程中会倾向于选择概率更高的、更加确定性的词语，从而使生成的文本更可预测和一致。相反，随着 temperature 参数值的增加，模型在选择下一个词时会更加倾向于采取风险，选择概率较低的词语，从而增加了文本的多样性和创新性。temperature 参数的适当设置可以帮助平衡生成文本的连贯性与新颖性，适用于各种不同的文本生成场景，包括创意写作、对话系统和内容创作等。因此，根据具体的应用需求调整 temperature 参数是实现高质量文本输出的关键步骤之一。

ChatGPT:

@ 用户：

水是怎样变成冰的？

@ChatGPT temperature = 1：

水变成冰的过程是由于温度的降低导致水分子的运动减缓而形成的。在温度降至冰点（0 摄氏度或 32 华氏度）以下时，水分子开始减少运动，逐渐变得有序排列。

当水分子的平均动能越来越低时，它们会逐渐凝聚在一起，形成一种固态结构。这种结构是由水分子之间的氢键相互连接而成，使得水分子排列成规则的晶格结构，形成了冰的晶体。

在形成冰的过程中，水分子的排列方式会影响冰的形态。例如，在不同的条件下（如温度、压力等），冰的晶体结构可能会有所不同，导致生成不同形态的冰，如常见的冰块、冰晶、雪花等。

因此，当水的温度降至冰点以下时，水分子开始有序排列并逐渐凝固成冰，这就是水变成冰的过程。

@ChatGPT temperature = 0：

水变成冰的过程是在温度降至冰点（0 摄氏度或 32 华氏度）以下时发生的。当水温达到冰点时，水分子的热运动逐渐减缓，使得水分子之间的相互吸引力变得显著起来。

在温度降至冰点以下时，水分子逐渐失去了足够的热量，无法克服彼此之间的吸引力，因此它们开始按照更有序的方式排列。这种有序排列导致水分子形成了规则的晶体结构，即冰的晶格。

当水分子逐渐形成晶格结构时，它们凝固成固体冰的形式。在晶格结构中，水分子之间通过氢键相互连接，形成了稳定的、有序的结构，这就是冰的形成过程。

因此，当水的温度降至冰点以下时，水分子的热运动逐渐减缓，使得它们开始有序排列并形成冰的晶格结构，最终凝固成固态的冰体。

4. presence_penalty

presence_penalty 参数在 OpenAI GPT 模型的文本生成过程中起着调节作用，其目的是影响模型在生成文本时对已经出现过的主题或概念的偏好程度。该参数的值可以是正数也可以是负数。

当 presence_penalty 设置为正数时，模型在生成文本的过程中会尽量避免重复之前已经出现过的主题或概念，从而鼓励模型引入新的主题和想法，增加文本的多样性和丰富性。这在需要生成广泛覆盖多个方面或观点的文本时特别有用，如撰写综述文章或创意故事。

相反，如果 presence_penalty 设置为负数，模型则更倾向于在文本中重复使用已经提及的主题或概念，这有助于加强特定主题的讨论深度和连续性。在某些情况下，如专题讨论或深入分析一个特定领域时，这种重复性可能是所需的。

通过精细调整 presence_penalty 参数，可以有效地控制生成文本的主题多样性和深度，使其更好地符合特定的写作目标和风格要求。因此，在准备生成特定类型的文本时，恰当地设置 presence_penalty 的参数值，对于优化内容的质量和相关性至关重要。

> ⑤ ChatGPT：
>
> @ 用户：
> 我要考试了，给我加个油。
> @ChatGPT presence_penalty = 1：
> 加油！你一定能考好的。坚持复习，相信自己，保持良好的心态，充足的休息和合理的饮食，相信自己能够取得优异的成绩。祝你顺利通过考试！
> @ChatGPT presence_penalty = –1：
> 加油！相信自己，努力加油复习，你一定能取得好成绩！加油！

5. seed

在 OpenAI GPT 模型的文本生成过程中，seed 参数用于初始化随机数生成器，确保生成文本的可重现性。通过为模型提供相同的 seed 值，即使在不同的时间或环境中，模型也能够生成相同的文本输出，这对于实验的一致性和结果的验证非常重要。

使用 seed 参数可以帮助用户或研究人员在进行模型调试、性能比较或演示时，保持输出的一致性。例如，当展示模型的能力给其他人看时，使用相同的 seed 值可以确保每次演示都得到相同的结果。同样，在进行科学研究或模型性能评估时，seed 值的一致性保证了实验的重复性，使得结果更加可靠。

需要注意的是，尽管 seed 参数能够保证给定相同输入和参数配置下的输出一致性，但模型的行为还可能受到其他因素的影响，如模型的版本更新或 API 的内部变化。此外，并非所有情况下都需要或适合使用 seed 参数，特别是在需要模型输出多样化和创新性文本时，固定 seed 参数可能会限制这种多样性。因此，在使用 seed 参数时，应根据具体的应用场景和需求来决定是否以及如何使用该参数。

ChatGPT：

@ 用户：

给我一个自我介绍。

@ChatGPT seed = 2：

你好！我是一名 AI 助手，可以为您提供各种信息和帮助。我具备丰富的知识和技能，可以回答各种问题，并为您提供实用的建议和指导。您可以向我提问关于各个领域的问题，包括但不限于科学、技术、历史、文化和生活等方面。我会尽力为您提供满意的答案和解决方案。期待能与您愉快地交流和互动！

@ChatGPT seed = 5：

大家好，很高兴能够在这里给大家做个简单的自我介绍。我叫李明，今年 24 岁。我来自中国的广东省，是一个活泼开朗的人。在大学期间，我主修计算机科学，对于编程和软件开发方面非常感兴趣。

在大学期间，我积极参加了各种实践活动和比赛，并取得了一些优异的成绩。我参与过一个团队项目，我们开发了一款学校日程管理的手机应用程序，它可以帮助学生更好地管理自己的日程安排和课程表。这个项目不仅让我学到了很多关于软件开发的知识和技能，还锻炼了我的团队合作能力和沟通能力。

毕业后，我进入了一家软件开发公司工作。我在公司里担任了前端开发工程师的职位。我负责开发和维护公司的网站和移动应用程序。这段工作经历使我得到了更多的实践经验和技能，加深了我对于前端开发的理解。

我非常喜欢学习和探索新的技术，并且乐于接受挑战。我相信只有保持不断学习和进步，才能够在快速变化的 IT 行业中保持竞争力。我希望能够在未来的工作中继续发展自己的技能，并为公司做出更大的贡献。

这就是我的简单自我介绍，谢谢大家！

@ChatGPT seed = 2：

你好！我是一名 AI 助手，可以为您提供各种信息和帮助。我具备丰富的知识和技能，可以回答各种问题，包括但不限于天气、新闻、股票、翻译等。除此之外，我还能进行智能对话和提供实用的建议。如果您有任何疑问或需要帮助，随时都可以向我提问。我非常高兴能够为您服务！

从以上输出结果可以看出来，对于不同的 seed 值，输出结果的差异十分明显，如果想要复现之前某次问题的回答，就可以采用相同的 seed 参数，ChatGPT 的回答就会和上次类似。

6. stop

stop 参数定义了模型在生成文本时应停止的点。用户可以指定一个或多个终止符号或短语作为停止条件，一旦模型生成的文本达到这些条件之一，就会停止继续生成。这对于控制输出文本的结构和长度尤其重要，如在需要格式化输出或特定结束语的场景中。

stop 参数可以确保生成的文本在逻辑和结构上的完整性。例如，在自动化回复、编写代码或制定报告时，通过设置合适的停止条件，可以有效避免超出预期内容的生成。在实际应用中，合理设置 stop 参数能够提高文本生成的精准度和效率，从而避免不必要的资源浪费。然而，在使用 stop 参数时也需要谨慎，确保所设置的停止条件既满足输出的完整性和准确性，又不会因为过于严格的条件导致文本过早结束，影响信息的完整传达。因此，选择和调整 stop 参数应结合具体任务和内容需求，以达到最佳的文本生成效果。

ChatGPT 商业应用实操手册（226 集视频课 +217 种场景应用）

6

362

ChatGPT：

@ 用户：

从 1 开始数数，数到 200。

@ChatGPT stop = '50'：

1, 2, 3, 4, 5, 6, 7, 8, 9, 10, 11, 12, 13, 14, 15, 16, 17, 18, 19, 20, 21, 22, 23, 24, 25, 26, 27, 28, 29, 30, 31, 32, 33, 34, 35, 36, 37, 38, 39, 40, 41, 42, 43, 44, 45, 46, 47, 48, 49,

@ChatGPT stop = '100'：

1, 2, 3, 4, 5, 6, 7, 8, 9, 10, 11, 12, 13, 14, 15, 16, 17, 18, 19, 20, 21, 22, 23, 24, 25, 26, 27, 28, 29, 30, 31, 32, 33, 34, 35, 36, 37, 38, 39, 40, 41, 42, 43, 44, 45, 46, 47, 48, 49, 50, 51, 52, 53, 54, 55, 56, 57, 58, 59, 60, 61, 62, 63, 64, 65, 66, 67, 68, 69, 70, 71, 72, 73, 74, 75, 76, 77, 78, 79, 80, 81, 82, 83, 84, 85, 86, 87, 88, 89, 90, 91, 92, 93, 94, 95, 96, 97, 98, 99,

@ChatGPT stop = '300'：

1, 2, 3, 4, 5, 6, 7, 8, 9, 10, 11, 12, 13, 14, 15, 16, 17, 18, 19, 20, 21, 22, 23, 24, 25, 26, 27, 28, 29, 30, 31, 32, 33, 34, 35, 36, 37, 38, 39, 40, 41, 42, 43, 44, 45, 46, 47, 48, 49, 50, 51, 52, 53, 54, 55, 56, 57, 58, 59, 60, 61, 62, 63, 64, 65, 66, 67, 68, 69, 70, 71, 72, 73, 74, 75, 76, 77, 78, 79, 80, 81, 82, 83, 84, 85, 86, 87, 88, 89, 90, 91, 92, 93, 94, 95, 96, 97, 98, 99, 100, 101, 102, 103, 104, 105, 106, 107, 108, 109, 110, 111, 112, 113, 114, 115, 116, 117, 118, 119, 120, 121, 122, 123, 124, 125, 126, 127, 128, 129, 130, 131, 132, 133, 134, 135, 136, 137, 138, 139, 140, 141, 142, 143, 144, 145, 146, 147, 148, 149, 150, 151, 152, 153, 154, 155, 156, 157, 158, 159, 160, 161, 162, 163, 164, 165, 166, 167, 168, 169, 170, 171, 172, 173, 174, 175, 176, 177, 178, 179, 180, 181, 182, 183, 184, 185, 186, 187, 188, 189, 190, 191, 192, 193, 194, 195, 196, 197, 198, 199, 200

从以上试验结果可以发现，参数对于回答的控制是优先于提示词（如果用户输入的话）的。

7. suffix

suffix 参数用于在生成的文本末尾添加特定的后缀字符串。这一参数的设置使得用户能够在模型的输出文本结束时加入固定的文本片段，如签名、结束语或特定格式的结尾标记。suffix 参数可以帮助用户确保生成的文本以一致且预期的方式结束，增强了输出文本的格式化控制和个性化。

在应用中，suffix 参数的使用尤其适合那些需要标准化输出格式的场景。例如，在自动化生成报告、信件或文档时，通过在末尾添加固定的结语或版权声明，可以使每个文档保持一致的风格和格式。此外，对于创作类应用，如故事或诗歌生成，suffix 参数也可以用于添加作者署名或创作日期等信息，增加文本的完整性和个性化特征。

使用 suffix 参数时，重要的是要确保所添加的后缀与文本的主体内容在风格和语境上保持协调，避免因为不适当的后缀而影响整体文本的连贯性和可读性。合理利用 suffix 参数不仅能够提升生成文本的专业度和完整性，还能够为文本添加独特的个性化元素，从而提高内容的识别度和吸引力。

ChatGPT：

@ 用户：

给我编辑一个短信，我请同学吃饭。

@ChatGPT suffix ='有事电联：12312341234'：

嗨！明天晚上我打算请你和一些同学一起吃饭，一起聚一聚。时间地点是明天晚上 7 点，我们会去 ×××餐厅。希望你能参加，享受美食，一起聊聊天。如有任何问题，请联系我。谢谢！有事电联：12312341234。

8. n

n 参数用于指定生成文本的数量。当用户对同一个提示词调用模型时，n 参数允许用户一次性获得多个独立的生成结果。每个结果都是对相同输入的不同"解读"或"回答"，这在需要多样化的回答或创意选项时特别有用。

例如，如果用户正在使用 GPT 模型为一个创意写作任务生成开头句子，通过将 n 参数设置为一个大于 1 的值，用户可以一次获得多个不同的开头句子选项。同样，如果用户在构建一个问答系统，n 参数可以帮助用户获得针对同一问题的多个回答，从而提供更丰富的信息供用户选择。

需要注意的是，使用 n 参数时，随着生成文本数量的增加，对计算资源的需求也会相应增长，这可能会影响响应时间和成本。因此，在实际应用中，合理设置 n 参数值，既能满足需求又能有效管理资源，是非常重要的。

为了看清楚 ChatGPT 返回的回答，需要修改代码，如代码 6-3 所示。

代码 6-3　n 参数实验代码

ChatGPT：

```
def chat_max(prompt):
    client = OpenAI(
    # This is the default and can be omitted
    api_key="sk-PU8MADxCcSXXXXXXX",
)

    completion = client.chat.completions.create(
    model="gpt-3.5-turbo",
    messages=[
        {"role": "assistant", "content": prompt}
    ],
    n=1
    )
    for i in completion.choices:
        print(i)
        print(completion.choices[0].message.content)
```

@ 用户：
给我一个 100 字左右的故事。

@ChatGPT n = 1：
如图 6-6 所示，只返回了一个回答，编号为 0。

图 6-6　n = 1 回答

@ChatGPT n=3：
如图 6-7 所示，返回了三个回答，编号分别为 0、1、2。

图 6-7 n = 3 回答

9. top_p

top_p 参数，也称为 nucleus 采样，用于控制生成文本的多样性和创新性。top_p 参数是一种概率截断技术，它在生成每个新令牌（如单词或标点）时，只考虑累积概率质量达到 top_p 指定阈值的最可能的令牌集合。例如，如果 top_p 设置为 0.9，模型会从累积概率质量达到 90% 的令牌中随机选择下一个令牌。

通过调节 top_p 值，可以影响生成文本的连贯性和新奇性。较低的 top_p 值倾向于生成更确定性和连贯的文本，因为模型将主要选择最高概率的令牌。相反，较高的 top_p 值允许模型在生成过程中考虑更宽范围的令牌选项，从而增加了文本的多样性和创新性，但也可能牺牲一定的连贯性。

在实际应用中，选择合适的 top_p 值可以帮助平衡生成文本的可预测性和创造力，根据不同的应用场景和需求进行调整。例如，在创意写作或产生多样化回答的任务中可能需要较高的 top_p 值，而在需要高度连贯性和可靠性的文本生成任务中，则可能选择较低的 top_p 值。因此，top_p 参数是控制文本生成质量和风格的关键工具之一，需要根据具体任务仔细调整以达到最佳效果。

> 🟢 ChatGPT：
>
> @ 用户：
> 赞美一个人，200 字。
> @ChatGPT top_p = 0.1：
> 你是一个非常了不起的人，我真的很佩服你。你拥有出色的才华和坚定的意志力，无论面对什么困难，你总能勇往直前。你的聪明才智和创造力总是让我惊叹不已，你总能找到独特的解决方案。你的善良和同情心让你成为一个值得信赖的朋友，你总是愿意帮助别人。你的乐观和积极的态度总是能够鼓舞他人，让周围的人感到快乐和幸福。你的毅力和努力工作的精神是你取得成功的关键，你从不轻易放弃。你的坚持和决心是你取得成就的动力，你总是追求卓越。你是一个真正的榜样，我真的很幸运能够认识你。无论你做什么，我都相信你会取得巨大的成功。你是一个了不起的人，我为你感到骄傲。
>
> @ChatGPT top_p = 1：
> 他是一个了不起的人，值得赞美。他拥有卓越的才华和智慧，能够在困难的环境中找到解决问题的方法。他对待工作认真负责，始终保持积极的态度和高度的专注力。他勇于面对挑战，并不断超越自己，在成就中不断成长。他懂得尊重他人，对待每个人都充满了温暖和关爱。他对待生活充满热情和兴趣，总是愿意尝试新的事物和探索未知的领域。他善于与他人沟通合作，能够建立良好的团队合作关系。他乐观向上，始终用乐观的心态面对挫折和困难，并从中学到宝贵的经验教训。他是一个努力奋斗和不断进取的人，始终保持积极向上的心态，充满了正能量。他是一个令人倾佩的人，让人敬佩不已。他的成功不仅是他个人的荣誉，也是他付出努力和奋斗的结果。他是一个榜样，值得我们学习和赞美。

从以上输出结果可以发现，在 top_p 取 1 时，回答风格多样化的同时，词语组成也变得略微不受控制了，ChatGPT 将令人钦佩答成了令人倾佩，这一点在读者使用 ChatGPT 生成整段文本时，要格外注意辨析。

附录 A 国产 AIGC 大模型汇总

随着 ChatGPT 和 GPT-4 的推出,全球 AI 生成式内容(AIGC)的大模型市场迅速升温。为了不落后于这一趋势,国内众多知名企业和新兴创业公司也开始加紧步伐,推出了各自的大模型。尽管如此,目前还没有一款国产大模型能够达到 ChatGPT 乃至 GPT-4 的水平,表明国内在这一领域仍有很大的发展空间。下面将逐一介绍国内各大模型的现状和发展情况。

(1)华为的"盘古"大模型:横跨自然语言处理(NLP)和计算机视觉(CV)等多个领域,其最引人注目的特色是高效的协同工作能力和行业领先的精确度,使其在 AI 界独树一帜。

(2)商汤科技的"日日新":强调"大模型加大算力"的战略,专注于自然语言生成和内容创造,其能力在行业内引起了广泛关注,推动了技术的新进展。

(3)阿里巴巴的"通义千问":在文本分类、命名实体识别等任务上展示了其独特的能力,尤其是其迁移学习能力,让它在自然语言处理领域具有重要地位。

(4)百度的"文心一言":以其对话互动、问题回答和创作协助能力而著称,特别是在知识增强、检索增强和对话增强方面的能力,使其成为一个强大的工具。

(5)科大讯飞的"星火认知":是一个"1+N 认知智能大模型",旨在为多个行业领域提供定制化的解决方案,展示了 AI 技术在各行各业的广泛应用潜力。

(6)昆仑万维的"天工":以其丰富的知识储备和在智能问答、文本生成等方面的能力而受到关注,其技术的先进性和应用的广泛性让其成为行业的焦点。

(7)达观数据的"曹值":面向专业领域的 AIGC 应用,其专用性和自主可控性是其显著的特点,展示了 AI 技术在专业领域内定制化应用的趋势。

(8)澜舟科技的"孟子":支持多语言、多模态数据处理,应用于多种文本理解和生成任务,其多功能性使其在多领域内有广泛的应用前景。

(9)"360 智脑":作为 AI 搜索引擎,其精准的搜索结果和与多个应用场景的深度结合,展示了搜索技术与 AI 结合的先进成果。

(10)中科院自动化所的"紫东太初":在视觉、文本、语音的高效协同方面全球领先,展示了中国在超大模型研发上的强大实力。

(11)网易伏羲的"玉言":适用于多种模态,特别是在文字游戏、智能 NPC 等方面的应用,展现了 AI 技术在娱乐领域的创新潜力。

(12)智源研究院的"悟道 2.0":作为全球最大的预训练模型,其庞大的参数规模和在诗词创作等领域的应用,展示了 AI 技术的前沿探索。

(13)复旦大学的 MOSS:支持中英双语,适用于逻辑推理、图像生成等,展示了 AI 模型在多领域、多语言处理方面的能力。

(14)清华大学的"ChatGLM-6B":在中英双语问答和对话方面有显著优化,其技术进步为人机交互提供了新的可能性。

(15)知乎与面壁智能合作的"知海图 AI":尽管使用详情尚未公开,但其在知乎热榜摘要等应用上的潜力已引起业界关注。

(16)超对称的"BBT-2":覆盖多个数据源种类,适用于通用和金融等多个领域,展示了 AI 技术在不同行业的广泛应用潜力。

附录 B AI 绘画关键词

在使用 AI 绘图工具时，关键在于精心设计的提示词。简单复制他人的提示词虽然方便，但这样生成的艺术作品缺乏个性，无法精确体现用户的创意意图。要创作出真正个性化的作品，关键是掌握编写提示词的技巧，深入理解各个关键词的作用，并能够巧妙地将它们融入用户自己的提示词中。这样，用户才能指导 AI 按照自己的独到想法创作出独一无二的画作。

深入掌握这些关键词的含义，随后通过创造性地组合和调整这些词汇，编撰出最符合个人需求的提示词，以生成满足期望的图像。实践这些关键词，逐一探索它们对生成图像的具体影响，将有助于用户逐步精通 AI 绘图技术，并能够更加自如地运用这一工具创作出独特的艺术作品。

Realistic 现实的	Cinematic 电影艺术的
Side view 侧面视角	Fine art 美术的
Contemporary 当代艺术	Classic 经典的
Moody 忧郁的	Abstract 抽象的
Surreal 超现实主义的	Fantasy 魔幻的
Futuristic 未来主义的	Glamourous 迷人的
Natural 天然的	Urban 城市化的
Rural 乡村的	Close-up 特写镜头
Full body 全身像	Environmental 自然环境的
Multiple subjects 多元化的	Ethnic/cultural identity 民族文化的
Age range 年龄范围	Gender identity 性别认同
Eye contact 视线接触	Candid 抓拍
Posed 摆姿势	Mid-shot 中距离拍摄
Headshot 头部特写	Profile view 侧面图
Front-facing view 前置视角	Backlit 背光
Low key 暗色调	High key 高亮色调
Rim lighting 轮廓照明	Shallow depth of field 浅景深
Watercolor 水彩的	Ink and wash 水墨的
Charcoal 炭笔的	Pastel 粉彩的
Neon 霓虹的	Silhouette 剪影
Sketchy 素描的	Oil painting 油画的
Digital 数码的	Hand-drawn 手绘的
Photorealistic 照片写实的	Stylized 风格化的
Cartoon 卡通的	Anime 动漫的
Monochromatic 单色的	Polychromatic 多色的
Textured 质感的	Matte 无光泽的
Glossy 有光泽的	Metallic 金属的
Fluorescent 荧光的	Transparent 透明的
Opaque 不透明的	Geometric 几何的
Organic 有机的	Symbolic 象征的
Decorative 装饰的	Functional 功能性的

Narrative 叙述的

Minimal 极简的

Rustic 乡村风格的

Victorian 维多利亚式的

Renaissance 文艺复兴的

Rococo 洛可可风格的

Art Deco 装饰艺术风格的

Postmodern 后现代的

Experimental 实验性的

Immersive 沉浸式的

Macro 微距的

Underwater 水下的

Thermal 热成像的

Slow-motion 慢动作的

Stop-motion 定格动画的

AR 增强现实的

Holographic 全息的

Montage 蒙太奇的

Double exposure 双重曝光的

Expressive 表现的

Lavish 奢华的

Industrial 工业风

Medieval 中世纪的

Baroque 巴洛克风格的

Art Nouveau 新艺术风格的

Bauhaus 包豪斯风格的

Avant-garde 前卫的

Interactive 互动的

Panoramic 全景的

Aerial 空中的

Infrared 红外的

Time-lapse 时间延迟的

High-speed 高速的

VR 虚拟现实的

3D 三维的

Collage 拼贴的

Layered 分层的

Mirrored 镜像的

附录 C　创意 AI 体验

1. Midjourney

　　Midjourney 是一款工具，更像是一位魔术师，它的魔法来自 AI 技术的神奇，其页面如图 C-1 所示。想象一下，用户只需一笔草图，或者简单的线条，Midjourney 就能将其转化为一幅绚丽多彩的艺术作品。这不仅是科技的进步，更是对创意无限的赞美。此外，Midjourney 还为用户提供了更多的自由，用户可以在现有的图像上添加涂鸦、进行涂色，尽情释放自己的创作激情，创造出属于自己的独特艺术品。

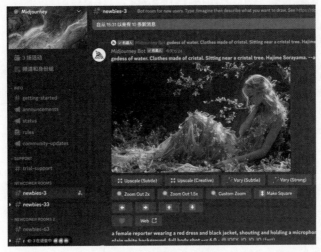

图 C-1　Midjourney 页面

2. DeepFakes

　　DeepFakes 是一种基于深度学习技术的 AI 应用，用于合成高度逼真的人工视频和音频，其页面如图 C-2 所示。它利用深度神经网络来生成似乎是真实的视频，其中的人物表情、动作和语音都可以被控制与合成。这种技术原本是由学术界研究人员开发出来的，但后来被广泛应用于社交媒体和互联网上。

图 C-2　DeepFakes 页面

　　尽管 DeepFakes 技术有着令人惊叹的视觉效果，但也引发了一系列伦理和法律问题。由于其能够轻松地制作虚假的视频，可能导致人们混淆真实和虚假，对社会造成混乱。这种技术的滥用也可能导致诸如隐私侵犯、诽谤和欺骗等问题。

3. StyleGAN

　　StyleGAN 主要用于生成逼真的人脸图像，而且随机生成的人像是不存在的，因此没有肖像权；它也可以应用于其他类型的图像生成，其页面如图 C-3 所示。与传统的 GAN 不同，StyleGAN 引入了一个新的概念，即"样式迁移"，使生成的图像在细节和真实感方面更加出色。这种模型的出现使得生成的图像更具有可控性和多样性。

图 C-3　StyleGAN 页面

　　StyleGAN 的工作原理是通过两个神经网络相互对抗生成图像。其中，一个生成器网络负责生成图像；另一个鉴别器网络负责评估生成的图像是否真实。在训练过程中，生成器网络不断优化以欺骗鉴别器网络，而鉴别器网络也不断学习以更好地识别真实图像。最终，生成器网络可以生成高度逼真的图像，具有各种不同的特征和风格。

4. Runway

Runway 是一个基于 AI 的创作平台，旨在为创意人士提供强大的工具和资源，帮助他们利用最新的 AI 技术进行创作和设计，其页面如图 C-4 所示。这个平台集成了各种 AI 模型和算法，使用户能够轻松地在项目中应用这些技术，包括图像生成、语言处理、音频处理等。

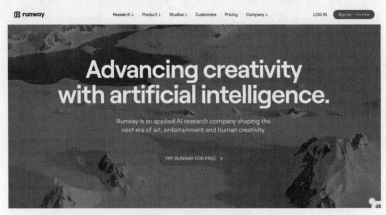

图 C-4　Runway 页面

通过 Runway，用户可以探索和使用各种先进的 AI 模型，如 StyleGAN、GPT、DeepDream 等，以生成图像、文字、音频等内容，也可以用于艺术创作、设计、影视制作等各种领域。同时，Runway 提供了友好的用户界面和丰富的文档资源，帮助用户快速上手，并实现他们的创意想法。

5. MagicAnimate

MagicAnimate 是一个基于 AI 的动画创作工具，它使用先进的技术和算法，使用户能够轻松地将静态图像转换为逼真的动画，其页面如图 C-5 所示。这个工具可以将用户提供的图片自动转换成动态图像，给静态的照片注入生命，增加视觉上的吸引力。

图 C-5　MagicAnimate 页面

MagicAnimate 的工作原理是利用深度学习技术和图像处理算法，分析图像中的关键特征和结构，然后根据这些信息生成连续的动画效果。用户只需上传自己的照片，选择想要的动画效果，MagicAnimate 就会自动完成图像到动画的转换，无须复杂的编辑或技术知识。

附录 D　Sora

  2024 年 2 月 16 日，OpenAI 宣布推出全新的生成式 AI 模型 Sora，其页面如图 D-1 所示。据了解，通过文本指令，Sora 可以直接输出长达 60 秒的视频，该模型不仅能理解用户请求中的内容，还能理解这些内容在现实世界中的表现方式，具有深刻的语言词理解能力，能够准确解读提示词并生成表情丰富、引人入胜的角色。Sora 还能在单个视频中创造多个画面，保持角色和视觉风格的一致性。

图 D-1　OpenAI Sora 页面

  OpenAI 于 2024 年 2 月 26 日开放 Sora，虽然目前只开放给了一些视觉艺术家、设计师和电影制作人使用权限，以提供反馈，帮助进一步优化模型以更好地服务于创意行业。但用户也可以从官网感受到 Sora 的强大功能，相信不久的将来，Sora 就将全面开放到 Plus 用户。接下来就让我们来感受一下 Sora 的强大吧（下文所有视频截图均来自 Sora 官网，所有视频均由 Sora 直接生成，未经修改）。

  Sora 可以实现很复杂的相机运镜，完全和真实拍摄无法区分，如图 D-2 所示。

图 D-2　Sora 视频运镜截图

Sora 还可以在单个生成的视频中创建多个镜头，以准确保留角色和视觉风格，如图 D-3 所示。

图 D-3　Sora 多镜头视频截图

Sora 可以模拟无人机拍摄的海浪拍打悬崖的景象，创造大自然的鬼斧神工，如图 D-4 所示。

图 D-4　Sora 自然视频截图

Sora 可以了解任务物体在物理世界中的存在方式和复杂变化，如图 D-5 所示。

图 D-5　Sora 物理对象视频截图

当然，当前的模型存在弱点。它可能难以准确模拟复杂场景的物理原理，并且可能无法理解因果关系的具体实例。例如，一个人可能咬了一口饼干，但之后饼干可能没有咬痕。该模型还可能混淆提示的空间细节。例如，混淆左右，并且可能难以精确描述随着时间推移发生的事件，如遵循特定的相机轨迹，如图 D-6 所示。

图 D-6　Sora 混淆空间视频截图

附录 E　GPTs 替代插件功能

OpenAI 在 2023 年推出了 ChatGPT 插件商店，这是 ChatGPT 发布后的又一个重大更新。这个插件商店提供了很多 ChatGPT 可以使用的插件，允许用户通过这些插件上网、整理 YouTube 逐字稿、订餐等。

然而，这个插件商店即将下架，之后 OpenAI 会将研发重心放在 GPT Store（GPT 商店）上。OpenAI 已经宣布插件功能将在 3 月 19 日下架，未来将无法继续使用原有的插件功能；而已经启用插件的聊天会话里的插件功能可以继续使用至 4 月 9 日。虽然 ChatGPT 插件商店即将下架，但这并不意味着 ChatGPT 没有插件可用，因为 OpenAI 的 GPT 商店允许用户在此使用包括官方和第三方创建的 GPT 机器人。可以把它想象成 ChatGPT 世界的 App Store，这里有各种不同的 GPT 机器人和 ChatGPT 应用场景，通过搜索功能输入几个关键词就可以找到想要的内容。

按照第 4 章中讲解的方法进入 GPT 商店，如图 E-1 所示。

图 E-1　GPT 商店页面

以 DALL·E 插件为例，在 GPT 商店中搜索 DALL·E 即可找到 DALL·E 插件对应的 GPTs 工具，如图 E-2 所示。在找到的工具列表中单击相应工具即可进入该工具的介绍界面，如图 E-3 所示。

图 E-2　DALL·E 搜索结果页面

图 E-3　DALL·E 介绍页面

　　除此之外，也可以根据自己的需要自行创建 GPTs 工具，并且可以自行选择是否发布，详见本书第 5 章内容。